U0314733

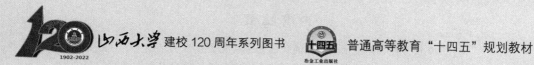 山西大学 建校 120 周年系列图书  普通高等教育"十四五"规划教材

环境与资源类专业系列教材　程芳琴　主编

# 纳米电化学与环境检测

## Nanoelectrochemistry and Environmental Monitoring

郭玉晶　主编

李忠平　刘志广　韩玉洁　范丽芳　副主编

北　京

冶金工业出版社

2022

# 内 容 提 要

本书共 7 章,在介绍纳米电化学的基础理论和相关技术的基础上,重点介绍不同类型的纳米材料在环境检测中的应用,较全面地反映了环境电化学技术的最新发展动态以及环境电化学学科的综合性、科学性、实用性和前瞻性。

本书可作为高等院校环境科学、环境工程、环境化学、环境监测、化学化工及材料科学等高年级本科生及研究生的教材和教学参考书,也可供从事环境监测、环境分析、分析化学等研究人员或技术人员参考。

**图书在版编目(CIP)数据**

纳米电化学与环境检测/郭玉晶主编 .—北京:冶金工业出版社,2022.9

普通高等教育"十四五"规划教材

ISBN 978-7-5024-9131-4

Ⅰ.①纳… Ⅱ.①郭… Ⅲ.①纳米材料—电化学—环境分析化学—教材 Ⅳ.①TB383 ②X132

中国版本图书馆 CIP 数据核字(2022)第 061314 号

**纳米电化学与环境检测**

| | | | |
|---|---|---|---|
| 出版发行 | 冶金工业出版社 | 电　话 | (010)64027926 |
| 地　址 | 北京市东城区嵩祝院北巷 39 号 | 邮　编 | 100009 |
| 网　址 | www.mip1953.com | 电子信箱 | service@ mip1953.com |

责任编辑　刘小峰　刘思岐　美术编辑　彭子赫　版式设计　孙跃红
责任校对　李　娜　责任印制　禹　蕊
三河市双峰印刷装订有限公司印刷
2022 年 9 月第 1 版,2022 年 9 月第 1 次印刷
787mm×1092mm　1/16;18.25 印张;441 千字;280 页
定价 56.00 元

投稿电话　(010)64027932　投稿信箱　tougao@cnmip.com.cn
营销中心电话　(010)64044283
冶金工业出版社天猫旗舰店　yjgycbs.tmall.com
(本书如有印装质量问题,本社营销中心负责退换)

# 深化科教、产教融合，共筑资源环境美好明天

环境与资源是"双碳"背景下的重要学科，承担着资源型地区可持续发展和环境污染控制、清洁生产的历史使命。黄河流域是我国重要的资源型经济地带，是我国重要的能源和化工原材料基地，在我国经济社会发展和生态安全方面具有十分重要的地位。尤其是在煤炭和盐湖资源方面，更是在全国处于无可替代的地位。

能源是经济社会发展的基础，煤炭长期以来是我国的基础能源和主体能源。截至 2020 年底，全国煤炭储量已探明 1622.88 亿吨，其中沿黄九省区煤炭储量 1149.83 亿吨，占全国储量 70.85%；山西省煤炭储量 507.25 亿吨，占全国储量 31.26%，占沿黄九省区储量 44.15%。2021 年，全国原煤产量 40.71 亿吨，同比增长 5.70%，其中沿黄九省区年产量 31.81 亿吨，占全国 78.14%。山西省原煤产量 11.93 亿吨，占全国 28.60%，占沿黄九省区 37.50%。煤基产业在经济社会发展中发挥了重要的支撑保障作用，但煤焦冶电化产业发展过程产生的大量煤矸石、煤泥和矿井水，燃煤发电产生的大量粉煤灰、脱硫石膏，煤化工、冶金过程产生的电石渣、钢渣，却带来了严重的生态破坏和环境污染问题。

盐湖是盐化工之母，盐湖中沉积的盐类矿物资源多达 200 余种，其中还赋存着具有工业价值的铷、铯、钨、锶、铀、锂、镓等众多稀有资源，是化工、农业、轻工、冶金、建筑、医疗、国防工业的重要原料。2019 年中国钠盐储量为 14701 亿吨，钾盐储量为 10 亿吨。2021 年中国原盐产量为 5154 万吨，其中钾盐产量为 695 万吨。我国四大盐湖（青海的察尔汗盐湖、茶卡盐湖，山西的运城盐湖，新疆的巴里坤盐湖），前三个均在黄河流域。由于盐湖资源单一不平衡开采，造成严重的资源浪费。

基于沿黄九省区特别是山西的煤炭及青海的盐湖资源在全国占有重要份额，搞好煤矸石、粉煤灰、煤泥等煤基固废的资源化、清洁化、无害化循环利用与盐湖资源的充分利用，对于立足我国国情，有效应对外部环境新挑战，促进中部崛起，加速西部开发，实现"双碳"目标，建设"美丽中国"，走好

"一带一路"，全面建设社会主义现代化强国，将会起到重要的科技引领作用、能源保供作用、民生保障作用、稳中求进高质量发展的支撑作用。

山西大学环境与资源研究团队，以山西煤炭资源和青海盐湖资源为依托，先后承担了国家重点研发计划、国家"863"计划、山西-国家基金委联合基金重点项目、青海-国家基金委联合基金重点计划、国家国际合作计划等，获批了煤基废弃资源清洁低碳利用省部共建协同创新中心，建成了国家环境保护煤炭废弃物资源化高效利用技术重点实验室，攻克资源利用和污染控制难题，获得国家、教育部、山西省、青海省多项奖励。

团队在认真总结多年教学、科研与工程实践成果的基础上，结合国内外先进研究成果，编写了这套"环境与资源类专业系列教材"。值此山西大学建校120周年之际，谨以系列教材为校庆献礼，诚挚感谢所有参与教材编写、出版的人员付出的艰辛劳动，衷心祝愿我们心爱的山西大学登崇俊良，求真至善，宏图再展，再谱华章！

2022 年 4 月于山西大学

# 前　　言

随着社会需求的快速增长和资源的不合理开发，有害物质排放及能源浪费导致了环境污染问题日益严峻，严重破坏了生态环境，危害了人们的健康。因此，实现对污染物的准确可靠检测，研究污染物的种类、数量、化学形态及其生物毒性、降解、迁移转化规律，对生态环境的保护、治理和修复、环境质量评价以及人类健康等方面具有重要的科学意义。

伴随着现代分析化学和仪器分析的不断发展和完善，环境分析技术也在不断发展。但是，由于环境样品具有涉及范围广、被测物浓度低、组成复杂、干扰物多、同种元素以多相形式存在、易受环境影响而变化等特点，发展快速高效、准确、灵敏、微型化、自动化和环境友好的新型分析方法和仪器，特别是自动化仪器和实时在线检测技术，为环境污染物的分析与环境学科的发展提供了重要的技术支撑和理论基础。

电化学分析方法是应用电化学的基本原理和实验技术，依据物质的电化学性质来测定物质组成及含量的分析方法，其突出的优势是响应快、仪器简单、成本低廉、易小型化和自动化，可实现快速、在线实时连续监测环境污染变化。纳米科学是研究纳米尺度的物质及其应用的一门学科，也是21世纪发展最快的新兴学科。纳米材料具有大的比表面积、高的表面活性、能促进电子转移、易于功能化等诸多优点，为电化学传感界面的构建提供了新的敏感材料和良好的平台，进而极大地提高电化学检测的灵敏度、重现性和选择性，并且可以满足易微型化和集成化等要求，被广泛用于电化学传感器件中。将纳米科学与电分析化学相结合，对现代环境分析既是挑战又是机遇，近年来在环境检测方面取得了丰硕的成果。纳米电化学技术的发展将会在提升环境检测能力和分析速度，提高检测的选择性和自动化程度等方面发挥重要的作用，应用前景十分乐观。

本书集中体现了纳米电化学技术在环境检测领域的研究与应用，注重方法的理论性和环境应用性相结合。在介绍纳米电化学的基础理论、基本知识和相关技术的基础上，重点介绍不同类型的纳米材料在环境检测中的应用，较全面反映了环境电化学技术的发展动态以及环境电化学学科的科学性、实用性和前瞻性。

　　本书是编者在总结多年纳米材料的合成、电化学及光电化学分析方法的研究、传感器的设计及应用等科研工作基础上，广泛参考国内外相关的文献资料编著而成。全书共7章，第1章简述了环境检测与纳米电化学的研究现状以及纳米电化学在环境检测中的地位和作用。第2章介绍了电化学分析的基本原理，包括电化学中的几个基本概念、电极/溶液界面的特性电极反应动力学及常用电化学测量方法。第3章阐述了金属纳米材料的性能，电化学传感器基本原理以及其在不同环境污染物检测中的应用。第4章介绍了碳纳米材料包括碳纳米管、石墨烯、碳量子点、碳纳米球、生物质碳以及其复合纳米材料在电化学检测环境污染物方面的应用。第5、6章分别介绍了金属有机框架材料和导电聚合物的分类、合成及其在环境电化学分析中的应用。第7章阐述了纳米半导体材料的定义、分类、性质、光电分析机理及其在环境污染物检测中的应用。

　　本书可作为高等院校环境科学、环境工程、环境化学、环境监测、化学化工及材料科学等高年级本科生及研究生的教材或教学参考书，也可供从事环境监测、环境分析、分析化学等研究人员或技术人员参考。

　　本书第1、3章由李忠平编写，第2章由郭玉晶编写，第4章由刘志广编写，第5、6章由韩玉洁编写，第7章由范丽芳编写。

　　在本书编写过程中，参考了国内外同行的教材、专著、论文等文献资料，对相关文献作者深表感谢。

　　本书涉及内容及领域广泛，限于编者水平和经验，书中不足之处敬请广大读者批评指正。

编　者

2022年2月20日

# 目　　录

# **1** 纳米电化学与环境检测概述

**本章提要：**
（1）了解环境检测的目的、意义，以及常用的检测方法和技术。
（2）了解纳米电化学的研究现状及其在环境检测中的应用。

## 1.1 环境检测研究现状

### 1.1.1 环境检测目的和意义

随着社会经济的发展和自然资源的持续消耗，环境污染问题已经成为世界各国共同关注的热点问题。伴随环境污染的逐渐加剧，地区生态圈已经遭到了严重的破坏，臭氧层的破坏、海洋和河水的严重污染及酸雨的形成都给人们正常的生产生活带来了不利影响，更不利于社会经济的可持续发展。如今，绝大部分国家都把保护环境，实现生态的可持续发展作为环境治理的主要目标。各国政府高度重视环境污染问题，积极实施生态可持续发展的战略，努力协调好社会经济发展和生态环境之间的利益关系，确保在发展经济的同时，保护好我们赖以生存的自然环境，最终实现双赢的局面。生态可持续发展的战略为正确地处理好人口、资源和环境之间的关系提供了依据，不仅有效地改善了生态环境，而且大幅度提升了资源的利用率，促使了生态效益、经济效益和社会效益的和谐统一。所以，环境检测的目的不仅是有效改善当前的环境污染问题，也是为环境保护工作指明方向，从而实现生态可持续发展，对社会的发展和人类的进步也具有重要作用。

通过环境检测，可以对一定区域范围内的环境情况进行有效的了解，通过检测数据来对周边环境质量的改善提供指导性的建议，由此来提升人们的居住环境与生活质量。同时，通过环境检测可以对所处环境污染程度有一定的了解，并在此基础之上采取有效措施找出污染源，进行科学有效的控制；除此之外，环境检测过程中会对相关数据进行详细记录，通过长时间污染资料的收集，为以后的环境保护与环境治理提供有效的数据参考。

环境检测技术是治理环境污染的重要手段。由于社会和经济环境等多方面因素的制约，我国环境检测技术的开发和应用比欧美等发达国家晚了近30年，然而在随后的30年中，我国的环境检测工作取得了显著成就，目前拥有三百多项环境检测技术，环境检测技术水平不断提升。尤其是在环境质量检测和控制领域，我国一直把生态可持续发展作为提升环境检测技术的出发点和落脚点。环境检测技术是对环境污染问题进行全面的检测和监控，利用环境检测技术对水体污染、噪声污染、水土流失以及物种减少等生态问题作出科学的评估，为环境主管部门提供及时可靠的分析数据。随着环境质量检测和控制水平持续提升，环境保护政策以法律的形式陆续出台，人们在自然环境中的活动就会受到一定程度的制约，从而起到保护环境的作用，最终促使了生态的可持续发展。环境检测技术有效地解决了资源使用率低和环境污染制约社会经济发展的不良问题，为人们及时发现环境污染提供了便利，同时也促进了人类和自然环境的和谐相处。比如环境检测技术在水土流失方面的运用，长期的数据采集是深入研究水土流失问题的基础，而环境检测技术则可以通过不同时期、不同地域的水土流失数据的采取满足这一点。检测人员利用大量的数据分析，可以发现水土流失的相关规律以及水土流失对生态环境造成的影响，从而为环境保护部门提供数据支撑，促使其制定出科学合理的治理措施，最终保障生态的可持续发展[1]。

因此，环境检测技术对社会实现生态可持续发展具有重要作用和意义，是保障人和自然和谐相处的重要基础，是实现生态可持续发展的重要环节。只有积极提升环境检测技术，建立健全环境检测体制，才能实现生态的可持续发展，才能达到生态、经济和社会的和谐统一。

### 1.1.2　环境检测方法和技术

环境污染物种类繁多，主要包括废水污染物、废气污染物、工业固体废物、危险废物和电离辐射环境污染。为了研究环境污染物的性质、来源、含量、分布状态和环境背景值等，满足环境检测的需求，环境检测方法更新的速度也是日益加快。目前，环境检测常用的方法技术除了经典的化学分析、各种仪器分析之外，一些新的测试手段和技术，如色谱-质谱联用、激光、中子活化法、传感器技术等也得到了快速发展和广泛应用。

化学分析法，是以特定的化学反应为基础的分析方法，分重量分析法和容量分析法两类。重量法操作麻烦，对于污染物浓度低的检测会产生较大的误差，它主要用于大气中总悬浮颗粒、降尘量、烟尘、生产性粉尘的测定。容量法具有操作方便、快速、准确度高，在环境检测中得到较多应用，但灵敏度不够高，它主要用于水中的酸碱度、$NH_3$-N、COD、BOD、DO、$Cr^{6+}$、硫离子、氰化物、氯化物、硬度、酚等及废气中铅的测定。

光学分析法是以光的吸收、辐射、散射等性质为基础的分析方法，主要有分光光度法、原子吸收分光光度法、发射光谱分析法、荧光分析法、化学发光法和非分（色）散红外法。（1）分光光度法是一种具有仪器简单、容易操作、灵敏度较高、测定成分广等特点的常用分析法。可用于测定金属、非金属、无机和有机化合物等。（2）原子吸收分光光度法是在待测元素的特征波长下，通过测量样品中待测元素基态原子（蒸气）对特征谱线吸收的程度，以确定其含量的一种方法。此法操作简便、迅速、灵敏度高、选择性好、抗干扰能力强、测定元素范围广。（3）发射光谱分析法是在高压火花和电弧激发下，使原子发射特征光谱，根据各元素特征光谱线作定性分析，谱线强度用作定量测定。本法样品用量少、选择性好、不需要化学分离便可同时测定多种元素，可用于无机有害物质铬、铅、镉、硒、汞、砷等20多种元素的测定，但不宜分析个别试样，且设备复杂，定量条件要求高，因此，在环境检测的日常工作中，较少使用发射光谱分析法。自电感耦合高频等离子体光源（简称ICP光源）研究成功以来，由于它具有灵敏度高、准确度和再现性好，基本效应和其他干扰较少和线性范围宽等一系列优点，并特别适于水和液体试样的分析，因而得到普遍的重视，并成为一种重要的分析手段。用ICP发射光谱法分析的试样和元素涉及水、土壤、生物制品、沉淀物等共30多种元素。（4）荧光分析法分为分子荧光分析和原子荧光分析。当某些物质受到紫外光照射时，可发射出各种颜色和不同强度的可见光，而停止照射时，上述可见光也随之消失，这种光线就称为发射光谱。一般所观察到的荧光现象，是物质吸收了紫外光后发出的可见光及吸收波长较短的可见光后发出的波长较长的可见光荧光，实际还有紫外光、X光、红外光等荧光。分子荧光分析是根据分子荧光强度与待测物浓度成正比的关系，对待测物进行定量测定的方法。在环境分析中主要用于强致癌物质——苯并芘（Bap）、硒、铍、油、沥青烟等的测定。原子荧光分析是根据待测元素的原子蒸气在辐射能激发下所产生的荧光发射强度与基态原子数目成正比的关系，通过测量待测元素的原子荧光强度进行定量的测定，同时还可利用各元素的原子发射不同波长的荧光，进行定性测定。原子荧光分析对 Zn、Cd、Mg、Ca 等具有很高的灵敏度。（5）化学发光法是利用物质在化学反应过程中，物质分子吸收化学能产生光的辐射现象进行检测。如 REK-20N 型化学发光定氮仪是采用化学发光检测原理，待测样品（或标样）被引入到高温裂解炉后，在 1050℃左右的高温下，样品被完全气化并发生氧化裂解，其中的氮化物定量地转化为一氧化氮（NO）。样品气经过膜式干燥器脱去其中的水分。亚稳态的一氧化氮在反应室内与来自臭氧发生器的 $O_3$ 气体发生反应，转化为激发态的 $NO_2^*$。当激发态的 $NO_2^*$ 跃迁到基态时发射出光子，光信号由光电倍增管按特定波长检测接收。再经微电流放大器放大、计算机数据处理，即可转换为与光强度成正比的电信号。在一定的条件下，反应中的化学发光强度与一氧化氮的生成量成正比，而一氧化氮的量又与样品中的总氮含量成正比，故可以通过测定化学发光的强度来测定样品中的总氮含量。（6）非分（色）散红外法简称"非分散红外法"，是一种红外吸收分析方法。利用物质能吸收特定波长的红外辐射而产生热效应变化，将这种变化转化为可测量的电流信号，以此测定该物质的含量。该方法操作简单、快速，常用于分析对红外辐射有较强吸收的气态物质，如一氧化碳、二氧化碳、甲烷、氨等。测定空气中一氧化碳、水中总有机碳的非分散红外法被列入国家标准分析方法。

色谱分析法是一种经典的分析方法。其工作原理是：不同的物质在不相混溶的两相——固定相和流动相中有不同的分配系数。当两相作相对运动时，物质随流动相运动，并在两相间进行反复多次的分配而达到分离。此法在技术上经过不断的发展，能使分离的组分通过各种检测器进行连续测定，从而形成现代色谱的各种分离分析方法，包括气相色谱、液相色谱等。此法具有高效分离、灵敏、快速等特点，所以是检测环境样品中微量或痕量已知污染物的有效方法。

气相色谱分析是采用气体作为流动相的一种色谱法，根据色谱峰的位置（保留值）进行定性分析，根据峰面积或峰高进行定量分析。气相色谱法适于分析气体污染物，也可以分析易挥发或可转化为易挥发的液体和固体污染物。液相色谱分析法与气相分析法类似，不同的是流动相是液体，具有高速、高效、高灵敏度的特点。液相色谱法不受试样挥发性的限制，对于高沸点、热稳定性差、相对分子量大的有机污染物原则上都可以用高效液相色谱法进行检测。气相色谱法和液相色谱法均在环境污染物的检测中起到了非常重要的作用。薄层色谱法（TLC），是将载体均匀地涂布在玻璃板上，所得的薄层板作为固定相，样品点在板上，放入密封槽中，用溶剂（流动相）展开，从而分离样品的各组分。TLC 的分离效果优于纸色谱法，展开的时间短。由于斑点集中及薄层板的容量大，所以灵敏度提高很多。早先的薄层分析是先将斑点取下，洗脱后用合适的方法测定，或直接用光密度计测量斑点，操作费时，误差大，灵敏度也不高。近年来发展的薄层扫描仪，能够直接进行定性、定量测定，效果较好。薄层色谱法适合于大分子量有机化合物的分离测定。用薄层色谱法结合薄层扫描仪可以分离测定多环芳烃、多氯联苯、亚硝胺、农药、黄曲霉毒素等，灵敏度可达 ppb（$10^{-9}$）级。薄层色谱法近年来在高效分离方面也有进展。高效薄层色谱法（HPTLC）是用更细颗粒的硅胶（$5\sim10\mu m$）制作薄层板，使展开距离短、重现性好、灵敏度更高。离子色谱法（IC）是在离子交换色谱法基础上新近发展起来的一种方法。离子交换色谱法是以离子交换剂为固定相的色谱法，由于交换剂对流动相中不同离子的交换能力不同，经过多次反复的交换平衡可使各种离子分离。早期是在分别收集洗脱液后，用其他分析方法分别进行定量测定。20 世纪 70 年代以来，采用了高压输液技术，提高了分离速度，连接库仑仪可同时测定多种无机离子，这种方法称为高压离子交换色谱法。1975 年斯莫尔等人采用了通用而灵敏的电导检测器，并在离子交换柱后接抑制柱以消除洗脱液的电导率，从而能在低背景下测定微量离子的电导率。对于目前用原子吸收分光光度法、电化学法及其他分析方法不易测定的一些阴离子，如卤素离子、硫酸根、亚硝酸根、硝酸根、磷酸根等以及胺、钙、镁、铵等阳离子，IC 显示了独特的优越性，并有以离子色谱仪为名的商品出售，而称此法为离子色谱法。其特点为：（1）快速。可以在 15min 内分离测定水样中氟、氯、溴、碘离子、硝酸根、亚硝酸根、磷酸根、硫酸根等。（2）灵敏度高。可以检出 ppm（$10^{-6}$）和 ppb（$10^{-9}$）含量的离子。（3）高效分离。可以连续测定多组分。此法在环境分析中用于测定大气、水、降水、土壤、工业废气、废水中的阴离子较为方便。此外，还用于测定汽车废气中的氨和胺，气溶胶中的硫酸根、硝酸根，锅炉水中的氯离子、硫酸根、亚硫酸根和磷酸根等。

气相色谱-质谱联用技术（GC-MS）是由气相色谱仪与质谱仪结合使用的一种新型完整的分析技术，可进行复杂混合物的定性定量分析。气相色谱仪与质谱仪的结合，中间大多要经过界面装置（分子分离器），解决色谱柱出口（通常为常压）与质谱仪离子源（真空度为 $10^{-4}\sim10^{-7}Pa$）之间的压降过渡的问题；分子分离器还能对进入质谱仪的色谱馏分起到浓缩作用。但毛细管柱色谱仪与质谱仪的结合也有采取不经分子分离器的直接耦合方式。一般采用的分子分离器有喷嘴、多孔玻璃、多孔银、多孔不锈钢、聚四氟乙烯毛细管、硅橡胶隔膜、导通率可变的狭缝、涂有硅酮的银-钯合金管、膜片-多孔银等类型。试样馏分随载气进入分子分离器时，由于馏分分子量与载气分子量相差较大，空间扩散能力不同，从而在大抽速泵的抽力下大部分载气与试样馏分在分子分离器里得到分离。气相色谱-质谱联用技术在环境分析中用于测定大气、降水、土壤、水体及其沉积物或污泥、工业废水及废气中的农药残留物、多环芳烃、卤代烷以及其他有机污染物和致癌物。此外，还用于光化学烟雾和有机污染物的迁移转化研究。

气相色谱-质谱联用技术在环境有机污染物的分析中占有极为重要的地位，这是因为环境污染物试样具有以下特点：（1）样品体系非常复杂，普通色谱保留数据定性方法已不够可靠，须有专门的定性工具，才能提供可靠的定性结果。（2）环境污染物在样品中的含量极微，一般为 ppm 至 ppb 数量级，分析工具必须具有极高灵敏度。（3）环境样品中的污染物组分不稳定，常受样品的采集、储存、转移、分离及分析方法等因素的影响。为提高分析的可靠性和重现性，要求分析步骤尽可能简单、迅速，前处理过程尽可能少。气相色谱-质谱联用技术能满足环境分析的这些要求。它凭借着色谱仪的高度分离本领和质谱仪的高度灵敏（$10^{-11}$ g）的测定能力，成为痕量有机物分析的有力工具。

高效液相色谱-质谱联用法（HPLC-MS）以高效液相色谱作为分离系统，质谱为检测系统，色谱为混合物的分离提供了最有效的选择，质谱能够提供物质的结构信息。HPLC-MS 法分析范围广、分离能力强、测量结果准确，在环境分析领域得到了广泛的应用。

中子活化分析法，从目前环境检测的分析方法来看，中子活化分析法是依靠射线技术及微量元素技术提出的一种新的分析方法，其主要实现过程利用中子对取样物进行一定时间的照射，将取样物中的元素进行轰击，对所产生的 γ 射线和放射性同位素进行测量，以此满足分析污染物的需要。目前看来，环境监测中中子活化分析法的关键在于 γ 射线和放射性同位素的搜集和测量。

流动注射分析法是为了提高液体试样的监测分析质量流动注射分析法应运而生的。所谓流动注射分析法主要是指在取样液中注入特殊试剂，使试剂在取样液中发挥分离、分散、控制等作用，提高对取样液的分析效果。在分析过程中，特殊试剂起到的作用主要是对取样液进行分离控制，并对取样液中的污染物质进行标记。从实际分析过程来看，环境监测中的流动注射分析法对取样液的分析结果准确性高，能够有效满足环境监测的实际需求。

电化学分析技术主要包括：极谱与伏安法、离子选择性电极与传感器、示波分析法、电泳及色谱电化学、光谱电化学、电致发光法、石英晶体微天平、化学计量学方法等。极谱法和伏安法虽然是电化学分析中较早出现的分析方法，但是由于其灵敏、快速、简单等优点，现在仍是电化学分析研究中的热点之一。离子选择性电极和传感器具有简便、快速、高选择性等特点，因此受到科学研究人员的重视，也是比较热门的研究领域。修饰电极通过电极的功能设计来改变电极原有性质，从而在电极上可以进行某些预定的选择性反应，改善了电极的性能。因此修饰电极具有很广阔的应用前景，一直是电化学分析研究中比较活跃的领域。随着科学领域的研究对象向微观转变，微电极、超微电极的研究也越来越活跃。近几年，电泳及色谱电化学得到了突飞猛进的发展，成为了电化学分析领域最热门的方向之一。在传统的电化学反应的研究中，是依靠电极电势或电流的测量，来研究该电化学反应的机理和测量电化学反应的动力学参数。电流是此反应的反应速率的直接量度，但电流仅代表电极上所有反应过程的总速率，却不能提供反应产物和中间体鉴定的直接信息。另外，在研究电极、电解质溶液界面结构中，是利用电容的测量和计算得到理论值，并不能从分子水平上得到信息。而将紫外、红外和核磁共振等光谱技术应用于电化学电池的现场研究，可以从中得到有关反应中间体、电极表面的性质，如吸附取向、排列次序和覆盖度等信息。该领域称为光谱电化学，是当今电化学研究中最活跃的领域之一。光谱电化学（spectroelectrochemistry）是一种将光谱技术原位（in-situ）或非原位（ex-situ）地应用在电极/溶液界面研究的电化学方法。该方法通常以电化学技术为激发信号，同时检测电极过程信号和光学信号，从而获得电极/溶液界面分子水平的实时信息，根据得到的信息研究电极反应机理以及电极表面特性，鉴定反应产物及中间体的性质等。光谱电化学法可于研究电活性和非电活性物质。

随着电化学分析技术的发展，单颗粒电化学分析技术因其在基础研究和实际应用中均具有重要的价值，已经成为了分析化学的热点研究领域。由于颗粒的功能和性质与其形貌、尺寸、电荷密度和表面化学性质等密切相关，因此，发展可用于单个颗粒（简称单颗粒）检测和分析的方法对于了解颗粒结构与性能的关系，进而研究其功能将具有重要的意义。单颗粒电化学检测技术是在最近几年发展起来的，由于其可以精确地探测单个纳米颗粒的性质（如表面电荷、几何尺寸、表面化学），因而展现出了诱人的应用前景。根据检测原理单颗粒电化学检测分为：基于碰撞原理的微电极技术、基于电阻-脉冲原理的纳米通道技术及基于电化学和其他方法的联用技术。

为实现对单原子、单分子等微体系的分析、成像及其观测的研究，传统的低分辨率的分析仪器（如光学显微镜等）已不能满足需要，科研工作者发明了一系列高分辨率的扫描显微镜来解决上述问题。尤其是基于测量电化学物质氧化还原产生电流的扫描电化学显微镜，它不仅可以给出样品表面的微观形貌，也可以提供丰富的化学信息，其可观察表面的范围也大得多。自从第一台扫描电化学显微镜问世，扫描电化学显微镜技术在生命科学、材料科学、界面化学、环境科学等研究领域得到了广泛的应用，取得了可喜的成果。

与经典的仪器分析检测法相比传感器技术在环境检测中属于新型的检测技术。传感器是一种微型化的装置，即使是在复杂的样品中，也可以实时、在线传递特定化合物或离子存在的信息。它通常包含两个重要部分——分子识别元件和传感元件。一般原理就是将化学参数（通常是待测物浓度）转换成容易实现转换的信号进行输出。按分子识别元件分类，可以分为免疫传感器、核酸适配体传感器、分子印迹化学传感器等[2]。按照信号转化的形式来分类，电化学传感器、光化学传感器、光电化学传感器等是几种在分析检测中备受关注的类型[3]。

分子识别元件的选择和设计对于传感器的性能有着至关重要的作用。近年来，识别元件的选择性和稳定性被给予了更多的关注。在构建传感器的识别元件时，抗体、核酸适配体、分子印迹聚合物（MIPs）等都是较为理想的候选材料[4,5]。

免疫传感器法是以抗体作为识别元件，通过其与小分子抗原的特异性结合来建立定性、定量分析目标物质含量的传感方法。这种免疫传感分析技术具有特异性强、灵敏度高，可以应用于现场样品快速检测等优点，在食品中环境激素的检测中已被有效利用。Zhang 等[6]在家兔体内培养邻苯二甲酸二（2-乙基己基）酯（DEHP）特异性多克隆抗体，以该抗体与辣根过氧化物酶（HRP）的偶联物作为检测探针，形成了一种灵敏、特异的检测 DEHP 的直接竞争酶联免疫分析法。张明翠等[7]设计了一系列实验步骤合成邻苯二甲酸二丁酯人工抗原，再通过免疫兔得到抗体，从而建立了竞争性荧光免疫分析法实现了对邻苯二甲酸二丁酯的测定。庄惠生等[8]建立了测定一系列环境激素雌二醇类（雌二醇、雌三醇、己烯雌酚和双酚 A）的免疫分析新方法，此检测方法灵敏、准确、简单。以抗体作为识别元件的传感方法具有特异性强、可对样品进行高通量检测的优势。但是由于环境激素多为小分子，不具有免疫原性，需要与蛋白质偶联合成人工抗原才能通过免疫反应产生抗体。半抗原和人工抗原的设计和合成的难度大、要求高，且人工抗原免疫原活性不高，制备抗体的周期长、步骤复杂、失败风险高；在检测过程中，作为蛋白质大分子的抗体也容易受到检测环境及条件的影响（有机溶剂、较高温度或较高的酸碱环境都会使抗体失活），从而导致传感器失效，这是免疫传感器法所面临的问题和挑战。

核酸适配体是一类对靶分子有特异性识别与结合能力的单链寡核苷酸，可通过指数富集配基的系统进化（SEL-EX）技术获得。与抗体相比，核酸适配体具有相对分子质量小、免疫原性低、体外容易修饰、合成简单、配体多样等优点。刘玉洁等[9]用制备的二硫化钴（CoS$_2$）纳米片与金纳米粒子的复合物修饰玻碳电极，引入 17β-雌二醇适配体及其部分互补的富鸟嘌呤的杂交链（cDNA），以亚甲基蓝（MB）为电化学指示剂实现了对 17β-雌二醇的测定。He 等[10]利用抗双酚 A 适配体和碳化钼（Mo$_2$C）纳米管，研制了一种无标签、低背景的双酚 A 检测信号 DNA 传感探针（图 1-1），利用 DNA 适配体与检测目标物相互作用后改变 DNA 探针结构，从而引起荧光发生改变产生信号，与传统方法相比，该方法具有灵敏度高、特异性强、操作简单、无酶、成本低廉等优点，具有潜在的应用价值。Mirzajani 等[11]使用双酚 A 适配体作为探针分子，增强双酚 A 分子向电极表面的远距离传输的交流电热效应，该传感器在罐头食品样品检测中的成功应用，证明了它在现场跟踪双酚 A 分析中的实用性。

图 1-1 基于核酸适配体荧光 DNA 传感探针原理[11]

核酸适配体在小分子传感中应用存在的主要问题：一方面，不是所有的环境污染物都有已知的适配体，适配体筛选是一个较大的工程；另一方面，适配体受溶剂、温度等环境影响也较大，稳定性较差。

近些年，分子印迹技术被认为是生产人工识别受体最具潜力的手段，因为受体对目标分子的大小、形状以及官能团都有高度的选择性和专一性[12]。相比于传统的用于分离和检测的介质来说，分子印迹聚合物有更好的理化稳定性、较高的专一识别能力和结构可预测性，合成成本低，应用广泛[13-16]。分子印迹技术的原理简单来说是将所需检测或者是分析的物质作为模板分子，依据目标分析物的结构等特点选择合适的具有优良性能的物质作为单体，在一定条件下，单体和模板分子之间会发生相互作用形成具有特定空间构象的分子印迹聚合物（MIPs），该分子印迹聚合物通过一定的洗脱方法将模板分子洗脱掉，最后得到的聚合物表面有许多三维孔穴，这样的孔穴与目标分析物官能团的构象和位置等有极大的关系，因此，理论上可用于对目标分析物进行萃取富集，具有高效选择性和专一识别性[17-21]。选择合适的制备方法对于合成具有理想性能的 MIPs 也是至关重要的。通常，MIPs 制备的方法包括沉淀聚合[22]、本体聚合、乳液聚合[23]、固相聚合、表面印迹[24]、溶胶-凝胶过程[25]和电化学聚合[26]。在原位修饰 Sn$_3$O$_4$ 的碳纤维纸上进行电聚合的实验方案见图 1-2，该分子印迹光电化学传感器可以快速特异性检测小分子[27]。分子印迹技术可以实现特异性识别材料的宏量制备，与抗体和适配体这样的生物大分子相比，分子印迹聚合物性质稳定，耐有机溶剂、耐高温，但是检测目标单一，很难实现多目标、高通量的同时检测，并且对于它的工作机制还有待进一步的探索。

荧光传感器法由于其灵敏度高、测量速度快、操作简单，受到了研究者们的关注，未来的潜力不容小觑。目前，人们对荧光传感器的研究热点主要在于设计合成新型的荧光分子和染料，创新荧光传感的原理和机制及致力于提高传感器的识别特异性和灵敏度。荧光传感器是以荧光光谱法为测量手段，在识别了待测物之后，将这样的结合产生的变化转化

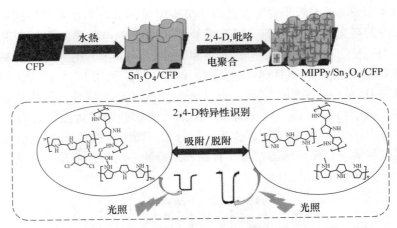

图 1-2　在 $Sn_3O_4$ 的碳纤维纸上进行电聚合分子印迹的示意图[27]

为荧光性质的改变而输出，这些性质包括荧光发射峰位置、荧光强度、荧光寿命等。该方法分析过程简单快速，具有良好的准确性和实用性。

　　电化学传感器的工作原理是利用具有电活性的物质与分析物作用，使得待测物浓度的变化快速转化为电化学信号的变化输出，从而计算出待测物的浓度值。这方法不仅简单快速，而且直观明确，在小分子的检测中已有广泛的应用。在识别过程中，电化学传感测量通常产生电流、电位和电荷的等信号变化或是中间介质阻抗变化，这些电信号或数据可以经过进一步处理（包括放大、滤波、分析或显示），以产生有关分析物的特性及其浓度的信息。与传统分析方法相比，此方法具有操作简单、成本低廉、分析速度快、适用于现场检测等优势[28-30]。

　　近年来，由于人们对环境污染问题越来越重视，政府及社会各界环保意识也在不断加深，我国环境检测技术已取得一定的发展和进步。环境检测工作的顺利开展和检测技术的提升对建设生态文明有着非常重要的意义。

# 1.2　纳米电化学研究现状

　　纳米电化学对于现代电化学以及许多其他关键研究领域至关重要，纳米电化学研究提供的独特信息使用传统方法无法实现。例如，纳米电极可以测量超快电子转移动力学，通常太快而无法使用传统电极进行研究。纳米级电化学材料，例如金属/半导体纳米粒子，具有独特的化学和物理性质特性，并且可以使用纳米级电化学方法制备先进的电催化材料。除此之外纳米级电极探针使电化学成为具有纳米级空间分辨率的成像方法，产生独特的信息可更好地理解异质电极/溶液界面特性。因此，纳米电化学在环境检测领域具有广阔的应用前景。

## 1.2.1　纳米材料简介

　　纳米材料是纳米级结构材料的简称。狭义是指纳米颗粒构成的固体材料，其中纳米颗粒的尺寸最多不超过 100nm。广义是指微观结构至少在一维方向上受纳米尺度（1～

100nm) 限制的各种固体超细材料。1994 年以前, 纳米结构材料仅仅包括纳米微粒及其形成的纳米块体、纳米薄膜, 现在纳米结构材料的含义还包括纳米组装体系, 该体系除了包括纳米微粒实体的组元, 还包括支撑它们的具有纳米尺度的空间的基体, 也就是说纳米材料包括: 纳米微粒、纳米块体、纳米薄膜和纳米组装体系。

制备纳米材料的方法可以分为两种: 化学法和物理法。化学法包括化学沉淀法、化学还原法、溶胶-凝胶法、化学气相法、水热法以及溶剂热合成法等; 物理法主要有物理粉碎法、机械球磨法、蒸发冷凝法和离子注入法等。目前研究比较热的纳米材料有碳纳米材料 (石墨烯、量子点和碳纳米管等) 和金属纳米材料等。

纳米材料的主要特点就是尺寸缩小、精度提高。纳米材料的重要意义主要体现就是在这样一个尺寸范围内, 其所研究的物质对象将产生许多既不同于宏观物体也不同于单个原子、分子的奇异性质, 或对原有性质有十分显著的改进和提高。导致纳米材料产生奇异性能的主要效应有: 比表面效应、小尺寸效应、界面效应和宏观量子效应等, 这些效应使纳米体系的光、电、热、磁等的物理性质与常规材料不同, 出现许多新奇特性。如光吸收显著增加, 金属熔点降低, 增强微波吸收等。它们的高比表面积和尺寸相关的电子特性使它们成为有趣和有用的实体来研究。已经发现不同尺寸和结构的纳米粒子可以显著显示不同的催化活性。因此, 理解纳米粒子的结构功能有助于了解它们的催化特性。在典型的电催化研究中, 许多纳米粒子固定在电极上作为整体进行研究。因此, 从这种研究中获得的电催化信息是集合的平均属性结果。基于集成的方法获得信息有助于理解纳米颗粒大小和成分对电催化活性的影响。然而, 真正理解纳米粒子的结构功能与电催化活性的关系, 需要在单个纳米粒子上进行电催化。

纳米材料具有多种形式和属性: 纳米粒子、纳米薄膜或薄膜堆叠、纳米管、嵌入式 (纳米) 结构材料等。纳米材料的研究, 使人类在改造自然方面进入了一个新的层次, 即进入到原子、分子层次。纳米技术的核心是按人们的意志直接操纵单个原子、分子或原子团、分子团, 制造具有特定功能的产品。纳米材料在信息、生物、医疗和环境等方面的应用, 使人类认识和改造世界的能力有重大突破, 从而给国民经济和国家安全带来深远的影响。在此基础上, 纳米材料和器件、新的测量和表征技术的发展, 显著加深了我们对纳米电化学的理解过程。

## 1.2.2 纳米电化学分析技术及其应用

纳米电化学技术是研究电能与化学能以及电能与物质之间相互转换及其规律的学科, 是一门综合了多门学科的高新技术。纳米材料具有尺寸小、比表面积大、孔隙率高等特点, 具有传统材料所不具备的特殊的物理和化学性质。利用纳米材料构建电化学传感器具有以下优点: (1) 高效催化; (2) 快速传质; (3) 大的表面积; (4) 合理控制微环境电极。因此, 基于纳米材料的电化学传感器可以提高检测的灵敏度、选择性、稳定性和重现性, 并且成本低廉、易于自动化, 被广泛应用于分析检测领域。

纳米电化学不仅与无机化学、有机化学、分析化学和化学工程等学科密切相关, 还在环境科学、能源科学等领域中居重要地位。纳米电化学技术呈现多领域、跨学科交叉的独特风格, 逐渐发展成为横跨基础科学 (理学) 和应用科学 (工程、技术) 两大方面的重要学科。纳米电化学学科研究的体系不断拓展, 研究电极从本体电极拓展到众多纳米新材料电极，研究介质从水溶液介质拓展到非水溶液介质（有机溶剂、熔盐、固体电解质等），研究界面从简单的固/液界面拓展到复杂多相界面（固/固、固/气、固/液/气等），研究尺度和理论模型也已深入分子乃至原子尺度。人们日益增长的检测需求、纳米技术和通信技术的快速发展，为纳米电化学领域的发展带来了机遇与挑战，包括：制备具有优异电学性能的新型纳米材料，为构建高性能电化学传感器提供更多选择；发展高灵敏、高特异性的检测策略，满足低丰度甚至痕量待测对象的检测需求；开发高通量的多元检测体系，提高检测能力，降低检测成本；研发与手机等通信设备联用的便携式检测器件，满足现场检测需求。随着纳米技术和电化学技术的日趋成熟，各类高灵敏、高特异性、高稳定性的纳米电化学传感器件也将逐渐走向市场，对于推动生物分析、环境检测、疾病诊断、食品安全等领域的发展具有十分重要的意义。

纳米电化学技术已经成为目前分析化学领域研究的热门课题之一，被广泛的应用于催化、生物、医疗和环境保护等各个领域。电化学分析技术的发展和纳米科技的发展紧密地结合在一起，并随着纳米科技的发展而得到更加快速和广泛的应用。纳米电化学分析技术根据检测需求越来越向更准确、更快速、更便捷的方向发展。

## 1.3  纳米电化学在环境检测中的应用

随着经济的发展，环境污染问题日趋严重，发展高效、普适的污染物的分析方法体系仍是未来环境化学研究的前沿科学问题。纳米电化学分析技术将纳米材料与电分析化学有机结合，具有灵敏度仪器简单、成本低廉、易小型化和自动化，可实现快速、在线实时连续监测环境污染变化等优势，越来越受到人们的关注。在纳米电化学检测技术中，纳米材料的主要功能是提升催化性能、加快电子传输、增大反应界面、提高电极对检测物的吸附能力、提供电荷环境，进而提高检测灵敏度。其良好的吸附和定向能力以及优良的生物相容性，有利于固定及再生电化学传感器的敏感材料。另外，半导体纳米材料具有很好的光学性质，可扩宽电极在光电化学领域的应用。与传统的电极相比，纳米材料修饰电极具有高灵敏性、高选择性以及良好的重现性和稳定性。此外，由于纳米材料的制备提纯相对于有机和高分子材料要容易得多，因此，纳米电化学技术在环境检测领域有着非常广泛的应用，这必将促进环境检测技术和环保产业的快速发展。

（1）土壤检测。采矿业废渣及工业电镀废水的随意排放，都会导致土壤污染，特别表现为重金属污染，主要包括镉、铬、汞、铅、铜等。重金属离子引起环境污染严重威胁到了生态系统平衡和人类健康，也是经济发展、社会进步面临的严峻考验，因此快速、实时、原位检测重金属离子尤为重要。纳米电化学分析方法具有灵敏度高、检测限低、易于集成化和小型化、操作简单和成本低的优势，对环境检测有着重要的应用价值。尤其基于碳纳米复合材料的电化学传感器对环境监控具有重要的研究意义。碳纳米材料因导电性好、比表面大、活性位点多等诸多优点，在重金属离子的电化学分析领域受到广泛关注。然而碳纳米材料大部分功能化修饰活性位点位于碳材料的边缘，占其大部分原子的基面碳则没有参与到对重金属的有效富集作用。针对碳基面的充分利用问题，开展基于碳纳米材料复合纳米材料的高灵敏度重金属电化学传感研究。以低成本多硫化物及芘四磺酸作为碳纳米材料功能化修饰剂，利用其与重金属离子之间的强化学吸附作用达到对重金属离子的快速、有效富集，通过考察碳纳米复合材料对重金属离子的富集能力、选择性和稳定性等因素，研究功能化修饰过程对碳纳米材料传感器的传感性能、灵敏度和选择性等的影响，建立高灵敏度、高选择性重金属电化学传感新材料和方法技术，为土壤环境中重金属离子的检测和治理提供新的理论线索和实验依据。

（2）大气检测。大气监测指标通常包括氮氧化物、二氧化硫、一氧化碳等。光阳极在光照的情况下，激发电子和空穴，电子通过外加偏压的情况下，转移到阴极进行还原反应，而留在半导体价带上的空穴具有一定的氧化能力，可以进行水氧化或污染物的高级氧化。用电化学手段分离光生电子和空穴，与光阳极相配的阴极将利用电子还原生成的过氧化氢在光的辐射下产生自由基，将使光催化活性和量子效率大大提高。光电催化技术能大幅度提高催化剂活性和效率，解决催化剂反应器的结构设计和催化剂固定技术的难题，并促使光电协同催化技术在气相处理绿色环保领域的大规模产业化应用。通过设计催化剂的结构和能带匹配，从提高电荷迁移速率方面来提高催化剂活性和稳定性；通过电化学法来抑制光生电子与高能空穴的复合，实现光电催化法协同催化氧化去除氮氧化物，大大提高去除效率；将光电协同去除气相污染物与光电去除液相污染物结合起来，并充分利用光生电子来光电催化分解水产氢，以实现光电催化检测和去除气液两相污染物。

（3）水质检测。随着工业用水和生活用水的日益增多，地表水体受污染的现象日趋严重，其中有机污染物是一个主要来源。如何准确测定有机污染物的含量，是实行废水处理的前提条件。在这方面，纳米电化学技术有着较大的价值，由于该类修饰电极具有较好的稳定性及良好的导电性，而且电化学响应信号大，因此应用于环境监测领域的研究较为广泛。由于纳米材料与技术的独特优势，可对水质中低浓度、高毒性、难降解水中污染物进行检测和治理。纳米电化学技术适用于建立多种检测水中污染物（阴离子、阳离子等）的方法，并增加这些检测方法实际应用的可能性。通过纳米材料的创新制备，可发展多种高效催化剂，在污染物模型降解实验中展现优异的性能；纳米材料具有耐强酸性或强碱性特性，同时可以实现磁性纳米的制备，对工业污水处理具有独特的优势；仿生纳米复合材料具有自清污能力，可以实现海水的长期检测和净水技术的开发。另外，基于纳米电化学方法，研制与电化学仪器相配套的纳米电极体系，以便实现便携式、智能化、集成化等环境检测仪器的研制。

（4）生物检测。环境污染最直接的后果就是导致生物污染，从而最终影响人类的健康。纳米电化学传感器有其他监测手段无法比拟的优点，特别表现在能实行生物的活体检测技术及传感技术。如近年来，很多电化学工作者用碳纳米电极来分析生命物质多巴胺、肾上腺素以及抗坏血酸的测定。纳微电极对细胞色素 C 具有良好的催化还原特性，同时，具有选择性高、体积小和稳定性好等特点。适用于生命科学的研究，为细胞凋亡的病理、药理研究提供了新的手段和方法。

纳米电化学是多学科互相渗透成长起来的高新技术，将纳米技术和电化学传感技术有机结合起来，使纳米电极的应用产生一个新的飞跃，在环境分析中有广阔的应用前景。综上所述，将纳米技术、电化学分析技术以及环境科学结合起来，采用具有高灵敏度、高选择性的纳米材料电化学传感器对环境污染物进行检测，为环境保护科学提供了有效的途径。

## ——本 章 小 结——

　　本章阐述了环境检测的目的、意义以及现有的检测方法和技术。介绍了纳米电化学分析技术的研究进展及应用领域，重点介绍了其在环境检测中的应用，并对其在环境检测领域的发展前景进行了展望。纳米电化学分析技术因其具有灵敏度高、准确度高、操作简便、易于实现现场检测、自动化分析和在线监测等优点，在环境污染物检测领域有很大的发展潜力。

## 习　　题

1-1　常用于检测环境污染物的方法有哪些？
1-2　纳米电化学分析技术在环境污染物检测方面有什么优势？

## 参 考 文 献

［1］ Celic M, Skrbi B D, Insa S, et al. Occurrence and assessment of environmental risks of endocrine disrupting compounds in drinking surface and wastewaters in Serbia ［J］. Environmental Pollution, 2020, 262：114344.

［2］ Dong H, Zeng X, Bai W. Solid phase extraction with high polarity Carb /PSA as composite fillers prior to UPLC-MS /MS to determine six bisphenols and alkylphenols in trace level hotpot seasoning ［J］. Food Chemistry, 2018, 258：206-213.

［3］ Zhu C, Li L, Wang Z, et al. Recent advances of aptasensors for exosomes detection ［J］. Biosens Bioelectron, 2020, 160：112213.

［4］ Mcdonagh C, Burke C S, Maccraith B D. Optical chemical sensors ［J］. Chemical Reviews, 2008, 108（2）：400-422.

［5］ Giuseppe V, Roberta D S, Lucia M, et al. Molecularly imprinted polymers：Present and future prospective ［J］. International Journal of Molecular Sciences, 2011, 12（9）：5908-5945.

［6］ Zhang M C, Hong W, Wu X, et al. A highly sensitive and direct competitive enzyme-linked immunosorbent assay for the detection of di-（2-ethylhexyl）phthalate（DEHP）in infant supplies ［J］. Analytical Methods, 2015, 7（13）：5441-5446.

［7］ 张明翠, 庄惠生. 环境激素邻苯二甲酸二丁酯的竞争荧光免疫法测定 ［C］// 中国化学会. 全国环境化学学术大会会议文集, 2005.

［8］ 庄惠生, 王术皓, 王琼娥. 雌二醇类环境内分泌干扰物的免疫分析研究 ［C］// 中国化学会. 中国化学会有机分析及生物分析学术研讨会会议文集, 2007.

［9］ 刘玉洁, 黄克靖, 刘彦明. 基于层状二硫化钴-金纳米的17β-雌二醇适配体生物传感器 ［C］// 河南省化学会 2014 年学术年会论文摘要集, 2014.

［10］ He M Q, Wang K, Wang J, et al. A sensitive aptasensor based on molybdenum carbide nanotubes and label-free aptamer for detection of bisphenol A ［J］. Analytical and Bioanalytical Chemistry, 2017, 409（7）：1797-1803.

［11］ Mirzajani H, Cheng C, Wu J, et al. A highly sensitive and specific capacitive aptasensor for rapid and label-free trace analysis of bisphenol A（BPA）in canned foods ［J］. Biosens & Bioelectron, 2016,

89 (2): 1059-1067.

［12］ Fu Q, Zheng N, Li Y Z, et al. Molecularly imprinted polymers from nicotinamide and its positional isomers ［J］. Journal of Molecular Recognition, 2001, 14 (3): 151-156.

［13］ Wulff G, Sarhan A, Sarhan A W, et al. Use of polymers with enzyme-analogous structures for the resolution of racemates ［J］. Angewandte Chemie International Edition, 1972, 11 (11): 341-344.

［14］ Zhang H. Molecularly imprinted nanoparticles for biomedical applications ［J］. Advanced Materials, 2020, 32 (3): 1806328.

［15］ Li S, Li J, Luo J, et al. A microfluidic chip containing a molecularly imprinted polymer and a DNA aptamer for voltammetric determination of carbofuran ［J］. Microchimica Acta, 2018, 185 (6): 295.

［16］ An J, Li L, Ding Y, et al. A novel molecularly imprinted electrochemical sensor based on Prussian blue analogue generated by iron metal organic frameworks for highly sensitive detection of melamine ［J］. Electrochimica Acta, 2019, 326: 134946.

［17］ Whitcombe M J, Alexander C, Vulfsone N. Imprinted polymers: versatile new tools in synthesis ［J］. Synlett, 2000 (6): 911-923.

［18］ Shin M J, Shin J S. A molecularly imprinted polymer undergoing a color change depending on the concentration of bisphenol A ［J］. Microchimica Acta, 2019, 187 (1): 1-9.

［19］ Haginaka J, Tabo H, Matsunaga H. Preparation of molecularly imprinted polymers for organophosphates and their application to the recognition of organophosphorus compounds and phosphopeptides ［J］. Analytica Chimica Acta, 2012, 748 (20): 1-8.

［20］ Bie Z J, Chen Y, Ye J, et al. Boronate-affinity glycan-oriented surface imprinting: a new strategy to mimic lectins for the recognition of an intact glycoprotein and its characteristic fragments ［J］. Angewandte Chemie International Edition, 2015, 127 (35): 10211-10215.

［21］ Urucu O A, Cigil A, Birtane H, et al. Selective molecularly imprinted polymer for the analysis of chlorpyrifos in water samples-Science Direct ［J］. Journal of Industrial and Engineering Chemistry, 2020, 87 (25): 145-151.

［22］ Guha A, Ahmad O S, Guerreiro A, et al. Direct detection of small molecules using a nano-molecular imprinted polymer receptor and a quartz crystal resonator driven at a fixed frequency and amplitude ［J］. Biosensors & Bioelectronics, 2020, 158: 112176.

［23］ Ma Y, Pan G Q, Zhang Y, et al. Narrowly dispersed hydrophilic molecularly imprinted polymer nanoparticles for efficient molecular recognition in real aqueous samples including river water, milk, and bovine serum ［J］. Angewandte Chemie International Edition, 2013, 52 (5): 1511-1514.

［24］ Shinde S, El-schich Z, Malakpour A, et al. Sialic acid imprinted fluorescent core-shell particles for selective labeling of cell surface glycans ［J］. Journal of the American Chemical Society, 2015, 137 (43): 13908-13912.

［25］ Hashemi-moghaddam H, Kazemi-bagsangani S, Jamili M, et al. Evaluation of magnetic nanoparticles coated by 5-fluorouracil imprinted polymer for controlled drug delivery in mouse breast cancer model ［J］. International Journal of Pharmareutics, 2016, 497 (1/2): 228-238.

［26］ Wang J, Xu Q, Xia W W, et al. High sensitive visible light photoelectrochemical sensor based on in-situ prepared flexible $Sn_3O_4$ nanosheets and molecularly imprinted polymers ［J］. Sensors and Actuators B: Chemical, 2018, 271: 215-224.

［27］ Wang L, Cao H X, Pan C G, et al. A fluorometric aptasensor for bisphenol a based on the inner filter effect of gold nanoparticles on the fluorescence of nitrogen-doped carbon dots ［J］. Microchimica Acta, 2019, 186 (1): 28.

［28］West B J, Otero T F, Shapiro B, et al. Chronoamperometric study of conformational relaxation in PPy（DBS）［J］. Journal Physical Chemistry B, 2009, 113（5）：1277-1293.

［29］Vasapollo G, Del Sole R, Mergolal, et al. Molecularly imprinted polymers：Present and future prospective［J］. International Journal of Molecular Sciences, 2011, 12（9）：5908-5945.

［30］Li Y, Liu Y, Yang Y, et al. Novel electrochemical sensing platform based on a molecularly imprinted polymer decorated 3D nanoporous nickel skeleton for ultrasensitive and selective determination of metronidazole［J］. ACS Applied Materials & Interfaces, 2015, 7（28）：15474-15480.

# 2 电化学分析基本原理

▸▸▸▸▸▸▸▸▸▸▸▸▸▸▸▸▸▸▸▸▸▸▸▸▸▸▸▸▸▸▸▸▸▸▸▸▸▸▸▸▸▸▸▸▸▸▸▸▸▸

**本章提要：**

（1）掌握电化学分析的基本概念和原理，了解双电层和电极反应动力学特点。

（2）掌握电化学测量体系的构成和常用电化学测量方法，了解化学修饰电极的类型和应用。

▸▸▸▸▸▸▸▸▸▸▸▸▸▸▸▸▸▸▸▸▸▸▸▸▸▸▸▸▸▸▸▸▸▸▸▸▸▸▸▸▸▸▸▸▸▸▸▸▸▸

## 2.1 电化学中的几个基本概念

### 2.1.1 化学电池

能够使化学能和电能相互转化的装置称为化学电池。化学电池包括两类：能够使电化学反应自发进行而供给电流的电化学池称为原电池（也称伽伐尼电池），常简称为电池，它能将化学能直接转化为电能；相反，从外部电源向电化学池输入电能，相当于施加一定的电势，提供具有相应能量的电子，使原来自发进行的电极反应逆向进行，将电能转化为化学能，这称为电解池。电解池常用于电极反应的研究。

### 2.1.2 电极、阴极与阳极

将两个电子导体，包括含有自由电子的固体或液体（如金属、碳、半导体等），插入电解液（即离子导体）中，通过与之相连的直流电源对电解液施加电场，所采用的电子导体称为电极。

如图 2-1 所示，一个完整的电解池包括一个直流电源、一个电阻、一个电流计及与电极相连的导线和电解液等，在直流电源电场作用下产生的电流通过以上导电元件从一个电极流向另一个电极。图中的电解液为 $CuCl_2$ 水溶液（解离成 $Cu^{2+}$ 和 $Cl^-$），电极为铂等惰性金属。

当电流通过电解池时，带正电的铜离子向负极移动，而带负电的氯离子向正极移动，当正负离子到达电极与电解液界面时，可以通过获得或者释放电子而发生转化。例如到达负极的铜离子从电极上获得电子，生成金属铜，电极反应为：

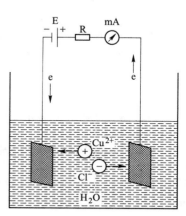

图 2-1 电解 $CuCl_2$ 水溶液的
电解池示意图
E—直流电源；R—电阻；
mA—电流计

$$Cu^{2+} + 2e \longrightarrow Cu^0 \tag{2-1}$$

同时，到达正极的氯离子则给出电子到电子导体，生成氯气，电极反应为：

$$2Cl^- \longrightarrow Cl_2 + 2e \tag{2-2}$$

可以发现，电解液中通过离子迁移传输电荷和电子导体中通过电子定向运动传输电荷有着本质区别：电子导体传输过程导电体（如金属线）不发生任何变化，即电子导体本身不发生任何化学变化；而离子导体传输电荷使电解液发生明显的变化。如图 2-1 所示，电流流过电解池时，铜离子从右向左迁移，氯离子则从左向右迁移，从而在溶液中形成浓度梯度；另外，因为铜离子和氯离子在电极/溶液界面进行电极反应而从溶液中消失，使两种离子在电解液中的浓度减小。将电极反应式（2-1）与式（2-2）相加，得到总电池反应方程式为式（2-3）：

$$Cu^{2+} + 2Cl^- \longrightarrow Cu^0 + Cl_2 \tag{2-3}$$

不管是电解池还是原电池，将电子注入电解质溶液的电极（发生还原反应）都称为阴极，阴极附近电解质溶液中出现负电荷（如 $Cl_2+2e\rightarrow2Cl^-$）或者在电解质溶液的正电荷被消耗（如 $Cu^{2+}+2e\rightarrow Cu^0$），在这两种情况下，阴极都是将电子传给电解质溶液中的反应剂（如 $Cu^{2+}$ 或 $Cl_2$），使它们发生还原反应。而发生相反过程的电极称为阳极，也就是正电荷进入电解液，消耗电极附近电解液中的负电荷（如 $2Cl^-\rightarrow Cl_2+2e$），或出现正电荷（如 $2H_2O+H_2\rightarrow2H_3O^++2e$），即阳极从反应物中获得电子，而反应物则发生氧化反应。

### 2.1.3　活度

一定浓度的稀溶液中离子将在其周围建立带有相反电荷的离子氛。在电极表面或溶液中的中心离子发生反应前，其周围的离子氛必须首先剥离，这个过程需要一定的额外能量，损耗体系的能量，使离子的自由能及反应活性低于自由溶液中的离子。电解质溶液浓度越高，离子氛的密度越大，因此，随着溶液浓度增大，离子的自由能和反应活性的降低会变得更加明显。

为了准确描述溶液中溶解离子的电化学和热力学性质，采用简单的浓度如质量摩尔浓度 $m$ 是不够的，需要引入离子的有效质量摩尔浓度或者称为活度 $a_i$：

$$a_i = \gamma_i \frac{m_i}{m^0} \tag{2-4}$$

式中，$\gamma_i$ 为活度系数，表示实际溶液偏离理想溶液的程度，是离子强度 $I$ 的函数。

在无限稀溶液中，离子间相互作用不存在，离子强度 $I$ 趋近于零，则 $\gamma_i=1$，$a_i=\dfrac{m_i}{m^0}$，其标准质量摩尔浓度 $m^0$ 为 1mol/kg，则 $a_i=m_i$。在非理想溶液中，离子的活度系数将随浓度的增加而减小，即 $\gamma_i<1$，则 $a_i<m_i$。

### 2.1.4　电极电势

在一个电化学体系中，电势差与该体系的自由能变化有关。一般来说，任何两个导体相的接触界面都会建立起一定的界面电势差。原电池中包含着一系列界面电势差，显然，原电池的电动势是其内部各相界面间电势差的总和。但是单个界面电势差是无法测量的，下面来讨论电势差是如何建立的，从而深入了解电极电势的内涵。

导体中存在可在电场作用下移动的电荷。当没有电流通过导电相时，就没有电荷的净运动,因此,相内所有点的电场强度均为零。否则,电荷必定要在电场的作用下运动来抵消此电场。这样,相内任意两点间的电势差必然为零,即整个相是一个等电势体,用 $\varphi$ 来表示它的电势,被称为该相的内电势,又称为 Galvani 电势。

当一种金属(如铜)浸入含有同种金属离子的溶液(如氯化铜溶液)中时,将发生金属的溶解,即在金属表面留下多余的电子,而靠近金属表面的溶液层将带有正电荷,这样就形成了双电层,并建立如下平衡:

$$Cu^0(Cu) \Longrightarrow Cu^{2+}(aq) + 2e(M) \tag{2-5}$$

双电层的存在,使金属与溶液两相间产生电势差,两相间的内电势差称为 Galvani 电势差,对没有净电流流过的平衡态,其值是可以直接计算的。可分别用 $\varphi_M$ 和 $\varphi_S$ 来表示金属和溶液的内电势,则平衡时的电化学势可表示为:

$$\widetilde{\mu}_{Cu}(M) = \widetilde{\mu}_{Cu^{2+}}(aq.) + 2\,\widetilde{\mu}_e(M) \tag{2-6}$$

假设金属中铜原子是中性的,则其电化学势等于化学势,即 $\widetilde{\mu} = \mu$,那么有:

$$\mu_{Cu}^0(M) + RT\ln a_{Cu}(M) = \mu_{Cu^{2+}}^0 + RT\ln a_{Cu^{2+}} + 2F\varphi_S + 2\mu_e^0(M) + 2RT\ln a_e - 2F\varphi_M \tag{2-7}$$

由于金属铜中的铜原子和电子的浓度基本保持不变,所以可以忽略这两项的活度,式(2-7)经过重排得到:

$$\Delta\varphi \equiv \varphi_M - \varphi_S = \frac{\mu_{Cu^{2+}}^0 + 2\mu_e^0 - \mu_{Cu}^0(M)}{2F} + \frac{RT}{2F}\ln a_{Cu^{2+}} \equiv \Delta\varphi^0 + \frac{RT}{2F}\ln a_{Cu^{2+}} \tag{2-8}$$

式中,$\Delta\varphi^0$ 是当 $a_{Cu^{2+}} = 1$ 时电极和溶液的 Galvani 电势差,称为标准 Galvani 电势差。式(2-8)说明,在 298K 下,金属离子的活度每改变 1 个数量级,Galvani 电势差将改变 $(RT/zF)\ln 10 \equiv (0.059/z)$ V,这里 $z$ 是溶液中金属离子的价态。

尽管 $\Delta\varphi$ 和 $\Delta\varphi^0$ 都无法通过实验测定,如果向溶液中引入 Galvani 电势差 $\Delta\varphi'$ 为恒定值的另一个电极,那么工作电极相对于该电极的电势就可以测定,即 $E = \Delta\varphi - \Delta\varphi'$。而且,由于单位活度时的标准电势 $E^0 = \Delta\varphi^0 - \Delta\varphi'$,因此,$E - E^0 = \Delta\varphi - \Delta\varphi^0$。那么就有,与含金属离子 $M^{z+}$ 的溶液接触的金属(M)电极的电势可写成:

$$E = E^0 + \frac{RT}{zF}\ln a_{M^{z+}} \tag{2-9}$$

这一平衡电势与溶液中离子的活度之间的关系式称为 Nernst(能斯特)方程。

除了金属与含其相应离子的溶液相接触的体系外,其他情况也可能在两相间形成 Galvani 电势差。例如将一惰性电极(如铂电极)浸入含有物质硫的溶液中,该物质可以从电极上得失电子而以氧化态或还原态形式存在。最简单的情形会有如下平衡:

$$S_{Ox} + ne \Longrightarrow S_{Red} \tag{2-10}$$

式中,$S_{Ox}$ 和 $S_{Red}$ 是一个氧化还原对相应的氧化态和还原态组分,例如 $Fe^{3+}$ 和 $Fe^{2+}$。

应该强调的是,对于此类反应,电子交换发生在溶液相与电极之间,而不是发生在溶液相的离子之间。原则上,类似于金属与含其相应离子的溶液相接触的体系,达到平衡时,形成双电层并产生 Galvani 电势差,则电化学势可表示为:

$$\widetilde{\mu}_{Ox} + n\,\widetilde{\mu}_e(M) = \widetilde{\mu}_{Red} \tag{2-11}$$

为了达到电中性，氧化态上的正电荷必须比还原态上的多 $|ne|$，则式（2-11）可写成：

$$\mu_{Ox}^{0\dagger} + RT\ln a_{Ox} + nF\varphi_S + n\mu_e^0 - nF\varphi_M = \mu_{Red}^{0\dagger} + RT\ln a_{Red} \qquad (2\text{-}12)$$

式中，符号"$\dagger$"表示该标准态不是纯物质，整理式（2-12）得：

$$\Delta\varphi = \varphi_M - \varphi_S = \frac{\mu_{Ox}^{0\dagger} + n\mu_e^0 - \mu_{Red}^{0\dagger}}{nF} + \frac{RT}{nF}\ln\left(\frac{a_{Ox}}{a_{Red}}\right) = \Delta\varphi^0 + \frac{RT}{nF}\ln\left(\frac{a_{Ox}}{a_{Red}}\right) \qquad (2\text{-}13)$$

式中，标准 Galvani 电势差 $\Delta\varphi^0$ 定义为氧化态和还原态的活度都等于 1 时的 Galvani 电势差。同样，也必须引入一个 Galvani 电势差恒定的参比电极才能测量该电极的电势，则该金属本身的电极电势可以写成：

$$E = E^0 + \frac{RT}{nF}\ln\left(\frac{a_{Ox}}{a_{Red}}\right) \qquad (2\text{-}14)$$

由式（2-14）可知，通过改变氧化态与还原态活度的比值，可以改变电极电势，氧化态与还原态活度的比值增大 10 倍时，电极电势 $E$ 将改变 $(0.059/n)\,\mathrm{V}$。

对于多氧化还原组分的反应，可以通过与式（2-14）类似的推导方法得到，即：

$$E = E^0 + \frac{RT}{nF}\ln\left(\frac{\prod_{Ox} a_{Ox}^{n_{Ox}}}{\prod_{Red} a_{Red}^{n_{Red}}}\right) \qquad (2\text{-}15)$$

例如在酸性溶液中高锰酸根的还原：

$$MnO_4^- + 8H_3O^+ + 5e \Longleftrightarrow Mn^{2+} + 12H_2O \qquad (2\text{-}16)$$

设在中性溶液中水的活度为 1，浸入同时含有 $MnO_4^-$ 和 $Mn^{2+}$ 溶液中的铂电极的电势可表示为：

$$E = E^0 + \frac{RT}{5F}\ln\left(\frac{a_{MnO_4^-} a_{H_3O^+}^8}{a_{Mn^{2+}}}\right) \qquad (2\text{-}17)$$

表示氧化还原电极的平衡电势与溶液中物质活度之间关系的 Nernst 方程也适用于电极-电解质溶液界面参加电子交换反应的不带电气体分子。例如氯气还原反应：

$$Cl_2 + 2e \Longleftrightarrow 2Cl^- \qquad (2\text{-}18)$$

相应的 Nernst 方程可表示为：

$$E = E^0 + \frac{RT}{2F}\ln\left(\frac{a_{Cl_2}(aq)}{a_{Cl^-}^2}\right) \qquad (2\text{-}19)$$

式中，$a_{Cl_2}$ 是溶解于水中的氯气的活度。如果含氯气的溶液是与氯气分压为 $p_{Cl_2}$ 的气相处于平衡，那么有：

$$\mu_{Cl_2}(gas) = \mu_{Cl_2}(aq) \qquad (2\text{-}20)$$

假设

$$\mu_{Cl_2}(gas) = \mu_{Cl_2}^0(gas) + RT\ln\left(\frac{p_{Cl_2}}{p^0}\right) \qquad (2\text{-}21)$$

和

$$\mu_{Cl_2}(aq) = \mu_{Cl_2}^0(aq) + RT\ln a_{Cl_2}(aq) \qquad (2\text{-}22)$$

其中，$p^0$ 为标准大气压（恒等于 101325Pa），因此，

$$a_{Cl_2}(aq) = \left(\frac{p_{Cl_2}}{p^0}\right) \exp\left[\frac{\mu_{Cl_2}^0(gas) - \mu_{Cl_2}^0(aq)}{RT}\right] \quad (2\text{-}23)$$

可写出：

$$E = E^{0\dagger} + \frac{RT}{2F}\ln\left(\frac{p_{Cl_2}}{p^0 a_{Cl^-}^2}\right) \quad (2\text{-}24)$$

式中，$E^{0\dagger}$ 是在标准条件下，即 $p_{Cl_2} = p^0$ 和 $a_{Cl^-} = 1$ 的 Galvani 电势差。

对于氢气的氧化反应：

$$2H_3O^+(aq) + 2e \Longrightarrow H_2 + 2H_2O \quad (2\text{-}25)$$

同理有：

$$E = E^{0\dagger} + \frac{RT}{2F}\ln\left(\frac{a_{H_3O^+}^2}{p_{H_2}/p^0}\right) \quad (2\text{-}26)$$

### 2.1.5 参比电极

如 2.1.4 节中所讨论的，单独地与含金属离子 $M^{z+}$ 的溶液接触的金属（M）的电极电势是无法通过实验直接测量的，需要向溶液中引入 Galvani 电势差恒定的第二个电极，作为参比电极而给出另一个电极的电势。因此，好的参比电极需要相对时间和温度有稳定的电势，且电势不随体系的电流或电压的变化而变化。参比电极主要有两种类型。

标准氢电极（SHE）是最重要的参比电极，因为它是定义标准电极电势的标度的一种电极，它具有快速达到平衡的优点、长期稳定性和良好的重现性，不同的氢电极只相差 $10\mu V$，非常适合作参比电极。该电极由 1atm（0.1MPa）的氢气及与之平衡且含有活度为 1 的 $H^+(aq)$ 的水溶液及浸入该溶液的铂黑片构成（如图 2-2 所示）。其电极反应为：

$$2H^+(aq) + 2e \Longrightarrow H_2 \quad (2\text{-}27)$$

其 Galvani 电势差或单电极电势用 Nernst 方程表示为：

$$E^{HE} = E^{0,SHE} + \frac{RT}{F}\ln\left(\frac{a_{H^+}}{\sqrt{p_{H_2}}}\right) \quad (2\text{-}28)$$

根据定义，式（2-28）的标准电势 $E^{0,SHE}$ 设为 0，所有其他电极都可以测出相对该参比电极的电势，这些电势值称为标准电极电位。

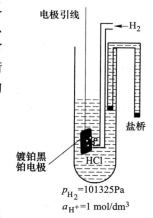

图 2-2 标准氢参比
电极示意图

由于标准氢电极在使用过程中会遇到 $H_3O^+$ 活度难以精确控制、铂黑电极容易吸附杂质而发生"毒化"等问题，所以使得电化学家们去研究更容易制造和使用且重现性好的第二类参比电极。该类电极中最重要的是金属离子电极，该类电极电势的决定因素是溶液相中金属离子的活度 $a_{M^{z+}}$。

以银离子为例，对银电极有：

$$E_{Ag|Ag^+} = E_{Ag|Ag^+}^0 + \frac{RT}{F}\ln a_{Ag^+} \quad (2\text{-}29)$$

如果溶液中有难溶的 AgCl 存在，那么就有：

$$AgCl \Longrightarrow Ag^+ + Cl^- \tag{2-30}$$

可以得到：

$$K_S^{AgCl} = a_{Ag^+} a_{Cl^-} \tag{2-31}$$

则 Ag-AgCl 半电池 Ag｜AgCl｜Cl$^-$ 的平衡电势可以写成：

$$E_{Ag|AgCl|Cl^-} = E_{Ag|Ag^+}^0 + \frac{RT}{F} \ln K_S^{AgCl} - \frac{RT}{F} \ln a_{Cl^-} \tag{2-32}$$

可以把 $E_{Ag|Ag^+}^0 + \frac{RT}{F} \ln K_S^{AgCl}$ 作为 Ag-AgCl 电极的标准电势，得到：

$$E_{Ag|AgCl|Cl^-} = E_{Ag|AgCl|Cl^-}^0 - \frac{RT}{F} \ln a_{Cl^-} \tag{2-33}$$

查标准电极电位可得：$E_{Ag|Ag^+}^0 = +0.7996V$，AgCl 产物的溶度积 $K_S^{AgCl} = 1.784 \times 10^{-10}$，可以计算出 Ag-AgCl 电极的标准电势 $E_{Ag|AgCl|Cl^-}^0 = +0.2224V$。由式（2-33）可知，该 Ag-AgCl 电极的电势 $E_{Ag|AgCl|Cl^-}$ 与溶液中 $a_{Cl^-}$ 有关，因此，可以通过控制溶液中氯离子的活度来控制电极电势。如果溶液中 KCl 的浓度为 $1mol/dm^3$（其中 $a_{Cl^-} < 1$），则在 25℃时，Ag｜AgCl 电极的平衡电势是 0.2368V。

也就是说，该类参比电极的实际电势与溶液中形成难溶盐的阴离子的活度有关，可以通过加入含有同种阴离子的易溶盐来控制电极电位。类似地，另一种常用的参比电极是甘汞电极，甘汞（$Hg_2Cl_2$）是难溶盐，与 Ag-AgCl 电极类似有：

$$E_{Hg|Hg_2Cl_2|Cl^-} = E_{Hg|Hg_2Cl_2|Cl^-}^0 - \frac{RT}{F} \ln a_{Cl^-} \tag{2-34}$$

其相对于氢标准电极的标准电势为 +0.2682V。通常甘汞电极使用饱和 KCl 溶液制作，就称为饱和甘汞电极（SCE）。该电极制作简单，使用方便，可以很容易放入其他溶液中。但饱和甘汞电极的一个缺点是 KCl 的溶解度随温度的变化较大，导致该参比电极的电势随温度变化较大（其变化率约为 1mV/℃）。

这些电极主要在水溶液体系中使用。参比电极一般都有一个多孔塞，通过其连接参比电极和电池的溶液。由于离子通过多孔塞的迁移率非常小，所以这些电极也可以用于短时间非水体系电势的测量。参比电极通常只用于控制电势，不用于传递电流。

### 2.1.6　液体接界电势

当两种不同的电解质溶液，或组分相同但浓度不同的两种电解质溶液相接触时，离子会从浓度高的一边向浓度低的一边扩散，由于阴阳离子的运动速率不同，在界面两侧就会有过剩的电荷积累，产生电势差，称为液体接界电势（Liquid Junction Potential），简称液接电势，用 $\varphi_j$ 来表示。

可以用两个简单的例子来说明液接电势产生的原因。例如有两个浓度不同的 $AgNO_3$ 溶液（浓度 $c_1 < c_2$）相接触（如图 2-3 所示）。由于两溶液的界面间存在浓度差，$Ag^+$ 和 $NO_3^-$ 将由浓度高的区域向浓度低的区域扩散。由于 $Ag^+$ 的扩散速率要低于 $NO_3^-$，在相同的时间间隔内通过界面的 $NO_3^-$ 要多于 $Ag^+$，因此，在两溶液界面左侧的 $NO_3^-$ 过剩，而右侧的 $Ag^+$ 过剩。同时，静电作用将二者吸引在界面附近，最终达到稳态，形成左负右正的双电层。在界面间存在的与这个稳态相对应的稳定电势差就是液接电势。稳态不等于平衡状

态，因为扩散会继续进行，是个不可逆过程。再比如浓度相同（浓度都是 $c$）的 $AgNO_3$ 和 $HNO_3$ 溶液相接触时（如图 2-4 所示），由于溶液界面两侧的 $NO_3^-$ 浓度相同，所以它不发生扩散。这时 $H^+$ 会向 $AgNO_3$ 溶液侧扩散，而 $Ag^+$ 会向 $HNO_3$ 溶液侧扩散，由于 $H^+$ 的扩散速度比 $Ag^+$ 大得多，使得界面左侧的正电荷过剩，而右侧负电荷过剩，于是形成了电势差。该电势差使得 $H^+$ 的扩散速度变慢，$Ag^+$ 的扩散速度加快，直到达到稳定状态，$H^+$ 和 $Ag^+$ 的扩散速度相等，形成一定的液接电势。

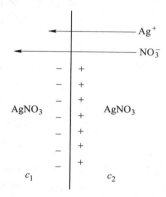

图 2-3　不同浓度相同种类
溶液液接电势形成示意图

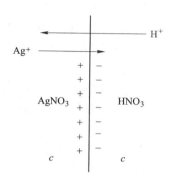

图 2-4　相同浓度不同种类
溶液液接电势形成示意图

由于无法准确测定液接电势，会影响电池电动势的测量，因此，必须设法将液接电势消除或减小到可以忽略的程度。常用消除液接电势的方法是在两溶液间连接"盐桥"。常见的盐桥是充满凝胶（琼脂、硅胶等）状盐溶液的玻璃管，管的两端分别与两种溶液连接，凝胶状电解液可以抑制两侧溶液的流动。盐桥中盐溶液选的阴阳离子扩散速度相近，且溶液浓度很大。这样，在盐桥两端与溶液的接触界面上，主要是盐桥溶液中的离子向被连接的溶液中扩散，扩散的速度相同，方向相反，相互抵消后总的液接电势大大减小，可以忽略不计。盐桥中常采用高浓度的 $KCl$ 或 $NH_4NO_3$ 溶液。

## 2.2　电极/溶液界面的特性——双电层

电极与溶液相接触时，在界面附近会出现一个性质跟电极和溶液自身均不相同的三维空间，通常称之为界面区。电极反应发生在电极与溶液界面之间，界面的性质会影响电极反应的速度。这种影响一方面表现在电极的催化作用上（由电极材料的性质和它的表面状态体现出来的），另一方面则表现为界面区存在电场所引起的特殊效应。界面电场对电极反应速率有强烈影响，它的基本性质对界面反应的动力学性质有很大影响，它是动力学研究的基础。因此，了解电极/溶液界面的微观结构和电性质，即电极和溶液两相间的电势差和界面层中的电势分布，是非常必要的。

### 2.2.1　双电层的形成

两种不同物体接触时，由于物理化学性质的差别，在接触界面间粒子所受的作用力与物体内部的粒子不同，因此界面间将出现界面电荷（电子或离子）或取向偶极子（如极性分子）的重新排布，形成大小相等、符号相反的两层界面荷电层，称为双电层。任何两相界面区都会形成各种不同形式的双电层，也都存在着一定大小的电势差。

电极与溶液接触形成新的界面时，来自相中的游离电荷或偶极子，必然要在界面上重新排布，形成双电层，产生电势差。根据两相界面区双电层结构上的特点，可将它们分为三类：离子双层、偶极双层和吸附双层。

由于带电粒子因电化学势不同而在两相间转移，或通过外电源向界面两侧充电，会使两相中出现大小相等、符号相反的游离电荷（称为剩余电荷）分布在界面两侧，形成离子双层。其特点是每一相中有一层电荷，但符号相反。例如，如果金属表面带负电，则溶液中将以正离子与之形成离子双层（如图2-5所示）。

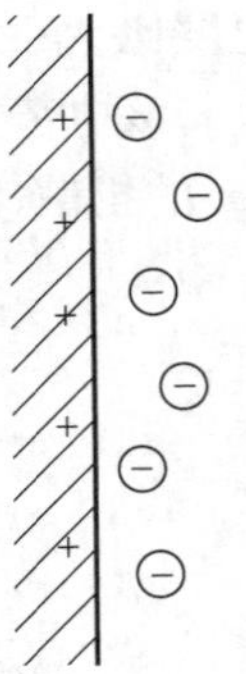

图 2-5    离子双层示意图

任何一种金属与溶液的界面上都存在着偶极双层。由于金属表面的自由电子有向表面以外"膨胀"的趋势（可导致其动能的降低），但金属中金属离子的吸引作用又将使它们的势能升高，故电子不可能逸出表面过远（$0.1\sim0.2nm$）。于是在紧靠金属表面形成正端在金属相内、负端在金属相外的偶极双层。溶液表面的极性溶剂分子（如水分子）在表面上有取向作用，故在界面中定向排列形成偶极双层（如图2-6所示）。

此外，溶液中某种离子可能被吸附于电极表面上，形成一层电荷。这层电荷又靠库仑力吸引溶液中同等数量的带相反电荷的离子而形成吸附双层。如图2-7所示的金属表面吸附负离子后，负离子又静电吸引等电量正离子形成吸附双层。界面上第一层电荷的出现靠的是库仑力以外的其他化学与物理作用，而第二层电荷则是由第一层电荷的库仑力引起的。

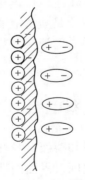

图 2-6    金属表面偶极双层及
偶极水分子取向层示意图

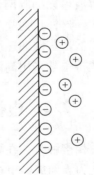

图 2-7    吸附双层示意图

金属/溶液界面电势差是由上述三种类型的双电层产生的电势差的部分或全部组成，但其中对于电极反应速率有重大影响的，则主要是离子双层电势差。

## 2.2.2    离子双层的形成条件

离子双层可能在电极与溶液接触后自发形成，也可以在外电源作用下被强制形成。无论在哪种情况下形成,性质上没有什么差别。

如果电极是一种金属,可以看作由金属离子和自由电子组成。一般情况下,金属相中金属离子的电化学势与溶液相中同种离子的电化学势并不相等。因此,在金属与溶液接触时,会发生金属离子在两相间的转移,转移达到平衡的条件是它们的电化学势相等。

比如锌离子在金属锌中的电化学势比其在某浓度下的 $ZnSO_4$ 溶液中高。当金属锌与 $ZnSO_4$ 溶液接触时,金属锌上的锌离子自发进入溶液相,也就是锌的溶解。因此电子被留在金属上成为剩余电荷,使金属锌表面带负电,而进入溶液相中锌离子是剩余电荷,带正电。剩余电荷将在库仑力作用下分布在界面两侧,因而在两相界面区形成电势差。这个电势差对金属中的锌离子继续进入溶液相有阻滞作用,却能促使溶液中的锌离子进入金属晶格。随着金属上锌离子溶解数增大,电势差变大,锌离子溶解速度减小,溶液中锌离子返回金属的速度不断增大。最后达到这两个过程速度相等的状态,即达到动态平衡,锌离子在两相间的电化学势相等。这时在两相界面区形成了金属锌表面带负电,而溶液侧带正电的离子双层。这就自发形成离子双层的过程,该过程非常迅速,一般只需 $10^{-6}$s。

反之,当金属中金属离子的电化学势低于溶液中该离子的电化学势时,则会发生溶液中金属离子沉积到金属上的情况。例如将铜放入 $CuSO_4$ 溶液中,则溶液中的铜离子会自发沉积到金属铜表面,使金属表面带正电荷,而溶液中带负电的 $SO_4^{2-}$ 离子被金属表面的正电荷吸引在表面附近,形成金属相带正电荷、溶液相带负电荷的离子双层。

有些情况下,金属与溶液接触时不能自发形成离子双层。例如将汞放入 KCl 溶液中,由于汞相当稳定,不易被氧化,同时钾离子也很难被还原,因此不能自发形成离子双层。但是,当将汞与外电源的负极连接时,外电源会向其提供电子,在其电势达到钾离子还原电势前,电极上无电化学反应发生。这时电子只能停留在汞上,使汞带负电。这一层负电荷会吸引溶液中相同数量的正电荷(钾离子),这样就形成了汞表面带负电,溶液相带正电的双电层。反之,如果将汞与外电源的正极相连接,外电源将从汞中取走电子。在没有发生电化学反应来补充电子的情况下,汞表面会带正电荷,它吸引溶液中相同数量的负电荷(氯离子),使溶液侧带负电,形成汞表面带正电,溶液相带负电的双电层。可见,靠外电源的作用可以强制形成双电层,并且该过程类似于给电容器充电。

一般情况下,形成离子双层时,电极表面上只有少量剩余电荷,剩余电荷的表面覆盖度很小,所产生的电势差也不大,但它对电极反应的影响却很大。假定离子双层的电势差 $\Delta\varphi$ 为 1V,近似将双电层看作一个平板电容器,如果界面区两层电荷的距离为原子半径的数量级 $10^{-10}$m,则双电层间的电场强度就高达 $10^{10}$V/m。如此巨大的电场强度,既能使一些在其他条件下不能进行的化学反应得以进行(例如可将熔融 NaCl 电解为 Na 和 $Cl_2$),又能使电极反应的速度发生极大的变化(例如界面区的电势改变 $0.1\sim0.2$V,反应速度即可改变一个数量级左右)。所以说,电极反应的速度与双电层电势差有着密切的关系,这是电极反应不同于一般异相催化反应的特殊之处。

当电场强度超过 $10^6$V/m 时,几乎所有的电介质(绝缘体)都会引起火花放电而遭到破坏。由于目前难以找到承受如此大电场强度的介质材料,所以很难得到这么大的电场强度。而电化学的双电层中两层电荷的距离很小,期间只有一两个水分子层,其他离子与分子差不多都处于双电层之外,而不是它们的中间,因而不会引起电介质破坏的问题。

### 2.2.3　理想极化电极与理想不极化电极

给电极通电时，电流会参与电极上的两种过程。一种是电子转移引起的氧化或还原反应，由于这些反应遵守法拉第定律，所以称为法拉第过程。另一种是电极/溶液界面上双电层荷电状态的改变，此过程称为非法拉第过程。虽然在研究一个电极反应时，通常主要关心的是法拉第过程，但在应用电化学数据获得有关电荷转移及相关反应的信息时，必须考虑非法拉第过程的影响。

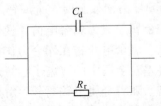

图 2-8　电极的等效电路示意图

如图 2-8 所示，可以将一般电极的等效电路表示成并联的反应电阻与双层电容。电极上有电流通过时，一部分电流用来为双电层充电（其电容为 $C_d$），另外一部分电流则用来进行电化学反应，使电流得以在电路中通过（相应的电阻为 $R_r$）。因此，电极与溶液的界面可被近似地看成是一个漏电的电容器。

在一定电极电势范围内，可以借助外电源任意改变双电层的带电状况（以此改变界面区的电势差），而不致引起任何电化学反应的电极，称为理想极化电极。这种电极的特性和普通的平板电容器类似，它对于研究双电层结构有很重要的意义。例如，汞电极与除氧的 KCl 溶液界面在 $-1.6 \sim 0.1\mathrm{V}$（相对于 SHE）的电势范围内接近于理想极化电极。对 KCl 溶液中的汞电极来说，因为电极电势处在水的稳定区，所以既不会引起溶液中 $K^+$ 还原和汞氧化，又不会发生 $H^+$ 或 $H_2O$ 还原及 $OH^-$ 或 $H_2O$ 的氧化。但如果给电极表面充的负电荷过多，使之超过发生 $K^+$ 还原的电极电势；或者给电极表面充入过多的正电荷，超过了汞能够氧化的电极电势，当然也有可能达到 $H^+$（或 $H_2O$）及 $OH^-$（或 $H_2O$）能以明显的速度进行还原和氧化的电势，则电极将失去理想极化电极的性质。所以说，任何一个理想极化电极都只能工作在一定电势范围内。

显然，理想极化电极电化学反应阻力趋向于无穷大，电极反应速率趋近于零，所以，全部电流都用来为双电层充电，可以控制电极电势在一定范围内任意改变。相反，若电化学反应阻力很小，趋近于零，则电流将全部漏过界面，双电层电势差维持不变，这就是理想不极化电极。理想不极化电极的电化学反应速率非常大，外电路传输的电子一到电极上就反应了，所以电极表面双层结构没有任何变化，所以电极电势也不会变化。绝对的不极化电极是不存在的，只是当电极通过的电流不大时，可近似认为某些电极是不极化的，例如甘汞电极（$Hg \mid Hg_2Cl_2 \mid Cl^-$）。

### 2.2.4　特性吸附和零电荷电势

离子、溶剂分子及中性分子（有或没有偶极）都可在电极表面吸附，这些粒子与带电表面的相互作用包括范德华力或者库仑作用力或者通过化学吸附成键等形式与带电表面作用。通常吸附作用可通过改变施加在电极上的电势而增强或减弱。但是，由于阴离子倾向于通过范德华作用在表面发生特性吸附，即使电极表面带负电荷，它们也可以在电极表面吸附。所谓特性吸附是指，水溶液中的粒子在库仑力作用下在电极表面吸附时，通常隔着电极表面的水分子层吸附在电极上。但是某些粒子可以突破水分子层直接通过化学作用吸附到电极表面，这种由库仑力以外的作用力引起的离子吸附，称为特性吸附或接触吸附。

特性离子与电极间分子轨道存在相互作用，使之被吸附于电极表面。特性吸附的离子甚至有可能与电极间发生部分电荷转移，使得它们的结合部分具有共价键性质。因此，此类阴离子必须脱去其溶剂化层或者至少是脱去在金属表面一侧的溶剂化层才能在表面发生特性吸附。一般来说，阴离子溶剂化程度越弱，其特性吸附越强。

一个电极在其表面没有任何过剩的自由电荷（无论是特性吸附的离子或扩散双电层中带任意电荷的离子）时的电势称为零电荷电势 $\varphi_{PZC}$。因为特性吸附靠的是库仑力之外的作用力，无论电极表面有无剩余电荷，特性吸附都有可能发生。表面剩余电荷为零时，离子双层不存在，但吸附双层依然存在，仍然会存在一定的电势差。

### 2.2.5 有机物在电极表面的吸附

在电化学体系中，通常会使用添加剂来控制电极过程，例如电镀工业中使用的各种光亮剂、湿润剂、平整剂等，这些添加剂影响电极过程的机理大多是通过它们在电极表面的吸附而实现的。吸附对电极与溶液界面的性质有重大影响，它能改变电极表面状态与双层中电势的分布，从而影响反应粒子的表面浓度及界面反应的活化能。

凡能够强烈降低界面张力，从而容易吸附于电极表面的物质，都被称为表面活性物质。除了无机阴离子在电极与溶液界面区的特性吸附以外，很多有机物的分子和离子也都能在界面上吸附。表面活性物质在电极上的吸附，取决于电极与被吸附物质之间、电极与溶剂间、被吸附物与溶剂间三种类型的相互作用力。前两种相互作用与电极表面剩余电荷密度有很大关系。

有机物的分子和离子在电极与溶液界面区的吸附对电极过程的影响很大。与阴离子发生的特性吸附类似，有机物的活性粒子向电极表面转移时，必须先脱去自身的一部分水化膜，并且排挤掉原来吸附在电极表面的水分子，这两个过程都将使系统的吉布斯自由能增大。在电极上被吸附的活性粒子与电极间的相互作用（包括疏水作用、镜像力和色散力引起的物理作用及与化学键类似的化学作用）将使系统的吉布斯自由能减少。只有后面这种作用超过前者，系统的总吉布斯自由能减少，吸附才能发生。

有机物在电极表面吸附时会有两种情况。一种是被吸附的有机物在电极表面保持自身的化学组成和特性不变。这种被吸附的粒子与溶液中同种粒子之间很容易进行交换，可以认为吸附是可逆的。另一种是电极与被吸附的有机物间的相互作用特别强烈，能改变有机物的化学结构而形成表面化合物，使被吸附的有机物在界面与溶液间的平衡遭到破坏，这是一种不可逆的吸附。

当电极表面剩余电荷密度很小时，对于在电极与溶液界面间发生可逆吸附的脂肪族化合物，将以其分子中亲水的极性集团（如己醇中的 OH 基）朝着溶液，而其不能水化的碳链（分子中的疏水基团）则朝着电极。而且这种脂肪化合物的碳链越长，其表面活性越大。这类化合物在电极与溶液界面上的吸附，与它们在空气与溶液界面上的吸附很相近。但是，一些芳香族化合物（如甲酚磺酸、2,6-二甲基苯胺等）、杂环化合物（如咪唑和噻唑衍生物等）和极性官能团多的化合物（如多亚乙基多胺、聚乙二醇等）的活性粒子与电极间的作用大得多，因而它们在电极上的吸附要比在空气与溶液的界面上吸附容易得多。而且，同一种粒子在各种不同材料的电极上吸附能力的差别也很明显。

# 2.3　电极反应动力学简介

## 2.3.1　电极的极化与过电势

处于热力学平衡状态的电极体系，其电极电势处于平衡电势，电极上没有电流通过，即外电流等于零。但电极体系在实际运行过程中都会有一定的电流通过，所以在电化学研究中，研究更多的是有电流通过时电极上发生的变化。

当电极上有电流通过时，就有净反应发生，这说明电极失去了原有的平衡状态，电极电势将因此而偏离平衡电势。电化学中将电流通过时电极电势偏离平衡电势的现象称为电极的极化。

实验结果表明，在有电流通过电化学装置时，无论是原电池还是电解池，阴极的电极电势总是变得比平衡电势更负，而阳极的电极电势总是变得比平衡电势更正。或者说，当电极电势偏离平衡电势向负方向移动时，电极上总是发生还原反应，称为阴极极化；当电极电势偏离平衡电势向正方向移动时，电极上总是发生氧化反应，称为阳极极化。一般情况下，随着电流的增大，电极电势离开其平衡电极电势越来越远。

通常将某一电流密度下的电极电势 $\varphi$ 与其平衡电势 $\varphi_e$ 之差称为过电势，以 $\Delta\varphi$ 表示，$\Delta\varphi=\varphi-\varphi_e$。显然，阴极极化时 $\varphi<\varphi_e$，故 $\Delta\varphi<0$；阳极极化时 $\varphi>\varphi_e$，故 $\Delta\varphi>0$。由于阴极过电势与阳极过电势的符号不同，故通常在提到过电势大小时，都是指它们的绝对值，用 $\eta$ 表示，$\eta=|\Delta\varphi|$。阴极过电势用 $\eta_c$ 表示，阳极过电势用 $\eta_a$ 表示。

## 2.3.2　电极反应过程

电化学反应是在两类导体界面上发生的有电子参加的氧化或还原反应。电极本身既是传递电子的介质，又是电化学反应的反应地点。为了使反应在电极与溶液界面区顺利进行，不可避免地会涉及物理和化学变化。

有电流通过时发生在电极与溶液界面区的电化学过程、传质过程及化学过程等一系列变化的总和统称为电极过程。其中电化学过程是指电极表面上发生的过程，如粒子在电极表面上活化与转化、得失电子、双层结构变化等。传质及化学过程是发生在电极表面附近薄液层中的过程，包括液相传质、液相中进行的粒子转化等。一般情况下，电极过程是由以下五个步骤构成的连续过程（如图2-9所示）。

（1）液相传质步骤：反应物粒子自本体溶液内部向电极表面附近液层迁移。

（2）前置转化步骤：到达表面的反应物粒子在电极表面或附近液层中进行没有电子参加的"反应前的转化"，使之处于活化态。

（3）电荷传递步骤（Charge Transfer Process，CTP）：活化态反应物粒子在电极表面得失电子生成活化态产物粒子，也叫电子转移步骤。

（4）后置转化步骤：活化态产物粒子在电极表面或附近液层中进行的没有电子参加的"反应后的转化"。

（5）液相传质步骤或生成新相步骤：产物粒子自电极表面向溶液内部迁移；或者是反应生成新相，如气态产物或固相沉积物。

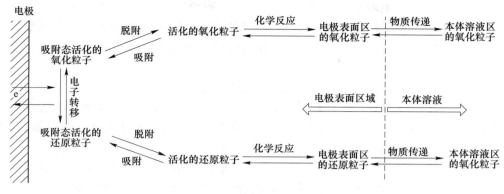

图 2-9 一般电极过程示意图

液相传质步骤很重要，因为液相中的反应粒子需要通过液相传质向电极表面不断地输送，而可溶产物又需通过液相传质离开电极表面。电荷传递步骤是核心反应步骤。步骤（2）、（4）可统称为表面转化步骤（Surface Convert Process，SCP），它可以是化学步骤，如离解、复合、二聚、异构化反应等，也可以是吸、脱附步骤。一个具体的电极过程并不一定包括所有五个单元步骤，但任何电极过程都必须包括（1）、（3）、（5）三个单元步骤。例如$Ag(CN)_3^{2-}$在阴极还原的电极过程包括以下四个单元步骤。

（1）液相传质步骤：$Ag(CN)_3^{2-}$从本体溶液向电极表面区域传递。

（2）前置转化步骤：$Ag(CN)_3^{2-} \rightleftharpoons Ag(CN)_2^- + CN^-$。

（3）电荷传递步骤：$Ag(CN)_2^- + e \rightleftharpoons Ag_{吸附态} + 2CN^-$。

（4）液相传质和生成新相步骤：$Ag_{吸附态} \rightarrow Ag_{结晶态}$，$CN^-$从电极表面向本体溶液传递。

电极过程的核心步骤是电子转移步骤，量子理论研究表明，电子通过隧道效应实现跃迁转移。电子的隧道跃迁在$10^{-9}$ m 左右即可发生。电子跃迁会涉及一系列变化，即使是在溶液中发生的最简单的两种粒子间的单电子转移反应，也会涉及电子跃迁（约$10^{-16}$s）、化学键长度的变化（原子核间距离的变化，约$10^{-14}$s）、溶剂分子的重新取向（约$10^{-11}$s）、离子氛的重新排布（约$10^{-8}$s）等变化。可见，每一种变化所需时间的数量级差别很大，而且电子跃迁的速度比其他变化快得多。电子跃迁的时刻，连原子核间距离都来不及改变，其他变化就更谈不到了。

另外，根据当代电子转移理论，离子在电极上进行电子转移反应的活化能与其价数的平方成正比，即二价离子直接放电生成中性物种的反应活化能是一价离子放电生成中性物种的4倍。因此，反应物同时得失两个电子的概率很小，故一般情况下，多电子反应包含多个单电子转移步骤，而且其前置和后置表面转化步骤也可能有好多个。至于整个电极过程中究竟包含哪些单元步骤，应当通过理论分析和实验结果来推断。

### 2.3.3 电极反应的特点与种类

电子转移步骤与其前后的部分或全部表面转化步骤构成的总的电化学反应称为电极反应。电极反应的特点是：（1）它是特殊的氧化还原反应，氧化与还原反应在空间分开进行，且氧化与还原反应等量进行；（2）它是电极/溶液界面上进行的特殊的异相催化反应，该界面区域上的电荷与粒子分布不同于本体相，且该界面的结构和性质对电极过程有很大的影响；（3）反应的能量由双层电场供给，双层电场分布直接影响电极反应的速率，且双电层内电场强度可高达 $10^{10}$ V/m，在如此高的场强下，即使是结构非常稳定的分子如 $CO_2$ 和 $N_2$ 也可以在电极上发生反应。

涉及电子转移的电极反应有很多种类，常见的大致有以下几种：

（1）简单电子转移反应。溶液一侧的氧化或还原物种借助于电极得到或失去电子，生成物种也溶解于溶液中，而电极的物理化学性质和表面状态等并未发生变化。如在 Pt 电极上发生的 $Fe^{3+}$ 还原为 $Fe^{2+}$ 的反应。

（2）金属沉积反应。溶液中的金属离子从电极上得到电子还原为金属，附着于电极表面，此时电极表面状态会发生变化。如 $Cu^{2+}$ 在金属电极上还原为 Cu 的反应。

（3）表面膜的转移反应。覆盖于电极表面的物种经过氧化/还原形成另一种附着于电极表面的物种，它们可能是氧化物、氢氧化物、硫酸盐等。如铅酸电池中正极的放电反应，$PbO^{2+}$ 还原为 $PbSO_4$。

（4）多孔气体扩散电极中的气体还原或氧化反应。指气相中的气体（如氧气或氢气）溶解于溶液后，再扩散到电极表面，然后借助于气体扩散电极得到或失去电子。气体扩散电极的使用提高了电极过程的电流效率（如：$Cl_2 + 2e \rightleftharpoons 2Cl^-$）。

（5）气体析出反应。指某些存在于溶液中的非金属离子借助于电极发生还原与氧化反应产生气体而析出（如 $2H^+(aq) + 2e \rightleftharpoons H_2$）。

（6）有机电合成反应。溶液中的有机物在电极上得到或失去电子，在电极表面生成活泼中间体，活泼中间体在扩散到溶液中之前，就与其他试剂分子发生化学反应生成新的有机物。如碱性机制中丙烯腈阴极还原氢化二聚制备己二腈的反应。

（7）腐蚀反应。指金属的自发溶解反应，即金属在一定的介质中发生自溶解，电极上存在共轭反应。如在常温下的中性溶液中，钢铁腐蚀的一对共轭反应：$Fe - 2e \rightleftharpoons Fe^{2+}$，$O_2 + 2H_2O + 4e \rightleftharpoons 4OH^-$。

### 2.3.4　电极过程的速率控制步骤

如上所述的电极过程一般由多个单元步骤串联组成，每个步骤单独进行时的速率会有很大差异，或者说它们所蕴藏的反应能力有很大差异。但如果电极过程达到稳态，各个单元步骤的速率都应当相同，这就意味着此时存在着一个"瓶颈步骤"，整个电极反应的速率主要由这个瓶颈步骤的速率所决定，而其他单元步骤的反应能力则未得到充分发挥。几个连续进行的单元步骤达到稳态时，每个步骤的速率都相等，都等于"瓶颈步骤"的速率，这个控制着整个电极过程速率的单元步骤，称为速率控制步骤，有时也称为"最慢步骤"，但"最慢"并不是指各分步步骤的实际进行速率，因为当连续反应稳态地进行时，每一个步骤的净速率是相同的，这里所谓"最慢"是就反应进行的"困难程度"而言。

速率控制步骤和瓶颈效应类似。例如一根水管由几个粗细不同的部分所组成，那么水流速率最大也只能等于最细部分的流速，虽然其他部分水管有很大的水流通过能力，但却只能受制于最细部分。如果把水流速率类比于电极反应速率，各部分水管粗细类比于各单元步骤的反应能力，则最细部分就是速率控制步骤。

因为整个电极过程的速率由控制步骤决定，故改变控制步骤的速率就能改变整个电极过程的速率。也就是说，整个电极过程所表现的动力学特征与速率控制步骤的动力学特征相同。可见速率控制步骤在电极过程动力学研究中有着重要的意义。

还应注意的是，速率控制步骤是可能变化的。当电极反应进行的条件改变时，可能使控制步骤的反应能力大大提高，或者使某个单元步骤的反应能力大大降低，以致原来的控制步骤不再是整个电极过程的"瓶颈步骤"了，这时速率控制步骤就会变化。当控制步骤改变后，整个反应的动力学特征也就随之发生变化了。例如，原来由液相传质控制的电极过程，当采用强烈的搅拌而大大提高了传质速率时，则电子转移步骤就可能变成"瓶颈步骤"，这样电子转移步骤就成为了控制步骤。

在有些情况下，控制步骤可能不止一个。根据理论计算，若反应历程中有一个活化自由能比其余的高出 $8\sim10 kJ/mol$ 以上，就能构成基本的控制步骤，即整个连续反应的进行速率完全取决于此控制步骤的进行速率。但如果反应历程中最高的两个活化能垒相差不到 $4\sim5 kJ/mol$，则相应的两个步骤的绝对速率差不超过 $5\sim7$ 倍，在这种情况下，就必须同时考虑两个控制步骤的协同影响，即反应处在"混合控制区"。

另一个需要说明的问题是，速率控制步骤以外的其他步骤均可近似地认为处于平衡状态，称为准平衡态。关于准平衡态的理解可以用 $Ag^+$ 自 $AgNO_3$ 溶液中阴极还原成为金属银的电极过程为例来说明。这个电极过程中，$Ag^+$ 自 $AgNO_3$ 溶液深处向电极表面传递比电极表面的 $Ag^+$ 得到电子困难得多，故液相传质为速率控制步骤，而电子转移步骤（$Ag^+ + e \rightleftharpoons Ag$）则可认为处于准平衡态。

对于 $Ag^+ + e \rightleftharpoons Ag$，在电极上无外电流通过时，金属 Ag 与 $Ag^+$ 处于动态平衡，即正、逆反应以相同速率进行。假定二者速率 $\vec{v} = \overleftarrow{v} = 10000$ 个（粒子）/$(m^2 \cdot s)$，即单位时间内单位面积上有 10000 个 $Ag^+$ 得到电子生成银原子，同时有 10000 个银原子失去电子生成 $Ag^+$。现在通以外电流，假如液相传质的极限能力是 100 个/$(m^2 \cdot s)$，则反应速率最大为 100 个/$(m^2 \cdot s)$，即 $\vec{v} - \overleftarrow{v} = 100$ 个/$(m^2 \cdot s)$。为了简单，近似地采取平均分配的办法，假定 $\vec{v} = 10050$ 个/$(m^2 \cdot s)$，$\overleftarrow{v} = 9950$ 个/$(m^2 \cdot s)$，显然 $\vec{v} \approx \overleftarrow{v}$。这就是说，此时该原子转移步骤的平衡基本上未遭到破坏，近似处于平衡态。同时也能看出它毕竟有了净反应的产生，跟真正的平衡是不一样的，所以叫作准平衡态。

电极反应在电极/溶液界面进行，可用一般的表示异相反应速率的方法来描述电极过程的速率 $v$，即单位时间内单位面积上所消耗的反应物的物质的量，其单位为 mol/$(m^2 \cdot s)$。在稳态时，外电流全部用于参加反应，由法拉第定律可知，电极反应所消耗的反应物的物质的量与电极上通过的电量成正比关系，故可用单位时间内单位面积上所消耗的电量来表示电极反应的速率。

设电极反应为 $A + ze \rightleftharpoons Z$，反应物 A 的反应速率为 $v$ [mol/$(m^2 \cdot s)$]，根据法拉第定律，此反应所消耗的电子的物质的量为 $zv$ [mol/$(m^2 \cdot s)$]，所以此反应所消耗的电量为 $zFv$ [C/$(m^2 \cdot s)$]，其单位 C/$(m^2 \cdot s)$ 等价于 $A/m^2$，这就是电流密度 $j$，可见 $j = zFv$，故电极反应可用电流密度来表示反应速率。由于连续进行的各单元步骤速率都相同，所以既然电子转移步骤能用电流密度来表示反应速率，那么液相传质等其他步骤也可用电流密度来表示它们的反应速率。因此，在电化学中总是习惯用电流密度来衡量反应进行的速率。

## 2.3.5 电化学极化与浓差极化

发生极化时，电极反应处于非平衡状态，电极电势偏离了其平衡电势。极化可以由各种不同原因引起，但本质上是界面双层电势差的变化。根据电极过程中速率控制步骤的不同，可将极化分为不同的类型。常见的极化包括以下两类：

（1）电化学极化。当电极过程为电荷传递步骤控制时，由于电极反应本身的"迟缓性"而引起的极化。电化学极化的实质是电荷积累引起电极内电势及双层电势差的变化而导致。以阴极极化为例，由于通过外电路传输到电极上的电子"转移迟缓"，不能及时与电极表面的反应物粒子反应，故电子积累在电极表面，造成双层剩余电荷密度的变化，从而使界面电势差偏离了平衡态下的界面电势差，所以电极电势偏离了平衡电势，引起极化。

（2）浓差极化（或称浓度极化）。当电极过程为液相传质步骤控制时，电极所产生的极化。当电化学反应具有很大速率的反应能力时，尽管电极反应本身没有任何困难，可以在平衡电势附近进行，但是在电极表面附近的液层中，由于反应消耗的粒子得不到及时补充，或是聚集在电极表面附近的产物不能及时疏散开，这时的电极电势就相当于把电极浸在一个较稀或较浓的溶液中的平衡电势，其值自然会偏离依照溶液本体浓度计算出来的平衡电势，即发生了极化，就是浓差极化。浓差极化的本质也是电荷积累引起电极内电势及双层电势差变化而导致。仍以阴极极化为例，因为电极表面消耗的反应物得不到及时补充，流入电极的电子没有反应物与之反应，就会在电极表面积累，从而使电极电势偏离平衡电势。

除了上述两种极化外，如果电极过程中还包含其他类型的基本过程并成为控制步骤，那么就会发生其他类型的极化，如表面转化控制引起的表面转化极化、电结晶步骤缓慢引起的电结晶极化等。要研究某种极化的动力学规律，就要采取措施使导致该种极化的步骤称为速率控制步骤，这样整个电极过程的动力学规律就反映出了该种极化的动力学规律。比如要研究电化学极化，则可在极化不太大的情况下，对溶液加强搅拌以加速液体的流动，使得液相传质步骤没有任何困难，此时测量稳态极化曲线就可以研究电化学极化的动力学规律。

# 2.4　电化学传质理论

液相传质步骤是整个电极过程中的一个重要环节，因为液相中的反应物粒子需要通过液相传质向电极表面不断地输送，而可溶的反应产物又需要通过液相传质过程离开电极表面。如果液相传质步骤成为电极过程的控制步骤，就会发生浓差极化。液相传质，即物质在溶液中从一个地方迁移到另一个地方。液相传质包括三种方式：对流、扩散和电迁移。

（1）对流。对流是一部分溶液与另一部分溶液之间的相对流动。对流传质是溶液内粒子随溶液的流动而迁移的传质过程。根据产生对流的原因，可将对流分为自然对流和强制对流两类。自然对流是由溶液中的密度梯度引起的。由于液体各部分之间存在着浓度差和温度差，使得溶液中各部分出现密度差，从而引起自然对流。如果电极上有气体生成，气体析出会对溶液造成搅拌引起对流，通常也纳入自然对流的范畴。如果采用外加机械能作为驱动力对溶液进行搅拌，使溶液间各部分产生相对运动，则可形成强制对流。强制对流的方式很多，如搅拌溶液、旋转电极、振动电极、溶液流动、在溶液中通入气体等。对流发生在整个液相内，但电极表面对液体流动有阻滞作用，对流会减弱。

（2）扩散。扩散是由于溶液中某一组分存在浓度梯度（即化学势梯度）而引起的该组分自高浓度处向低浓度处转移的传质过程。电极反应发生时，消耗反应物并形成产物，于是电极表面和溶液深处出现浓度差别，就会发生扩散。扩散发生在具有浓度梯度的液相内，即便只有自然对流作用，本体溶液中的粒子浓度也几乎相等，故扩散主要发生在电极表面附近液层中。

（3）电迁移。电迁移是荷电粒子在电场（即电势梯度）作用下沿着一定方向移动引起的传质过程。电化学池是由阴极、阳极和电解液组成的，当电流通过时，阴极和阳极之间形成电场，电解质溶液中的荷电粒子就会发生电迁移。溶液中各种离子均在电场作用下电迁移，不论其是否参加电极反应。不参加电极反应的离子只起到传导电流的作用。如果溶液中存在大量支持电解质，则反应物离子的迁移数很小，它的电迁移传质作用可以忽略不计。

在电解池中，当三种传质过程同时发生时，情况比较复杂。然而，三种方式的相对贡献随距离电极的远近不同而不同。在一定条件下起主要作用的往往只有其中的一种或两种。例如，在离电极表面较远处，对流引起的传质速度往往比扩散和电迁移引起的传质速度大几个数量级，因而此时扩散和电迁移传质作用可以忽略不计；在电极表面附近的薄液层中，只要采用静态溶液（不搅拌或振动溶液），由于电极表面的阻滞作用，液流速度一般都很小，因而起主要作用的是扩散和电迁移过程。如果溶液中除电活性粒子外还存在大量支持电解质（一般支持电解质浓度超过电活性离子浓度 50 倍以上），则溶液内的电流主要有支持电解质离子来传输，电活性离子的电迁移速度将大大减小，故电活性离子的消耗主要由扩散来补充，在这种情况下，可以认为电极表面附近薄液层中仅存在扩散传质过程。因而电极表面附近液层中的扩散过程是研究电极过程的重点。

# 2.5　电化学体系的基本构成

## 2.5.1　三电极体系

原电池和电解池都由两个电极组成，有电流通过电化学池时，两个电极都会发生极化，不容易弄清单个电极的极化特性。为了研究单个电极上发生的过程，在实验工作中常采用三电极体系进行测量，常用的三电极电解池由三个电极组成。WE 代表研究电极或工作电极，是实验的研究对象。CE 代表辅助电极或对电极，用来导通极化回路中的电流，以使工作电极发生所需要的极化。对电极的面积一般比工作电极大得多，以降低其电流密度。RE 代表参比电极，是电极电势的比较标准，来测量工作电极的电势变化。参比电极为可逆电极，且不易极化，以保证电极电势比较恒定。

三电极体系测量示意图如图 2-10 所示，整个测量体系由两个回路构成。极化电源、电流表 A、对电极、工作电极构成的回路称为极化回路。在极化回路中有极化电流通过，可对极化电流进行测量和控制。极化电源为工作电极提供计划电流，电流表用于测量极化电流。因为对电极本身也会发生极化，而且工作电极和对电极之间大段溶液上引起的欧姆压降也很大，所以极化回路中电压的变化不能代表工作电极的电势变化。电压表 V、参比电极、工作电极构成的回路称为测量回路。在测量回路中，可对工作电极的电势进行测量，由于此回路中只有极小的测量电流（一般小于 $10^{-7}$A），所以基本不会对工作电极的极化状态和参比电极的稳定性造成干扰。

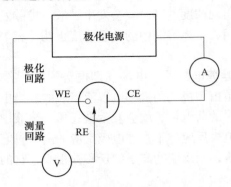

图 2-10　三电极测量体系示意图

因此，在电化学测量中采用三电极体系，既可以使工作电极上通过较大的极化电流，又不妨碍工作电极的电势控制和测量。在绝大多数情况下，总是要采用三电极体系进行测量。

在某些特殊情况下，也可以采用两电极体系。例如使用微电极作为工作电极的情况。由于微电极的表面积很小，只要通过很微小的极化电流，就可以产生足够大的电流密度，使电极实现足够大的极化。而对电极的表面积要大得多，同样的电流强度在对电极上只能产生极微小的电流密度，因而辅助电极几乎不发生极化。同时，由于极化电流很小，对电极与工作电极之间的溶液的欧姆压降也非常小。因此，极化回路中电压的变化基本等于工作电极的电势变化，故可采用两电极体系。

### 2.5.2　电化学工作站

随着电子信息技术的发展，出现了硬件集成化、软件程序化、功能模块化，集各种测量手段于一体的电化学分析测量仪器——电化学工作站。电化学工作站将恒电势仪、恒电流仪和电化学交流阻抗分析仪有机地集合在一起，是一套完整的、数字化的电化学体系监测分析设备。电化学工作站系统的硬件主要包括四大部分：产生所需激励信号的快速数字信号发生器，高精度的恒电势仪（恒电流仪），高速数据采集系统及数据工作站（PC机）。这四部分配以电解池，可实现对电化学系统中电流、电势等信号进行控制和测量。仪器中一般还配有电势电流信号滤波器、多级信号增益、IR 降补偿电路等组件，可以达到很高的测量精度。

电化学工作站一般有 WE、RE、CE、G（接地）四个接线夹，测量时分别将 WE、RE和 CE 接到工作电极、参比电极和对电极上。但是在大电流测量时，工作电极连线（特别是用鳄鱼夹时）的接触电阻 R 造成的电压降 IR 可能会较大，这时就需要把 G 接线夹也接到工作电极上（如图 2-11 所示），该连线允许仪器测量该接触点与地之间的电压降，可采取类似补偿 IR 的方式从参比电势中扣除，从而消除接触电阻引起的测量误差。所以该连线通常也称为高电流或敏感连线。电解池连接好后，直接通过 PC 机的软件操作设定实验技术和相关测量参数后，便可进行电化学测量实验。

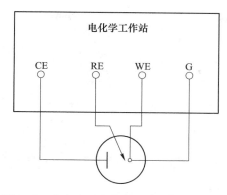

图 2-11　大电流下电化学工作站接线示意图

# 2.6　常用电化学测量方法

为了了解电极的界面结构、界面上的电荷和电势分布及在这些界面上进行的电化学过程的规律，就需要进行电化学测量。电化学测量主要是通过在不同的测试条件下，对电极的电势和电流分别进行控制和测量，并对其相互关系进行分析而实现的。通过对不同变量的控制，形成了不同的电化学测量方法。例如，控制电极电势按照不同的波形规律变化，可进行电势阶跃、线性电势扫描、脉冲电势扫描等测量，获取不同的测量信息。

对于基本暂态测量方法，这里要讨论的体系其扩散层中电活性物质的传质仅由扩散进行，即已经加入大量支持电解质。所涉及的实验方法均满足小的电极面积与溶液体积比，也就是说，电极面积足够小，电解质溶液体积足够大，以保证实验中流过电解池的电流不改变溶液中电活性物质的本体浓度。

## 2.6.1　线性扫描伏安法

将一快速线性变化电压施加于电解池上，并根据所得电流-电压曲线进行分析的方法，称为线性扫描伏安法。记录快速扫描的电流-电压曲线需要响应快的示波器、$x$-$y$ 函数仪或数字显示仪。如果以滴汞电极作为极化电极，示波器记录电流-电压曲线的线性扫描伏安法，称为线性扫描示波极谱法。线性扫描伏安法的基本原理与经典极谱相似。它们的主要区别在于经典极谱加入电压的速度很慢，一般为 3mV/s，记录的电流-电压曲线呈"S"形，是许多滴汞上的平均结果；而线性扫描示波极谱加电压速度很快，一般可达 250mV/s（如图 2-12 所示），其电流-电压曲线呈峰形，是在一个汞滴上得到的。

定性和定量分析原理：极化电极可用滴汞电极，也可用固定面积的电极。对于电极反应可逆的物质，得到的电流-电压曲线呈明显的尖峰形；对于不可逆的物质，则没有尖峰，波高很低，有时甚至不起波，如图 2-13 所示。

线性扫描伏安图上呈峰形的原因，是由于加入的电压变化速度很快，当达到分解电压时，该物质在电极上迅速地还原，产生很大的电流。由于反应物在电极上迅速地还原，使其在电极附近的浓度急剧地降低，而溶液主体中的反应物又来不及扩散到电极附近，因此电流迅速下降，直到电极反应速度与扩散速度达到平衡而形成峰状电流。

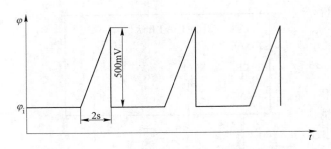

图 2-12　线性扫描示波极谱的电压-时间曲线

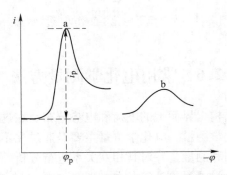

图 2-13　示波极谱图

a—可逆；b—不可逆

图 2-13 中尖峰所对应的电势（位），称为峰电势（位），以 $\varphi_p$ 表示。它在一定实验条件（温度、底液组成和浓度固定）下，仅决定于反应物的性质，因而可作为定性分析的依据。对于可逆还原波，峰电位 $\varphi_p$ 与相应经典极谱的半波电位 $\varphi_{1/2}$ 的关系为：

$$\varphi_{pc} = \varphi_{1/2} - 1.1\frac{RT}{nF}$$

$$= \varphi_{1/2} - \frac{28}{n}\text{mV}（25℃） \tag{2-35}$$

对于可逆氧化波：

$$\varphi_{pa} = \varphi_{1/2} + 1.1\frac{RT}{nF}$$

$$= \varphi_{1/2} + \frac{28}{n}\text{mV}（25℃） \tag{2-36}$$

对于电极面积一定的线性扩散的可逆波，峰电流 $i_p$ 与反应物浓度的关系，可用 Randles-Sevčik 导出的方程式表示：

$$i_p = 2.69 \times 10^5 n^{3/2} AD^{1/2} v^{1/2} c \tag{2-37}$$

式中，$v$ 为电压扫描速度；$A$ 为电极面积；$D$ 为扩散系数。

由式（2-37）可见，在一定实验条件下，包括电极面积和扫描电压速度固定，峰电流 $i_p$ 与反应物浓度 $c$ 成正比。

线性扫描伏安法具有以下优点：（1）灵敏度高，可达 $10^{-7} \sim 10^{-6}$mol/L，这与扫描速度快有关。（2）选择性较好，可利用电极反应可逆性的差异将两波分开；或者利用峰电流比相应的扩散电流大得多，消除前波对后波的影响。例如在经典极谱中，U（Ⅵ）波在Pb（Ⅱ）波之前，大量U（Ⅵ）所产生的扩散电流干扰其后的少量Pb（Ⅱ）的测定。但在示波极谱中，由于加电压速度很快，U（Ⅵ）的可逆性比Pb（Ⅱ）差，因此U（Ⅵ）的含量比Pb（Ⅱ）甚至大200倍时，U（Ⅵ）所产生的峰电流比少量的Pb（Ⅱ）所产生的峰电流大不了多少，因而在这种情况下，U（Ⅵ）对Pb（Ⅱ）的测定便不会产生太大影响了。又例如$Cd^{2+}$和$Zn^{2+}$的半波电位分别为$-0.6V$和$-1.2V$左右，在线性扫描伏安法中，只要将起始电位放在$-1.0V$，就能在大量$Cd^{2+}$存在的情况下测定少量的$Zn^{2+}$。这是因为在$-1.0V$之后，$Cd^{2+}$只能产生极限扩散电流，而没有峰电流$i_p$，而$Zn^{2+}$量虽少，但其峰电流$i_p$却可能比大量的$Cd^{2+}$的极限扩散电流还要大。（3）分析速度快，几秒钟内就可以完成一次测定。

## 2.6.2 循环伏安法

当线性扫描达到一定的电位$\varphi_s$后，以相同的扫描速度回到原来的起始电位$\varphi_i$，其电位与时间的关系如图2-14所示，称为三角波。三角波的前半部是一个锯齿波，所得的伏安图与线性扫描伏安图相同。而三角波的后半部是施加反向电压。如果前半部扫描是反应物在电极上被还原的阴极过程，则后半部扫描为阳极过程，即前半部还原产物在后半部扫描过程又重新被氧化，产生氧化电流。因此，一次三角波扫描，完成一个还原过程和氧化过程的循环，故称循环伏安法（Cyclic Voltammetry，CV）。此法所得的极谱图称为循环伏安图，如图2-15所示。图中有两个峰电流，阴极峰电流$i_{pc}$和阳极峰电流$i_{pa}$；两个峰电位，阴极峰电位$\varphi_{pc}$和阳极峰电位$\varphi_{pa}$，其峰电位之差以$\Delta\varphi_p$表示。两个峰电流值及其比值和两个峰电位值及其差值$\Delta\varphi_p$是循环伏安法中最重要的参数。

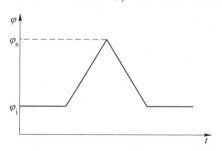

图2-14　三角波扫描电压

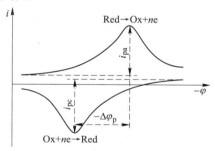

图2-15　循环伏安图

对于可逆体系，其循环伏安图的上下两部分基本上是对称的。阴极峰电位和阳极峰电位分别以式（2-35）和式（2-36）表示，即：

$$\varphi_{pc} = \varphi_{1/2} - \frac{28}{n}\text{mV}(25℃) \tag{2-35}$$

$$\varphi_{pa} = \varphi_{1/2} + \frac{28}{n}\text{mV}(25℃) \tag{2-36}$$

则两个峰电位的差值$\Delta\varphi_p$应为：

$$\Delta\varphi_{p} = \varphi_{pa} - \varphi_{pc} = \frac{56}{n}\text{mV}(25℃) \tag{2-38}$$

峰电流可用 Randles-Sevčik 方程式（2-37）表示。

对于阴极峰电流 $\qquad i_{pc} = 2.69 \times 10^5\, n^{3/2} A\, D_{Ox}^{1/2}\, v^{1/2} c$ （2-39）

对于阳极峰电流 $\qquad i_{pa} = 2.69 \times 10^5\, n^{3/2} A\, D_{Red}^{1/2}\, v^{1/2} c$ （2-40）

当 $D_s \approx D_a$，两峰电流的比值：

$$\frac{i_{pa}}{i_{pc}} \approx 1 \tag{2-41}$$

这些是可逆体系的循环伏安图的特征值。

循环伏安法作为一种成分分析方法并不比线性扫描伏安法优越，因此通常并不把它作为分析方法，而是作为研究电极过程机理的重要手段，是最有用的电化学方法之一。例如，它可以用于研究电极过程的可逆性。对于可逆体系，$\Delta\varphi_{p} = \frac{56}{n}\text{mV}(25℃)$，$\frac{i_{pa}}{i_{pc}} \approx 1$；对于不可逆体系，$\Delta\varphi_{p} > \frac{56}{n}\text{mV}(25℃)$，$\frac{i_{pa}}{i_{pc}} < 1$，两峰相隔越远，两峰电流比值越小，则越不可逆。以此来判断电极过程的可逆性。图 2-16 为 0.1mol/L KCl 中 $Cd^{2+}$、$Ni^{2+}$ 和 $Zn^{2+}$ 的循环伏安图，可见，$Cd^{2+}$ 的电极过程是可逆的，而 $Ni^{2+}$ 和 $Zn^{2+}$ 是不可逆的。

另外，循环伏安法还可用于电极吸附性的研究、测定可逆的标准电极电位及鉴别电极反应的产物和研究化学反应控制的各种电极过程等，应用非常广泛。

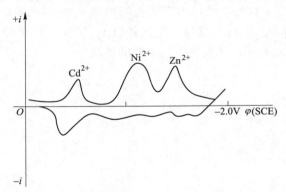

图 2-16　$Cd^{2+}$，$Ni^{2+}$，$Zn^{2+}$ 的循环伏安图底液为 0.1mol/L KCl

### 2.6.3　脉冲极谱法

脉冲极谱法是在缓慢变化的直流电压上，在滴汞电极的每滴汞后期，叠加一频率较低（12.5Hz）的脉冲电压，并在脉冲电压后期记录 Faraday 脉冲电流的方法。脉冲极谱既消除了充电电流，也消除了毛细管噪声电流，提高了信噪比，称为灵敏度很高的方法之一。脉冲极谱法按施加脉冲电压的方式不同，可分为常规脉冲极谱（Normal Pulse Polarography，NPP）和示差脉冲极谱（Differential Pulse Polarography，DPP）。

常规脉冲极谱是在滴汞电极的汞滴生长到一定面积时，在恒定预置电压的基础上，叠加以振幅随时间而增加的脉冲电压（如图 2-17（a）所示），记录脉冲电压后期的 Faraday 电流的方法。常规脉冲极谱图与经典极谱波 S 形相似（如图 2-17（b）所示）。常规脉冲极谱波的波高与被测物质的浓度成正比，可作为定量分析的依据；它的半波电位与经典极谱一样，可作为定性分析的依据。

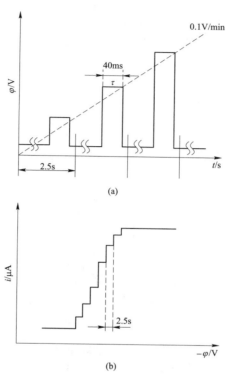

图 2-17　常规脉冲极谱
（a）激发信号；（b）常规脉冲极谱波

示差脉冲极谱是滴汞生长到一定面积时，在一缓慢线性扫描的直流电压上，叠加一小振幅、低频率的脉冲电压（如图 2-18（a）所示），记录脉冲电压后期 Faraday 电流的方法。示差脉冲极谱图呈峰形（如图 2-18（b）所示）。示差脉冲极谱图的峰高和峰电位分别作为该法的定量分析和定性分析的依据。

脉冲极谱法的特点为：（1）灵敏度很高。对可逆体系，示差脉冲极谱可达 $10^{-9}$ mol/L；对不可逆体系，也可达 $5×10^{-8}$ mol/L；（2）很强的分辨能力，两个波峰电位相差 25mV 就可以明显分开；（3）支持电解质的浓度可减小至 0.02mol/L。

## 2.6.4　溶出伏安法

溶出伏安法是一种将电解富集和溶出测定结合在一起的伏安法。这种方法是通过预电解，使被测物电沉积在电极上，然后施加反向电压使富集在电极上的物质重新溶出，根据溶出过程的伏安曲线进行定量分析。由此可见，此法包括电解富集和溶出两个过程。例如，要测定溶液中的 $Pb^{2+}$，以悬汞电极（固定的汞滴）作为阴极，控制阴极电位在 $Pb^{2+}$ 的极限扩散电流的电位范围内，使 $Pb^{2+}$ 还原为金属 Pb 并与汞生成汞齐，即为电解富集过

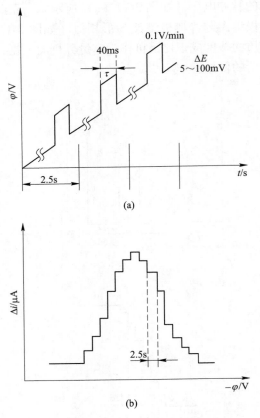

图 2-18    示差脉冲极谱
（a）激发信号；（b）示差脉冲极谱波

程。然后以等速由负向正电位方向扫描，此时富集在电极上的物质 Pb 重新从电极上氧化成 $Pb^{2+}$ 进入溶液中，根据溶出时伏安曲线测定溶液中 $Pb^{2+}$ 的浓度，即溶出测定过程。如图 2-19 所示，这种根据在固定电极上阳极扫描的溶出伏安曲线进行测定的方法，称为阳极溶

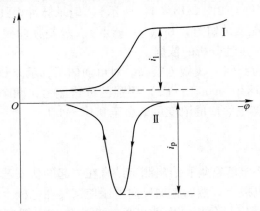

图 2-19    阳极溶出伏安法原理图
Ⅰ—电解富集过程；Ⅱ—溶出测定过程

出伏安法。如以铂丝做阳极控制阳极电位电解，使 $Pb^{2+}$ 在阳极上氧化成 $PbO_2$，然后由正向负电位方向做阴极扫描，$PbO_2$ 重新被还原成 $Pb^{2+}$ 而进入溶液，根据阴极溶出伏安曲线进行 $Pb^{2+}$ 的测定，称为阴极溶出伏安法。

此法的特点是：

（1）灵敏度极高。由于将被测物由大体积的试液中富集在微小体积的电极中或表面上，使电极中被测物浓度大大增加，因而溶出时的 Faraday 电流大大增加，因此是一种极为灵敏的分析方法，其测定范围在 $10^{-6} \sim 10^{-11}$ mol/L，其检出限可达 $10^{-12}$ mol/L。

（2）仪器结构简单，价格便宜。

（3）实验操作要求较严格。在严格控制实验条件下，可得到较好的精度。

# 2.7 化学修饰电极

电极是被研究物质（分子、离子等）进行电子转移和离子交换的场所，其性能对获得有效的电化学信号（电流、电位、电阻、电容、电导等）至关重要。在电分析化学领域，常用的电极材料有金属（汞、金、铂、钛、银、铜、不锈钢等）、碳（炭糊、石墨、热解石墨、玻璃碳及碳纤维等）、金属氧化物（二氧化钛、二氧化锡、二氧化钌、二氧化铅等）等。每种电极材料在不同的介质中均有各自的电位窗口，如汞电极只能在阴极区（$-2.0 \sim +0.2$V vs. SCE）使用，而铂电极则适宜在阳极区使用等。在 20 世纪 70 年代以前电化学及电分析化学的研究仅仅局限在裸电极/电解液界面上，电极仅仅为电化学反应提供一个得失电子的场所，仅仅起到电子授受的单一作用，传统的电极不仅电子传递速度受限，而且常遇到由于电极表面活性的改变而导致电极性能下降的问题。如何使电极性能成为预定地、有选择性地进行反应，并提供更快的电子传递速度，提出了化学修饰电极（Chemically Modified Electrodes，CMEs）。1973 年 Lane 和 Hubbard 将各类烯烃吸附到铂电极的表面，使电极表面获得不同的官能团，用以结合多种氧化还原体，这项开拓性研究促进了化学修饰电极的发展。1975 年 Miller 和 Murray 分别独立地报道了按人为设计对电极表面进行化学修饰的研究，标志着化学修饰电极的正式问世。20 世纪 90 年代以来，随着材料科学的发展和新的表征测试技术的出现，化学修饰电极从理论到应用得到了极大的丰富和发展，尤其是近年来与其他学科如生物学、医学、信息学等交叉结合，现已成为当代分析科学的重要研究方向之一，同时也是现代电分析化学发展的主流。按照 IUPAC 的建议，化学修饰电极可理解为：利用化学和物理的方法，将具有优良性质的分子、离子、纳米粒子、聚合物等固定在电极表面，从而改变或改善了电极原有的性质，实现了电极的功能设计，使电极上可进行某些预定的、有选择性的反应，并提供了更快的电子传递速率。

化学修饰电极在过去的 30 年中在以下领域中得到明显的进展，包括：（1）电极表面微结构与动力学的理论研究；（2）化学修饰电极的电催化研究；（3）化学修饰电极在能量转换、存储和显示方面的研究；（4）化学修饰电极在分析化学中的应用；（5）化学修饰电极在生物电化学和传感器中的应用；（6）表面修饰在光伏电极的光电催化和防腐中的作用；（7）化学修饰电极在立体有机合成中的研究；（8）分子电子器件的研究。

在电分析化学的应用中，化学修饰电极与经典裸电极相比具有如下优点：（1）被测物质能在修饰层中选择性地键合与富集；（2）催化裸电极上电子转移缓慢的被测物的氧化还原反应；（3）与生物分子（如酶、抗原/抗体等）相结合构建生物传感器；（4）对电活性和表面活性干扰物具有选择性渗透与膜阻效应；（5）可对非电活性离子被测物进行电化学检测。可见，化学修饰电极在分析化学领域中能把分离、富集和测定三者合而为一，能极大提高分析的选择性和灵敏度。

### 2.7.1　化学修饰电极的类型

化学修饰电极按照制备方法的不同，可分为吸附型、共价键合型、聚合物型、复合型等几种重要类型。

（1）吸附型。用吸附法制备修饰电极的主要方法有：

1）化学吸附法。修饰物通常为含有不饱和键，特别是含有苯环等共轭双键结构的有机物，因其 $\pi$ 电子能与电极表面交叠、共享而被吸附。

2）自组装膜（SAMs）法。自组装膜法是构膜分子通过分子间及其与基体材料间的物理化学作用而自发形成的一种热力学稳定、排列规则的单层或多层分子膜的方法。易发生自组装的分子及其电极材料有：硫醇、二硫化物和硫化物在金电极表面；脂肪酸在金属氧化物表面；硅烷在二氧化硅的表面；膦酸在金属磷酸盐的表面等。

3）静电吸附法。带电荷的离子型修饰剂在电极表面发生静电吸引而聚集，形成单分子或多分子层。

（2）共价键合型。将电极活化使其表面带有羟基、羧基、氨基、卤基等，利用这些基团与修饰剂之间通过共价键合反应将修饰分子结合在电极表面。这种修饰电极性能较稳定，寿命较长。电极基底材料主要是热解石墨和玻碳，其次是金属、金属氧化物和其他具有导电性的非金属。例如，在 $SnO_2$ 表面上共价结合罗丹明 B（HOOCRhB），其修饰过程如图 2-20 所示，图中 DCC 为促进剂，以促进酰胺键或酯键的形成。

（3）聚合物型。利用聚合物或聚合反应在电极表面形成修饰膜可制得聚合物型修饰电极。主要的制备方法有：

1）电化学聚合法。是通过电化学氧化还原的方法将某些有机物在电极表面聚合成膜的方法。例如，电聚合制备聚吡咯（PPy）、聚噻吩（PTh）、聚苯胺（PAn）等修饰电极。

2）电化学沉积法。与上述的电化学聚合法相比，本法要求在进行电化学氧化还原时，能在电极表面形成难溶物薄膜。而这种膜在进行电化学及其他测试时，中心离子和外界离子氧化态的变化不会导致膜的破坏。该法是制备络合物及一般无机物修饰电极的通用方法。如在铂电极上，聚乙烯二茂铁被氧化成难溶的正离子状态而沉积成膜。

3）涂渍法。将溶解在适当溶剂中的聚合物滴涂于电极表面，待溶剂挥发后，在电极表面形成聚合物膜。

（4）复合型。将几种材料按一定比例混合后制成修饰膜即得复合修饰电极。常用的是将一定量的修饰剂、石墨粉和黏合剂混合，研磨均匀而制成化学修饰碳糊电极。

### 2.7.2　化学修饰电极的应用

（1）提高分析灵敏度和选择性。被测物可通过与电极表面修饰的化学功能团发生络合、离子交换、共价键合等反应而被选择性富集，从而提高分析检测的灵敏度和选择性。

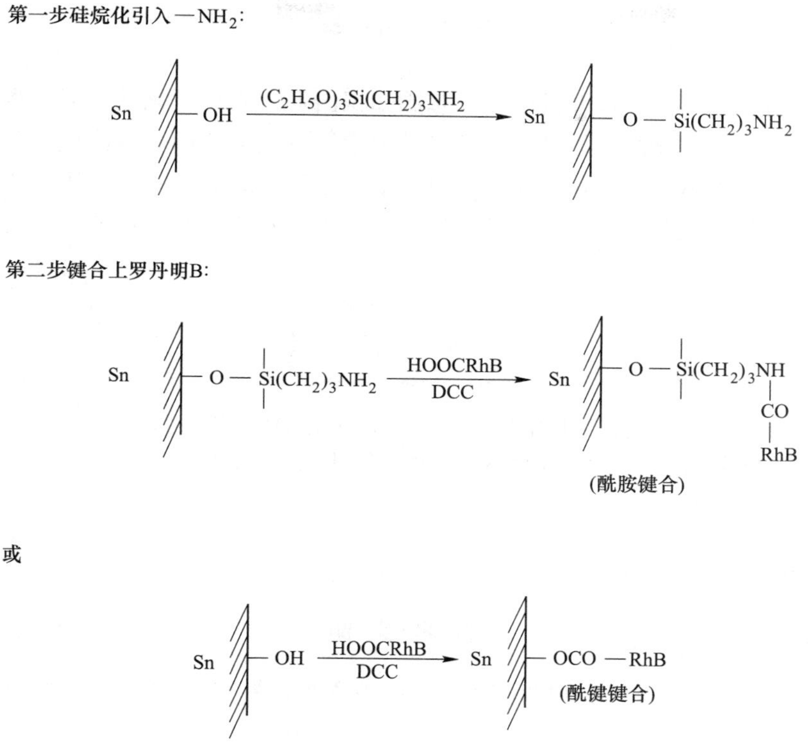

第一步硅烷化引入—NH$_2$：

第二步键合上罗丹明B：

（酰胺键合）

或

（酰键键合）

图 2-20　在 SnO$_2$ 表面上共价结合罗丹明 B 的过程示意图

例如，玻碳电极修饰 8-羟基喹啉后可络合富集 Tl$^+$，用于 Tl$^+$ 的测定，提高了测定 Tl$^+$ 的选择性和灵敏度。

（2）电催化。这类电催化通常是修饰电极和溶液中底物之间的电子转移反应。它通过修饰的电荷介体或催化剂的作用促进和加速待测物的异相电子传递。例如，聚乙烯二茂铁（Fc）修饰电极对水溶液中的抗坏血酸（AH$_2$）在较宽的 pH 和浓度范围内有良好的催化作用，这是平行催化过程，如此循环，电极电流大大增加，提高了测定 AH$_2$ 的灵敏度。

（3）电化学传感器。电化学传感器可用于制备各种类型的传感器。例如可以将谷氨酸氧化酶固载于 Nafion 修饰的铂电极上，可以制成对谷氨酸敏感的生物传感器，可有效消除来自抗坏血酸、尿酸和乙酰氨基酚的干扰。

（4）纳米材料修饰电极。纳米粒子通常是指尺寸在 1～100nm 之间的微粒，可由多种材料制备。由于其小的体积和大的比表面积，纳米粒子表现出独特的性能。纳米技术与修饰电极相结合，制成的纳米粒子修饰电极，提高了电极的灵敏度、选择性和稳定性，也扩大了电极的应用范围。

化学修饰电极还用于有机电合成、电色效应、光电化学和电化学发光等研究。这些都为电化学分析技术在环境污染物监测领域的应用提供了条件。

————— 本 章 小 结 —————

　　本章从电分析化学研究涉及的电化学基础知识出发，介绍了化学电池、离子活度、电极电势和双电层等基本概念，以及电极反应动力学等电化学分析基本原理，并对电化学测量仪器、测量体系的构成、常用电化学测量方法等进行了简要介绍。阐述了化学修饰电极的发展、类型、检测优势、应用领域及发展前景，为更好地学习和理解之后的内容奠定了基础。

## 习　　题

2-1　参比电极的特点是什么？写出饱和甘汞电极电极电位的能斯特方程表达式。

2-2　简述什么是电极的极化，电极极化的类型有哪些，分别由什么原因引起？

2-3　简述三电极体系的组成。

2-4　试列举三种常用电化学测量方法。

2-5　简述化学修饰电极的类型有哪些。

## 参 考 文 献

[1] Carl H H，Andrew H，Wolf V. 电化学 [M]. 2 版. 陈艳霞，夏兴华，蔡俊，译. 北京：化学工业出版社，2016.

[2] 高颖，邬冰. 电化学基础 [M]. 北京：化学工业出版社，2004.

[3] 高鹏，朱永明，于元春. 电化学基础教程 [M]. 2 版. 北京：化学工业出版社，2019.

[4] 胡劲波，秦卫东，谭学才. 仪器分析 [M]. 3 版. 北京：北京师范大学出版社，2017.

# 3 金属纳米材料环境电化学分析

**本章提要：**
（1）金属纳米材料的定义、分类与性质。
（2）金属纳米材料在环境污染物电化学分析方面的应用。

## 3.1 金属纳米材料概述

### 3.1.1 金属纳米材料的定义

材料科学家们早就认识到实际金属材料中的无序结构是不容忽视的，如某些相转变、量子尺寸效应和有关的传输现象等只出现在有缺陷的有序固体中。事实上，如果多晶体中晶体区的特征尺度（晶粒或晶畴直径或薄膜厚度）达到某特征长度时，金属材料的性能将不仅依赖于晶格原子的交互作用，也受其维数、尺度的减小和高密度缺陷控制。有鉴于此，科学家们认为，如果能合成出晶粒尺寸在纳米量级的多晶体，即主要由非共格界面构成的金属材料，其结构将与普通多晶体（晶粒>1μm）或玻璃（有序度<2nm）明显不同，称之为纳米晶体材料（Nanocrystalline Materials）。后来，人们又将晶体区域或其他特征长度在纳米量级范围内（<100nm）的材料广义的定义为纳米材料或纳米结构材料（Nanostructured Materials）。目前，广义纳米材料主要包括：清洁或涂层表面的金属、半导体或聚合物薄膜；人造超晶格和量子结构；高分子结晶聚合物和聚合物混合物；纳米晶体和纳米玻璃材料；金属键、共价键或分子组元构成的纳米复合材料。

### 3.1.2 金属纳米材料的分类

纳米材料按不同的角度和标准有不同的分类。目前大部分分类是从结构、成分、物性和应用几个角度来进行划分的。

纳米材料按其结构大致可分为四类：

（1）零维：指在三个维数上进入了纳米尺寸范围的材料，如团簇、量子点、纳米颗粒、纳米粉末等。其中纳米颗粒又包括多种不同的形貌，如多面体纳米晶、纳米球、纳米链、纳米核壳二元结构等。

（2）一维：一维尺寸小于100nm的材料可以定义为纳米材料，与大块相比固体、纳米材料表现出完全不同的物理和化学性质。此外，由于快速发展在合成化学中，纳米材料可以被塑造成各种不同的形态，如纳米棒、纳米线、纳米纤维、纳米管和纳米带。

（3）二维：指在三维空间中有一维在纳米尺度范围内，如超薄膜、多层膜、超晶格等。

（4）三维：由尺寸为 1~100nm 的粒子为主体形成的块状材料，如纳米玻璃、纳米陶瓷、纳米金属、纳米高分子、纳米介孔材料和纳米三维网络结构等。

在各种金属纳米结构的晶相控制合成中，值得注意的是，二维结构的金属纳米材料具有更重要的应用前景。这些金属纳米结构与固有的分层材料不同，大多数金属具有高度对称的晶格。二维各向异性生长，对生长的动力学控制路径通常通过减慢原子速度来应用添加过程或降低金属的总自由能。由于表面能可能在纳米结构中占主导地位，具有高表面积体积比的纳米结构的总自由能比率低。因此，为了获得各向异性的金属纳米材料，大多数合成策略依赖基于溶液的胶体合成。在这过程中，各向同性核通常在早期形成，之后发生对称性破缺事件（例如，添加中间物种，改变反应条件）需要触发各向异性生长方式。然后，该超小金属核要么被驱动合并为二维形态或仅在 2D 方向上生长。一些常用的形成湿化学合成的机制是模板效应，配体的面选择性吸附和表面活性剂的胶束排列。有趣的是，这些因素可能共同影响二维形态一些复杂的生长系统，微妙地导致对最终产品的控制。

### 3.1.3　金属纳米材料的性质

纳米技术和纳米材料特别是金属纳米材料自诞生以来所取得的巨大成就和对科学及社会各个领域的影响和渗透一直引人注目，主要原因之一即因为它具有奇异的特性。因纳米体系既非典型的微观系统又非典型的宏观系统，是一种典型的介观系统，具有表面效应、小尺寸效应和宏观量子隧道效应。当将宏观物体细分成纳米级颗粒后，其光学、热学、电学、磁学、力学及化学方面的性质将和大块固体时显著不同。金属纳米材料的奇异特性正引起世界各国科学家浓厚的研究热情。

（1）原子的扩散行为。原子扩散行为影响材料的许多性能，如蠕变、超塑性、电性能和烧结性等。纳米级晶体钴的自扩散系数比铜的体扩散系数与晶界自扩散系数分别大 14~16 个和 3 个量级，铁在纳米级晶镍中的扩散系数远低于早期报道的结果。铁在非晶态 FeSiBNCu 材料晶化后形成的复相纳米合金（由 $Fe_3Si$ 纳米金属晶间化合物和晶间的非晶相构成）中的扩散速度要比在非晶态合金中高 10~14 倍，这是由于存在过剩的热平衡空位。铁在铁-硅纳米级晶中的扩散由空位调节控制。

（2）表面效应。球形颗粒的表面积与直径的平方成正比，其体积与直径的立方成正比，故其比表面积（表面积/体积）与直径成反比。随着颗粒直径变小，比表面积将会显著增大，说明表面原子所占的百分数将会显著地增加。超微颗粒表面原子百分数与颗粒直径的关系见表 3-1。

表 3-1　超微颗粒表面原子百分数与颗粒直径的关系

| 纳米微粒尺寸/nm | 包含总原子数 | 表面原子所占比例/% |
| --- | --- | --- |
| 10 | 30000 | 20 |
| 4 | 4000 | 40 |
| 2 | 250 | 80 |
| 1 | 30 | 90 |

由表 3-1 可见，对直径大于 100nm 的颗粒表面效应可忽略不计，当尺寸小于 100nm

时，比表面积剧增，甚至1g超微颗粒表面积的总和可高达$100m^2$，这时的表面效应将不容忽略。

巨大的比表面积，键态严重失配，出现许多活性中心，表面台阶及粗糙度增加，表面出现非化学平衡、非整数配位的化学价，导致纳米体系的化学性质与化学平衡体系出现很大差别。因此超微颗粒的表面具有很高的活性，在空气中金属颗粒会迅速氧化而燃烧。利用表面活性，金属超微颗粒可望成为新一代的高效催化剂和贮气材料以及低熔点材料。

（3）小尺寸效应。纳米材料以原子或分子为起点，可设计出更强、更轻、可自修复的结构材料。当纳米微粒尺寸与光波波长、德布罗意波长、超导态相干长度等特征尺寸相当或者更小时，其周期性边界被破坏，则其声、光、电、磁、热力学等性能呈现出新奇的现象，显现出与传统材料的极大差异。如铜颗粒达到纳米尺寸就不能导电，而二氧化硅颗粒在20nm时却开始导电，高分子材料与纳米材料制成的刀具比金刚石制品还要坚硬，纳米陶瓷具有良好的韧性等。金属纳米材料的电阻随尺寸下降而增大，电阻温度系数下降甚至变成负值；10~25nm的铁磁金属微粒矫顽力比相同的宏观材料大1000倍，而当颗粒尺寸小于10nm时矫顽力变为0，表现为超顺磁性。

对超微颗粒而言，尺寸变小，同时其比表面积显著增加，从而产生一系列新的性质。一是特殊的光学性质。当黄金被细分到小于光波波长的尺寸时，即失去了原有的富贵光泽而呈黑色。事实上，所有的金属在超微颗粒状态都呈现为黑色。尺寸越小，颜色越黑。金属超微颗粒对光的反射率很低，通常可低于1%，大约几微米的厚度就能完全消光。利用这个特性可以作为高效率的光热、光电等转换材料，可以高效率地将太阳能转变为热能、电能。此外又有可能应用于红外敏感元件、红外隐身技术等。二是特殊的热学性质。通常大尺寸金属的熔点是固定的，超细微化后却发现其熔点将显著降低，当颗粒小于10nm量级时尤为显著。例如，金的常规熔点是1064℃，当颗粒尺寸减小到10nm尺寸时，则降至940℃，2nm时的熔点仅为327℃左右；银的常规熔点为670℃，而超微银颗粒的熔点可低于100℃。

（4）纳米晶体金属的磁性。早期的研究发现，纳米晶体铁的饱和磁化强度比普通块材α-Fe约低40%。瓦格纳（Wagner）等人的实验证实，纳米晶铁由铁磁性的晶粒和非铁磁性（或弱铁磁性）的界面区域构成，界面区域体积约占一半。纳米晶体铁的磁交互作用不只限于单个晶粒，而且可以越过界面，使数百个晶粒磁化排列。

达罗依齐（Daroezi）等证实球磨形成的纳米晶体铁和镍的饱和磁化强度与晶粒尺寸（7~50nm）无关，它们的饱和磁化曲线形状不同于微米晶体材料。随着晶粒尺寸减小，矫顽力显著增加。谢弗（Schaefer）等报道，纳米晶体镍中界面原子磁矩比块状镍降低57%，界面组分的居里温度（545K）比块状晶体镍的居里温度（630K）低，最近的研究还发现，制备时残留在纳米晶体镍中的内应力对磁性的影响很大，纳米晶体镍的饱和磁化强度与粗晶镍基本相同。

（5）力学性能。早期有关纳米材料力学性能的研究认为，纳米金属的弹性模量明显低于相应的粗晶材料。如纳米晶体钯的杨氏模量和剪切模量大约是相应全密度粗晶的70%。然而，最近的研究发现，这完全是样品中的缺陷造成的，纳米晶体钯和铜的杨氏模量与相应粗晶大致相同，屈服强度是退火粗晶的10~15倍。晶粒小于50nm的铜韧性很低，总延伸率仅1%~4%，晶粒尺寸为110nm的铜延伸率大于8%。从粗晶到15nm铜的硬度测量值满足霍尔-比奇关系；小于 15nm 后，硬度随晶粒尺寸的变化趋于平缓，虽然硬度值很高，但仍比根据粗晶数据由霍尔-比奇关系外推或由硬度值转换的估计值低很多。高密度纳米晶体铜的压缩屈服强度可达到 1GPa 量级。

许多纯纳米金属的室温硬度为相应粗晶硬度的 3~8 倍。随着晶粒尺寸的减小，硬度增加，尽管按常规力学性能与晶粒尺寸关系外推，纳米金属材料应该既具有高强度，又有较高韧性。但迄今为止，得到的纳米金属材料的韧性都很低。晶粒小于 25nm 时，其断裂应变小于 5%，远低于相应粗晶材料。主要原因是纳米晶体材料中存在各类缺陷、孔隙大、密度小、被污染，微观应力及界面状态等因素使绝大多数纳米金属材料在变形中易出现裂纹，塑性很差。中科院的一个科研小组用适当工艺制备的高密度、高纯度的纳米铜，晶粒尺寸仅 30nm，在室温下变形达五十多倍而没有出现裂纹。充分说明纳米晶可以大幅度提高材料的韧性。纳米晶体金属晶间化合物的硬度测试值表明，随着晶粒的减小，在初始阶段（类似于纯金属的情况）发生硬化，进一步减小晶粒，硬化的斜率减缓或者发生软化。

（6）宏观量子隧道效应。电子具有粒子性又具有波动性，因此存在隧道效应。人们发现一些宏观物理量，如微颗粒的磁化强度、量子相干器件中的磁通量等也显示出隧道效应，称之为宏观的量子隧道效应。量子尺寸效应、宏观量子隧道效应将会是未来微电子、光电子器件的基础，或者它确立了现存微电子器件进一步微型化的极限，当微电子器件进一步微型化时必须要考虑上述的量子效应。例如，在制造半导体集成电路时，当电路的尺寸接近电子波长时，电子就通过隧道效应而溢出器件，使器件无法正常工作，经典电路的极限尺寸大概在 250nm。目前研制的量子共振隧穿晶体管就是利用量子效应制成的新一代器件。

## 3.2    金属纳米材料电化学传感器检测原理

电化学传感器是一种特殊的化学传感器，作为环境样品分析中一种原位、快速、实时检测有害物质的装置，在现代化学分析中拥有良好的发展前景。除此之外，电化学传感器还具有样品用量少、选择性高、稳定性好、环境污染小等优点。由于电化学传感技术存在的诸多优势，迄今为止，它已经被广泛地应用于重金属、蛋白质、核酸等的检测。在检测过程中，被测物浓度影响化学能的产生，利用电化学原理，引起电化学信号发生变化。这样可被人们识别的电信号便间接地提供了被测物的实时信息，达到目标物的定性或者定量检测的目的。

根据识别电信号的不同，可将电化学传感器分为电流型、电位型和电导型传感器。电流型传感器是电化学传感器中最常用的一种，通常采用三电极系统对目标物进行研究。其中，三电极系统指的是工作电极（玻碳电极、碳糊电极和金电极等）、对电极（铂丝）和参比电极（Ag/AgCl）。它的工作原理是利用电压一定，被测物浓度的存在影响电活性物质在工作电极表面的氧化还原反应，从而影响电流变化，根据电流值与浓度值之间的关系对目标物进行定性定量分析的一种电化学传感器。

最早的电位型传感器是 pH 值传感器，它是一种离子传感器，由参比电极、内标准溶液、离子选择性膜构成。离子选择性膜是离子传感器的主要组成部分。当特定的离子在膜表面发生离子交换，影响膜电位，检测电极平衡时膜电位的变化，便可以对目标物进行定性或者定量的分析。离子选择性电极成本低、能够方便快速地进行实时监测。

随着纳米材料的兴起和纳米材料具有许多特殊的性能，如良好的光电性能、催化性能、比表面积大等，纳米材料修饰电极逐渐被人们用于传感器的制备。用于电化学传感器修饰电极的常见金属纳米材料有 AuNPs、PtNPs、PdNPs、AgNPs、CuNCs 等。金属纳米材料以及它的复合型纳米材料具有良好的导电性，是目前应用最为广泛的修饰电极材料之一。过渡金属和过渡金属化合物纳米材料通过修饰和设计，可以调节其磁、光、电和催化等方面的性质，是功能纳米催化材料领域中重要的基础材料。金属纳米不仅具有独特的形貌结构，其衍生物还有纳米仿生酶的电催化效应，利用纳米材料本身的稳定性及特异催化效应来构建纳米传感界面，再结合适当的电极加工技术，使得固定化步骤简化，稳定性和灵敏度提高。

电极对目标分子分析检测的基础和核心是如何构建电化学传感界面，这直接关系到电极的灵敏度、特异性及稳定性等重要的电化学指标。设计优良且稳定的纳米传感界面能够有效的将发生在电极界面的化学信号转变成可测量的电信号，对电化学领域的发展有着举足轻重的作用。随着新材料的不断出现并且表现出良好的形貌特征，非酶传感界面的构建得到了迅速的发展。材料设计、修饰方法、电极及基底材料的选择等，都对目标分子的催化活性、重现性及稳定性有着较大的影响。金属纳米材料由于合成制备方法的多样性，因此修饰材料的方式也多种多样，例如化学气相沉积法、电化学置换法、磁控溅射法、电化学沉积法等。其中最为典型的是电化学沉积法，在外加电场的作用下，通过氧化还原反应使溶液中的阴阳离子定向移动并沉积到电极表面形成一层纳米镀膜。电化学沉积法应用较为灵活，可以在不同的导电基底上沉积金属纳米粒子，也可以通过选择具有一定形貌和尺寸的模板材料进行电化学沉积，定向制备具有一定尺寸和形状的纳米材料。

由于纳米材料制备和修饰方法的多样性，因此对于电极和基底材料选择也有灵活性。常见的电极有两类，第一类是组合型修饰电极：将电极材料与化学修饰剂混合即可制备，其中有代表性的组合型修饰电极就是碳糊电极。与贵金属材质电极相比，碳糊电极成本低廉，而且电位窗宽、残余电流较低且更易得到新鲜的电极表面。另外一类是聚合型修饰电极：将制备的聚合物或者凝胶通过蘸涂、滴涂或旋涂的方式修饰到电极表面并且形成一层传感膜。滴涂法是比较简单的一种修饰方法，将制备好的纳米材料溶液均匀的滴涂在载体表面即可。而旋涂法是将旋涂液滴注到载体表面，然后经旋涂仪高速旋转铺展形成一层均匀且薄的膜，最后干燥除去多余溶剂得到较稳定的传感膜，这类聚合型修饰电极上的材料分布均匀、电活性中心较多，电化学响应较大且易制备，在催化、导电和光学领域已得到充分应用。但是滴涂法和旋涂法主要问题是要防止所涂材料的脱落，在电化学传感器构建中，常用全氟磺酸型聚合物（Nafion）或者壳聚糖（CS）溶液作为催化剂的载体和涂层，风干后形成高分子膜，对电极和纳米材料起到保护作用。在电化学传感器的构建过程中，根据不同检测体系的具体需求，研究者们还一直致力于寻找具有导电性高、稳定性好等优异电化学性能的基底电极材料。GCE 因其制作工艺比较成熟且生物兼容性强被广泛应用于电化学传感领域。金属箔片电极（镍箔、铜箔等）可以较容易地将附着的修饰层剥离。碳纸是一种由碳纤维交错排列而成的纸质商业材料，其表面光滑、品质稳定，在电容器和锂电池领域研究较为广泛，而碳布因其柔软性在柔性电极、穿戴式传感器、可植入式皮肤等生物工程领域具有独特的优势。其中，ITO 以钠钙、硅硼材料为基底再镀上一层氧化铟锡薄膜，其表面光滑、品质稳定，在光学领域的研究中较为成熟，但在传感检测领域鲜有报道。Liu 等[1]构建了一种有效的可伸缩电化学传感器，首先合成了大纵横比的 Au 纳米管（AuNTS），其交错的网络状结构使该传感器具有理想的机械形变稳定性，Au 纳米结构还提供了优良的电化学性能和生物相容性。该研究实现了在拉伸和伸展状态实时监测传感器上的机械敏感细胞，结果表明，该传感器在生物力学检测中具有巨大的潜力，为可伸缩电化学传感器在生物探索中开辟了一个新的方向。纳米金属电化学的基本工作原理如图 3-1 所示。

图 3-1 电化学传感器工作原理

## 3.3 金属纳米电化学在甲烷检测中的应用

纳米材料因其尺寸小、比表面积大等特点导致它有着与大尺度宏观材料不同的特殊性质。当今对纳米材料的研究主要有两个方面：一是探索新的纳米材料合成制备方式；二是系统探究纳米材料的结构、理化性质及光谱特征等。人们通常使用氧化还原法、水热法及电化学法制备纳米材料。纳米材料在电学、光学、磁学的应用上所展现出的常规材料不具备的优越性能使之被广泛应用于各类研究中。纳米科学技术是 20 世纪 80 年代以来逐步发展的一项新技术，开辟了人类认识世界的新层次，它的崛起已迅速在各个学科领域显示出广泛的应用前景。随着纳米技术的发展，金属纳米材料修饰电极为环境分析检测的发展起了极大的推动作用。而且，金属纳米材料具有良好的导电性和耐蚀性、较大的比表面积和优良的催化性能，因此，金属纳米材料基电化学技术在环境检测领域具有广泛的应用价值。

随着对纳米材料研究的深入，纳米材料功能化电化学传感器与其他技术联用已成为新的研究方向。例如将微电子技术与纳米材料技术、电化学传感器技术相结合，研制能够实时在线监测样品的电化学传感器。当然，纳米材料功能化电化学传感器仍存在一些不足：一是在检测单一物质时，灵敏度尚可满足要求，但同时对两种以上的物质检测时就易受干扰；二是纳米材料与传感器部件之间的固定多采用物理吸附法，存在纳米修饰物不稳定、易脱落等缺点。本节中，着重介绍金属纳米电化学传感器在环境污染气体、环境水体中新污染物抗生素等中的应用研究技术和方法。

### 3.3.1 甲烷气体传感器的研究进展

甲烷（$CH_4$）是在闭塞的沼泽底部由植物腐烂分解生成，主要存在于沼泽、矿井等环境中。甲烷是最简单的烃类，又名甲基氢化物，在低浓度时无色无味，在较高的浓度时有类似氯仿的甜味。常温下甲烷是非常惰性的气体，因为很高的 C—H 键强度（438.8kJ/mol），高的电离能（12.5eV），低的质子亲和力（4.4eV），低的酸度（$pK_a = 48$），但是在高温、有催化剂存在时也可以进行一些反应如氧化、卤化、硝化、热裂等。在这里甲烷大多数的反应是自由基反应。

甲烷是无色无味的可燃气体，其在空气中的爆炸极限为 5.3% ~ 14.0%（体积分数），在氧气中的爆炸极限为 5.4% ~ 59.2%（体积分数）。甲烷还是矿井瓦斯的主要成分，是瓦斯爆炸的罪魁祸首，甲烷也是引起温室效应导致全球变暖的第二大温室气体，同体积的甲烷对臭氧层的破坏作用是二氧化碳的 21 倍[2]，而且当前家用天然气主要成分也是甲烷，其检测对于保障生产和生活安全具有重要意义。

甲烷的结构和振动结果如图 3-2 所示。

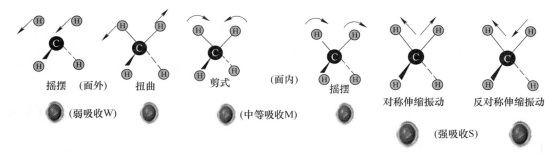

图 3-2   甲烷的结构和振动结果

目前，对 $CH_4$ 的检测方法主要有载体催化法、氧化物半导体检测法、红外光谱法和吸收型光纤检测法等。

矿井中广泛用于检测 $CH_4$ 的方法仍是 20 世纪 50 年代源于英国的载体催化元件甲烷传感器。当气体在元件表面燃烧时，元件温度升高引起了铂（Pt）丝电阻发生变化，根据电阻的变化量测出可燃气体的浓度。

载体催化元件存在着不稳定和寿命短的缺点。一般情况下，每 1 ~ 2 周需校正调试一次，使用 8 ~ 10 个月后即更换。在实际运行中，元件还会受到环境温度、湿度等因素的影响及由此引起的零点漂移，给实际操作带来困难。

由于 $CH_4$ 本身是特别稳定的四面体结构，破坏碳氢键需要很大的能量。正常情况下，$CH_4$ 气体除燃烧外不易发生其他化学反应。$SnO_2$ 是一种表面控制型、宽隙的 N 型半导体，是目前在 $CH_4$ 检测中最常用的氧化物半导体气敏材料。它利用 $CH_4$ 和吸附氧在材料表面的反应进行检测。以 $SnO_2$ 基气敏材料为代表的氧化物半导体气敏传感元件在检测 $CH_4$ 方面取得了一定突破，掺杂贵金属和稀有金属虽然可以提高元件的灵敏度和选择性，但其工作温度仍然较高、稳定性和一致性较差是其走向实际应用的障碍。

将光学原理应用于煤矿井下检测 $CH_4$ 技术是一种快速、准确的气体分析技术。光谱法气体传感是基于分子振动/转动吸收特征谱或泛频/复合吸收谱线与发光光源发射谱间的光谱一致性，所采用的光源包括热辐射光源、激光和发光二极管。Dahnke 等[3]用波长 3.39μm 的激光器，甲烷检测限可达到 $1.05 \times 10^{-10}$。近红外光源与中红外光源相比具有绝对的价格低廉优势，但是，考察气体在近红外区的吸收是泛频带或联合带的吸收情况，这些吸收峰比中红外波段的基本吸收峰要弱得多，其灵敏度相比中红外差一些，但是可操作性强，在实验室条件下近红外检测可以实现好的灵敏度。

光纤气体传感器的开发为甲烷气体的检测指出了新的方向。用光纤对 $CH_4$ 的检测方法主要有两类：一是利用 $CH_4$ 浓度和折射率的关系用干涉法测折射率；二是利用 $CH_4$ 气体的光谱吸收检测浓度。干涉型 $CH_4$ 传感器存在需经常调校、易受气体干涉的不足，其可靠性及稳定性均较差。光谱吸收法的原理简单，技术相对成熟，是目前光纤 $CH_4$ 传感器的市场主流。2005 年 M. Benounis 等报道了一种新颖光纤甲烷气体传感器。光源为波长 670nm 的激光器，气敏元件为涂有 Cryptophane 的光纤，涂有 Cryptophane A 时对甲烷的检测限为 2%（体积分数），涂 Cryptophane E 时检测限为 6%（体积分数）。吴锁柱等[4,5] 合成 Cryptophane，并将其修饰于光纤上，研制了模式滤光甲烷传感器，检出限可达 1%（体积分数）。

室温下，甲烷的电化学检测有直接和间接两种，直接的甲烷电化学检测是通过在电极表面直接氧化甲烷或者吸附甲烷导致电流或者电压发生变化来检测；间接的电化学检测是通过氧电极来检测，其原理是基于以甲烷为碳源的细菌利用甲烷时会消耗一定量的氧气，氧电极检测氧气的变化，从而检测甲烷的量。

直接的电化学氧化甲烷是困难的，1985 年美国犹他州大学的 John Cassidy 等人在很高的电压下利用钯族金属做工作电极检测甲烷，所用的电解液是乙腈，电压降低为 4.5V。2004 年，Hahn 等[6] 研究甲烷在水溶液中在钯等贵金属电极上的电化学行为，证明其甲烷在电极表面的最终产物为二氧化碳。但是反应时间长，需要 1h 以上，吸附到钯电极表面的甲烷才能转化为二氧化碳。

间接电化学法主要是微生物甲烷传感器 1980 年 Okada 等[7] 将单基甲孢鞭毛虫用琼脂固定在醋酸纤维膜上，制备出固定化微生物反应器（甲烷传感器）用以测定甲烷。该传感器分析甲烷气体的时间为 2min，甲烷浓度低于 66mmol/L 时，电极间的电流差与甲烷浓度呈线性关系。最小检测浓度为 131μmol/L。1996 年，丹麦的 Lars R. Damgaard 等[8] 利用甲基弯曲鞭毛孢子虫氧化菌制成甲烷微型传感器，响应时间为 20s，具有好的线性、重线性和稳定性。

化学修饰电极是通过共价、聚合、吸附等手段、将具有功能性的物质引入电极表面，制得具有新的、特定功能的电极，这种特定功能，使电极进行所期望的选择性反应，并加快反应速度，提高分析测定灵敏度，因而在分析测试中具有广阔的应用前景，且对于新的修饰剂的研究及用修饰电极对目标物质进行定量分析具有重要意义。2003 年，Bartlett 等[9] 应用电沉积钯催化剂薄膜构建纳米结构的气体传感器，研究结果表明，这些薄膜可以沉积到微结构硅（见图 3-3），这提供了一个非常有吸引力的方法，因为高度的控制位置、厚度、纳米结构，并组成催化剂，可以实现微结构的传感器系统。该传感器在空气中对甲烷的线性检测范围为：0~2.5%（体积分数），灵敏度约为 35mV/%（$CH_4$），具有较好的稳定性。对甲烷的检测限低于 0.125%（体积分数）。但是，检测甲烷气体仍然需要在空气中加热到 500℃。能量消耗约 175mW。

2007 年 Sahm 等[10] 发展了一种新的纳米微粒气溶胶方法合成，并直接存入多层金属氧化物传感器基板。火焰喷涂热解被用来制造 $Pd/SnO_2$ 传感器。并研究了感应层的气敏性和催化转化 $CH_4$、CO 和乙醇等性能。添加钯纳米的金属或金属氧化物甲烷传感器，提高了传感器对甲烷气体的选择性，然而，这类传感器对甲烷气体的响应和检测仍需较高的裂解温度。

钯纳米及其氧化物因为其独特的催化活性和与氢原子良好的相互作用力，使其在氢气及部分烃类小分子的检测中得到了广泛的应用，可以实现在室温下对甲烷气体的电化学催

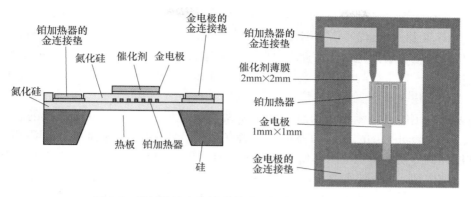

图 3-3 微结构纳米钯纳米传感器的俯视和平面示意图

化氧化。陆毅姜等[11]通过电弧喷射技术沉积钯纳米粒子修饰碳纳米管在叉指金电极上实现了室温下对甲烷气体检测。该研究对室温下惰性气体甲烷的检测提供了新线索。$Pd^0$ 负载的纳米碳管对甲烷的室温响应是基于 $Pd^0$ 与甲烷气体室温下形成的 $Pd^{\delta+}(CH_4)^{\delta-}$ 弱键而引发的电荷转移，这表明甲烷分子中的氢原子可以从 $Pd^0$ 原子中获取电子，当负载在纳米碳管表面的 $Pd^0$ 与甲烷相互作用从 $Pd^0$ 中获取电子后，$Pd^0$ 会从纳米碳管中得到电子，造成 P 型半导体纳米碳管中空穴载流子浓度增大，电阻降低，通过检测纳米材料的表面电阻变化实现对甲烷浓度的检测，响应机理如图 3-4 所示。李杨等[12]以壳聚糖为稳定剂，在碳纳米管（CNTs）存在下，通过硼氢化钠（$NaBH_4$）化学还原法制备了多壁碳纳米管/钯纳米复合材料，采用浸涂法修饰该纳米材料于叉指金电极上构建了甲烷传感器，该传感器在室温条件下对甲烷气体的响应浓度可以达到 2.0%（体积分数）。但壳聚糖/$Pd_0$/CNTs 复合物对甲烷的响应回复较差。

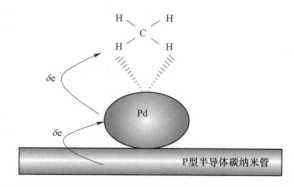

图 3-4 Pd-SWNT 传感器在室温下检测甲烷气体的响应机理

山西大学董川课题组在甲烷测定方面也开展了一系列的研究，并且取得了阶段性成果。在合成不同类型纳米材料的基础上，采用电化学手段，在溶液和气相中建立了甲烷气体检测的新方法[13-15]，在纳米电化学分析检测甲烷气体中积累了经验。

## 3.3.2 烷基胺稳定钯纳米修饰电极检测甲烷气体

烷基系列作为配体通过化学还原的方法合成钯纳米粒子，系统地研究烷基胺的碳链长度对钯纳米粒子粒径和分散性的影响，烷基胺配体分别包括：正己胺（$C_6$-$NH_2$）、十二胺（$C_{12}$-$NH_2$）和十八胺（$C_{18}$-$NH_2$）。另外，钯纳米粒子修饰钯电极在 0.50mol/L $H_2SO_4$ 中甲烷气体的电化学催化氧化活性主要取决于配体碳链的长度。实验结果表明，配体碳链越长，纳米粒子对甲烷的电催化氧化活性越高，钯纳米粒子修饰钯电极对甲烷气体的电催化氧化有望构建一个室温下的甲烷气体传感器。

烷基胺稳定的钯纳米粒子通过水和甲苯两相法合成[16]。采用一个经典的合成过程，17.7mg（0.1mmol/L）的 $PdCl_2$ 在搅拌下溶解在 20mL 水溶液中。根据设计的 $PdCl_2$/C-$NH_2$ 摩尔浓度比例分别溶解烷基胺（$C_6$-$NH_2$ 或 $C_{12}$-$NH_2$ 或 $C_{18}$-$NH_2$）配体于 20mL 甲苯溶液中。在甲苯溶液中加入 $PdCl_2$ 水溶液，强烈搅拌 1h，这时反应体系为一个白色的乳浊液。一份 5mL 硼氢化钠（37mg，1mmol/L）水溶液在 5min 内加入强烈搅拌的反应体系中，溶液立即变为黑色，表示钯纳米粒子已经形成。黑色的甲苯层通过分液漏斗与水相分离，甲苯溶液在旋转蒸发仪中蒸发为黑色固体物质。最后的钯纳米粒子产物用二次水和丙酮溶液洗涤三次以除去未反应的配体。合成的钯纳米粒子在 25℃真空干燥箱内干燥过夜。该类钯纳米粒子可以溶解在甲苯、苯、氯仿等非极性有机溶剂中，并稳定存在，但是不会溶解于醇、水等极性溶剂中。根据设计，共合成了五种钯纳米粒子，分别被标记为：1∶7 $PdCl_2$/$C_6$-$NH_2$、1∶7 $PdCl_2$/$C_{12}$-$NH_2$、1∶5 $PdCl_2$/$C_{18}$-$NH_2$、1∶7 $PdCl_2$/$C_{18}$-$NH_2$ 和 1∶9 $PdCl_2$/$C_{18}$-$NH_2$。

所使用的配体在控制钯纳米粒子粒径和分散性方面起着重要作用，进而影响到钯纳米粒子的电化学活性。一般来讲，和纳米粒子表面有较强的相互作用力的配体有助于制备分散性好和粒径小的纳米粒子。不同类型的烷基胺配体来制备钯纳米粒子粒径分析显示（见图 3-5），钯纳米粒子的平均直径分别为：1∶7 $PdCl_2$/$C_6$-$NH_2$，（20±2.0）nm；1∶7 $PdCl_2$/$C_{12}$-$NH_2$，（6.0±0.8）nm；1∶7 $PdCl_2$/$C_{18}$-$NH_2$，（5.6±0.8）nm。1∶7 $PdCl_2$/$C_6$-$NH_2$ 条件下合成钯纳米粒子发生了明显的聚集，形成了较大的颗粒，这表示钯原子没有被正己胺配体很好地保护。当相同的摩尔比例被使用在不同类的配体时，纳米粒子的粒径随着配体（$C_n$-$NH_2$）中烷基链长度的增加而降低。较长的 $C_n$-$NH_2$ 碳链能够减低钯原子相互接触的几率，从而减小其增长的机会。在所有使用的烷基胺中，十八胺有助于制备粒径最小的钯纳米，由此推断十八胺更好地阻止了钯原子的聚合。因此，十八胺被选择为理想的钯纳米的配体。同时，我们在合成过程中也考察了钯粒子和配体之间不同摩尔比条件下的合成效果。图 3-5（c）~（e）显示，1∶5、1∶7 和 1∶9 $PdCl_2$/$C_{18}$-$NH_2$ 条件下合成钯纳米粒径分别为：（6.5±0.9）nm、（5.6±0.8）nm 和（5.2±0.8）nm，由此可以看出，$PdCl_2$/C-$NH_2$ 的初始摩尔比例也能对钯纳米粒子的粒径分布产生较大的影响。虽然增加摩尔比有助于合成粒径较小的钯纳米粒子，但是，当 $PdCl_2$/C-$NH_2$ 的摩尔比例达到 1∶7 和 1∶9 时，制备的钯纳米粒子的直径没有太大的差别。这很可能是因为当配体在钯纳米粒子的表面形成饱和单层或多层，继续增加配体对钯纳米粒子核的直径已经不能造成进一步的影响。所以，当摩尔比例达到 1∶7 之后，钯纳米粒子的直径不会有明显的差别，反而因为过多的配体存在影响到了钯纳米粒子的电催化活性。

图 3-6 是钯纳米粒子 1∶7 $PdCl_2$/$C_{18}$-$NH_2$ 样品的 XRD 图。XRD 图显示不同的峰，在 40.0°、45.6°、68.3°和 78.0°，我们能够把这些峰分别归为：（111）、（200）、（220）和（311）面的特征显示，表明钯纳米晶体结构为 Fm3m 型面心立方结构[17]。因此，XRD

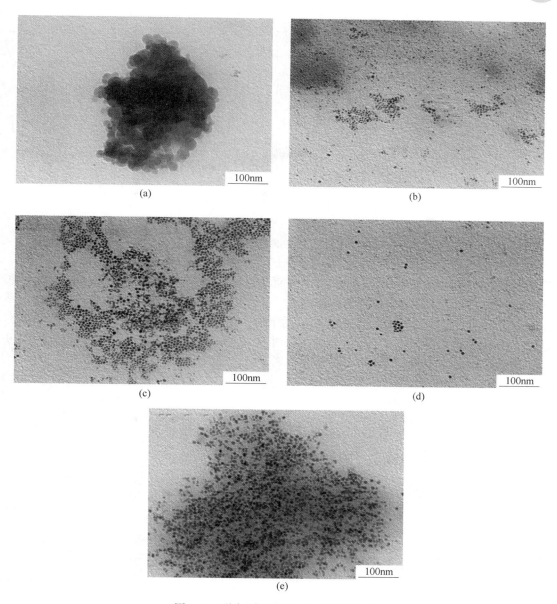

图 3-5　不同比例钯纳米粒子的 TEM 图
（a）1∶7 $PdCl_2/C_6-NH_2$；（b）1∶7 $PdCl_2/C_{12}-NH_2$；（c）1∶5 $PdCl_2/C_{18}-NH_2$；
（d）1∶7 $PdCl_2/C_{18}-NH_2$；（e）1∶9 $PdCl_2/C_{18}-NH_2$

说明钯纳米粒子具有较好的纳米晶体结构。

　　图 3-7 是不同类型的钯纳米甲苯溶液（0.5mg/mL）的紫外-可见吸收光谱。在 300nm
处对光谱图进行了归一化处理，从图可以看出，所有的光谱都呈现了一个较宽的从可见到
紫外区单调递增的吸收光谱，这与文献所报道的结论是相一致的[18]。图中曲线 a～e 由上
至下分别为 1∶7 $PdCl_2/C_6-NH_2$、1∶7 $PdCl_2/C_{12}-NH_2$、1∶5 $PdCl_2/C_{18}-NH_2$、1∶7 $PdCl_2/$
$C_{18}-NH_2$ 和 1∶9 $PdCl_2/C_{18}-NH_2$ 钯纳米粒子，曲线 a～e 吸收光谱随着依次减小。结合 TEM

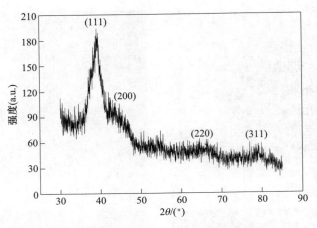

图 3-6　钯纳米粒子 1 : 7 $PdCl_2/C_{18}$-$NH_2$ 样品的 XRD 图

结果发现，钯纳米粒子直径越大，光谱吸收能力越强。这可能是因为相同质量浓度的溶液中，粒径大的钯纳米溶液中钯占的比例更高一些。然而，所有钯纳米粒子溶液的吸收光谱呈现一个共同点是从紫外区到可见区快速的下降。这种现象与其他过渡金属纳米粒子类似[19]。事实上，当存在稳定剂或者还原剂的时候，金属阳离子和纳米簇在胶体溶液中很可能出现光谱峰重叠等现象，使得真正解释起来变得比较困难[20]。

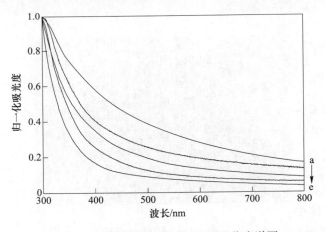

图 3-7　钯纳米粒子的紫外-可见吸收光谱图

　　为了证明配体和纳米粒子的相互作用，采用傅里叶转换红外光谱表征所合成的钯纳米粒子，以 1 : 7 $PdCl_2/C_{18}$-$NH_2$ 作为代表样品进行表征。结果显示在图 3-8。钯纳米粒子的红外光谱与纯的十八胺（$C_{18}$-$NH_2$）配体的红外光谱在波数为 500~4000$cm^{-1}$ 内显示很相似的光谱特征，这表示十八胺成功地结合在了钯纳米粒子的表面。十八胺和十八胺稳定的钯纳米粒子典型的亚甲基的 C—H 键不对称振动在 2850~3000$cm^{-1}$，而 C—H 键的对称振动在 2920$cm^{-1}$ 和 2850$cm^{-1}$，同时甲基的伸缩振动也在 2951$cm^{-1}$[21]。在 1460$cm^{-1}$ 的峰属于 $CH_2$ 的面内剪式振动[22]，而且，该峰的分裂能够灵敏地指示纳米晶体结构包裹于烷基链之间[23]。这个峰是很尖锐的，在 $C_{18}$-$NH_2$-Pd 纳米粒子没有发生明显的分裂。由此可以推断，烷基链分子并没有完全占据或布满钯纳米粒子表面。另外，$C_{18}$-$NH_2$ 稳定的钯纳米粒子中亚甲基基团的红外光谱峰位置相对于甲基拉伸的峰基本没有发生变化。这表示在钯纳米粒子形成过程中配体中的烷基链保持了其完整的结构，没有发生明显的变化[21,24]。在十八胺和 $C_{18}$-$NH_2$-Pd 纳米中在 1636cm$^{-1}$ 观察到的振动应该归属于胺基基团上 N—H 的弯曲振动。比较两种物质的红外光谱发现，$C_{18}$-$NH_2$ 和 $C_{18}$-$NH_2$-Pd 纳米粒子之间在 3350cm$^{-1}$ 属于 N—H 伸缩振动的红外光谱峰有明显的差别，其原因很可能是钯原子的存在严重地影响了 N—H 键的伸缩振动，钯纳米粒子表面与胺基基团的靠近或者结合使其内部的电子云密度发生移动，从而引起 N—H 振动频率的改变。这种解释和核磁光谱的实验数据是一致的。因此能够证明，配体十八胺是通过其胺基基团上的氮原子结合在钯纳米离子的表面，从而起到对钯纳米粒子的稳定作用。

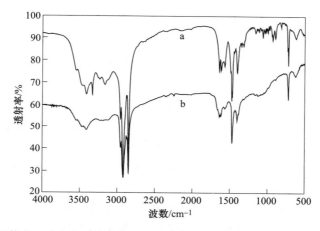

图 3-8　配体十八胺和十八胺稳定的钯纳米粒子 1∶7 PdCl$_2$/C$_{18}$-NH$_2$ 的红外光谱

配体十八胺和 $C_{18}$-$NH_2$-Pd 纳米粒子在 CDCl$_3$ 的 $^1$H NMR 光谱如图 3-9 所示，钯纳米粒子的 $^1$H NMR 光谱相对于单纯的十八胺配体特征性地变宽，尤其是这些靠近胺基和钯纳米粒子的亚甲基质子（c-CH$_2$）被分裂为几个较小的峰，并且略有向低场移动。相反，其余的亚甲基质子（b-CH$_2$）和甲基质子（a-CH$_3$）和纯的十八胺配体中的位置相比没有发生较明显的变化，这是因为它们离开钯纳米粒子核较远的距离。这些离钯纳米粒子核较远的质子只发生与单纯配体中几乎相同的化学位移。而这种质子峰的变宽是归因于质子自旋-自旋弛豫加宽、偶极子变宽[25]和质子的化学位移[26]。此外，d-NH$_2$ 中质子的化学位移由2.67ppm 向较高磁场 2.33ppm 的移动被明显地观察到，这是因为钯纳米粒子表面的电子诱导胺基上电子云密度线性地增加，因此胺基上的质子具有更大的屏蔽功能，从而化学位移发生更难。总之，钯纳米粒子的 $^1$H NMR 光谱数据进一步证实了配体 $C_{18}$-$NH_2$ 成功地结合在了钯纳米粒子的表面，而且主要是胺基上的氮原子和钯原子发生了电子的相互作用。

热重分析主要用于检测配体稳定的金属纳米粒子中有机物所占的份额，并且研究该纳米材料的热稳定性等性质。热重分析主要集中于 PdCl$_2$/C$_{18}$-NH$_2$ 1∶5、1∶7 和 1∶9 的钯纳米粒子的分析。钯纳米粒子的 TGA 实验可以看到整个粒子重量的损失是由于在某一温度下纳米粒子表面有机配体的分解所导致的。因此，能够通过计算样品质量的减少而得到其中配体的质量，进而估算样品中钯的含量。一般地，较小的纳米粒子周围附着有较多的

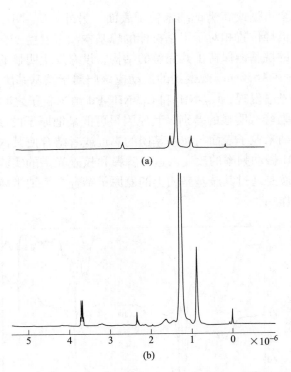

图 3-9    配体十八胺（a）和 $C_{18}$-$NH_2$-Pd（b）在 $CDCl_3$ 的 $^1H$ NMR 光谱图

配体质[27]。图 3-10 分别显示了 1∶5、1∶7 和 1∶9 初始 $PdCl_2$/$C_{18}$-$NH_2$ 摩尔比钯纳米粒子的 TGA 分析图，从质量上预计配体 C18-$NH_2$ 在整个纳米粒子的质量份额与它的纳米粒子的粒径相关的。TGA 的实验结果表明，1∶5 $PdCl_2$/$C_{18}$-$NH_2$ 纳米粒子的质量损失为 44.9%，1∶7 $PdCl_2$/$C_{18}$-$NH_2$ 纳米粒子的质量损失为 55.1%，1∶9 $PdCl_2$/$C_{18}$-$NH_2$ 纳米粒子的质量损失为 82.9%，分别与粒径 6.5nm、5.6nm 和 5.0nm 对应。这表示较大的钯纳米粒子包含较少的配体。TGA 实验结果与文献中所提到的纳米粒子越小所含配体的质量份额越多是一致的[25,28]。另一方面，1∶9 $PdCl_2$/$C_{18}$-$NH_2$ 纳米粒子中所含的配体的数量是出

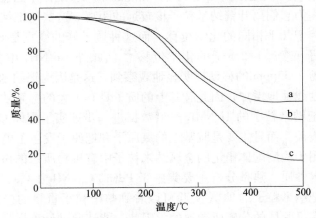

图 3-10    $PdCl_2$/$C_{18}$-$NH_2$ 摩尔比分别为 1∶5（a）、1∶7（b）和 1∶9（c）钯纳米粒子的 TGA

乎意料的，这很可能是因为在钯纳米粒子的表面形成了多层配体。当 $PdCl_2/C_{18}-NH_2$ 的摩尔比较小时，很可能过量的配体堆积到了单层保护的钯纳米粒子的表面，从而使得该纳米粒子具有较多的配体含量。

$C_{18}-NH_2$ 保护的钯纳米粒子中配体的解析温度都约在 420~450℃，这个分解温度和文献中提到的是一致的[21]，据文献报道，$C_{18}-NH_2$ 的燃点约为 346.8℃[29]。对于纳米粒子直径为 6.5nm、5.6nm 和 5.0nm 的钯纳米粒子响应的配体 $C_{18}-NH_2$ 的分解温度分别为 214℃、203℃ 和 163℃。粒径为 6.5nm 和 5.6nm 的钯纳米粒子中配体具有几乎相同的分解温度，这说明 $C_{18}-NH_2$-Pd 纳米粒子中纳米粒子的表面相互作用与其粒子直径相关性较小，这个结果与金纳米离子的情况是正好相反的，在金纳米粒子中，越小的纳米粒子具有越高的分解温度，由于其配体和纳米粒子表面较强的相互作用[30]。在纳米粒子的配体解析过程中，外层的配体先解析出来，接着靠近纳米粒子核的部分才开始分解。遗憾的是，TGA 曲线（图 3-10（c））没有能够明显展现出多层分解过程的差别。另外，TGA 实验过程中，温度高于 530℃（没显示）之后，观察到一个质量增加的过程，这表明，在有机物配体分解完之后，残留的 Pd 被氧化为 PdO。所有的 TGA 实验数据完全支持初始 $PdCl_2/C_{18}-NH_2$ 摩尔比越高，则生成的纳米粒子的粒径越大[31]。

图 3-11 显示了 1:5、1:7 和 1:9 $PdCl_2/C_{18}-NH_2$ 摩尔比条件的钯纳米粒子的质谱图。宽的质谱峰 36.9kDa、28.1kDa 和 23.5kDa 是分别来源于 1:5、1:7 和 1:9 $PdCl_2$-$NH_2$ 摩尔比合成的钯纳米粒子。由图可知，1:5、1:7 和 1:9 $PdCl_2/C_{18}-NH_2$ 摩尔比合成的钯纳米粒子的相对分子质量大约分别为 32000、30000 和 25000，这和 TGA 数据相结合可以大概估计出这些纳米粒子中分别包含钯原子和配体分子的个数，经计算，1:5、1:7 和 1:9 $PdCl_2/C_{18}-NH_2$ 摩尔比合成的钯纳米粒子的组成分别为：$Pd_{201}L_{47}$、$Pd_{150}L_{52}$、$Pd_{201}L_{47}$、$Pd_{44}L_{76}$（其中，L 为 $C_{18}-NH_2$）。这些结果与之前的 TEM 的实验结果是一致的，即较高的 $PdCl_2/C_{18}-NH_2$ 摩尔比将产生较大的纳米粒子。

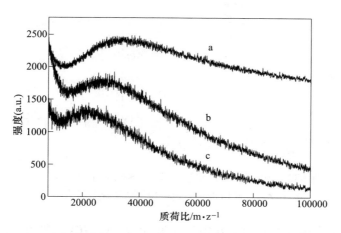

图 3-11　$PdCl_2/C_{18}-NH_2$ 摩尔比例为 1:5（a）、1:7（b）和 1:9（c）的钯纳米粒子的质谱图

图 3-12 显示了钯电极（a）和钯纳米粒子修饰钯电极（b~f）的电化学行为和甲烷存在时钯纳米的电催化氧化活性。在 0.50mol/L $H_2SO_4$ 电解质中在导入甲烷之前先鼓吹氮气

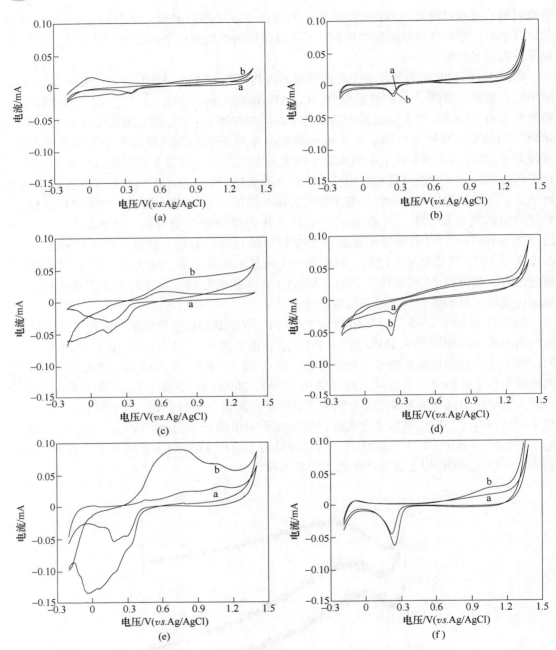

图 3-12　钯电极（a）和钯纳米粒子修饰钯电极（b~f）的
电化学行为和电催化氧化甲烷气体的循环伏安曲线

15min，所有的电化学循环伏安扫描电势范围为 -0.2~+1.40V，再返回到 -0.2V。在氮气除氧的电解液中，裸的钯电极在 0.02V（*vs.* Ag/AgCl）有一个较宽的阳极峰，在 +1.00V有一个小的阴极峰，如图 3-12（a）所示，这些分别对应着氢气（$H_2$）在钯电极上的解吸附和电化学氧化，同时还有钯的氧化过程[18]。相对而言，$H_2$ 的阳极峰不能在烷基胺保护的钯纳米粒子修饰的钯电极上观察到。这表明 C-NH$_2$-Pd NPs 修饰钯电极对 H$_2$ 吸附和解析是不容易的，因为烷基胺配体在钯纳米粒子表面的存在。C-NH$_2$-Pd NPs 修饰钯电极有一对较小的钯氧化峰（PdO 或者 PdO$_2$）在+0.60V 和+1.15V。当电位扫描从+1.40～0.20V 的范围内，在阳极扫描时该修饰电极+0.15～0.40V 产生一个还原峰。对于 1∶5、1∶9 PdCl$_2$/C$_6$-NH$_2$ 的钯纳米粒子修饰钯电极，在 0.20V 的还原峰是相对应钯纳米粒子的电沉积。而对于 1∶7 的 PdCl$_2$/C$_{12}$-NH$_2$ 和 PdCl$_2$/C$_{18}$-NH$_2$ 的钯纳米粒子，阴极峰是非常的宽，这是由于 H$^+$ 和 PdO/PdO$_2$ 还原峰的交叠所导致[32]。当电解质溶液被 CH$_4$ 气体饱和之后，在钯纳米粒子修饰的钯电极上能观察到甲烷的氧化现象。如图 3-12（b）所示，1∶7 PdCl$_2$/C$_{18}$-NH$_2$ 修饰钯电极的循环伏安扫描在约 0.68V（$vs.$ Ag/AgCl）有一个宽的甲烷氧化峰，而还原峰出现在相反扫描曲线的−0.06V，该电极的氧化峰和还原峰是分别由几个峰重叠而成的，这表明钯纳米电化学氧化甲烷是一个多步骤的过程。较宽的氧化和还原峰大概与电极表面吸附的甲烷的氧化和还原有关[18]。同时，1∶7 PdCl$_2$/C$_{12}$-NH$_2$ 和 1∶5、1∶9 PdCl$_2$/C$_{18}$-NH$_2$ 的修饰电极具有较小的氧化和还原峰。他们的循环伏安曲线相对裸的钯电极更倾斜度更大一些，这说明烷基胺保护的钯纳米粒子能够增加工作电极的导电性。这是由于电子在钯纳米粒子上更容易传递[22]。而在 1∶7 PdCl$_2$/C$_6$-NH$_2$ 修饰的钯电极上只能观察到非常小的甲烷的氧化峰。结果表明：具有较短烷基链（例如 C$_6$）的配体稳定的钯纳米粒子对甲烷的氧化是削弱的。当烷基胺的碳链增加到 C$_{12}$ 或者 C$_{18}$ 后，在修饰电极上甲烷的氧化更容易发生。而在 C$_{18}$-NH$_2$ 稳定的三种钯纳米粒子中，1∶7 PdCl$_2$/C$_{18}$-NH$_2$ 条件下合成的钯纳米粒子对甲烷气体的氧化具有更好的电化学活性。这很可能对于1∶9 PdCl$_2$/C$_{18}$-NH$_2$ 的钯纳米粒子而言是因为其具有多层配体，较多的配体堆积于钯纳米粒子的表面从而阻碍甲烷分子与钯原子的充分接触[33]，因此导致对甲烷弱的氧化行为。总之，配体烷基胺的数目和碳链的长度对钯纳米粒子的电催化活性是有影响的。随着配体碳链长度的增加，憎水性的甲烷分子能够更好地吸附到 C-NH$_2$ 稳定的钯纳米粒子表面，从而提高催化氧化的活性。然而，当在钯纳米粒子表面堆积过多的烷基胺配体时，将限制钯纳米粒子表面的电化学活性位点。过多的 C$_{18}$-NH$_2$ 的配体很可能较低纳米粒子电子转移的能力。

除了配体的影响之外，对甲烷气体的氧化还受纳米粒子粒径大小的影响。我们能够观察到纳米粒子的粒径越小，甲烷的氧化电流越高。比如，不同纳米粒子直径的纳米修饰电极氧化甲烷产生的阳极电流峰的大小顺序为 5.6nm>6.0nm>6.5nm>20nm。但是粒径最小的纳米粒子（5.0nm）并不符合这个变化趋势，这是因为在它的表面含有更多层的配体堆积，从而较低了纳米粒子的催化活性。实际上，烷基胺稳定的钯纳米粒子对甲烷的催化氧化活性主要是由甲烷吸附在烷基内，并扩散到纳米粒子表面和钯纳米粒子的比表面所控制的。因此，低于单层保护的钯纳米粒子，粒径越小的粒子能够展现出越好的电化学活性，所以，选择粒径为 5.6nm 的 C$_{18}$-NH$_2$-Pd NPs 做进一步的研究。

为了研究钯纳米粒子修饰电极对甲烷气体的电催化氧化特性，不同量的直径为 5.6nm 的 1∶7 PdCl$_2$/C$_{18}$-NH$_2$ 纳米钯粒子（0.50mmol/L）修饰于钯电极表面（$\phi$=3mm）。该电极在 0.68V 显示了甲烷气体的氧化峰，结果显示于图 3-13。当使用的量较少时，氧化电流较低。随着使用量的增加，甲烷氧化的电流峰也增大。当纳米粒子的修饰量为 11μL 时，对甲烷的氧化电流峰达到最大值，随后，修饰量的增加，氧化电流峰反而有所下降，这表明电极表面厚的沉积层反而会降低其对甲烷的氧化能力。因此，选择 11μL 0.50mmol/L 的钯纳米粒子甲苯溶液作为最佳的电极修饰量。

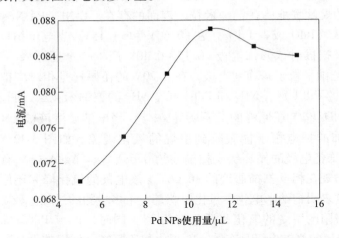

图 3-13  钯纳米修饰电极的使用量对甲烷催化氧化活性的影响

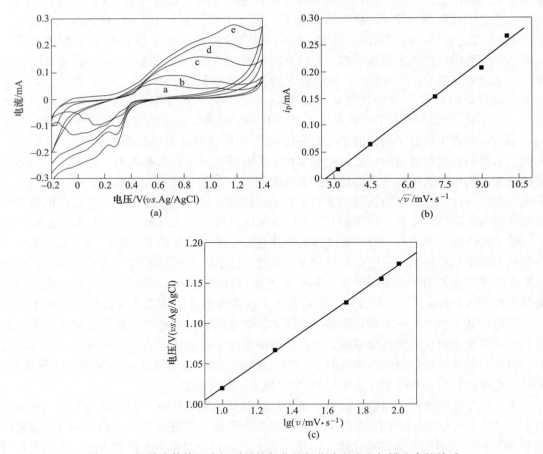

图 3-14  钯纳米修饰钯电极对甲烷氧化的氧化峰电流和扫描速率的关系

图 3-14（a）显示 $C_{18}$-$NH_2$-Pd 纳米粒子（5.6nm）修饰钯电极在饱和甲烷的

0.50mol/L H$_2$SO$_4$ 电解液中的循环伏安曲线，扫描速率分别为 10mV/s、20mV/s、50mV/s、80mV/s 和 100mV/s。在甲烷氧化峰电流和扫描速率的平方根（$v^{1/2}$）之间我们发现一个较好的线性关系，如图 3-14（b）所示，这表明在钯纳米修饰电极上甲烷的氧化是一个扩散控制过程。另外，氧化峰电势（$E_p$）随着扫描速率（$v$）的增加而增加，在 $E_p$ 和 lg$v$ 之间也能发现一定的线性关系（见图 3-14（c））。这个结果显示钯纳米粒子修饰的钯电极对甲烷的催化氧化是一个不可逆的过程。对于一个不可逆反应的电子转移过程来说，$E_p$ 对 lg$v$ 的关系应该是一条直线，所以斜率=$RT/2\alpha nF$，其中 $\alpha$ 和 $n$ 分别是电子转移系数和电子转移数，$R$、$T$ 和 $F$ 是通常的物理常数。因此，由图 3-14（c）可以计算得到直线的斜率是 154，而 $\alpha n = 0.08$，氧化峰电流（$I_p$）和速率（$v$）之间的关系式为[34,35]：

$$I_p = 0.4958 \times 10^{-3} nF^{3/2}(RT)^{-1/2}(\alpha n)^{1/2}ACD^{1/2}v^{1/2}$$

式中，$A$ 为电极面积，cm$^2$；$D = 2.2 \times 10^{-5}$，cm$^2$/s；$n$ 为电子转移数，$n = 4.13 \approx 4$。

据文献报道[32,36]甲醇在钯纳米和钯纳米化材料上的催化氧化就是四电子转移过程，因此认为甲烷气体在钯纳米表面首先被氧化为甲醇，接着甲醇在电极过程中生成 PdO/PdO$_2$ 表面被进一步氧化为甲醛。所以，甲烷在 C$_{18}$—NH$_2$—Pd 纳米修饰钯电极上的氧化机理可以综合如下：

$$CH_4 + PdO \longrightarrow CH_3OH + Pd（或 CH_4 + PdO_4 \longrightarrow CH_3OH + PdO）$$
$$CH_3OH + PdO \longrightarrow HCHO + H_2O + Pd（或 CH_3OH + PdO_2 \longrightarrow HCHO + H_2O + PdO）$$

甲烷氧化是一个多步的过程，在实验中观察到的电化学氧化峰是一个宽峰，如图 3-12（b）所示。反应生成的不稳定的甲醛能够解释为什么电化学扫描的阴极峰是多步的，而且整个反应是一个不可逆的过程。在该修饰电极上甲醇也能够给出一个宽的阳极峰和多步的阴极峰。

图 3-15 显示典型的钯电极和钯纳米修饰钯电极电催化甲烷电流-时间曲线，在 0.50mol/L H$_2$SO$_4$ 溶液中甲烷气体饱和之后，钯纳米修饰的钯电极显然比裸钯电极有明显高的氧化电流响应曲线。这表明该修饰电极对甲烷气体具有强的电催化活性和更稳定的响应。因此，按照 1：7 PdCl$_2$/C$_{18}$-NH$_2$ 条件合成钯纳米粒子是一种理想的室温下电催化氧

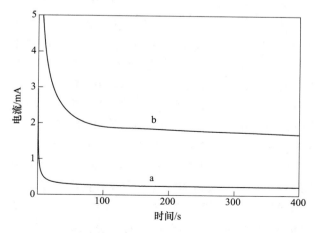

图 3-15　钯（a）和钯纳米修饰（b）钯电极电催化甲烷的电流-时间曲线

化甲烷气体的纳米材料。制备的钯纳米粒子修饰钯电极能够重复使用，并且对甲烷气体有稳定的电化学响应，并且保存六个月其催化活性基本不会下降。

本节提出了一种简单的可控制的合成把纳米粒子的化学方法，该方法能够在室温的水-油两相条件下较快速的实现。合成粒径较小的钯纳米粒子具有较好的电化学活性。纳米材料通过 UV-vis、TEM、XRD、$^1$H NMR、MS 和 TGA 等表征技术。结果表明，纳米粒子对甲烷气体的催化活性主要与其配体中烷基链的长度有关。同时，对甲烷的电催化氧化活性与配体使用的摩尔比不同生成的纳米粒子的粒径大小也相关。然而，在纳米粒子和配体成形的保护层之间的一个平衡不得不考虑。实验结果表明，1:7 $PdCl_2/C_{18}$-$NH_2$ 合成条件下制备的钯纳米材料作为主要的电极修饰材料用于电化学催化氧化甲烷，相对于裸钯电极和其他材料修饰的钯电极，该修饰电极对甲烷显示一个快速的、高活性的和稳定的响应。C18-$NH_2$ 稳定的钯纳米粒子具有提供一个非水性的表面和高比表面积的优点，为进一步应用于电催化和气体传感器奠定了基础。

### 3.3.3　钯-多壁碳纳米管纳米复合电化学甲烷检测

金属/碳纳米管掺杂的材料吸引了众多研究者的兴趣，是因为它在纳米电子器件和气体传感器方面高灵敏的性质[37-43]。金属和碳纳米管（CNT）已被应用在气体传感器方面，尤其是惰性气体的检测方面。当过渡金属被适当地修饰和填装碳纳米管之后，它们能和甲烷或者二氧化碳气体发生一定的相互作用，从而用于气体的检测。Lu 等[44]采用真空喷射溅镀技术将贵金属钯（Pd）修饰到了单壁碳纳米管的表面，并实现了室温下甲烷气体的检测。Pal 等[45]采用电沉积的办法准备了碳纳米管和纳米纤维材料，并将其应用到甲烷气体的响应中。Casalbore-Miceli 等[46]沉积一个取代的聚噻吩导电聚合物，它的电阻值会根据甲烷气体的浓度而发生变化。

本节介绍一种简单的方法合成钯-多壁碳纳米管纳米复合物（MWCNT—$NH_2$/PdNPs）并用于构建甲烷传感器中的敏感膜，传感器对甲烷气体的响应可以通过检测传感材料的电阻值来实现，在室温条件下该纳米材料对甲烷气体表现出较好的电化学响应。

多壁碳纳米管（MWCNTs）首先在空气中加热到 530℃，30min 除去其中的碳单质。接着 MWCNTs 在 $HNO_3$(68%)/$H_2SO_4$（98%）（体积比1:3）混酸中 60℃下加热 4h。结果带有羧基的多壁碳纳米管（MWCNT-COOH）经过过滤和二次蒸馏水洗涤到中性（pH=7），然后在真空干燥下烘干[47]。MWCNT-COOH 通过共价连接酰氯于多壁碳纳米管表面（MWNT-COCl），该产物作为一个中间产物是为了进一步化学功能化多壁碳纳米管[48]。1，6-己二胺通过在 MWNT-COCl 的 DMF 溶液中加热到 100℃反应 2 天，直到其中的 HCl 气体完全释放，冷却到室温之后，胺基功能化的多壁碳纳米管（MWCNT-$NH_2$）用无水乙醇洗涤 5 次除去未反应的 1，6-己二胺。50.0mg 的 MWCNT-$NH_2$ 和 17.8mg 的氯化钯（$PdCl_2$）的水溶液中通过滴加 5.0mL $NaBH_4$（38.0mg）水溶液还原混合液中的 $PdCl_2$，在 5min 的强烈搅拌下，目标产物 MWCNT-$NH_2$/Pd NPs 生成。所有的反应过程被总结在示意图 3-16 中。固体纳米复合物经过二次蒸馏水洗涤后放入真空干燥箱中过夜干燥。

MWCNTs 使用—COOH、—$NH_2$ 等基团功能化并且和 Pd NPs 一起固定化。每种产物分别利用 IR、$^1$H NMR 和 SEM 等技术进行了表征。图 3-17 显示的是 MWCNT-COOH、MWCNT-$NH_2$ 和 MWCNT-$NH_2$/Pd NPs 的红外光谱。对于 MWCNT-COOH 特征峰在 1716cm$^{-1}$

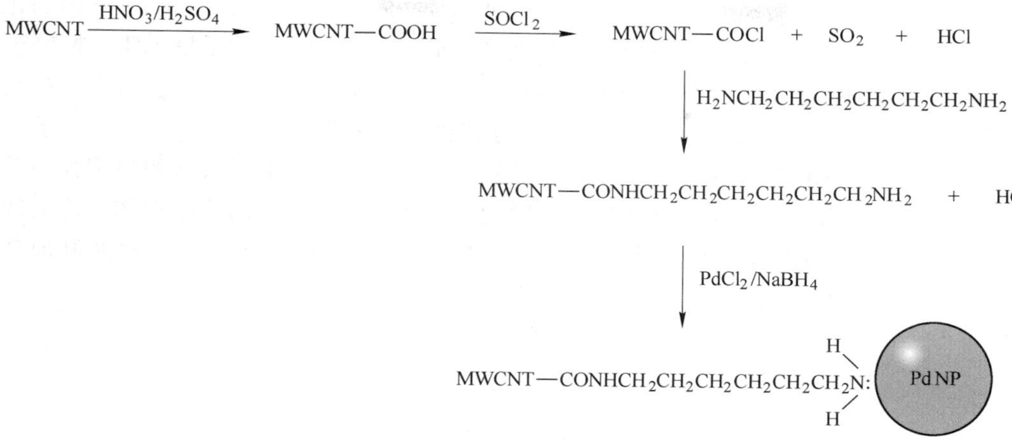

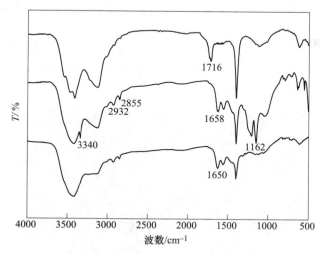

$$MWCNT \xrightarrow{HNO_3/H_2SO_4} MWCNT—COOH \xrightarrow{SOCl_2} MWCNT—COCl + SO_2 + HCl$$

$$\downarrow H_2NCH_2CH_2CH_2CH_2CH_2CH_2NH_2$$

$$MWCNT—CONHCH_2CH_2CH_2CH_2CH_2CH_2NH_2 + HCl$$

$$\downarrow PdCl_2/NaBH_4$$

图 3-16 MWCNT-NH$_2$/Pd NPs 合成过程制备示意图

位置显现相关 C＝O 的基频振动，而对于 MWCNT-NH$_2$，其中的 C＝O 的伸缩振动位移到了 1658cm$^{-1}$，而且在 1162cm$^{-1}$ 观察到了相关 C—N 振动的胺基的特征峰。在 3340cm$^{-1}$ 位置的峰是由于 N—H 键的伸缩振动而产生的。而 2855 和 2936cm$^{-1}$ 位置的峰是—CH$_2$—的特征振动，他们是来自于 1，6-己二胺中烷基链[49,50]。当 Pd NPs 和 MWCNT-NH$_2$ 通过己二胺嫁接到一起形成 MWCNT-NH$_2$/Pd NPs 之后，纳米复合物中的 N—H 在 3340cm$^{-1}$ 的伸缩振动峰加宽，这表明钯纳米粒子和胺基中的氮原子发生了强烈的相互作用。另外，在 1162cm$^{-1}$ 处的 C—N 键加宽和变弱的原因可以推断是因为钯纳米粒子对 C—N 键电子云产生了影响所导致的。这些结果显示钯纳米粒子被成功地嫁接到了 MWCNT-NH$_2$ 的表面。

图 3-17 MWCNT-COOH（a）、MWCNT-NH$_2$（b）和 MWCNT-NH$_2$/Pd NPs（c）的红外光谱

图 3-18 显示 MWCNT-NH$_2$ 和 MWCNT-NH$_2$/Pd NPs 在 CDCl$_3$ 中的$^1$H NMR 光谱。对于 MWCNT-NH$_2$，一个较小的化学位移出现在 δ 2.7，它是相对应于 CH$_2$—N 键。在 δ 0.8 ~ 0.9 和 1.2 ~ 1.8 位置的化学位移峰分别与—CH$_2$—和—CONHCH$_2$—基团相对应。对于

MWCNT-NH$_2$/Pd NPs 复合物，三个单峰在 δ 0.9~1.8 出现，对应的是—CH$_2$—基团的化学位移，该位移在钯纳米粒子存在下仍能清楚地观察到（图 3-18）。质子峰 CH$_2$—N 轻微地向低场移动到 δ2.8，并且分裂为较宽的双重峰，这是由于胺基中氮原子的孤对电子受到了来自钯纳米粒子电子云的影响，从而降低了与其相邻的亚甲基（—CH$_2$—）的电子云密度。核磁谱中质子峰的加宽主要是由于钯纳米粒子的影响产生了电子快速的自旋弛豫所导致。由于不同的结合位点和不同纳米尺寸的影响，从而产生了不同的化学位移，这清楚地表明了纳米粒子和配体之间的相互作用[51]。因此$^1$H NMR 谱证实 Pd NPs 通过胺基成功地嫁接到了 MWCNT-NH$_2$ 表面。

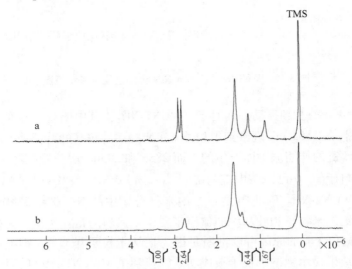

图 3-18　MWCNT-NH$_2$（a）和 MWCNT-NH$_2$/Pd NPs（b）在 CDCl$_3$ 中的$^1$H NMR 光谱

　　扫描电子显微镜照片（SEM）如图 3-19 所示，显示了 MWCNT-NH$_2$/Pd NPs 纳米复合物的整体形态和形貌。纳米簇状的钯纳米分散附着在 MWCNT-NH$_2$ 表面，这暗示钯纳米粒子和多壁碳纳米管进行了成功的嫁接。

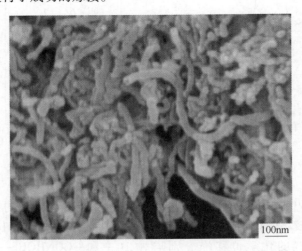

图 3-19　MWCNT-NH$_2$/Pd NPs 纳米复合物的扫描电镜

循环伏安法是一种简单灵敏的评价修饰电极的技术。合成的纳米复合物 MWCNT-NH$_2$/Pd NPs 修饰于金电极表面，检测该纳米材料的电化学行为和催化能力。图 3-20（a）～（c）显示了典型的各种电极的循环伏安曲线，分别为（a）Au、（b）MWCNT-NH$_2$ 修饰 Au 和（c）MWCNT-NH$_2$/Pd NPs 修饰 Au 电极在 0.50mol/L H$_2$SO$_4$ 溶液中。图中，曲线 a 不含有 CH$_4$，曲线 b 用 99.99%（体积分数）CH$_4$ 气体饱和溶液，扫描速率为 20mV/s。从图可知，裸 Au 电极分别在 1.35V 和 0.88V 产生一对小的氧化和还原峰（图 3-20（a）曲线 a），而且在甲烷存在和不存在时没有明显的差别。相似的 CV 曲线（图 3-20（b））也在 MWCNT-NH$_2$ 修饰的 Au 电极上被观察到，只是它们的电流比裸 Au 电极的更高一些，这很可能是因为 MWCNTs 具有较好的导电性。相反，MWCNT-NH$_2$/Pd NPs 材料修饰 Au 电极的 CV 曲线（图 3-20（c）曲线 a）在 1.25V 显示出更宽、更高的阳极氧化电流峰，在 1.05V 处出现一个肩峰，而且在 0.90V 位置出现一个尖的阴极还原电流峰，由此认为在 MWCNT-NH$_2$/Pd NPs 修饰的 Au 电极上钯氧化物 PdO$_2$（1.25V）和 PdO（1.05V）的形成是氧化峰电流增加的主要原因。在甲烷气体存在的情况下，MWCNT-NH$_2$/Pd NPs 修饰的 Au 电极的氧化和还原峰的电流相比，Au 电极（图 3-20（a）曲线 b）和 MWCNT-NH$_2$ 修饰 Au 电极是更高。可能的原因是 CH$_4$ 在钯氧化物表面更容易发生氧化。此外，阳极和阴极峰电流的比率（$I_{pa}/I_{pc}$）随着扫描速率的增加而降低（图 3-20（d）），表明钯氧化物表面有更好的催化甲烷的活性点[52]。

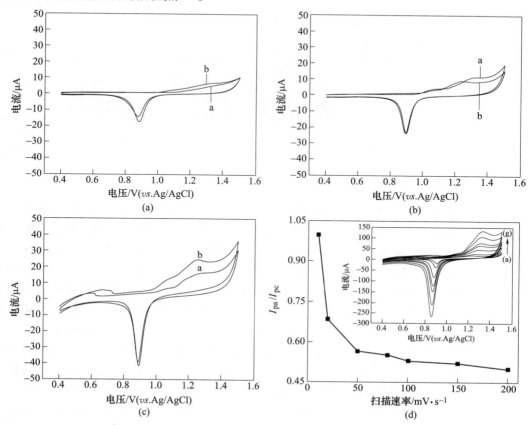

图 3-20　裸的和 Pd 纳米修饰的 Pd 电极对甲烷气体的响应

　　氧化铟锡（ITO）玻璃具有好的导电性（约 10 Ω·cm），作为一个纳米材料的固体支撑基质，钯-多壁碳纳米管纳米复合物能够很好地溶解在甲苯溶液中。80μL 0.50mmol/L 的 MWCNT-NH$_2$/PdNPs 甲苯溶液修饰在 ITO（1cm×2cm）基质上，在室温下晾干。图 3-21 显示甲烷气体传感器的结构和整个构建过程。传感器系统主要由一个自制气室，一个 ITO 作为基质的传感器元件和一个直流电源（1.25V）组成。气室的容积为 100mL。气体流量通过一个 Ecotech GasGal 1100（Victoria，Australia）质量流量计控制。气体流入气室的总流量是 100m$^3$/min。纯的空气（>99.99%）产生于一台 Model BML-9551（Beijing Monitor Environment Technology Ltd.，Beijing，China）零空气发生器，经过零空气发生器的空气不包含任何杂质气体，比如烃、CO 和 CO$_2$。各种浓度的甲烷气体（CH$_4$）产生于 99.99%（体积分数）CH$_4$ 和空气的配置。传感器的信号通过 34410A 数字万用表（Agilent Technologies，Santa Clara，CA，USA）检测电阻值的变化来获得。数字输入并且保存在电脑中。传感器的响应信号（$S$）被定义为 $S=(R_0-R)/R_0$，其中 $R_0$ 和 $R$ 分别是传感器在空白载气和样品甲烷气存在下的电阻值。MWCNT-NH$_2$/Pd NPs/ITO 传感器的电阻值随着甲烷气体浓度的增加而降低。

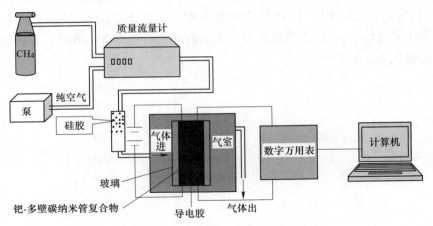

图 3-21　甲烷气体的传感器系统装置示意图

　　从电化学检测可以看出，合成的 MWCNT-NH$_2$/Pd NPs 纳米复合物在室温条件下对甲烷气体呈现出好的电催化氧化活性。因此，沉积该纳米复合物于 ITO 玻璃基质上构建一个室温下甲烷气体的传感器系统。图 3-22 显示传感器在室温条件下以空气作为载气对 3.0%（体积分数）CH$_4$ 响应的五个重复响应，应用到的外加电源为 1.25V。当 MWCNT-NH$_2$/Pd NPs 与 CH$_4$ 在操作电压条件下相互作用时，传感器元件薄膜的电阻值增加，导致传感器响应信号 $S=(R_0-R)/R_0$ 的增加。传感器对甲烷气体显示出好的响应，而且该响应是可逆的和可重复的。这说明设计的钯纳米材料传感器实现室温下甲烷气体的检测是有希望的。

　　不同载气对传感器响应 3.0%（体积分数）CH$_4$ 的影响如图 3-23 所示。所研究的三种不同载气分别是氮气（a）、干燥的空气（b）和湿空气（c）。首先载气使得传感器获得一个稳定的基线值，然后不同载气下的 3.0%（体积分数）CH$_4$ 通入传感器中 50s，接着再通入空白的载气。传感器的响应信号随着 3.0%（体积分数）CH$_4$ 气体的通入而增加，表明传感器对 CH$_4$ 有好的响应，而且传感器的响应可以基本上每次都回复到基线，证明传感

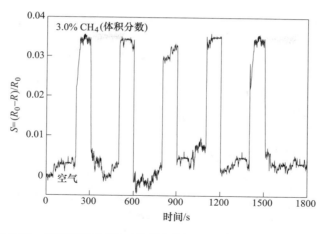

图 3-22　传感器对 3.0%（体积分数）$CH_4$ 响应的五个重复响应

器有好的可逆性。该传感器对干燥或者是湿的空气显示快速的较高的信号响应，而对 $N_2$ 载气下的甲烷相对响应较慢和响应信号较低，这是因为氧气在传感器响应甲烷的反应过程中起着一个重要的作用，氧气的存在有利于 MWCNT-$NH_2$/Pd NPs 纳米复合物中的钯纳米形成钯氧化物，从而对甲烷气体的氧化起更好的催化作用。另外，由于湿的空气化学吸附到 MWCNT-$NH_2$/Pd NPs 表面，从而增加了传感器传感元件膜的导电性。虽然相对于干燥的空气而言，湿的空气能够微弱地增加传感器对甲烷气体的响应信号，但是在传感器中使用硅胶干燥剂，从而避免湿度对传感器的影响。

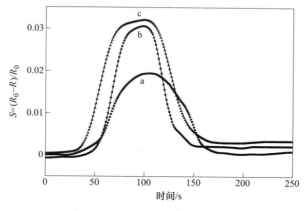

图 3-23　传感器在不同载气条件下对 3.0%（体积分数）$CH_4$ 的响应

气体传感器系统对甲烷气体的响应灵敏度与纳米复合物固定的量有关。其结果见图 3-24。较多的钯纳米粒子固定于 ITO 表面有利于增加传感器对甲烷气体的接触反应的面积，从而有利于提高反应的灵敏度。但是另一方面，过量的钯纳米复合物可能导致传感器元件具有一个高的空白电阻值，使响应的灵敏度下降。从图 3-24 可以看到，纳米材料的固定量超过 80μL 后，传感器对甲烷气体的响应下降，这是因为传感薄膜增厚影响传感器元件的响应灵敏度。所以，80μL 0.50mmol/L 的 MWCNT-$NH_2$/Pd NPs 溶液被选择为实验的最佳纳米材料固定量。

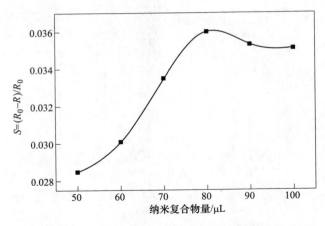

图 3-24    MWCNT-NH$_2$/Pd NPs 固定量对传感器的影响

温度对传感器的影响见图 3-25。在传感器对干燥空气作为载气的 3.0%（体积分数）CH$_4$ 的响应中，温度在 0~60℃ 范围内，传感器的响应基本恒定。当温度超过 60℃ 后，传感器对甲烷的响应值随着温度的增加快速增大。然而，为了获得高的灵敏度而提高检测温度是不可取的，因此，研究中所有的实验过程都在室温（25℃）下进行。

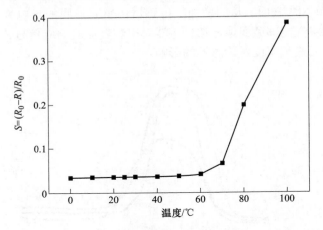

图 3-25    温度对传感器响应的影响

MWCNT-NH$_2$/Pd NPs 基传感器显示出不同载气条件下对甲烷响应的差异。这证明 O$_2$ 或者 H$_2$O 在 MWCNT-NH$_2$/Pd NPs 表面甲烷气体的催化氧化过程中起着重要作用。因此，在 CH$_4$ 和 Pd、MWCNTs 之间的相互作用不仅需要考虑它们分子间的相互作用[53]，同时在 CH$_4$ 和 O$_2$ 之间的电催化氧化反应也应考虑。与文献［53］相比，本节研究的传感器对甲烷的响应更灵敏。通常的解释是在实际工作电压下，Pd 原子首先和氧分子之间形成弱的化学键。而钯氧化物 PdO 能够进一步游离出来氧原子（式（3-1）~式（3-2））[54,55]，游离的氧原子在分离过程中从钯原子或者钯氧化物的表面（式（3-3））[56]获得负电荷，当甲烷分子和传感元件接触时，活性氧原子将 CH$_4$ 很快氧化为 CO$_2$（式（3-4））。

$$2Pd + O_2 \rightleftharpoons 2PdO \tag{3-1}$$

$$PdO \Longrightarrow Pd + O \tag{3-2}$$

$$O + e \Longrightarrow O^- \tag{3-3}$$

$$CH_4 + 4O^- \Longrightarrow CO_2 + 2H_2O + 4e \tag{3-4}$$

传感器对甲烷气体的整个响应过程涉及一个混合机理。当外加电流通过传感器感敏感薄膜时，分子间相互作用和电催化氧化同时发生在甲烷的氧化过程中。当 MWCNT-NH$_2$/Pd NPs 基传感器对甲烷气体响应时，电阻值增加，原因主要归于以下几点。首先 CH$_4$ 分子吸附到 Pd NPs 粒子的表面，形成一个较弱化学键作用的化合物 Pd$^{\delta+}$(CH$_4$)$^{\delta-}$，CH$_4$ 是一个负电性的分子，在纳米复合物中的多壁碳纳米管能够把电子给予 Pd$^0$ 原子。因此，最后导致 MWCNTs 的电子密度增加，从而增加了纳米复合物的导电性[53]。同时，吸附到 Pd NPs 表面的二氧分子能够促使其生成钯氧化物，在钯氧化物表面 CH$_4$ 很容易被氧化为 CO$_2$。这个结果和 MWCNT-NH$_2$/Pd NPs 修饰 Au 电极催化氧化甲烷的电化学实验结果是一致的。

图 3-26 为典型的 MWCNT-NH$_2$/Pd NPs 基传感器对干燥空气氛围室温环境中浓度为

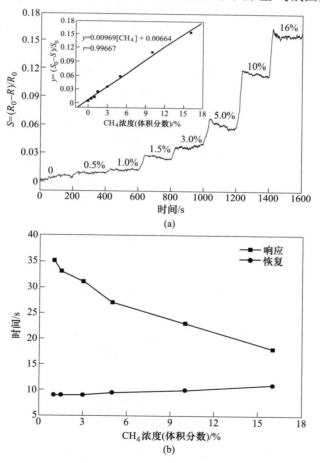

图 3-26 传感器对不同浓度甲烷的梯度响应（a）与传感器的响应和恢复时间（b）

0.0~16.0%（体积分数）不同甲烷气体响应的梯度变化曲线。在每一个甲烷浓度下，传感器可以迅速地达到一个稳定的平台。在甲烷气体浓度在 0.0~16.0%（体积分数）范围内，传感器的响应信号和甲烷的浓度呈现一个较好的线性关系，其中线性方程及相关系数为：$(S_0-S)/S_0 = 0.00969\,[CH_4] + 0.0066$，$r = 0.9967$（图 3-26（a）），其中 $S_0$ 和 $S$ 分别为传感对空白载气和甲烷样品气的响应信号值。传感器的检测限为 0.167%（体积分数）（$S/N = 3$）。图 3-26（b）为传感器对甲烷气体的响应时间和恢复时间。响应时间随着甲烷气体浓度的增加而降低，对 1.0% 和 16.0%（体积分数）$CH_4$ 响应的时间分别是 35s 和 18s。相反，恢复时间随着 $CH_4$ 浓度的增加而增大。

在甲烷气体检测过程中，可能存在一些气体对传感器响应甲烷的干扰，因此研究了可能存在的潜在干扰气体对甲烷气体检测的干扰。选择 $H_2$、$N_2$、$NH_3$、CO 和 $CO_2$ 为传感器干扰实验中的干扰物。模拟样品 3.0%（体积分数）的 $CH_4$ 气体样品中分别包含干扰物气体：体积分数为 10.0% $H_2$、75.7% $N_2$、5.0% $NH_3$、10.0% CO 和 10.0% $CO_2$，这些样品是在空气为载气的 3.0%（体积分数）$CH_4$ 中按照比例加入干扰物而配置而成，干扰试验结果列在表 3-2。从表 3-2 可知，$N_2$、CO 和 $CO_2$ 不会对传感器产生任何的影响，但是 $H_2$ 和 $NH_3$ 对传感器造成一些干扰。10.0% $H_2$（体积分数）存在时能够对传感器造成约 2.6% 的负误差，这是因为 $H_2$ 很容易吸附到钯原子的表面[57,58]。5.0%（体积分数）$NH_3$ 也能对传感器的检测造成 2.1% 的负误差，这是因为 $NH_3$ 分子能够化学吸附到 MWCNTs 表面，从而把电子转移给缺电子的 MWCNTs，所以增加了传感器传感元件的电阻[59-62]。然而，幸运的是，$H_2$ 和 $NH_3$ 在瓦斯气体中的含量是很小的。因此，我们设计的传感器在检测煤矿瓦斯气体中的甲烷可以显示潜在的应用价值。

**表 3-2　传感器干扰实验结果**

| $CH_4$ 中的干扰物气体 | 浓度（体积分数）/% | 误差[①]/% | RSD/% |
|---|---|---|---|
| $N_2$ | 75.7 | −0.33 | 1.67 |
| CO | 10.0 | 1.00 | 3.00 |
| $CO_2$ | 10.0 | −0.67 | 2.65 |
| $H_2$ | 10.0 | 2.60 | 3.00 |
| $NH_3$ | 5.00 | −2.10 | 1.00 |

① 误差为三次测定后取平均值，负值表示传感器电阻增加。

已知浓度的空气为载气的甲烷实际样品被应用在设计的甲烷气体传感器的检测中。实际样品的响应结果显示在表 3-3。结果证明传感器可以提供一个完美的、准确的和精确的方法检测空气中的甲烷样品气体。

**表 3-3　实际样品的测试**

| 样品 $CH_4$ 浓度（体积分数）/% | $CH_4$ 检出量[①]（体积分数）/% | RSD/% |
|---|---|---|
| 1.00 | 0.90 | 3.94 |
| 3.00 | 3.03 | 1.35 |
| 5.00 | 5.13 | 2.70 |

| 样品 $CH_4$ 浓度（体积分数）/% | $CH_4$ 检出量[①]（体积分数）/% | RSD/% |
|---|---|---|
| 7.00 | 7.15 | 2.50 |
| 10.0 | 10.2 | 3.34 |
| 12.0 | 12.1 | 3.12 |

① 检出量结果为三次测量取平均值。

　　传感器对甲烷的响应涉及一个二元混合机理，分子间相互作用和电化学催化氧化过程同时存在传感器响应甲烷的过程中。相比已知的基于电阻变化的传感器[56]，该传感器扩大了气体的检测范围和改善了检测条件。设计的 MWCNT-NH$_2$/Pd NPs 基甲烷传感器能够更快速的响应，响应时间小于 35s。$N_2$、CO 和 $CO_2$ 几乎不能显示出对传感器的任何明显的干扰，而 $H_2$ 和 $NH_3$ 对传感器有轻微的干扰。此外，该传感器对湿度和较高的环境温度也是比较敏感。因此，要在实际的煤矿环境中利用该传感器检测甲烷气体的工作还需要进一步的深入研究，它将成为后续研究的一个重要部分。

### 3.3.4 钯-富勒烯纳米复合物电化学甲烷检测

　　Kroto 等[63]在 1985 年发现了富勒烯，由于它独特的结构、电学、光学性质，所以被广泛研究[64]，特别在化学、生物和纳米科学方面也得到了的应用[65,66]。富勒烯的每一个原子都处于表面，通过这类物质的电子传递对于吸收的分子有很高的灵敏度[67]。尤其是，作为电子接受器，基于它独特的空间和电子结构，富勒烯有很好的电化学行为[68]。最近，水溶液中的富勒烯膜的电化学行为已经被报道，指出部分还原的富勒烯膜有良好的导电性，因此它可对电极进行修饰，此外它也显示出有很好的电催化性质[69-73]。过渡金属或半导体纳米粒子的化学、电子、光学和催化性质与其粒子大小密切相关，富勒烯［$C_{60}$］作为纳米粒子的支撑基体，已经被应用在了一些新功能化材料的制备中[74]，然而，这些材料大多数应用在液体样品或极性气体分子的检测中，对非极性样品检测的报道甚少。

　　本节介绍一种简单的方法制备钯-富勒烯［$C_{60}$］新纳米复合物。将 $C_{60}$ 修饰到玻碳（GC）电极，然后将钯纳米粒子电沉积在 $C_{60}$/GC 电极，得到 Pd NPs-$C_{60}$/GC 电极。该电极在 0.5mol/L $H_2SO_4$ 电解质中研究其电化学行为及电催化氧化甲烷。发现 Pd NPs-$C_{60}$ 将钯纳米和 $C_{60}$ 独特性质相结合，由此产生了良好的电催化行为[75]。

　　选用直径 3mm 的玻碳电极被作为工作电极。修饰的 Pd NPs-$C_{60}$/GC 电极是用两步的方法制备的。20μL 的富勒烯溶液通过每次滴 3~5μL 溶液分批滴到干净的 GC 电极的表面。电极放置一夜干燥。在 $C_{60}$/GC 电极沉积钯纳米粒子是通过在 0.50mol/L $H_2SO_4$ 中加入 1.0 mmol/L $PdCl_2$ 电解质进行的电化学沉积。沉积前，电解质溶液用高纯 $N_2$ 进行除氧 15min，在 -0.5~+0.8V(*vs.* Ag/AgCl)[76]的电势范围内用 $C_{60}$/GC 电极进行 15 次循环伏安扫描。

　　电沉积纳米复合物（Pd NPs-$C_{60}$）用 TEM 进行表征。图 3-27 是 Pd NPs-$C_{60}$ 纳米复合物的 TEM 图像。图中可以观察到树枝状富勒烯和球状的 Pd NPs。Pd NPs 均一地负载于富勒烯的表面，它的平均粒子大小是（10±1.5）nm，较直接电沉积法制备的钯纳米粒子的粒径小[77]。电沉积的钯纳米粒子能够很好地与 $C_{60}$ 结合附着在 GC 电极表面。

　　图 3-28 是 GC 电极、Pd NPs/GC 和 Pd NPs-$C_{60}$/GC 电极的典型循环伏安图。它们都是

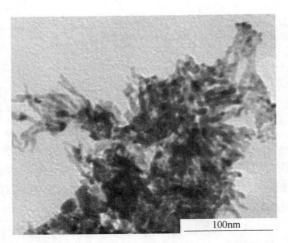

图 3-27　电沉积钯纳米复合物（Pd NPs-$C_{60}$）的透射电镜（TEM）

在除去空气的 0.50mol/L $H_2SO_4$ 溶液中，扫描电势范围是 $-0.2 \sim 1.40V$ 下测定的。在 GC 电极和 $C_{60}$/GC 电极测定时没有明显的氧化还原电流。对于 Pd NPs/GC 和 Pd NPs-$C_{60}$/GC 电极，阳极支钯氧化物从 +0.80V 开始形成，在 0.94V 处产生最高氧化电流峰。阴极支扫描过程中还原峰大约在 +0.33V 出现，这是相应钯纳米表面 $H^+$/$H_2$ 电对的氧化/还原峰[78]。在 Pd NPs-$C_{60}$/GC 上 $H^+$/$H_2$ 电对的还原电流比在 Pd NPs/GC 大，显示出 Pd NPs-$C_{60}$ 纳米复合物是一种极好的电导性材料，这种材料使电极和纳米复合物之间的电子转移变得更有效[79]。

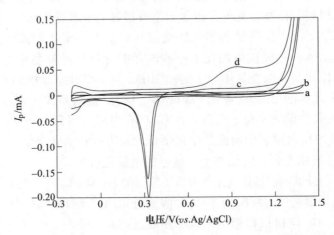

图 3-28　GC、Pd NPs/GC 和 Pd NPs-$C_{60}$/GC 电极的循环伏安曲线

在室温下电催化氧化甲烷是一个热点课题，对周围环境中快速、便捷地检测甲烷有重要的意义。图 3-29 是裸 GC 电极、修饰的 $C_{60}$/GC 电极、Pd NPs/GC 电极、Pd NPs-$C_{60}$/GC 电极分别在 99.99%（体积分数）$CH_4$ 气体饱和的 0.50mol/L $H_2SO_4$ 溶液中测定的循环伏安图。对于 GC 电极和 $C_{60}$/GC 电极，没有明显的氧化还原电流被观察到；在 Pd NPs/GC 电极上有很小的氧化和还原峰；对于 Pd NPs-$C_{60}$/GC 电极，出现了较大的氧化还原峰。甲

烷的氧化从电势+0.80V开始，在+0.94V达到最大的阳极峰。显然，在Pd NPs-C$_{60}$/GC电极上测定的氧化电流要比其他电极测定的氧化电流值大。在+0.94V用Pd NPs-C$_{60}$/GC电极对CH$_4$测定的氧化峰电流是裸GC电极的14.9倍，是用C$_{60}$/GC电极和Pd NPs/GC电极电流值的5倍。因此，用Pd NPs-C$_{60}$/GC电极测定甲烷有高的灵敏度。

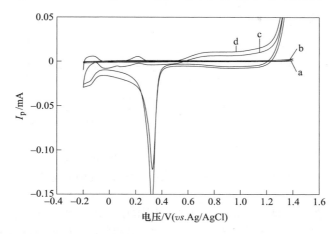

图 3-29　GC、C$_{60}$/GC、Pd NPs/GC和Pd NPs-C$_{60}$/GC电极分别在甲烷气体饱和的
0.50mol/L H$_2$SO$_4$溶液中测定的循环伏安曲线

图3-30是在+0.94V恒定电流下在不同浓度甲烷体积分数（0.50%～16.0%）饱和的0.50mol/L H$_2$SO$_4$溶液中Pd NPs-C$_{60}$/GC电极的响应电流-时间曲线。随着甲烷浓度的增加氧化电流也逐渐增加。但电流峰值与甲烷浓度呈非线性关系。而在0.50mol/L H$_2$SO$_4$溶液用N$_2$饱和如图3-30曲线b显示的，Pd NPs-C$_{60}$/GC电极的氧化电流保持一个恒定的基线。图3-31显示GC、C$_{60}$/GC、Pd NPs/GC和Pd NPs-C$_{60}$/GC电极在+0.94V对体积分数99.99% CH$_4$的计时电流响应曲线，由图可知，Pd NPs-C$_{60}$/GC电极对甲烷气体有最高的响应和好的稳定性。因此，实验结果证明Pd NPs-C$_{60}$纳米复合物对于甲烷氧化有好的电催化作用。并且在甲烷气体的检测中有潜在的应用价值。

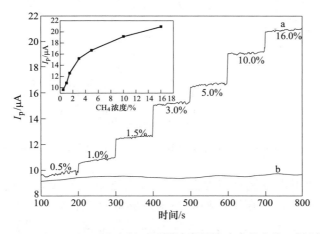

图 3-30　Pd NPs-C$_{60}$/GC电极对不同浓度甲烷响应的电流-时间曲线

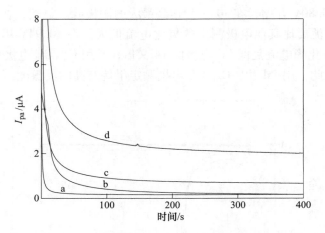

图 3-31　GC（a）、$C_{60}$/GC（b）、Pd NPs/GC（c）和 Pd NPs-$C_{60}$/GC（d）电极在+0.94V

对 99.99%（体积分数）$CH_4$ 的计时电流响应曲线

图 3-32 是在甲烷饱和的 0.50mol/L $H_2SO_4$ 溶液中，Pd NPs-$C_{60}$/GC 电极的不同扫描速率（10~100mV/s）的影响。氧化和还原电流都随着循环伏安的扫描速率的增加而增加。插图为在+0.90V，扫描速率和氧化峰电流的线性关系，随着扫描电流的增加，氧化峰电流增加，揭示出 Pd NPs-$C_{60}$/GC 电极催化氧化甲烷的电极反应主要由表面控制的过程决定[80]。同时如图 3-33 所示，Pd NPs-$C_{60}$/GC 电极催化氧化甲烷的阳极氧化峰电流和阴极还原峰电流的峰值比（$I_{pa}/I_{pc}$）随着扫描速率的增加而减少，这证实了甲烷的氧化主要发生在钯氧化物的表面[81]。

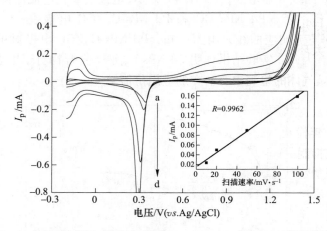

图 3-32　Pd NPs-$C_{60}$电极不同的扫描速率（10~100mV/s）对 3.0%（体积分数）$CH_4$ 的响应

金属纳米电化学甲烷检测技术是目前常温开放条件下实现甲烷检测的最好途径，各种纳米材料和电化学技术在甲烷检测中都能够显示出良好的效果。因此，在这个领域的研究需要进一步加深，从而为大气环境和瓦斯检测领域提供强力有的理论基础和技术支撑。

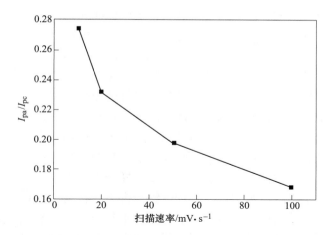

图 3-33　Pd NPs-C$_{60}$电极对 3.0%（体积分数）CH$_4$ 响应的扫描速率和峰电流比的关系

# 3.4　金属纳米电化学在抗生素检测中的应用

### 3.4.1　抗生素检测现状

抗生素（Antibiotic）是由某些微生物产生或者人工化学合成的，能抑制微生物和其他细胞繁殖的化学物质[82]。目前常用的抗生素有以下几类[83-87]：磺胺类抗生素（SAs），磺胺嘧啶、磺胺二甲氧嘧啶、磺胺甲基嘧啶、磺胺醋酰、甲磺灭脓等；四环素类抗生素（TCs），四环素、土霉素、金霉素、多西环素、替加霉素及半合成衍生物二甲胺基四环素等；喹诺酮类抗生素（FQs），诺氟沙星、氧氟沙星、环丙沙星、沙拉沙星、洛美沙星、恩诺沙星等；大环内酯类（MLs），红霉素、阿奇霉素、罗红霉素、麦迪霉素、泰乐菌素、酒霉素等；氨基糖苷类抗生素，庆大霉素、链霉素、卡那霉素、阿米卡星等；β-内酰胺类抗生素，头孢菌素、青霉素及其衍生物、阿莫西林、硫霉素类、单环类、头霉素类等；氯霉素类，氯霉素、甲砜霉素等。

自 20 世纪 20 年代人类首次发现抗生素到现在，成千上万的抗生素不断被发现，因其对病菌具有杀灭或抑制的效果，所以在人类医学上被广泛应用。在畜牧业可用来预防和治疗动物疾病，也可加快动、植物的生长[88]；在农业上的应用主要是控制细菌、真菌对农作物的感染，还可做杀虫和除草剂。然而，因其高效、低毒、价格低、方便购买和临床应用广泛，因此出现了抗生素滥用的现象。其负面效应也开始显现——细菌出现抗药性，造成的后果就是疾病的治愈难度增加。抗生素抗性基因已经在土壤、水体和空气等多种环境介质中被检测出来，抗性基因的大规模出现提醒人们需要思考和警惕，抗生素滥用导致的污染现象可能已超出了人们的想象。尤其在畜牧业，有调查显示我国每年喹诺酮类抗生素的生产数量达到了 700t，超过一半是被使用在水产养殖上，这些抗生素 20% 对藻类有毒性，50%对鱼类有毒性，有将近三分之一会被残留下来进入水体[89]，在环境中进行生态循环。畜牧业大量使用抗生素产生的负面影响也逐渐出现，例如畜体产生耐药菌、畜体疫苗接种作用被影响、畜体免疫力下降、畜体二重感染、畜体药物富集等。抗生素给畜牧业带来的有益之处是不可否认的，但是为了提高动物生产性能和获得更大的经济利益而对动物进行抗生素滥用产生的负面影响也是不可避免的，所以在畜牧业发展中应该限制抗生素在畜牧业的使用量或者尽量不使用。

进入生态环境中的抗生素来源有两大类，即内源存在和外源输入，其中以外源输入为主。抗生素在医用、兽用及农用方面都不是百分之百被吸收使用，最终会有一部分进入到生态环境中。医用抗生素直接随污水或人体排出进入污水处理厂；兽用抗生素进入水产养殖和畜牧行业，产生的底泥和粪便进行堆肥或进入垃圾填埋场；农用抗生素会在植物体内和土壤中富集，或随着农用水进入地表水和地下水。其中污水处理厂和垃圾填埋场并不会特意对抗生素进行处理，因此它们同农用抗生素一样进入土壤表层，随着雨水的淋洗行为进入深层土壤，在土壤中进行吸附、迁移和降解，再出现在土壤沉积物、地表水和地下水中，影响水生生物和人体健康，在生态环境中进行生态循环。随着人们对环保的重视，抗生素对环境的影响研究也越来越多。近年来研究者们陆续对国内主要流域的抗生素进行调研，如长江、黄河、淮河、海河、辽河、珠江等。研究发现在国内地表水中高发抗生素类别为红霉素、罗红霉素及磺胺甲恶唑等[90]。其中海河含量最高，均值高达494μg/L，大环内酯类抗生素含量极高，均值高达346μg/L，其次磺胺类和四环素类均值分别为68.3μg/L和16.4μg/L[91-93]。黄河、辽河、长江及珠江含量相当，浓度均值分别达到5.23μg/L、3.83μg/L、2.17μg/L、1.53μg/L[94]，其中黄河和辽河中抗生素含量范围在1.04～67.6μg/L和ND～123μg/L，且磺胺类抗生素含量均较高，占主导地位，均值分别为4.70μg/L、3.83μg/L[95-101]；长江中抗生素含量范围在0.098～55.0μg/L，磺胺类、喹诺酮类、四环素类及大环内酯类抗生素含量相当，为0.328～0.457μg/L[102-105]；珠江抗生素含量相对较低，范围为0.027～24.0μg/L，含量最高的抗生素类别为大环内酯类，均值0.517μg/L，四环素类含量最低，为0.135μg/L[106,107]。

Jia等[108]对辽宁滨水湾水域进行抗生素浓度检测，发现其饮用水源地含有磺胺类、喹诺酮类、四环素类抗生素残留。邰义萍等[109]在我国珠江三角洲土壤里也检测出了喹诺酮类、还有磺胺类和四环素类抗生素。李华等[110]通过对汾河流域水体和沉积物中的抗生素进行取样分析，结果表明：（1）汾河流域水体中抗生素在丰水期和枯水期均有不同程度的检出，其中丰水期检出21种，检出总量浓度范围为114～1106ng/L；枯水期检出25种，检出总量浓度范围为130～1615ng/L。磺胺类为丰水期和枯水期含量最高的类别，占比分别达到29.5%和57.2%。就空间分布而言，中游区域、杨兴河支流和太榆退水渠支流水体中抗生素在丰水期和枯水期含量均达到最高，下游区域及其他支流含量次之，支流和干流的上游含量均为最低。（2）汾河流域沉积物中抗生素同样在丰水期和枯水期均存在不同程度的检出，其中丰水期检出15种，检出总量浓度范围为25.1～73.2μg/kg；枯水期检出17种，检出总量浓度范围为121～426μg/kg。磺胺类是丰水期沉积物中抗生素的主要类别，为14.2μg/kg，四环素类为枯水期沉积物中的主要类别，达79.1μg/kg。与水体相比，沉积物中抗生素空间差异总体偏低，沉积物中的抗生素在丰水期下游区域含量最高，而枯水期则为中游区域含量最高。

识别污染源并确定其贡献是预防污染的一种有效的方法。国内外许多学者在确定抗生素来源方面进行了大量的研究。现有的研究主要通过结合各种抗生素的主要用途，使用相关性分析法及主成分分析法（PCA）进行定性来源解析。如长江流域通过相关性分析，结果表明地表水和沉积物中抗生素浓度与总氮、总磷相关性较强，故可能来自家庭和农业废物。湘江采用 PCA 对抗生素进行来源解析，表明主要源于家庭污水和牲畜或水产养殖污水；海陵湾采用 PCA 法表明抗生素主要来源于生活污水，其次为水产养殖，畜禽养殖。

### 3.4.2　氮掺杂二硫化钼负载钯纳米粒子电化学检测氯霉素

氯霉素（CAP）是一种广谱抗生素，已被广泛使用，但对人类具有致癌性和遗传毒性。多种检测策略已用于对氯霉素的检测，包括 LC 质谱（LC-MS）[111]、高效液相色谱（HPLC）[112,113]、化学发光[114]、毛细管区带电泳[115]、表面等离子共振生物传感器和电化学传感器[116]等。CAP 在负电势下发生不可逆的电化学还原，导致羟胺的形成。因此，新的氧化还原活性物质将以较高的正电势形成，已被确定为羟胺/亚硝基对[117,118]。

二硫化钼纳米片是类似于石墨烯的二维层状材料，由于其优异的物理和化学性质及电子性质而受到了广泛的关注[119-123]。与石墨烯相比，二硫化钼可以大规模合成，无需表面活性剂即可直接分散在水溶液中，因此在电化学检测中具有很大的潜力。在 $MoS_2$ 纳米材料中引入一些非金属（硫、硼、氮、氟、磷）甚至金属原子可能会改变 2D 结构的电子状态，从而提高 $MoS_2$ 的性能[124-127]。增强性能的另一种方法是用导电纳米材料（例如金，银等贵金属[128-133]，石墨烯[134]和导电聚合物）修饰 $MoS_2$。$MoS_2$ 被视为新兴的支撑材料，可稳定金属纳米颗粒并形成专门设计的体系结构，可产生协同信号放大和一些新颖的功能。因此，$MoS_2$ 是用于各种应用的有前途的材料。

贵金属纳米颗粒（NMNP）由于其表面功能、可控制的尺寸、高的表面与体积比、量子受限和表面效应、可调谐性和催化活性等[135]而受到了基础和应用科学的广泛研究。各种类型的 NMNP，包括金（Au）、银（Ag）、铂族金属（钯（Pd），铂（Pt），钌（Ru），铑（Rh），锇（Os），铱（Ir）），在传感、表面增强拉曼散射（SERS）、生物医学和催化[136]的领域具有较好的应用。钯纳米粒子通常用合适的载体材料固定，可以解决电极稳定性问题，还可以提高其电催化活性。本节中氮掺杂的 $MoS_2$ 被用作电化学反应的简单催化载体。通过简单的水热法合成了均匀分散的 N-$MoS_2$/Pd NPs。基于 N-$MoS_2$/Pd NPs 纳米复合材料修饰玻碳电极（GCE），使用一种新型的灵敏电化学传感器检测 CAP。由于 N-$MoS_2$/Pd NPs 的大比表面积和出色的电导率，该传感器还具有高灵敏度、良好的稳定性、可重复性和令人满意的回收率。

将 0.5g 的 $MoS_2$ 和 2g 的三聚氰胺均匀混合在 100mL 的无水乙醇中，然后将混合物超声分散 1h[137]。之后，将液体在 80℃ 的水浴中加热并搅拌。随后，将完整的干粉置于400℃ 的管式炉中。在氮气气氛下保持 2h。将产物冷却至环境温度后，获得 N-$MoS_2$ 纳米片。以同样的方式，制备了不掺杂的 $MoS_2$ 纳米片。将 0.5mL 的 $PdCl_2$（5mmol/L）添加到制备好的 N-$MoS_2$ 纳米片和 $MoS_2$ 纳米片溶液中，并添加二次水以保持溶液的总体积不变，并在 40℃ 下搅拌 3h，然后添加过量的硼氢化钠溶液。反应 3h 后，离心并干燥，得到的沉淀物是 N-$MoS_2$/Pd NPs 和 $MoS_2$/Pd NPs 纳米复合物，如图 3-34 所示。

制备前，将玻碳电极用 0.05μm 氧化铝浆料抛光以获得镜面光洁度，然后在乙醇和水中进行超声波清洗，使电极表面光滑平整，然后风干。然后将 9μL N-$MoS_2$/Pd NPs 纳米复合材料涂覆在新的 GCE 表面上，并使其在红外灯下干燥。为了进行比较研究，根据相似

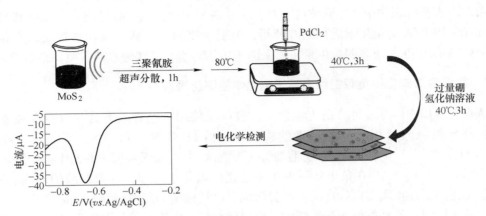

图 3-34   N-MoS$_2$/Pd NPs 纳米复合材料的合成过程示意图及其 CAP 检测

的程序制备了 N-MoS$_2$/GCE 和 MoS$_2$/Pd NPs/GCE。所有测试均在室温下进行。

    用 TEM 研究了 N-MoS$_2$ 和 N-MoS$_2$/Pd NPs 的形态和结构特征。如图 3-35 （a） 所示，合成的 N-MoS$_2$ 纳米片看起来像丝绸，彼此缠结，这与以前的文献相似[138]。从图 3-35 （b） 中发现 Pd NPs 很好地分散在 N-MoS$_2$ 的表面上。此外，图 3-35 （c） 和 （d） 示出

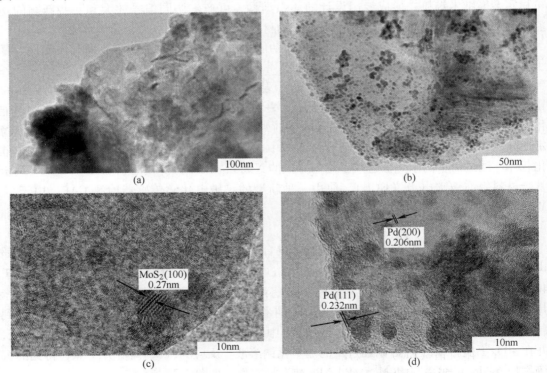

图 3-35   N-MoS$_2$ （a） 和 N-MoS$_2$/Pd NPs （b） 的 TEM 图像及
N-MoS$_2$ （c） 和 N-MoS$_2$/Pd NPs （d） 的高分辨率 TEM 图像

了制备的纳米片的高分辨率 TEM 图像。可以注意到，大约 0.27nm 的晶面间距对应于六方 N 掺杂的 $MoS_2$ 纳米片的（100）平面，并且可以清楚地观察到 Pd 纳米粒子的间距为 0.206nm 和 0.232nm，对应于（200）和（111）平面，这与其他地方报道的数据一致[139,140]。

通过 XPS 进一步确定了合成纳米材料的化学组成。如图 3-36（a）所示，$N\text{-}MoS_2$ 包含 Mo、S、N、C 和 O 元素。229.32eV 和 232.49eV 的结合能分别代表 Mo $3d_{5/2}$ 和 Mo $3d_{3/2}$，分别对应于 $MoS_2$ 中的 $Mo^{4+}$ 和少量 $Mo^{5+}$[141,142]。在图 3-36（c）中清晰可见与二价硫离子的 S $2p_{3/2}$ 和 S $2p_{1/2}$ 相关的 162.20eV 和 163.30eV 峰[105]。曲线拟合（图 3-36（d））表明，在 399.16 eV 处的峰对应于源自 N—Mo 键的 N $1s$ 峰[143,144]。另一个在 395.17eV 处的 N $1s$ 峰可归因于 NO，它很容易从大气中吸附在 $MoS_2$ 的表面上[145]。XPS 结果证实了 $MoS_2$ 上 S 位置被 N 取代和掺杂[146]。图 3-36（e）显示了在 Pd $3d_{5/2}$（335.21eV）和 Pd $3d_{3/2}$（340.67eV）处的 XPS 光谱，表明成功制备了 $N\text{-}MoS_2/PdNPs$ 纳米复合材料。

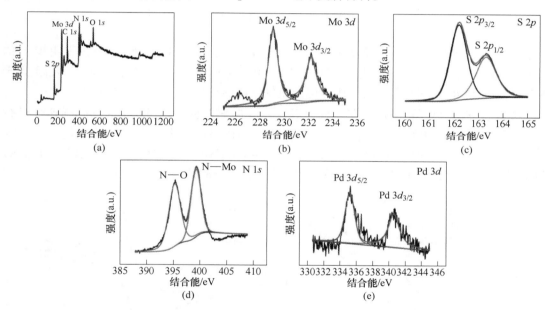

图 3-36　$N\text{-}MoS_2/Pd\ NPs$ 纳米复合材料的 XPS 总光谱图（a）和
Mo $3d$（b）、S $2p$（c）、N $1s$（d）、Pd $3d$（e）的 XPS 光谱

$MoS_2$ 功率显示四个 XRD 峰，分别对应于（002）、（004）、（100）和（105）平面，与 JCPDS 卡（JCPDS 73-1508）相匹配[147]。对于 $N\text{-}MoS_2/Pd\ NPs$ 纳米复合材料，主衍射峰与 $MoS_2$ 粉末和（111）Pd 平面（JCPDS 87-0641）的衍射峰一致（图 3-37）。结果证实了 $N\text{-}MoS_2/Pd\ NPs$ 纳米复合材料的成功制备。

电化学阻抗谱（EIS）分析用于检测每个制造步骤中不同修饰电极的界面阻抗变化，如图 3-38（a）所示。EIS 由较高频率的半圆形和较低频率的线性部分组成，这与电子传输限制过程和扩散限制过程有关[148]。图 3-38（a）显示出了在 5mmol/L[Fe(CN)$_6$]$^{3-/4-}$ 电对溶液中对每一层进行改性之后的电极阻抗图，工作电解质溶液的频率范围是 0.1~100kHz，幅度恒定为 10mV。裸电极的阻抗值约为 127Ω（曲线 a），表明界面电子转移电

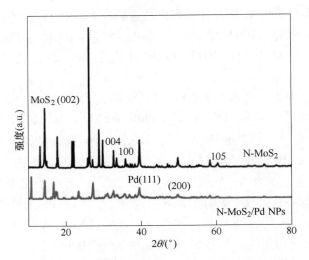

图 3-37　N-MoS$_2$/Pd NPs 纳米复合材料的 XRD 图

阻非常高。当在 GCE 上修改 N-MoS$_2$ 时，电阻值减小到 $87.33\Omega$（曲线 b），表明掺 N 的 MoS$_2$ 可以产生出色的导电性。N-MoS$_2$/Pd NPs 纳米复合材料的电荷转移电阻低于 N-MoS$_2$（曲线 d），这与包含比纯组分电极更好性能的纳米复合电极保持一致。

　　循环伏安法（CV）测量是在 $[Fe(CN)_6]^{3-/4-}$ 电对溶液中以 50mV/s 的扫描速率进行的。EIS 光谱的结果可以通过 CV 进行验证。如图 3-38（b）所示，N-MoS$_2$/Pd NPs/GCE（曲线 d）具有较强的峰值电流，其次是 N-MoS$_2$/GCE（曲线 b）。裸电极（曲线 a）和 MoS$_2$/Pd NPs/GCE（曲线 c）有较小的峰值电流。这种现象与 EIS 结果一致。

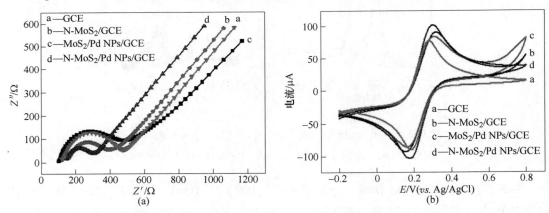

图 3-38　在 5mmol/L $[Fe(CN)_6]^{3-/4-}$ 的溶液中的 GCE、

N-MoS$_2$/GCE、MoS$_2$/Pd NPs/GCE、N-MoS$_2$/Pd NPs/GCE 的 EIS（a）和 CV（b）图像

　　使用不同修饰电极在循环伏安法（CV）和差分脉冲伏安法（DPV）下以 50mV/s 的扫描速率研究了具有 CAP（500μmol/L）的 0.01mol/L PBS（pH=7.0）的电化学行为。从图 3-39 中可以看出，无论是循环伏安法还是差分脉冲伏安法，N-MoS$_2$/Pd NPs/GCE 对氯霉素的响应最大。结果表明，N-MoS$_2$/Pd NPs/GCE 具有较高的电活性面积，N 掺杂和

Pd NPs 负载的协同在氯霉素检测中起重要作用。

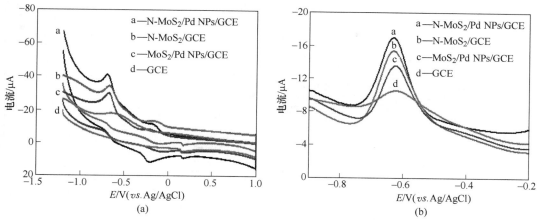

图 3-39　含 CAP（500μmol/L）的 PBS 溶液（pH＝7.0）中不同电极的 CV 曲线（a）和 DPV 曲线（b）

　　CAP 的伏安响应与涂覆在 GCE 表面的 N-MoS$_2$/Pd NPs（0.1mol/L）量有关。从图 3-40（a）可以看出，当材料修饰量在 5~9μL 的范围内，峰值电流增加。但是，随着修饰液体积进一步增加到 11μL。峰值电流显著降低，这可能是由于较厚的材料膜阻碍了电子传输，导致电导率降低。因此，将 N-MoS$_2$/Pd NPs 悬浮液的最佳量选择为 9μL。

　　为了探索 N-MoS$_2$/Pd NPs/GCE 的电化学行为，评估了 N-MoS$_2$（0.2mol/L）和 Pd NPs（5mmol/L）在纳米复合材料中的体积比。从图 3-40（b）可以看出，当 Pd NPs：N-MoS$_2$ 的比值为 0.5 时，峰值电流达到最大值。因此，选择 Pd NPs 与 MoS$_2$ 的体积比为 0.5。

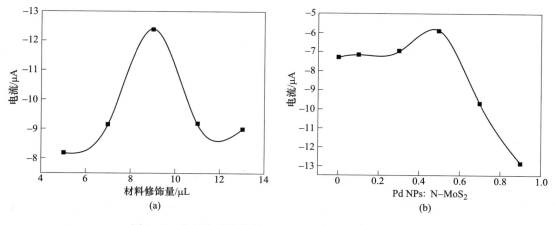

图 3-40　电极表面修饰量（a）和材料比例（b）的影响

　　为了探索氯霉素的电化学反应，在 PBS（0.01mol/L，pH＝7.0）中以不同扫描速率（40~300mV/s）研究了 100μmol/L CAP 的 CV 响应，如图 3-41（a）所示，峰值电流随着扫描速率的增加而逐渐增加。根据图 3-41（b），还原峰值电流（$I_{p3}$）与扫描速率（$v$）的关系图显示出线性关系（$R^2$＝0.987），表明氯霉素的电化学行为是吸附控制的过程。该等式表示为 $I_{p3}(A) = 0.00114v(mV/s) - 0.0166(R^2 = 0.987)$。

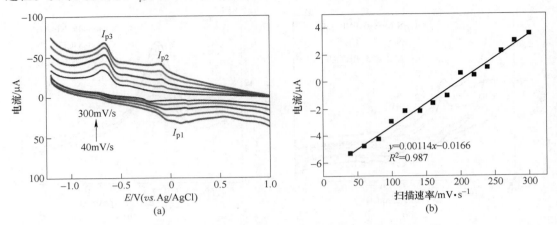

图 3-41  在 0.01mol/L PBS（pH = 7.0）中具有不同扫描速率的
N-MoS$_2$/Pd NPs/GCE 上 100μmol/L CAP 的 CV 曲线（a）峰值电流与扫描速率的线性图（b）

在此，$I_{p3}$ 归因于直接将 CAP 还原为苯基羟胺。同时，将苯基羟胺氧化为亚硝基衍生物，并将亚硝基衍生物还原为羟胺，形成一对氧化还原峰（$I_{p2}$ 和 $I_{p1}$），CAP 的电化学氧化还原机理见图 3-42。

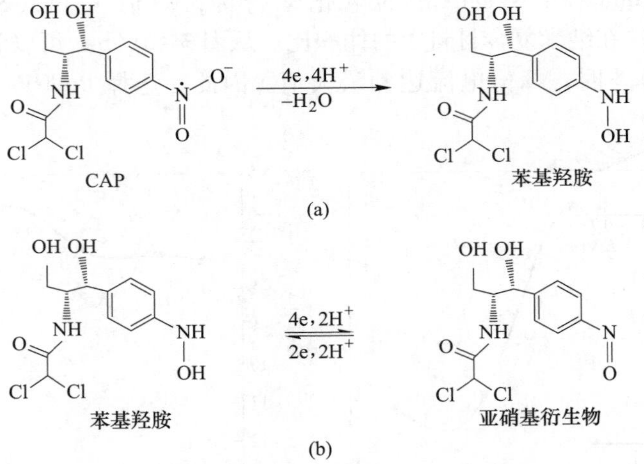

图 3-42  CAP 的电化学氧化还原机理

pH 值对 CAP 的电化学检测过程起着非常重要的作用。通过 DPV 研究了不同 pH 值下的 CAP 电化学信号响应。在图 3-43 中，在 pH = 7.0 时峰值电流达到最大值，在 pH 值大于 7.0 时，峰电流降低。因此，选择 pH = 7.0 作为最佳 pH 值。

在最佳条件下，N-MoS$_2$/Pd NPs/GCE 在含有 CAP（5～2000μmol/L）的 PBS 溶液（pH = 7.0）中对 CAP 进行检测，如图 3-44 所示。该图清楚地表明在浓度范围内峰值电流与 CAP 浓度之间存在良好的线性关系。线性回归方程为 $I_{p3}(μA) = -0.00648$ CAP$(μmol/L) - 0.0166$，$R^2 = 0.993$。检测极限 LOD$(3\sigma/S)$ 为 1.97μmol/L。结果表明，

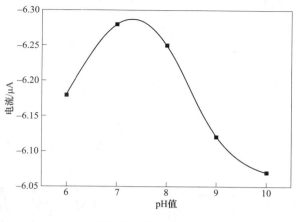

图 3-43　pH 值的影响

N-MoS$_2$/Pd NPs/GCE 具有良好的电活性、低 LOD、宽检测范围和出色的灵敏度，可与之前报道的修饰电极相媲美，如表 3-4 所示。N-MoS$_2$/Pd NPs/GCE 是用于 CAP 检测的潜在电催化剂。

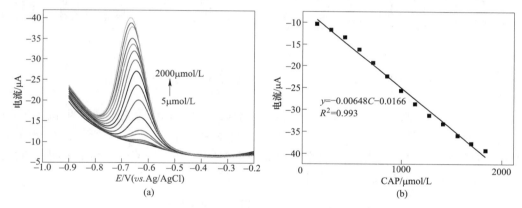

图 3-44　N-MoS$_2$/Pd NPs/GCE 对不同浓度 CAP（5～2000μmol/L）的
DPV 曲线（a）和峰值电流与 CAP 浓度之间的关系（b）

表 3-4　各种修饰电极用于监测 CAP 的比较

| 修饰电极 | 检测方法 | LOD/μmol/L | 线性范围/μmol/L | 参考文献 |
| --- | --- | --- | --- | --- |
| rGO/Pd NPs/GCE | DPV | 0.05 | 0.05～100 | [149] |
| AgCl/MoS$_2$/GCE | CV | 1.93 | 4～531 | [150] |
| 3D CNTs@ Cu NPs/GCE | CV | 10 | 10～500 | [151] |
| MoS$_2$/PANI/CPE | DPV | 0.69 | 0.1～100 | [152] |
| AuMMB | 电流滴定 | 44 | 0.05～1 | [153] |
| N-MoS$_2$/Pd NPs/GCE | DPV | 1.97 | 5～2000 | 本法 |

　　通过比较存在干扰物质时 CAP 的响应电流，研究了电极的选择性。选择四环素（TC）、卡那霉素（K）、阿莫西林（AML）、金霉素（CTC）、恩诺沙星（ENR）和对乙酰

氨基酚（APAP）这六种抗生素作为干扰物质。图 3-45（a）显示，在含有 50μmol/L CAP 的 0.01mol/L PBS（pH=7.0）中其他抗生素的浓度高出 10 倍不会对 CAP 的电流响应测量造成明显干扰，表明所制备的电极具有高选择性用于检测 CAP。为了研究用于 CAP 检测的自制传感器的重现性，我们使用同一电极连续 5 次测量 0.01mol/L PBS（pH=7.0）中的 CAP（70μmol/L）。从图 3-45（b）中可以看出，在 5 次连续测量中，峰值电流变化很小，相对标准偏差（RSD）为 2.2%。这表明 N-MoS$_2$/Pd NPs/GCE 具有良好的重复性。另外，还测量了 N-MoS$_2$/Pd NPs/GCE 的稳定性，在冰箱中（4℃）储存一周后进行一次 DPV 电流响应测试。DPV 分析表明，该传感器在存储一周后保留了其初始电流的 95.1%。

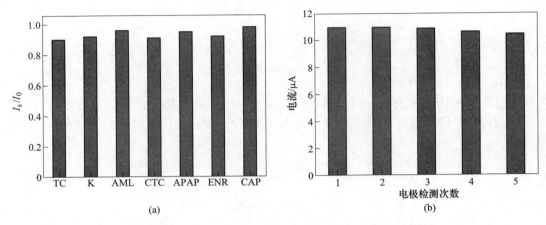

图 3-45　N-MoS$_2$/Pd NPs/GCE 在 CAP 检测中的选择性（a）和重现性（b）

　　N-MoS$_2$/Pd NPs 修饰的 GCE 用于分析纯牛奶样品中的 CAP 含量。通过在 pH=7.0 的磷酸盐缓冲液中适当稀释以制备样品，并加入已知量的 CAP。如表 3-5 所示，在 99.6%~100.18% 的范围内获得了良好的回收率，RSD 为 2.8%~3.3%（n=3）。结果表明，所提出的传感器平台对于实际样品中的氯霉素分析是可行的。

**表 3-5　N-MoS$_2$/Pd NPs/GCE 测定牛奶中的 CAP**

| 样本 | 传感器 | | | |
| --- | --- | --- | --- | --- |
| | 添加量/μmol/L | 检出量/μmol/L | 回收率/% | RSD/% |
| | 5 | 4.98 | 99.6 | 3 |
| 牛奶 | 150 | 150.26 | 100.17 | 2.8 |
| | 550 | 551 | 100.18 | 3.3 |

　　本节介绍了开发的一种新型 N-MoS$_2$ 负载的 Pd NPs 复合材料，并用作 CAP 检测的传感器。所提出的电化学传感器显示出优异的稳定性和高选择性，检测范围大，检测限低，重复性好。为了证明其实际应用，电化学传感器进一步成功地用于牛奶中氯霉素的定量分析。因此，制备的 N-MoS$_2$/Pd NPs/GCE 传感器为 CAP 检测提供了有用的替代传感平台。

### 3.4.3　金纳米@二硫化钼/壳聚糖纳米电化学检测四环素

　　四环素（TC）是针对几乎所有与医学相关的需氧和厌氧细菌的主要广谱抗生素之一[154]。

它已成功地在世界范围内用于预防疾病和治疗感染，同时，TC 还被用作饲料添加剂以促进牲畜的生长[155,156]。但是，滥用 TC 会产生细菌的耐药性，并在动物产品中造成 TC 残留，这不仅对公众健康构成威胁，而且也是产品国际贸易的障碍[157,158]。因此，已经开发了许多分析方法来确定 TC。

金属纳米颗粒如金纳米颗粒（Au NPs）和 $MoS_2$ 纳米片的协同作用有助于增强复合材料的电荷转移性能[159]。然而，这样的复合材料遭受诸如在电极表面上黏合性和稳定性差的挑战。在这种情况下，壳聚糖（Ch）可以包含在金属纳米复合材料中，以增强生物传感特性。Ch 被束缚在 $MoS_2$ 的平面中，这不允许重新组装脱落的 $MoS_2$ 薄板。Ch 具有出色的结构和功能特性，并具有在电极表面上形成具有良好附着力和渗透性的均匀涂层能力。此外，Ch 具有丰富的氨基，可提供固定化的活性位点[160]。

本节主要介绍使用 $Au@MoS_2/Ch$ 纳米复合材料灵敏检测 TC 的电化学传感器平台。该研究包括传感器的结构研究及检测技术的验证。还证明了该检测技术可用于分析实际样品中的四环素。

$MoS_2/Ch$、Au NPs、$Au@MoS_2/Ch$ 的制备主要是向溶有 5mg 壳聚糖的 5mL 双蒸馏水中添加 1% 的乙酸来制备 Ch 溶液。对该溶液进行恒定的机械搅拌直到获得透明溶液。然后将剥离的 $MoS_2$ 纳米片（1mg/mL）添加到 Ch 溶液中，搅拌 1h。将混合物进一步超声处理 3h 以获得 $MoS_2/Ch$ 纳米复合材料。

通过柠檬酸钠还原法制备金纳米颗粒。（1）在 100mL 容量瓶中加入 1g 固体氯金酸，然后加超纯水至 100mL，得到 1% 氯金酸溶液，存入冰箱内备用。（2）配置 1% 柠檬酸钠溶液。（3）在 250mL 的三口烧瓶中加入 1mL 配置好的 1% 氯金酸溶液，再添加 99mL 去离子水使整个溶液体积为 100mL。（4）将三口烧瓶进行搅拌油浴加热，等烧瓶中溶液沸腾时，快速加入 1mL 1% 柠檬酸钠溶液，然后保持烧瓶内溶液持续沸腾 15min 左右，停止加热等待整个反应冷却下来，将制备好的酒红色 Au NPs 存入冰箱内备用。

将合成好的 $MoS_2/Ch$ 纳米复合材料和 Au NPs 按相同比例混合。使用超声能量将混合物超声处理 30min。然后将其存储在玻璃瓶中以用于不同的表征。

修饰电极制备前，将玻碳电极用 $0.05\mu m$ 氧化铝浆料抛光以获得镜面光洁度，然后在乙醇和水中进行超声波清洗，使电极表面光滑平整，然后风干。将 $6\mu L$ $Au@MoS_2/Ch$ 纳米复合材料涂覆在新的 GCE 表面上，并使其在红外灯下干燥。为了进行比较研究，根据相似的程序制备了 $MoS_2/Ch/GCE$。所有测试均在室温下进行，合成过程如图 3-46 所示。

制备的复合材料的形貌和微观结构通过 TEM 表征。图 3-47 给出了 Au 纳米颗粒、$MoS_2$ 纳米片和 $Au NPs/MoS_2$ 纳米复合材料的 TEM 图像，以及它们的 HRTEM 图。图 3-47（a）显示了 Au NPs 的形态特征。它们是具有六边形几何排列的球形。图 3-47（b）显示了 $MoS_2$ 纳米片的形成，可以看到其褶皱结构。图 3-47（e）显示了 $MoS_2$ 纳米片的 HRTEM 图像，可看到 $MoS_2$ 纹理状结构。测得内部平面间距为 0.62nm 和 0.27nm，分别对应于纯 $MoS_2$ 的（002）和（100）晶面，并且与 XRD 很好地吻合。从图 3-47（c）和（d）所示的 TEM 图像中，在 $MoS_2$ 纳米片上清晰可见 AuNPs。因此，这些图像对于成功生成 $Au@MoS_2/Ch$ 纳米杂化体系具有决定性作用。

XRD 图证实了 $MoS_2$ 纳米片的晶相。从衍射图样（图 3-48）可以看出，衍射角分别为 14.8°、31.2°的两个峰，它们被指定为纳米 $MoS_2$ 相的（002）、（100）平面。通过与从

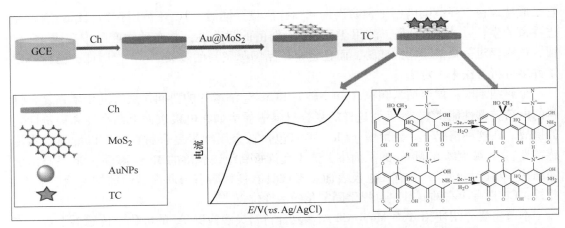

图 3-46　Au@ MoS$_2$/Ch 纳米复合材料的合成过程示意图及其对 TC 的检测

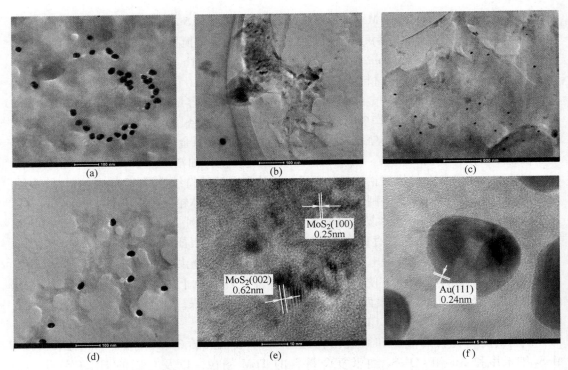

图 3-47　Au NPs（a）、MoS$_2$ 纳米片（b）、Au NPs/MoS$_2$（c、d）的 TEM 图和
MoS$_2$（e）、Au NPs（f）的 HRTEM 图

ICDD-PDF-2（卡号为 77-1716）获得的数据进行比较，可以确定 XRD 峰[161]。

XPS 用于研究 Au@ MoS$_2$/Ch 中的元素。其调查光谱如图 3-48（b）~（d）所示，位于 227.00eV 和 232.6eV 的结合能分别代表 Mo $3d_{5/2}$ 和 Mo $3d_{3/2}$，分别对应于 MoS$_2$ 中的 Mo$^{4+}$ 和少量的 Mo$^{5+}$（图 3-48（b））[162]。与二价硫化物离子的 S $2p_{3/2}$ 和 S $2p_{1/2}$ 有关的峰位于 162.15eV 和 163.36eV 在图 3-48（c）中清晰可见[163]。图 3-48（d）为 Au NPs 的 Au $4f$ 双

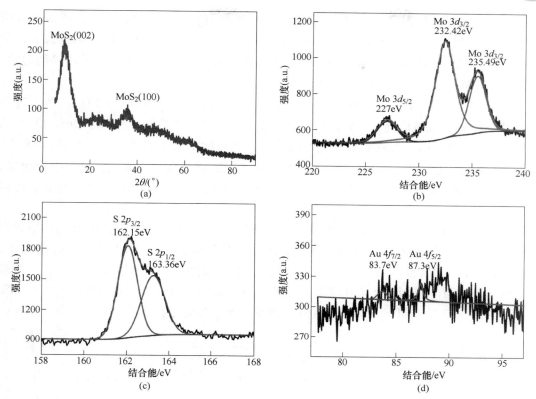

图 3-48　$MoS_2$ 材料的 XRD 图（a）和 Au@ $MoS_2$ 中 Mo $3d$、S $2p$、Au $4f$ 的 XPS 图（b~d）

峰（$4f_{7/2}$ 和 $4f_{5/2}$）的 XPS 图[164]。

　　EIS 是监测表面改性电极界面特性的有效工具。在这里，使用 EIS 分析研究了裸露的以及改进的 GCE 的电子转移电阻（RCT）。图 3-49（a）描绘了 0.1~100kHz 下的奈奎斯特图。在奈奎斯特图中，半圆形部分（高频分量）的直径与电荷转移电阻（RCT）成比例，而线性部分（低频分量）与扩散过程相关。裸露的 GCE 显示出一个直径为 54.75Ω 的

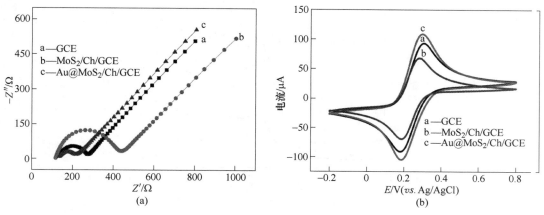

图 3-49　在 5mmol/L[ Fe( CN )$_6$ ]$^{3-/4-}$ 的溶液中的 GCE、$MoS_2$/Ch，
Au@ $MoS_2$/Ch/GCE 的 EIS（a）和 CV 曲线（b）

小半圆。当 MoS$_2$/Ch 固定在 GCE 的表面上时，半圆直径（123.38Ω）明显增加，表明 MoS$_2$/Ch 的导电性差，电子的转移受到阻碍。但是，在 Au@ MoS$_2$/Ch/GCE 的情况下，半圆急剧减小（29.42Ω）。这表明［Fe（CN）$_6$］$^{3-/4-}$ 在电极表面具有更快的电子转移动力学，代表了 Au@ MoS$_2$/Ch/GCE 的优异导电性能。

循环伏安法（CV）测量是在［Fe（CN）$_6$］$^{3-/4-}$ 电对溶液中以 50mV/s 扫描速率下进行的。EIS 光谱的结果可以通过 CV 进行验证。如图 3-49（b）所示，当仅将 MoS$_2$/Ch 纳米片修饰到 GCE 表面时，观察到氧化还原峰降低。这可能是由于 MoS$_2$ 的半导体行为和 Ch 的非导电性质造成的[165]。但是，固定化 Au@ MoS$_2$/Ch 纳米杂化体系后，峰值电流增加。这种行为表明表面积和导电性能得到改善，从而导致电解质与工作电极之间的电子转移增强[166]。

采用 CV 法在 0.1mol/L 磷酸盐缓冲溶液（PBS，pH=3.0，扫描速率 50mV/s）中研究了 Au@ MoS$_2$/Ch/GCE 在四环素氧化中的电活性。图 3-50 给出了无/有四环素时裸 GCE，MoS$_2$/Ch/GCE，Au@ MoS$_2$/Ch/GCE 的 CV 曲线和 DPV 曲线。图 3-50（a）示出了在没有 TC 的情况下所有电极都没有电流响应。当将 100μmol/L TC 加入到 PBS 中时图 3-50（b）、（c），在 GCE 和 MoS$_2$/Ch/GCE 电极上观察到不太明显的氧化峰，而 Au@ MoS$_2$/Ch 在

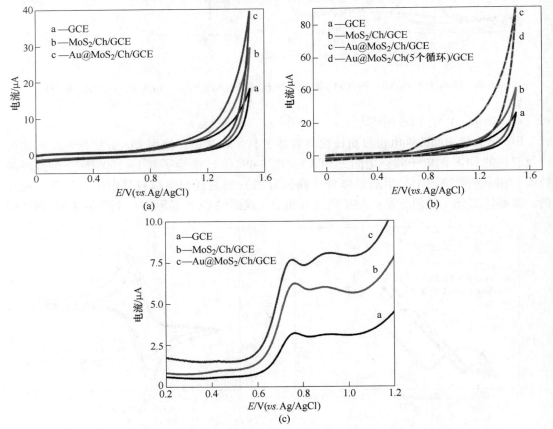

图 3-50　不含 TC 和含 TC（100μmol/L）的 PBS 溶液（pH=3.0）中
不同电极的 CV 曲线（a）、（b）和 DPV 曲线（c）

0.745V 和 0.913V 处有两处氧化峰，因为 Au NPs 引起了四环素的电催化氧化。这两个峰表明 TC 在 Au@ MoS₂/Ch/GCE 上的氧化涉及两个步骤。同时，修饰的 GCE 上的氧化峰值电流显示出比裸 GCE 上更大的响应值，并且 Au@ MoS₂/Ch 达到了最佳的电流响应。其即使经过 5 个循环也显示出稳定的氧化峰（图 3-50（b）曲线 b）。由于在反向扫描中没有观察到还原峰，因此 TC 在 Au@ MoS₂/Ch 纳米复合材料上的催化氧化过程是不可逆的。

传感器的灵敏度和电流响应受到传感膜厚度的影响，通过改变玻碳电极上的修饰量来控制其厚度。如图 3-51 所示，随着 Au@ MoS₂/Ch 修饰量体积的增加（2～6μL），氧化峰电流增大。当进一步增大修饰量时，峰值电流减小，因为较厚的材料会阻碍电子的转移，因此，选择 6μL 来作为最佳修饰量。

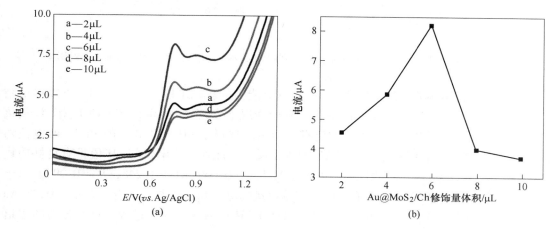

图 3-51　电极表面修饰量的影响

图 3-52（a）、（b）显示了在存在 500μmol/L TC（0.1mol/L PBS，pH＝3.0）的情况下，扫描速率对 Au@ MoS₂/Ch 处的峰值电流的影响。氧化峰值电流（$I_p$）随扫描速率（$v$）从 10mV/s 增大。对于氧化峰，$I_p$ 与 $v^{1/2}$ 具有良好的线性关系，其回归方程为 $I(\mu A)=0.00511\,v^{1/2}(mV/s)+0.00550$（$R^2=0.986$）。此外，图 3-52（c）给出了氧化峰值电流对扫描速率的依赖性。对数 $I_p$ 与对数 $v$ 呈线性，其斜率值为 0.4，该值和扩散控制过程的理论值接近 0.50[167]。因此，TC 在 Au@ MoS₂/Ch 上的氧化过程受到扩散控制。

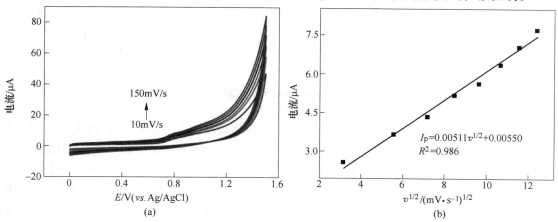

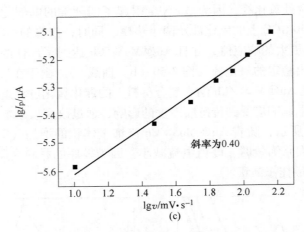

(c)

图 3-52　Au@ MoS$_2$/Ch 在不同扫描速率（10~150mV/s）下检测 TC（500μmol/L）的影响

图 3-53 说明溶液的 pH 值对 TC 的电流响应能力的影响范围为 2.0~6.0。可以得出结论（图 3-53（a）的插图），在 pH 值为 3.0 的情况下实现 Au@ MoS$_2$/Ch/GCE 对 TC 氧化的最佳电流响应。因此，在接下来的所有实验中均选择了 pH 值为 3.0 的 PBS。峰电位随 pH 值升高而降低，表明质子参与了 TC 的氧化反应。此外，峰电位与 pH 值具有良好的线性关系（图 3-53（b））。将线性回归方程定义 $E_p = -0.069 \, pH + 1.248$，$R^2 = 0.992$。对于线性回归方程，-0.069 的斜率值表明有相等数量的电子和质子参与反应。因此，TC 在 Au@ MoS$_2$/Ch/GCE 上的电氧化可定义为涉及 2e/2H$^+$ 转移的两步反应过程，这与先前的报道是一致的，因此该机理被提出为图 3-54[168,169]。

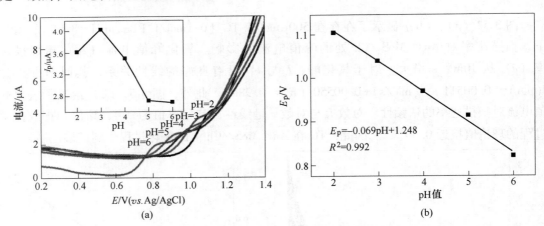

图 3-53　pH 值（2.0~6.0）对 Au@ MoS$_2$/Ch/GCE 检测 TC（10μmol/L）的影响

图 3-55（a）显示了用 Au@ MoS$_2$/Ch 在不同浓度的四环素（0.1mol/L PBS，pH=3.0）中获得的 DPV 图。可以看出，随着四环素的连续加入，两个氧化峰的电流逐渐增加。图 3-55（b）和（c）显示出了氧化峰值电流与四环素浓度之间的关系。对于两个氧化峰，可以得到两个线性范围：1~1100μmol/L 和 5~1100μmol/L。它们的线性回归方程可以描述为 $I_{p1}(\mu A) = 0.00113 \, C_{TC} + 0.00439$，$R^2 = 0.997$ 和 $I_{p2}(\mu A) = 0.00116 \, C_{TC} + 0.0061$，$R^2 = $

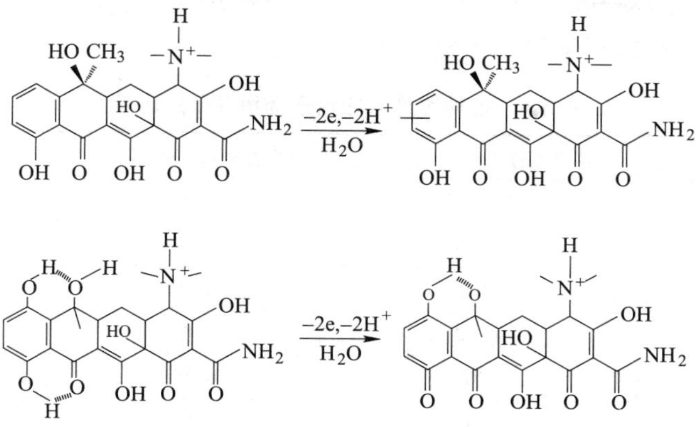

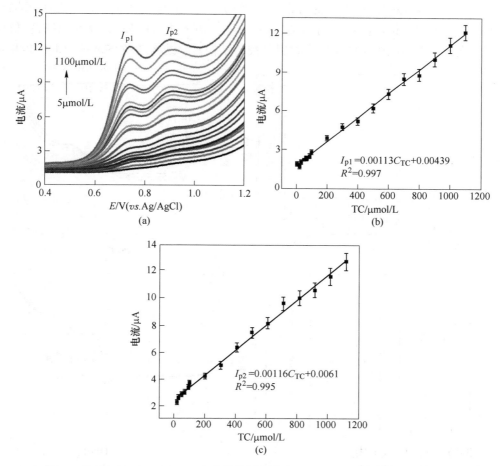

图 3-54　Au@ MoS$_2$/Ch/GCE 对四环素的电催化反应机理

图 3-55　Au@ MoS$_2$/Ch/GCE 在磷酸盐缓冲溶液（pH=3.0）中各种 TC 浓度的
DPV 曲线（a）以及峰值电流与 TC 浓度的对应校准曲线（b）、（c）

0.995，其中 $I$ 和 $C_{TC}$ 分别是响应电流（μA）和四环素浓度（μmol/L）。另外，修饰电极

的检测限经计算为 $0.41\mu mol/L$（$S/N=3$）。因此，所提出的方法表现出优异的分析性能，与表 3-6 中列出的检测四环素的方法相当甚至更好。

表 3-6　各种修饰电极用于监测 TC 的比较

| 电　极 | 线性范围/$\mu mol \cdot L^{-1}$ | 检测限/$\mu mol \cdot L^{-1}$ | 参考文献 |
|---|---|---|---|
| Pt NPs/C/GCE | 9.99~44.01 | 4.28 | [169] |
| 石墨/聚氨酯 | 3.8~38 | 2.6 | [170] |
| p-Mel@ ERGO/GCE | 5~225 | 2.2 | [171] |
| GCE（Fe/Zn-MMT） | 0.3~52 | 0.1 | [172] |
| GME | 20~200 | 0.18 | [173] |
| 丝网印刷金电极 | 1~500 | 0.96 | [174] |

在各种电活性物质干扰下，通过测试针对 $50\mu mol/L$ 四环素的电流响应，来评估 Au@ $MoS_2$/Ch/GCE 的选择性。这些干扰物分别为 $150\mu mol/L$ 土霉素、红霉素、硫酸卡那霉素、氯霉素、恩诺沙星、诺氟沙星。图 3-56（a）表明，该方法对四环素的检测具有良好的选择性。其优异性能可归因于纳米复合材料的独特结构。金纳米颗粒与 $MoS_2$/Ch 的连接可以

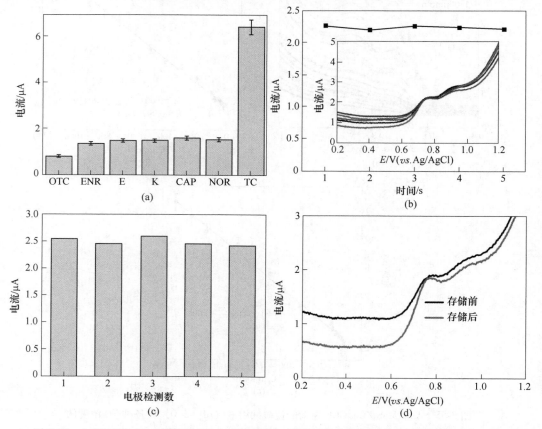

图 3-56　Au@ $MoS_2$/Ch/GCE 对 TC（$50\mu mol/L$）检测时的选择性（a）、Au@ $MoS_2$/Ch/GCE
对 TC（$100\mu mol/L$）检测时重复性（b）、再现性（c）和稳定性（d）

促进电荷转移。在 $MoS_2/Ch$ 表面修饰金纳米颗粒既可以增强体系电导率，又可以提高 $MoS_2$ 的电催化性能。Ch 表面的氨基可能会通过特殊的 H···N 或 H···π 键相互作用，从而起到固定 TC 的作用。

为了评估 $Au@MoS_2/Ch/GCE$ 的可重复性，通过连续实验记录了在同一电极上 $100\mu mol/L$ TC（$0.1mol/L$ PBS，pH = 3.0）的电流响应，经计算其相对标准偏差（RSD）为 1.21%（$n=5$，如图 3-56（b）所示）。因此，开发的传感器具有良好的可重复性。同时，用相同的方法制备了五个独立的 $Au@MoS_2/Ch/GCE$ 电极，并在相同条件下将它们用于检测四环素（图 3-56（c））。结果，在检测 $100\mu mol/L$ TC 时，这五个修饰电极的 RSD 为 3.02%。另外，电极在使用后于冰箱内保存一周，用 DPV 记录储存前后的电流值（图 3-56（d））。该传感器在冰箱存储一周之后仍保留了其初始电流的 97.7%，证实了其稳定性。

为了评估 $Au@MoS_2/Ch/GCE$ 传感器在实际样品中的实际适用性，选择牛奶进行分析以研究样品中的 TC 水平。先将牛奶在 pH = 3.0 的 PBS 溶液中按等比例稀释，然后再离心以除去其他层。加标不同浓度的四环素，并计算回收率，重复三次实验，结果见表 3-7。

表 3-7　$Au@MoS_2/Ch/GCE$ 测定牛奶中的 CAP

| 样本 | 传感器 | | | |
| --- | --- | --- | --- | --- |
| | 添加量/$\mu mol \cdot L^{-1}$ | 检出量/$\mu mol \cdot L^{-1}$ | 回收率/% | RSD/% |
| 牛奶 | 50 | 50.2 | 100.4 | 0.71 |
| | 250 | 248.9 | 99.56 | 1.29 |
| | 550 | 548.2 | 99.67 | 1.03 |

通过简单的超声方法成功合成一种金纳米粒子@二硫化钼/壳聚糖纳米复合材料（$Au@MoS_2/Ch$），Au NPs 的修饰显著改变了 $MoS_2$ 的电化学性能。$Au@MoS_2/Ch$ 修饰的 GCE 对 TC 的氧化表现出理想的电催化活性。在最优条件下，$Au@MoS_2/Ch/GCE$ 传感器展现出较低的检测限（$0.41\mu mol/L$）和宽的工作范围（$1\sim1100\mu mol/L$ 和 $5\sim1100\mu mol/L$）。鉴于其良好的灵敏度，可重复性和操作稳定性，该方法已成功应用于实际样品中 TC 的测定。因此，具有期望的 $Au@MoS_2/Ch$ 纳米复合材料是构建电化学传感器的有希望的候选者。

### 3.4.4　二硫化钼/多壁碳纳米管纳米电化学检测恩诺沙星

氟喹诺酮类是一类合成抗菌剂，以其广泛的抗菌活性而闻名。这些化合物衍生自萘啶酸和萘啶衍生物，已被引入畜牧业和农业行业[175]。在这项工作中，两个重要的氟喹诺酮类药物，即恩诺沙星［1-环丙基-7-（4-乙基-1-哌嗪基）-6-氟-1,4-二氢-4-氧代-3-喹诺酮羧酸］和环丙沙星［1-环丙基-7-（1-哌嗪基）-6-氟-1,4-二氢-4-氧代-3-喹啉羧酸］，通过伏安法进行了研究和定量分析。在包括猪在内的几种动物中，恩诺沙星（ENRO）被脱乙基化，其主要代谢产物环丙沙星（CIPRO）[176]，在接受 ENRO 的动物的胆汁和尿液中均发现 ENRO 和 CIPRO[177]。

几种分析技术已用于测定 ENRO（表 3-8），包括酶免疫测定法、酶联免疫吸附免疫测定法、液相色谱法、电化学方法、如极谱法和伏安法。目前，尚未报道同时测定 ENRO 和 CIPRO 的伏安法。

表 3-8    恩诺沙星测定方法的比较

| 检测方法 | LOD | 线性范围 | 参考文献 |
|---|---|---|---|
| 酶免疫测定 | 0.03ng/mL | 0.35~100ng/mL | [178] |
| 酶联免疫吸附免疫测定 | 0.07μg/L | 0.07~1.3μg/L | [179] |
| HPLC/荧光 | | 10~50μg/L | [180] |
| HPLC | 0.013μg/mL | 4.0~108μg/mL | [181] |
| 吸附阴极溶出伏安法 | 0.33nmol/L | 10~80nmol/L | [182] |
| MWCNTs/GCE | $5.0 \times 10^{-4}$μmol/L | 0.0195~0.78μmol/L | [183] |

碳纳米管具有显著的机械强度、高电导率、高比表面积、良好的化学稳定性及可用于电化学装置，以及电催化和电分析过程中的电极材料，因此可用于促进电子转移反应。

将多壁碳纳米管（MWCNTs）超声分散到二硫化钼（$MoS_2$）水分散体中制备 $MoS_2$/MWCNTs 纳米复合材料，该 $MoS_2$ 水分散体是通过超声辅助分散在壳聚糖水溶液中制得的，具有较低的电子传递阻力、高的有效表面积、优异的膜电极稳定性。本节介绍一种将材料修饰到玻碳电极上电化学测定恩诺沙星（ENRO）及其主要代谢产物环丙沙星（CIPRO）的简便方法。

将 1mg MWCNTs 和 1mg $MoS_2$ 分散在含有 0.3mg Ch 的 1mL 水中，在室温下超声处理 30min 后，然后获得 Ch-MWCNTs-$MoS_2$ 的水分散体（1mg/mL）。

制备前，将玻璃碳电极用 0.05μm 氧化铝浆料抛光以获得镜面光洁度，然后在乙醇和水中进行超声波清洗，使电极表面光滑平整，然后风干。然后将 4μL Ch-MWCNTs-$MoS_2$ 纳米复合材料涂覆在新的 GCE 表面上，并使其在红外灯下干燥。为了进行比较研究，根据相似的程序制备了 MWCNTs/GCE 和 $MoS_2$/GCE。所有测试均在室温下进行，合成过程如图 3-57 所示。

MWCNTs 的 TEM 图像显示了许多相互连接的纳米管（图 3-58（a）），缠结的交联原纤维提供了高度可及的表面积。图 3-58（b）显示 $MoS_2$ 是薄层纳米片结构。$MoS_2$ 纳米片被覆盖在具有良好互连的网络结构的 MWCNTs 表面中，从而形成纳米混合体（图 3-58（c））[184]。

XPS 用于确定 Ch-$MoS_2$-MWCNTs 中的元素。从图 3-59（a）中可以看到，MWCNTs 的 C—C/C＝C 基团在 284.06eV 处有一个强峰。从 Mo 3$d$ 光谱（图 3-59（b））和 S 2$p$ 光谱（图 3-59（c））可以看出，Mo 3$d_{3/2}$，Mo 3$d_{5/2}$，S 2$p_{1/2}$ 和 S 2$p_{3/2}$ 的结合能分别位于 232.36eV，230.34eV，163.36eV 和 162.15eV，与先前关于 $MoS_2$ 纳米复合材料的报道相似[185-187]。

在 MWCNTs 模式中，两个宽峰分别位于 $2\theta = 25.7°$ 和 43.2°（图 3-60），分别代表（002）和（110）晶面，验证了 MWCNTs 的结构[188]。经过 $MoS_2$ 修饰后，没有出现新的峰，所有属于 MWCNT 的峰都被保留，这表明引入 $MoS_2$ 不会破坏碳材料。

图 3-61 显示了不同修饰电极的电化学阻抗谱。半圆直径被用来推断电荷转移电阻（$R_{ct}$）。与裸露的 GCE 相比，当将 $MoS_2$ 修饰到裸露的 GCE 表面时，$R_{ct}$ 增大（358.48Ω）。然而，在将 Ch-$MoS_2$-MWCNTs 修饰到 GCE 表面后，$R_{ct}$ 明显下降，表明 Ch-$MoS_2$-MWCNTs/

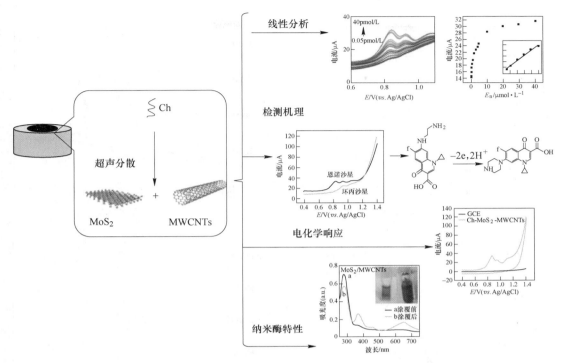

图 3-57　Ch-MoS$_2$-MWCNTs 纳米复合材料的合成过程示意图及其对的 ENRO 检测

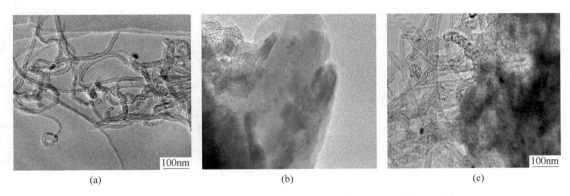

图 3-58　MWCNTs（a）、MoS$_2$（b）及其复合物（c）的 TEM 图

GCE 具有高电导率。循环伏安法（CV）测量是在［Fe（CN）$_6$］$^{3-/4-}$ 电对溶液中以 50mV/s 扫描速率下进行的。CV 测量结果与 EIS 结果一致。

　　修饰电极的电化学反应与其比表面积密切相关。裸电极和 Ch-MoS$_2$-MWCNTs 修饰电极在 5mmol/L［Fe（CN）$_6$］$^{3-/4-}$ 溶液中进行，扫描速率从 10mV/s 至 200mV/s。电极的有效比表面积可以根据 Randle-Sevčik 方程估算：$I_p = 2.69×10^5 n^{3/2} A D^{1/2} C v^{1/2}$，其中 $n$ 是电子转移数（$n = 1$），$D$ 是［Fe（CN）$_6$］$^{3-/4-}$ 溶液的扩散系数（$D = 6.7 × 10^{-6}$ cm$^2$/s），$C$ 是［Fe（CN）$_6$］$^{3-/4-}$ 溶液的浓度（5mmol/L）。结果，裸电极的表面积 $A$ 为 0.18cm$^2$，而 Ch-MoS$_2$-MWCNTs 修饰的电极的 $A$ 为 0.26cm$^2$（如图 3-61（c）（d）所示）。这些结果说明，

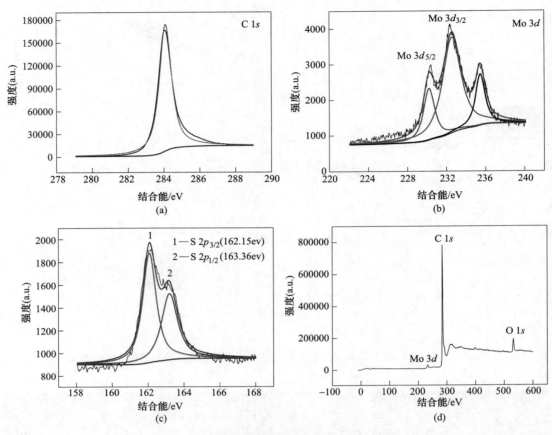

图 3-59   $MoS_2$-MWCNTs 的 XPS 图

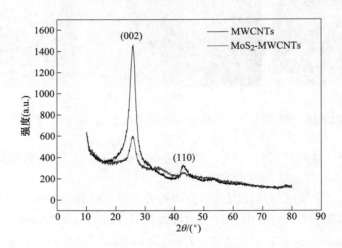

图 3-60   MWCNTs 和 $MoS_2$-MWCNTs 材料的 XRD 图

纳米材料的大比表面积不仅改善了电极的有效面积，而且促进了电子传输。

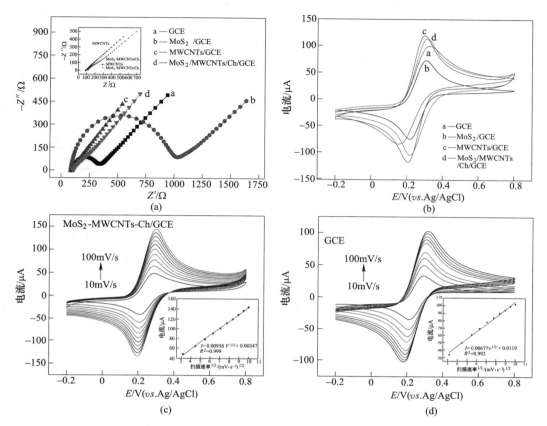

图 3-61　在 5mmol/L [Fe(CN)₆]³⁻/⁴⁻ 的溶液中的 GCE、MoS₂/GCE、MWCNTs/GCE、

Ch-MoS₂-MWCNTs/GCE 的 EIS（a）和 CV 图像（b），

以及 Ch-MoS₂-MWCNTs/GCE 的 CV 扫速图（c）和 GCE 的 CV 扫速图（d）

循环伏安图（CV）用于探究恩诺沙星在不同修饰电极上的电化学响应。CV 曲线在 0.1mol/L 的 PBS（pH=7.0）中测得。与 GCE 相比，ENRO 在磷酸盐缓冲溶液中 Ch-MoS₂-MWCNTs 处的循环伏安法显示出增强的电氧化信号（图 3-62（a））。此外，使用不同修饰电极的 ENRO 的 DPV 的变化与 CV 变化完全一致。

对于 Ch-MoS₂-MWCNTs/GCE 电极，恩诺沙星（ENRO）在 0.840V 和 0.924V（Ag/AgCl）的电势下观察到两个阳极峰，其中第二个峰与环丙沙星（CIPRO）阳极峰重叠（如图 3-63）。而这时 CIPRO 并未影响 ENRO 的第一个氧化电位。这是由于 ENRO 的第二氧化电位与 CIPRO 的第一氧化电位重叠。这样，我们可以测量 ENRO，而不会受到 CIPRO 的任何干扰。

为了研究 Ch-MoS₂-MWCNTs 的过氧化物酶样活性，对过氧化物酶底物 3、3′、5、5′-四甲基联苯胺（TMB）进行了 $H_2O_2$ 的典型催化氧化反应。图 3-64 的插图显示，添加 20μL 材料、20μL TMB、20μL $H_2O_2$、960μL 乙酸缓冲溶液后，会出现不同深浅的蓝色溶液分别为 200μL 的 MoS₂-TMB-$H_2O_2$、MWCNTs-TMB-$H_2O_2$、MoS₂-MWCNTs-TMB-$H_2O_2$ 的混合物。此外，用紫外可见分光光度计测量光谱。如图 3-64 所示，在孵育前，观察不到氧

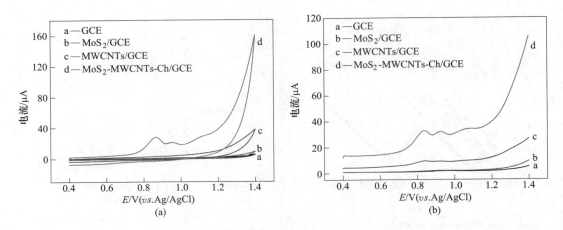

图 3-62　含 ENRO（10μmol/L）的 PBS 溶液（pH＝7.0）中不同电极的 CV 曲线（a）和 DPV 曲线（b）

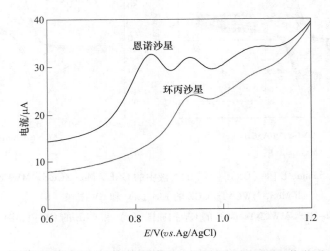

图 3-63　10μmol/L ENRO 和 10μmol/L CIPRO 的循环伏安图

化 TMB 的吸收峰（曲线 a）。在存在 MoS$_2$、MWCNTs 的情况下（曲线 c、d），在 650nm 处可观察到较小的氧化 TMB（oxTMB）的吸收，这表明传统 MoS$_2$、MWCNTs 的催化活性很小。当两者复合后，可以看到 oxTMB 的吸收有所提高（曲线 b），这表明 MoS$_2$ 和 MWCNTs 的组合赋予了更高的催化活性。

　　为了探究 MoS$_2$/MWCNTs/GCE 的电化学行为，优化了复合材料中 MWCNTs 和 MoS$_2$ 的质量比。图 3-65 显示了 MWCNTs 和 MoS$_2$ 的质量比不同时的峰值电流。可以看出，在比值为 1 时（MWCNTs：MoS$_2$＝1）时峰电流达到最大值，因此，选择 MWCNTs 与 MoS$_2$ 的质量比为 1 来制备修饰电极。

　　Ch-MoS$_2$-MWCNTs 在 GCE 表面的修饰量对 ENRO 检测电流值有影响。因此，优化了纳米复合材料的修饰量，以调节传感器的膜厚度，进而控制修饰电极上电子的转移速率，提高 ENRO 的氧化峰值电流。分别将 2μL、4μL、6μL、8μL、10μL 的复合材料修饰在 GCE 上，得到不同的修饰电极，然后在相同的条件下对 ENRO 进行 DPV 测试。从图 3-66

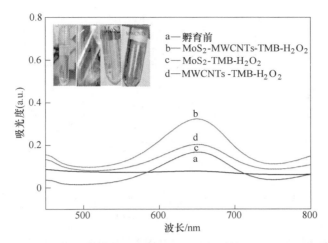

图 3-64 TMB-H$_2$O$_2$ 反应溶液在孵育前后 MoS$_2$-MWCNTs 复合材料

MoS$_2$ 纳米片 MWCNTs 材料的存在下的紫外可见吸收光谱及相应生产溶液的照片

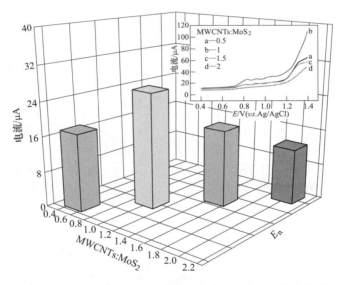

图 3-65 MWCNTs 和 MoS$_2$ 质量比和响应电流关系的柱状图

（插图为 MWCNTs 和 MoS$_2$ 不同质量比的 DPV 图）

中可以看到，修饰量为 4μL 时，峰值电流最大，超过 4μL 时，由于电极薄膜厚度过厚，阻碍了电极表面的电子传递，峰电流减小。因此，我们选择 4μL 为最佳修饰量。

图 3-67（a）显示了在含有 20μmol/L ENRO（pH=7.0）的溶液中 Ch-MoS$_2$-MWCNTs/GCE 在 10mV/s 到 100mV/s 范围内的不同扫描速率下的伏安评估。峰值电流（$I_{p1}$，μA）与扫描速率（$v$，mV/s）的线性相关性表明了类似吸附的循环伏安图（图 3-67（b））。这种行为的可能解释是因为 CNTs 具有强吸附能力，ENRO 在 CNTs 表面进行了附着。氧化峰电位 $E$ 与 ln$v$ 之间的关系也呈线性相关。$E=0.0308\ln v+0.7478$（$R^2=0.995$）。根据公式

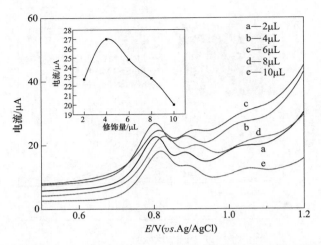

图 3-66  不同修饰量的电极的 DPV 图（插图为峰值电流与不同修饰量的关系图）

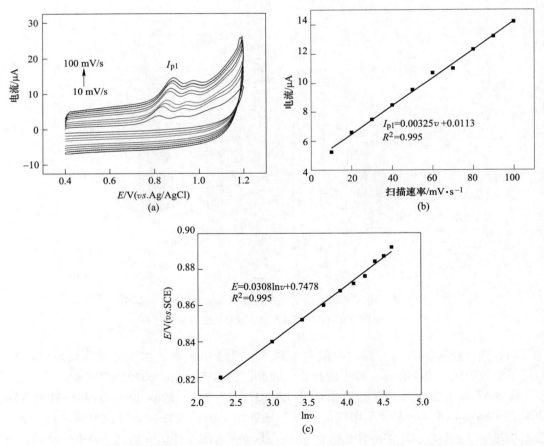

图 3-67  在 0.1mol/L PBS 溶液中（pH = 7.0）中 Ch-MoS₂-MWCNTs 在 10~100mV/s 扫描速率下对 20μmol/L ENRO 的 CV 响应（a）以及扫描速率与峰值电流（b）、lnv 与峰值电位（c）关系图

$E_{pa}=E^0+RT/\alpha nF\ln(RTK_s/\alpha nF)+RT/\alpha nF\ln v$，可计算出电子转移数 $n\alpha$ 估计为 0.83，通过考虑电极过程的速率确定步骤中有两个电子参与，$\alpha$ 值为 0.42，这表明 ENRO 的氧化活化自由能曲线不对称，是不可逆的氧化过程[89]。

pH 值在 ENRO 的电化学检测过程中起着重要作用。在 pH 值范围为 4.0~10.0 的缓冲溶液中获得了 30.0μmol/L ENRO 的差分脉冲伏安图（图 3-68）。结果表明，峰值电流从 pH=4.0~7.0 逐渐增大，当 pH 值大于 7.0 时电流减小。结果还证实，溶液的 pH 值升高，氧化峰电位往负方向移动。因此，选择 PBS（磷酸盐缓冲液）的 pH 值为 7.0 用于进一步的实验。获得的关系（Ch-MoS$_2$-MWCNTs/GCE 的 $E_p$ 与 pH 值的关系）的斜率为 0.058，表明参与电荷转移的电子和质子的总数对于 ENRO 相同（$n=2$）。这一发现与报道的氟喹诺酮类氧化反应的结果一致（图 3-69），例如诺氟沙星[190]。

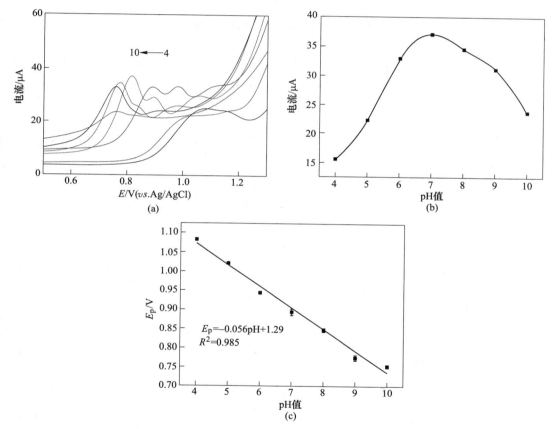

图 3-68 不同 pH 值的 0.1mol/L PBS 溶液中，
Ch-MoS$_2$-MWCNTs/GCE 对 30μmol/L ENRO 的 DPV 响应（a）
以及与峰电流（b）、峰电势（c）的关系图

在优化条件下，并使用单变量方法，峰值电流与 ENRO 的浓度（0.05~40.0μmol/L）呈线性，相关方程为 $I_p(\mu A)=0.00113C_{ENRO}+0.00966$（$R^2=0.993$），对于 0.2~30μmol/L 的 CIPRO 浓度，其 $I_p(\mu A)=0.008C_{CIPRO}+0.011$（$R^2=0.990$），其中图 3-70（c）为 ENRO 和/或 CIPRO 的浓度，表示为 μmol/L。

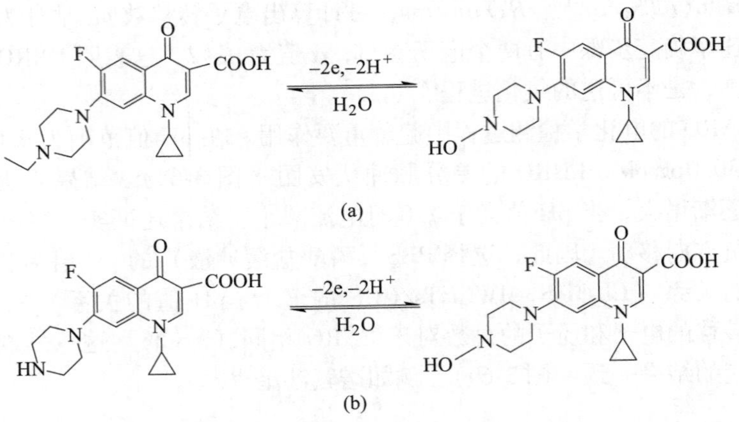

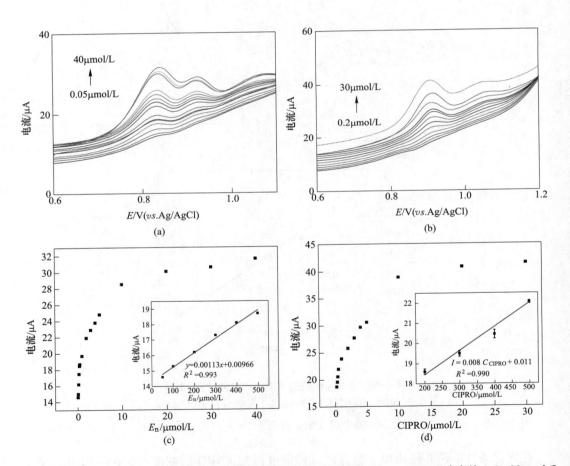

图 3-69　恩诺沙星（a）和环丙沙星机理图（b）

图 3-70　Ch-MoS$_2$-MWCNTs 随着 ENRO 浓度从 0.05~40μmol/L 增大（a）、CIPRO 浓度从 0.2~30μmol/L 增大（b）所获得的 DPV 图以及峰值电流与 ENRO（c）和 CIPRO（d）浓度的关系图

使用单变量校准方法进行 CIPRO 存在下 ENRO 的测定。结果表明，CIPRO 的浓度对 ENRO 校准曲线的斜率没有影响。但是，ENRO 干扰了 CIPRO 的测定，表明了它们的分子间作用。图 3-71（a）为在 PBS（pH=7.0）中有 10.0μmol/L ENRO 存在下，4~250μmol/L CIPRO 的 DPV 图，扫描速率为 50mV/s。图 3-71（b）为在 PBS（pH=7.0），10.0μmol/L CIPRO 存在下，0.1~90μmol/L ENRO 的 DPV 图，扫描速率为 50mV/s。

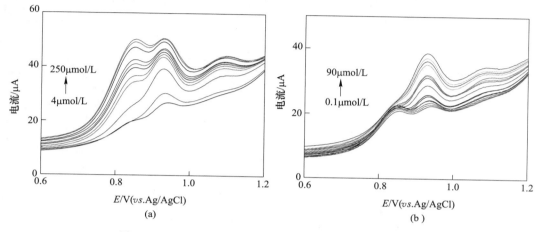

图 3-71　PBS 中 CIPRO 浓度为 4~250mol/L（a）和 ENRO
浓度为 0.1~90mol/L 的 DPV 图

Ch-MoS$_2$-MWCNTs/GCE 对 ENRO 伏安响应的可重复性是通过 DPV 在缓冲溶液（pH=7.0）中进行的 5 次连续测量研究的（图 3-72（a））。相对标准偏差（RSD）为 5.38%，表明 Ch-MoS$_2$-MWCNTs/GCE 具有良好的重复性。此外，在相同条件下使用 5 个不同的 Ch-MoS$_2$-MWCNTs/GCE 电极检测 10μmol/L ENRO（图 3-72（b）），RSD 为 0.19%，表明用于 ENRO 传感的 Ch-MoS$_2$-MWCNTs/GCE 具有出色的重现性。

为了评估 Ch-MoS$_2$-MWCNTs/GCE 的选择性，选择阿莫西林、卡那霉素、林可霉素、诺氟沙星、四环素、Na$^+$、Ba$^{2+}$、Mg$^{2+}$ 作为干扰物质。从图 3-72（c）可以看出，这些物质的干扰对峰值电流变化没有影响。与 ENRO 的比较结果表明，该方法对 ENRO 具有良好的选择性。

为了评估 Ch-MoS$_2$-MWCNTs/GCE 传感器在实际样品中的实际适用性，选择牛奶进行分析以研究样品中的 ENRO 水平。先将牛奶在 pH=7.0 的 PBS 溶液中按等比例稀释，然后再离心以出去其他层。加标不同浓度的恩诺沙星，并计算回收率，重复三次实验。实验结果如表 3-9 所示，结果表明该传感器可以用于实际样品的检测，具有良好的实用性。

表 3-9　Ch-MoS$_2$-MWCNTDs/GCE 测定牛奶中的 CAP

| 样本 | 传感器 | | | |
|---|---|---|---|---|
| | 添加量/μmol·L$^{-1}$ | 检出量/μmol·L$^{-1}$ | 回收率/% | RSD/% |
| 牛奶 | 0.50 | 0.49 | 98.00 | 3.09 |
| | 4.00 | 4.03 | 100.75 | 1.68 |
| | 10.00 | 9.98 | 99.80 | 2.52 |

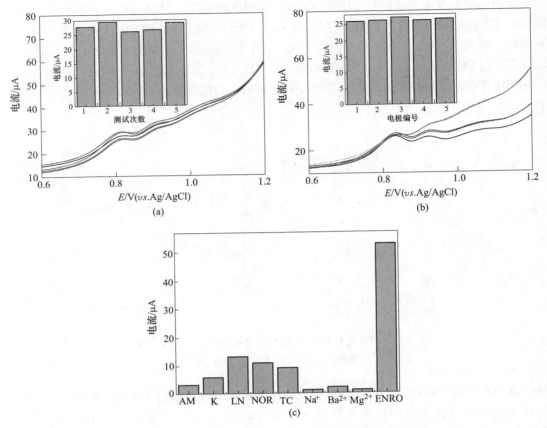

图 3-72　Ch-MoS$_2$-MWCNTs/GCE 对 ENRO 伏安响应的可重复性

## 3.5　金属纳米电化学在硝基苯酚检测中的应用

芳香硝基类化合物在制药、颜料、染料、塑料、农药、抑菌剂等方面是一种非常重要的中间体，其巨大的用量导致其在环境中的积累量日益增大。对硝基苯酚（4-NP）是一种强致癌物，在工业产品的合成与制造过程中应用较为广泛，也是农药（如对硫磷和除草醚）的降解过程中的残留物。由于 4-NP 具有稳定的苯环结构，稳定性好，在水中溶解度高，难以被自然降解因而会长期稳定存在。因此，4-NP 已经被许多国家列为高优先级有毒污染物[191-195]。因此，开发简单、有效的方法准确检测 4-NP，对保护环境和人类健康非常重要。

目前，用于 4-NP 和/或其同分异构体的定量分析方法包括荧光法[196]、高效液相色谱法[197]、化学发光法[198]、毛细管电泳法[199]和电化学方法[200]等。与其他方法相比，电化学方法操作简便，仪器成本低廉，并且可以实时监测。在电化学方法中，电极的修饰材料对检测性能有很大的影响。开发具有优异电化学性能的修饰材料是构建性能优良的电化学传感器的重点研究内容。

碳纳米材料具有高的热稳定性及优良的结构性能、电气性能、机械性能，除此之外，还对许多化学反应有较高的电催化活性[201,202]，那么碳纳米材料成为支撑材料可谓是物尽其用，如碳纳米管（CNTs）[203]、富勒烯（$C_{60}$）[204]。然而，纳米碳材料本身的不可溶性是由于其化学惰性表面大大阻碍了它们的利用率，如无法在溶液中分散、与其他材料结合[205]。已经证明，化学功能化是克服这个难题的一个关键方法，纳米碳材料的功能化的主要方法可以分为两类：各种有机分子通过范德瓦耳斯力或 π—π 作用非共价功能化，以及通过化学键相互作用共价功能化[206]。例如，已经报道了一种制备硫醇功能化 CNTs 的方法，可用于固定高负载量的 Pt NPs。在这种方法中，CNTs 由硝酸（$HNO_3$）氧化，之后由亚硫酰氯（$SOCl_2$）氯化，然后与 4-氨基苯硫酚反应[207]。

在本节中，$C_{60}$ 首先由聚乙二醇合成功能化，得到 $C_{60}$-$NH_2$[208]。再通过液相还原法将 $C_{60}$-$NH_2$ 和钯纳米结合，制备出了 $C_{60}$-$NH_2$@Pd 纳米材料。并将其应用于催化 4-硝基苯酚（4-NP）还原为 4-氨基苯酚（4-AP）环境分析中。这个反应可以在室温条件下通过 Pd NPs 催化，反应过程可以很容易地通过 UV/vis 光谱进行检测[209]。$C_{60}$-$NH_2$@Pd 纳米复合材料在 4-硝基苯酚的还原中显示了很高的催化活性，这可归因于 $C_{60}$-$NH_2$ 表面 Pd NPs 的小尺寸和均匀分布。

利用 Cary 8454 紫外-可见分光光度计测试 $C_{60}$-$NH_2$@Pd 纳米材料的吸光强度。将配置好的 $C_{60}$-$NH_2$@Pd 水溶液移取 3mL 至比色皿中，以水作为空白对照，扫描 200~500nm 范围内的吸收光谱。用 BrukerTensorⅡ 傅里叶变换红外光谱仪对以上合成的 $C_{60}$-$NH_2$@Pd 纳米材料进行表征，通过红外特征峰来判断所合成物质上连接的官能团。取 $C_{60}$-$NH_2$@Pd 2mg 左右，另取 KBr 粉末 200mg 左右，混合研磨均匀制片，然后用红外光谱仪对其进行检测，得到红外光谱图。将 $C_{60}$-$NH_2$@Pd 纳米材料的水溶液小心地滴在铜网上，自然晾干，约为 24h，做 TEM 测试。

$C_{60}$-$NH_2$@Pd 纳米材料的电化学表征涉及：（1）电极预处理；用 0.02~0.05μm 的 $Al_2O_3$ 粉末悬浊液将 GC 电极分别在白色尼龙抛光布和棕色绒料抛光布上抛光成镜面，之后，依次在水、乙醇、水中超声洗 2min；（2）修饰电极：将 $C_{60}$-$NH_2$@Pd 溶于 10mL 水中，得到 1mmol/L 的 $C_{60}$-$NH_2$@Pd 水溶液。取 10μL 的 $C_{60}$-$NH_2$@Pd 水溶液小心地滴在 GC 电极表面，在红外灯下烤干，使新材料与 GC 电极紧密地贴合，得 $C_{60}$-$NH_2$@Pd/GC 电极。（3）$C_{60}$-$NH_2$@Pd 的电化学表征：将 $C_{60}$-$NH_2$@Pd/GCE 浸入 5mL 的 0.5mol/L 的硫酸中，选 CV 曲线考量复合新材料的催化活性。电化学检测采用三电极体系，以铂丝电极作为对电极，Ag/AgCl 电极作为参比电极，设定扫描电位范围为 -0.3~1.2V，扫描速度为 100mV/s，记录 $C_{60}$-$NH_2$@Pd/GC 电极的 CV 曲线。

为了评估 $C_{60}$-$NH_2$ 支撑的 Pd NPs 的催化活性，选择在 $NaBH_4$ 存在下催化 4-硝基苯酚（4-NP）还原为 4-氨基苯酚（4-AP）。这个反应在室温条件下就可以进行，通过 Pd NPs 催化，选择时间间隔测量 UV/vis 光谱，可以很容易地监控反应进程。将 2mL 浓度为 $5×10^{-5}$mol/L 的 4-硝基苯酚水溶液和 1mL 新配置的浓度为 0.05g/L 的 $NaBH_4$ 水溶液加入石英杯中，之后将 0.05g/L 的 100uL 催化剂水溶液加入石英杯中。以水为空白对照，设定 200~600nm 的扫描范围，每隔 0.5min 扫一次 UV/vis 光谱，并记录不同反应时间的吸收光谱。

图 3-73 为 $C_{60}$、$C_{60}$-$NH_2$ 以及 $C_{60}$-$NH_2$@Pd 的紫外-可见吸收光谱图。$C_{60}$ 一共有三个吸收峰，分别在 284nm、334nm 和 405nm 位置处，这说明 $C_{60}$ 是个高度对称的 π 电子共轭体

系；$C_{60}$-$NH_2$ 在 208nm 处有吸收，且在 284nm、334nm 和 405nm 的吸收消失，说明 $C_{60}$ 的共轭结果已经被破坏，生成了多加成产物[210]。

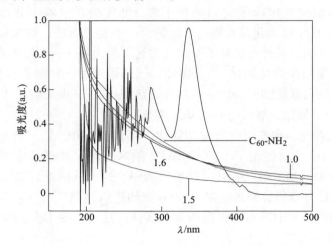

图 3-73 $C_{60}$、$C_{60}$-$NH_2$ 及 $C_{60}$-$NH_2$@Pd 的紫外-可见吸收光谱

  图 3-74 为 $C_{60}$、$C_{60}$-$NH_2$ 以及 $C_{60}$-$NH_2$@Pd 的红外光谱，红外图谱及其归属如下：a~g 分别代表 $C_{60}$-$NH_2$@Pd = 1∶4、$C_{60}$-$NH_2$@Pd = 1∶3、$C_{60}$-$NH_2$@Pd = 1∶2、$C_{60}$-$NH_2$@Pd = 1∶1.5、$C_{60}$-$NH_2$@Pd = 1∶1、$C_{60}$-$NH_2$、$C_{60}$ 的红外光谱。3449$cm^{-1}$ 和 3421$cm^{-1}$ 处有较强的 N—H 伸缩振动峰；2926$cm^{-1}$ 和 2588$cm^{-1}$ 为 C—H 键特征峰；1630$cm^{-1}$ 和 1408$cm^{-1}$ 处为 C=C 键特征峰；1107$cm^{-1}$ 处为 C—N 键伸缩振动吸收峰；582$cm^{-1}$ 的指纹峰表明富勒烯被取代。

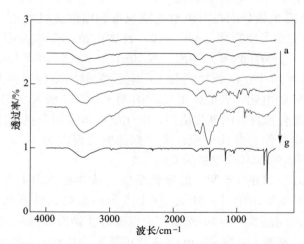

图 3-74 $C_{60}$、$C_{60}$-$NH_2$ 及 $C_{60}$-$NH_2$@Pd 的红外光谱

  图 3-75 为 $C_{60}$-$NH_2$@Pd 纳米复合材料的 TEM 图。制备的 Pd NPs 具有比较均一的粒径（3.1±0.2)nm，且均一分散在 $C_{60}$-$NH_2$ 表面。HRTEM 图像表明，晶格条纹的平均间距是 0.225nm，与 Pd 面心立方的晶格间距（0.224nm）相一致。这些结果表明，$C_{60}$-$NH_2$ 可

以作为负载 Pd NPs 的良好载体。

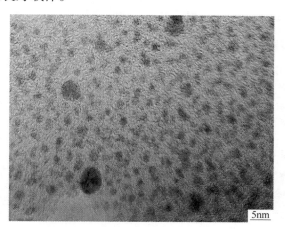

图 3-75 $C_{60}$-$NH_2$@Pd 的 TEM 图

Pd NPs 与 $C_{60}$-$NH_2$ 的结合程度还需要进一步考量，对制备的 $C_{60}$-$NH_2$@Pd 纳米复合材料进行了电化学表征，图 3-76 是将 $C_{60}$-$NH_2$@Pd/GC 电极的 CV 图谱。在 0.5mol/L 的硫酸溶液，同样的条件扫描了裸钯电极的 CV 图，如图 3-77 所示。通过对比发现，峰形基本大同小异，明显的还原峰出现在+0.4V 左右，这是 Pd 的特征峰值。由此，可以认为 Pd NPs 已经与 $C_{60}$-$NH_2$ 很好地复合在一起。并且，单看还原峰电流，$C_{60}$-$NH_2$@Pd/GCE 约是裸 Pd 电极的 2 倍多，这说明 $C_{60}$-$NH_2$@Pd/GC 电极的电催化作用相对大很多。

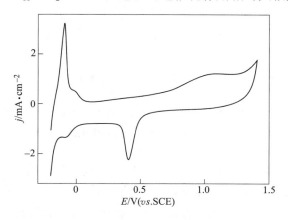

图 3-76 $C_{60}$-$NH_2$@Pd/GC 在硫酸中的 CV 图

图 3-78 为 $C_{60}$-$NH_2$@Pd 纳米复合材料（配比为 1∶1.5）对催化 $NaBH_4$ 还原 4-NP 反应的 UV/vis 光谱图：曲线 a 为 4-NP 的 UV/vis 光谱，曲线 b~j 分别表示从时间 0min、0.5min、1min、1.5min、2min、3min、4min、6min、8min，$C_{60}$-$NH_2$@Pd 催化 $NaBH_4$ 还原 4-NP 反应的 UV/vis 光谱。4-NP 水溶液的吸收峰在 317nm 处，加了 $NaBH_4$ 之后，由于生成了 4-AP 离子，317nm 处的吸收峰消失，在 400nm 处有了一个新的吸收峰，同时，溶液的颜色由淡黄色变为亮黄色。$C_{60}$-$NH_2$@Pd 加入 4-NP 和 $NaBH_4$ 的混合液后，400nm 处的吸收峰随着反应的进行显著降低。另外，在 300nm 处出现一个新的吸收峰，根据已报告的

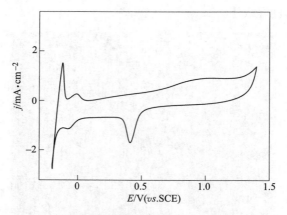

图 3-77　裸钯电极在硫酸中的 CV 图

文献[207,208,211]，表明 4-AP 的生成。

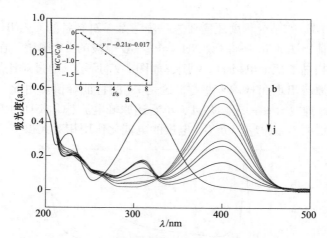

图 3-78　$C_{60}$-$NH_2$@Pd 催化还原 4-NP 的紫外-可见光谱图

（插图为 $C_{60}$-$NH_2$@Pd 催化还原 4-NP 的速率常数）

　　还研究了该反应的动力学，$\ln(C_t/C_0) = -kt$（$k$ 为动力学常数，$C_t$ 和 $C_0$ 分别是在时间 $t$ 和初始时刻时 4-NP 离子的浓度）。根据朗伯-比尔定律，可由相对吸光度比（$A_t/A_0$）计算 $C_t/C_0$ 的比值。在此，$A_t$ 和 $A_0$ 分别代表在时间 $t$ 和初始时刻的吸光度。$\ln(C_t/C_0)$ 与 $t$ 如图 3-78 插图所示，表明这一催化还原反应可以被视为准一级反应 $k = 0.21 \text{min}^{-1}$[212]。不加新材料的反应间隔曲线如图 3-79 所示，几乎没有 4-NP 转化为 4-AP。

　　首先采用一种简单的方法将富勒烯进行氨基功能化，得到氨基化富勒烯（$C_{60}$-$NH_2$），之后合成了氨基化富勒烯钯纳米复合材料（$C_{60}$-$NH_2$@Pd），并对所合成的材料进行了紫外光谱、红外光谱、透射电镜及电化学等表征，由此证明成功地将 Pd NPs 与 $C_{60}$-$NH_2$ 结合在了一起。还选择了一个探针反应来考量 $C_{60}$-$NH_2$ 支撑的 Pd NPs 的催化性能：催化 $NaBH_4$ 还原 4-NP。通过实验证明，官能团不仅可以提高 $C_{60}$ 在水中的分散度，还可以提高 Pd 和 $C_{60}$ 载体之间的相互作用，从而阻止 Pd NPs 聚集，由此可形成均匀分散的 Pd NPs。

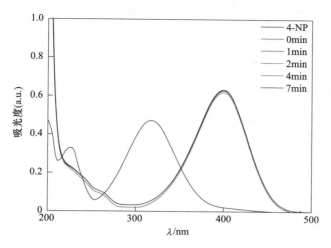

图 3-79 不加催化剂时 4-NP 的紫外-可见光谱图

此外，$C_{60}$-$NH_2$@Pd 纳米复合材料在 4-NP 的还原反应中表现出较高的催化活性，这是由于小的粒子尺寸和纳米粒子的均匀分散。本节介绍的方法有利于制备单一类型功能化的 $C_{60}$，也适用于将小尺寸的贵金属粒子引进。

## 3.6 金属纳米电化学在亚硝酸钠检测中的应用

作为一种重要的无机盐离子，亚硝酸盐（$NO_2^-$）广泛应用于许多领域，目前主要存在于土壤、食品防腐剂、水域体系、生理系统，甚至有报告称，$NO_2^-$ 与人类的健康息息相关。在医学上，$NO_2^-$ 常常作为一种血管舒张或者降低血压的药物[213]。在食品加工行业，亚硝酸盐喷雾处理可以使真空包装牛肉的色泽保持一定的稳定[214]。而与此同时，亚硝酸盐是很重要的食品添加剂，可以使腌制食品保持本身特有的色泽和风味[215]。在复合水泥工业，碱性亚硝酸盐对在水泥环境中抑制钢材腐蚀的影响已经通过测试[216]。然而，亚硝酸盐在较高浓度时对动物体和人体都有一定的毒性，这是因为它可能会生成致癌物质亚硝胺[217]。因此，亚硝酸盐的测定、评定是非常重要的，有必要建立一些可靠、稳定、灵敏的方法来检测亚硝酸盐。到目前为止，已经开发了几种定量测定亚硝酸盐的技术，如毛细管电泳[218]、离子色谱法[219]、化学发光法[220]、荧光探针法[221]、电化学方法[222]。相比之下，电化学方法是一种廉价的方法，而且灵敏度高、选择性好，还可以进行快速分析，另外，此方法简单、环保。虽然亚硝酸盐在碳电极表面具有一定的电化学活性，但是亚硝酸盐的电化学行为通常较低，并且在电化学过程中可能形成一些中间产物使电极中毒[223,224]。因此，最重要的是开发新的功能纳米材料修饰，并且要具有特定的结构和新的性质。

各种贵金属 NPs/碳纳米材料都可以掺杂来制备传感器，以达到检测亚硝酸盐的目的。例如，江等[225]报道了石墨烯/金纳米粒子（Au NPs）的制备并将其应用于亚硝酸盐的电化学传感。Pham 等[226]研究了类似海胆结构的 Pd/SWCNT 用于亚硝酸盐的电化学检测。作为碳的一种同素异形体，富勒烯（Fullerene，$C_{60}$）引起了研究者的特别注意。$C_{60}$ 的原子都处于同一个表面，可以灵敏地传递电子[227]，基于此独特的空间和电子结构，C₆₀有很好的电化学行为。C₆₀独特的物理和化学性质启发研究者开展了恰到好处的应用。

相比之下，钯相对成本较低，兼具功能多样、无毒性、电催化活性较高的特点，对氧气和水分有一定的化学惰性，所以，它可以用来作催化剂检测亚硝酸盐。本节介绍将C₆₀-NH₂@Pd纳米复合材料修饰在GCE表面，用于亚硝酸盐传感，并在亚硝酸盐传感体系中研究了纳米材料的性能及电化学催化过程的可能机制。

测试方法采用循环伏安法，支持电解质为0.1mol/L的pH值为4.0的磷酸盐（PBS）缓冲溶液，扫描速度为100mV/s，对浓度为0.1mmol/L的NaNO₂溶液进行了测定。设定不同的扫描电位范围：-1.0~1.0V、-0.8~1.0V、-0.6~1.0V、-0.6~1.2V及-0.4~1.2V等，综合考量，确定扫描电位范围是-0.4~1.2V。

图3-80为不同电极测试NaNO₂的CV图，包括GCE电极及C₆₀-NH₂@Pd、C₆₀-NH₂修饰的GCE电极，电解质为0.1mol/L的pH值4.0的PBS缓冲溶液，NaNO₂的浓度为0.1mmol/L，扫描速率为100mV/s。C₆₀-NH₂@Pd修饰电极的阳极峰电流高于其他的电极，这意味着C₆₀-NH₂@Pd纳米复合材料可以极大地提高电极的电化学活性。超强的电化学活性可能归功于Pd NPs在C₆₀-NH₂材料的良好分散度。如图3-80的插图所示，当没有亚硝酸电解质时，在+0.2V处有明显的阴极峰电流，可以归结为PdO的减少。然而，当电解液中有亚硝酸盐时，在+0.97V处有明显的阳极峰电流，阴极峰电流与空白对照时一致，这意味着NaNO₂的氧化还原反应是不可逆的。

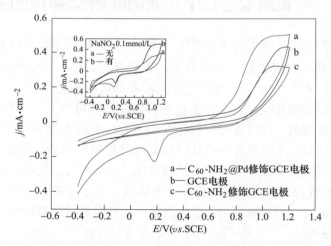

图3-80　不同电极对NaNO₂的循环伏安图（插图为亚硝酸对照）

不同pH值电解质对亚硝酸钠的电化学催化比较如图3-81所示。pH值对峰电流和NaNO₂氧化电位的影响非常明显，如图3-81插图所示。在pH=2.0~4.0，峰电流值随pH值的增加而增大。当pH<4.0，由于$NO_2^-$在强酸性溶液中的不稳定，易分解，出现小的峰电流。如式（3-5）所示：

$$3NO_2^- + 2H^+ \longrightarrow 2NO + NO_3^- + H_2O \tag{3-5}$$

当pH值高于4.0时，可以看到峰电流下降。当pH值高于5.0，相比在pH值为5.0，由于质子的减少，亚硝酸盐的电催化氧化变得更加困难[229]。

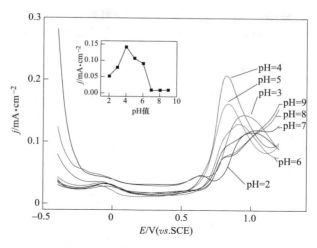

图 3-81　pH 值对 NaNO$_2$ 氧化影响的研究

不同 C$_{60}$-NH$_2$@Pd 修饰量对亚硝酸钠催化的影响如图 3-82 所示。图 3-82 （a） 是 C$_{60}$-NH$_2$@Pd 修饰的 GCE 电极催化 NaNO$_2$ 的微分脉冲伏安法曲线 （DPV）。向 pH 值为 4.0、0.1mol/L 的 PBS 溶液中加入 1mmol/L 亚硝酸盐后，C$_{60}$-NH$_2$@Pd 修饰电极的电流信号显著增加（曲线 b），这表明，C$_{60}$-NH$_2$@Pd 修饰的 GCE 是一种优良的电极催化剂，可以用于检测亚硝酸盐。此外，C$_{60}$-NH$_2$@Pd 的修饰量对亚硝酸盐氧化的影响如图 3-82（b） 所示。推测较小的修饰量不足以提供充足的催化剂，同时，较多的修饰量将会减少电子的有效转移。

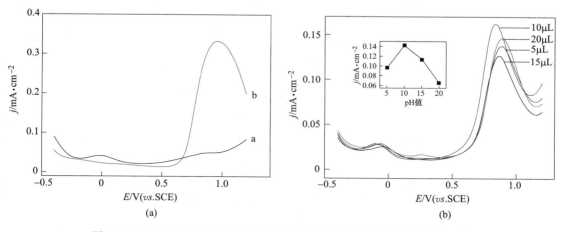

图 3-82　C$_{60}$-NH$_2$@Pd 催化氧化亚硝酸盐的微分脉冲伏安法曲线 （a） 和
C$_{60}$-NH$_2$@Pd 的修饰量对亚硝酸盐氧化的影响 （b）

作为一种脉冲技术，当检测浓度非常低的分析物时，相比传统的扫描技术检测，DPV 具有更高的灵敏度。本实验在最优条件下进行，来检测 C$_{60}$-NH$_2$@Pd 修饰的 GCE 电极对检测亚硝酸盐的敏感度。图 3-83 是 C$_{60}$-NH$_2$@Pd 修饰 GCE 电极对不同浓度的亚硝酸盐的 DPV 曲线。对亚硝酸盐有良好、稳定的阳极氧化峰电流，证明 C$_{60}$-NH$_2$@Pd 修饰 GCE 电极可能对亚硝酸盐传感提供一个良好的电催化活性。此外，DPV 曲线亚硝酸盐浓度的增加而增加，线性范围是 0~10mmol/L（图 3-83 插图），相关系数 $R^2 = 0.994$。

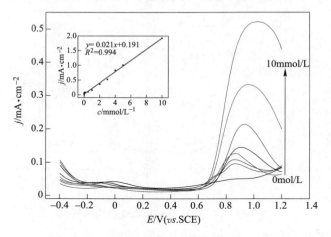

图 3-83    $C_{60}$-$NH_2$@Pd 对不同浓度亚硝酸钠的电化学催化氧化

图 3-84 是 $C_{60}$-$NH_2$@Pd 修饰的 GCE 电极典型的稳态电流响应。向 0.1mol/L 的 pH 值为 5.0 的 PBS 缓冲液中连续加入亚硝酸盐，所加电压为 +0.80V。随着亚硝酸盐浓度的增加，测量电流增加也紧随其后，电极对亚硝酸盐浓度的变化表现出快速、灵敏的响应。氧化电流显示良好的线性行为 0.3~50.7mmol/L，灵敏度为 0.29μA/（μmol·$cm^2$），相关系数为 $R^2 = 0.9999$。检出限 0.071mmol/L，可估信噪比为 3。

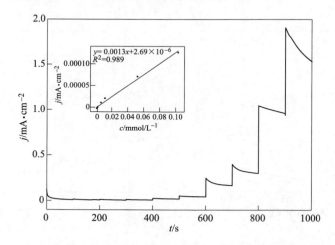

图 3-84    $C_{60}$-$NH_2$@Pd 修饰的 GCE 电极的稳态电流响应

在本节中，将 $C_{60}$-$NH_2$@Pd 纳米复合材料用于 $NaNO_2$ 的检测体系。首先，综合考量确定最佳的扫描电位范围为 -0.4~1.2V，之后，比较了不同电极（包括 GCE 电极及 $C_{60}$-$NH_2$@Pd、$C_{60}$-$NH_2$ 修饰的玻碳电极）对 $NaNO_2$ 的电化学催化的 CV 曲线。通过实验，确定最佳 pH 值为 4.0、最佳 $C_{60}$-$NH_2$@Pd 修饰量为 10uL，$C_{60}$-$NH_2$@Pd 玻碳电极检测了系列浓度 $NaNO_2$，相比之前报告的亚硝酸盐传感体系，$C_{60}$-$NH_2$@Pd 修饰的 GCE 具有更好的电催化活性。$C_{60}$-$NH_2$@Pd 纳米复合材料将是一个有前途的材料，可以用于制造传感器，而且合成方法简单、稳定性好、材料廉价。

—————— 本 章 小 结 ——————

本章介绍了金属纳米材料的定义、分类和性质以及近年来金属纳米材料在环境污染物电化学检测领域的研究进展。为了更好地理解金属纳米材料的性质及其在电化学分析领域的应用，详细介绍了钯纳米及其复合材料在甲烷、抗生素、硝基酚、亚硝酸盐等环境污染物电化学检测中的应用。在此基础上，从材料合成、检测机理、灵敏度、选择性、稳定性等方面总结了金属纳米材料在环境污染物检测领域的优势，为金属纳米材料在电化学检测污染物方面提供了重要的理论基础。

习　　题

3-1　简述金属纳米材料的结构特点及其性质。
3-2　简述纳米材料表征基本方法。
3-3　举例说明金属纳米材料电化学传感器设计原理。

## 参 考 文 献

[1] Liu Y L, Jin Z H, Liu Y H, et al. Stretchable electrochemical sensor for real-time monitoring of cells and tissues [J]. Angewandte Chemie International Edition, 2016, 55 (14): 4537-4541.

[2] Lawrence N S. Analytical detection methodologies for methane and related hydrocarbons [J]. Talanta, 2006, 69: 385-392.

[3] Dahnke H, Kleine D, Urban W P. Real-time monitoring of ethane in human breath usingmid-infrared cavity leak-out spectroscopy [J]. Applied Physics B: Laser and Optics, 2001, 72: 971-975.

[4] Wu S Z, Zhang Y, Li Z P, et al. Mode-filtered light methane gas sensor based on cryptophane A [J]. Analytica Chimica Acta, 2009, 633: 238-243.

[5] Wu S Z, Shuang S M, Zhang Y, et al. Study on mode-filtered light sensor for methane detection [J]. Chinese Chemical Letters, 2009, 20: 210-212.

[6] Hahn F, Melendres C A. Anodic oxidation of methane at noble metal electrodes: an "in situ" surface enhanced infrared spectroelectrochemical study [J]. Electrochimica Acta, 2001, 46: 3525-3534.

[7] Okada T, Suzuki S. A methane gas sensor based on oxidizing bacteria [J]. Analytica Chimica Acta, 1982, 135: 61-67.

[8] Damgaard L R, Revsbech N P. A microscale biosensor for methane containing methanotrophic bacteria and an internal oxygen reservoir [J]. Analytical Chemistry, 1997, 69: 2262-2269.

[9] Bartlett P N, Guerin S. A micromachined calorimetric gas sensor: An application of electrodeposited nanostructured palladium for the detection of combustible gases [J]. Analytical Chemistry, 2003, 75: 126-132.

[10] Sahm T, Rong W Z, Barsan N, et al. Sensing of $CH_4$, CO and ethanol with in situ nanoparticle aerosol-fabricated multilayer sensors [J]. Sensors and Actuators B: Chemical, 2007, 127: 63-68.

[11] Lu Y J, Li J, Han J, et al. Room temperature methane detection using palladium loaded single-walled

carbon nanotube sensors [J]. Chemical Physics Letters, 2004, 391: 344 - 348.

[12] Li Y, Wang H C, Chen Y S, et al. A multi-walled carbon nanotube/ palladium nanocomposite prepared by a facile method for the detection of methane at room temperature [J]. Sensors and Actuators B: Chemical, 2008, 132: 155-158.

[13] Wu S Z, Zhang Y, Li Z P, et al. Mode-filtered light methane gas sensor based on cryptophane A [J]. Analytica Chimica Acta, 2009, 633: 238-243.

[14] Suo Z W, Shao M S, Yan Z, et al. Study on mode-filtered light sensor for methane detection [J]. Chinese Chemical Letters, 2009, 20: 210-212.

[15] Li Z P, Li J F, Wu X, et al. Methane sensor based on nanocomposite of palladium/multi-walled carbon nanotubes grafted with 1, 6-hexanediamine [J]. Sensors and Actuators B: Chemistry, 2009, 139: 453-459.

[16] Mei Y, Lu Y, Polzer F, et al. Catalytic activity of palladium nanoparticles encapsulated in spherical polyelectrolyte brushes and core-shell microgels [J]. Chemistry of Material, 2007, 19: 1062-1069.

[17] Liu J, He F, Durham E, et al. Polysugar-stabilized Pd nanoparticles exhibiting high catalytic activities for hydrodechlorination of environmentally deleterious trichloroethylene [J]. Langmuir, 2008, 24, 328-336.

[18] Hahn F, Melendres C A. Anodic oxidation of methane at noble metal electrodes: a 'in situ' surface enhanced infrared spectroelectrochemical study [J]. Electrochim. Acta, 2001, 46: 3525-3534.

[19] Henglein A, Giersig M. Reduction of Pt (Ⅱ) by $H_2$: effects of citrate and NaOH and reaction mechanism, Journal of Physical Chemistry B, 2000, 104: 6767-6772.

[20] Vasilyeva S V, Vorotyntsev M A, Bezverkhyy I, et al. Synthesis and characterization of palladium nanoparticle/polypyrrole composites [J]. Journal of Physical Chemistry C, 2008, 112: 20269-20275.

[21] Coronado E, Ribera A, García-Martínez J, et al. Kinetics of the termolecular reaction of gas phase Pd ($a^1S^0$) atoms with methane [J]. Journal of Materials Chemistry, 2008, 18: 5682-5688.

[22] Ibañez F J, Zamborini F P. Reactivity of hydrogen with solid-state films of alkylamineand tetraoctylammonium bromide-stabilized Pd, PdAg, and PdAu nanoparticles for sensing and catalysis applications [J]. Journal of the American Chemical Society, 2008, 130: 622-633.

[23] Cioffi N, Torsi L, Sabbatini L, et al. Electrosynthesis and characterisation of nanostructured palladium-polypyrrole composites [J]. Journal of Electroanalytical Chemistry, 2000, 488: 42-47.

[24] Campell M L. Kinetics of the termolecular reaction of gas phase Pd ($a^1S^0$) atoms with methane [J]. Chemical. Physics. Letters, 2002, 365: 361-367.

[25] Hostetler M J, Wingate J E, Zhong C J, et al. Alkanethiolate gold cluster molecules with core diameters from 1. 5 to 5. 2nm: Core and monolayer properties as a function of core size [J]. Langmuir, 1998, 14: 17-30.

[26] Badia A, Demers L, Dickinson L, et al. Gold-sulfur interactions in alkylthiol self-assembled monolayers formed on gold nanoparticles studied by solid-state NMR [J]. Journal of the American Chemical Society, 1997, 119: 11104-11105.

[27] Cha S H, Kim J U, Kim K H, et al. Preparation and photoluminescent properties of gold (Ⅰ)-alkanethiolate complexes having highly ordered supramolecular structures [J]. Chemistry of Materials, 2007, 19: 6297-6299.

[28] Naka K, Itoh H, Tampo Y, et al. Effect of gold nanoparticles as a support for the oligomerization of L-Cysteine in an aqueous solution [J]. Langmuir, 2003, 19: 5546-5549.

[29] Lide D R, Frederiks H P R. CRC Handbook of Chemistry and Physics [M]. 76th ed. Boca Raton: CRC Press, 1995: 3-226.

［30］ Zhang Y, Shao M S, Dong C, et al. Application of HPLC and MALDI-TOF MS for studying as-synthesized ligand VProtected gold nanoclusters products ［J］. Analytical Chemistry, 2009, 81: 1676-1685.

［31］ Liu J, Alvarez J, Ong W, et al. Phase transfer of hydrophilic, cyclodextrin-modified gold nanoparticles to chloroform solutions ［J］. Journal of the American Chemical Society, 2001, 123: 11148-11154.

［32］ Pan W, Zhang X, Ma H, et al. Electrochemical synthesis, voltammetric behavior, and electrocatalytic activity of Pd nanoparticles ［J］. Journal of Physical Chemistry C, 2008, 112: 2456-2461.

［33］ Shen C, Hui C, Yang T, et al. Monodisperse noble-metal nanoparticles and their surface enhanced raman scattering properties ［J］. Chemistry of Materials, 2008, 20: 6939-6944.

［34］ Bard A J, Faulker L R. Electrochemical Methods ［M］. Beijing: Chemical Industry Press, 1984: 195, 258.

［35］ Wang S. Enchiridion of Petrochemistry ［M］. Beijing: Chemical Industry Press, 2002: 873.

［36］ Yin Z, Zheng H, Ma D, et al. Porous palladium nanoflowers that have enhanced methanol electro-oxidation activity ［J］. Journal of Physical Chemistry C, 2009, 113: 1001-1005.

［37］ Bommel K J C, Friiggeri A, Shinkai S. Organic templates for the generation of inorganic materials ［J］. Angewandte Chemie International Edition, 2003, 42: 980-999.

［38］ Bexryadin A, Lau C N, Tinkham M. Quantum suppression of superconductivity in ultrathin nanowires ［J］. Nature , 2000, 404: 971-974.

［39］ Hrapovic S, Liu Y, Male K B, et al. Electrochemical biosensing platforms using platinum nanoparticles and carbon nanotubes ［J］. Analytical Chemistry, 2004, 76: 1083-1088.

［40］ Wang D, Li Z C, Chen L W. Templated synthesis of single-walled carbon nanotube and metal nanoparticle assemblies in solution ［J］. Journal of the American Chemical Society, 2006, 128: 15078-15079.

［41］ Cha S I, Kim K T, Arshad S N, et al. Extraordinary strengthening effect of carbon nanotubes in metal-matrix nanocomposites processed by molecular-level mixing ［J］. Advanced Material, 2005, 11: 1377-1381.

［42］ Zhan J H, Bando Y, Hu J Q, et al. Unconventional gallium oxide nanowires ［J］ Small. 2005, 1: 883-888.

［43］ Li J, Lu Y, Ye Q, et al. Carbon nanotube sensors for gas and organic vapor detection ［J］. Nano Letters, 2003, 3: 929-933.

［44］ Lu Y J, Li J, Han J, et al. Room temperature methane detection using palladium loaded single-walled carbon nanotube sensors ［J］. Chemical Physics Letters, 2004, 391: 344-348.

［45］ Roy R K, Chowdhury M P, Pal A K. Room temperature sensor based on carbon nanotubes and nanofibres for methane detection ［J］. Vacuum, 2005, 77: 223-229.

［46］ Casalbore M G, Zanelli A, Geri A, et al. A methane sensor based on poly（3′, 4′-Dihexyl-4, 4″-bis（pentyloxy)-2, 2′: 5′, 2″-terthiophene）［J］. Collection Czechoslovak Chemical Communication, 2003, 68: 1736-1744.

［47］ Lee C L, Huang Y C, Kuo L C, et al. One-pot Synthesis of Pt∕Carbon Nanotubes by Self-regulated ... by self-regualted reduction of surfactant ［J］. Carbon, 2007, 45: 203-2006.

［48］ Simonet J. Alkyl iodides as vectors for the facile coverage of electrified conductors by palladium nano-particles ［J］. Electrochemistry Communications 2009, 11: 134-136.

［49］ Wang Y, Zafar I, Malhotra S V. Functionalization of carbon nanotubes with amines and enzymes ［J］. Chemical Physics Letters, 2005, 402: 96-101.

［50］ Zhao C, Ji L, Liu H, et al. Functionalized carbon nanotubes containing isocyanate groups ［J］. Journal of Solid State Chemistry, 2004, 177: 4394-4398.

[51] Song Y, Harper A S, Murray R W. Ligand heterogeneity on monolayer-protected gold clusters [J]. Langmuir, 2005, 21: 5492-5500.

[52] Jena B K, Raj C R. Synthesis of flower-like gold nanoparticles and their electrocatalytic activity towards the oxidation of methanol and the reduction of oxygen [J]. Langmuir, 2007, 23: 4064-4070.

[53] Liu J P, Ye J, Xu C, et al. Electro-oxidation of methanol, 1-propanol and 2-propanol on Pt and Pd in alkaline medium [J]. Power Sources, 2008, 177: 67-70.

[54] Shinde V R, Gujar T P, Lokhande C D. Enhanced response of porous ZnO nanobeads towards LPG: Effect of Pd sensitization [J]. Sensors and Actuators B: Chemical, 2007, 123: 701-706.

[55] Hla S W, Lacovig P, Comelli G, et al. Orientational anisotropy in oxygen dissociation on Rh (110) [J]. Physical Review B, 1999, 60: 7800-7803.

[56] Basu P K, Bhattacharyya P, Saha N, et al. The superior performance of the electrochemically grown ZnO thin films as methane sensor [J]. Sensors and Actuators B: Chemical, 2008, 133: 357-363.

[57] Walter E C, Favier F, Penner R M. Palladium mesowire arrays for fast hydrogen sensors and hydrogen-actuated switches [J]. Analytical Chemistry, 2002, 74: 1546-1553.

[58] Ibanez F J, Zamborini F P. Reactivity of hydrogen with solid-state films of alkylamine and tetraoctylammonium bromide-stabilized Pd, PdAg, and PdAu nanoparticles for sensing and catalysis applications [J]. Journal of the American Chemical Society, 2008, 130: 622-633.

[59] Varghese O K, Kichambre P D, Gong D, et al. Gas sensing characteristics of multi-wall carbon nanotubes [J]. Sensors and Actuators B, 2001, 81: 32-41.

[60] Suehiro J, Hidaka S I, Yamane S, et al. Fabrication of interfaces between carbon nanotubes and catalytic palladium using dielectrophoresis and its application to hydrogen gas sensor [J]. Sensors and Actuators B, 2007, 127: 505-511.

[61] Chen X, Guo Z, Huang J, et al. Fabrication of gas ionization sensors using well-aligned MWNT arrays grown in porous AAO templates [J]. Colloids and Surfaces A: Physicochemical and Engineering Aspects, 2008, 313-314, 355-358.

[62] Arab M, Berger F, Picaud F, et al. Direct growth of the multi-walled carbon nanotubes as a tool to detect ammonia at room temperature [J]. Chemical Physics Letters, 2006, 433: 175-181.

[63] Kroto H W, Heath J R, O' Brien S C, et al. C60: Buckminsterfullerene [J]. Nature, 1985, 318: 162-163.

[64] Mauter M S, Elimelech M. Environmental applications of carbon-Based nanomaterials [J]. Envronment Science & Technology, 2008, 42 (16): 5843-5859.

[65] Nakamura E, Isobe H. Functionalized fullerenes in water. The first 10 years of their chemistry, biology, and nanoscience [J]. Accounts of Chemical Research, 2003, 36: 807- 817.

[66] Kareev I E, Popov A A, Kuvychko I V, et al. Synthesis and X-ray or NMR/DFT structure elucidation of twenty-one new trifluoromethyl derivatives of soluble cage isomers of C76, C78, C84, and C90 [J]. Journal of the American Chemical Society, 2008, 130: 13471-13489.

[67] Robinson J T, Perkins F K, Snow E S, et al. Reduced graphene oxide molecular sensors [J]. Nano Letters, 2008, 8: 3137-3140.

[68] Thompson B C, Fréchet J M J. Polymer-fullerene composite solar cells [J]. Angewandte Chemie International Edition, 2008, 47: 58-63.

[69] Goyal R N, Gupta V K, Bachheti N, et al. Electrochemical sensor for the determination of dopamine in presence of high concentration of ascorbic acid using a fullerene-$C_{60}$ coated gold electrode [J]. Electroanalysis, 2008, 20: 757-764.

[70] Tan W T, Goh J K. Electrochemical oxidation of methionine mediated by a fullerene-$C_{60}$ modified gold electrode [J]. Electroanalysis, 2008, 20, 2447-2453.

[71] Griese S, Kampouris D K, Kadara R O, et al. A critical review of the electrocatalysis reported at $C_{60}$ modified [J]. Electroanalysis, 2008, 120 (14): 1507-1512.

[72] Goyal R N, Gupta V K, Sangal A, et al. Voltammetric determination of uric acid at a fullerene-$C_{60}$-modified glassy carbon electrode [J]. Electroanalysis, 2005, 17: 2217-2222.

[73] Sun N J, Guan L H, Shi Z J, et al. Electrochemistry of fullerene peapod modified electrodes [J]. Electrochemistry Communications, 2005, 7: 1148-1152.

[74] Markovich G, Collier C P, Henrichs S E, et al. Architectonic quantum dot solids [J]. Accounts of Chemical Research, 1999, 32: 415-423.

[75] Yu P, Haran B S, Ritter J A, et al. Palladium-microencapsulated graphite as the negative electrode in Li-ion cells [J]. Journal of Power Sources, 2000, 91: 107-117.

[76] Heller I, Kong J, Heering H A, et al. Individual single-walled carbon nanotubes as nanoelectrodes for electrochemistry [J]. Nano Letters, 2005, 5: 137-142.

[77] Zhou M, Guo J, Guo L P, et al. Electrochemical sensing platform based on the highly ordered mesoporous carbon-fullerene system [J]. Analytical Chemistry, 2008, 80: 4642-4650.

[78] Nagaraju D H, Lakshminarayanan V. Electrochemical synthesis of thiol-monolayer-protected clusters of gold [J]. Langmuir, 2008, 24: 13855-13857.

[79] Soreta T R, Strutwolf J, O'Sullivan C K. Electrochemically deposited palladium as a substrate for self-assembled monolayers [J]. Langmuir, 2007, 23: 10823-10830.

[80] Jiao Y, Wu D, Ma H, et al. Electrochemical reductive dechlorination of carbon tetrachloride on nanostructured Pd thin films [J]. Electrochemistry Communications, 2008, 10 (10): 1474-1477.

[81] Quinn B M, Dekker C, Lemay S G. Electrodeposition of noble metal nanoparticles on carbon nanotubes [J]. Journal of the American Chemical Society, 2005, 127: 6146-6147.

[82] 徐维海. 典型抗生素类药物在珠江三角洲水环境中的分布、行为与归宿 [D]. 广州：中国科学院研究生院，广州地球化学研究所，2007.

[83] Karimi-maleh H, Amini F, Akbari A, et al. Amplified electrochemical sensor employing CuO/SWCNTs and 1-butyl-3-methylimidazolium hexafluorophosphate for selective analysis of sulfisoxazole in the presence of folic acid [J]. Journal of Colloid and Interface Science, 2017, 495: 61-67.

[84] Wangfuengkanagul N, Siangproh W, Chailapakul O. A flow injection method for the analysis of tetracycline antibiotics in pharmaceutical formulations using electrochemical detection at anodized boron-doped diamond thin film electrode [J]. Talanta, 2004, 64 (5): 1183-1188.

[85] Peng T, Dai X, Zhang Y, et al. Facile synthesis of $SiO_2@MnO_2$ nanocomposites and their applications on platforms for sensitively sensing antibiotics and glutathione [J]. Sensors and Actuators B: Chemical, 2020, 304: 127314.

[86] Mcglinchey T A, Rafter P A, Regan F, et al. A review of analytical methods for the determination of aminoglycoside and macrolide residues in food matrices [J]. Analytica Chimica Acta, 2008, 624 (1): 1-15.

[87] Sanz C G, Serrano S H P, Brett C M A. Electrochemical characterization of cefadroxil β-lactam antibiotic and Cu(Ⅱ) complex formation [J]. Journal of Electroanalytical Chemistry, 2019, 844: 124-131.

[88] 丁惠君. 鄱阳湖水环境抗生素污染特征及典型抗生素的吸附和降解研究 [D]. 武汉：武汉大学，2018.

[89] 张金，宗栋良，常爱敏，等. 水环境中典型抗生素 SPE-UPLC-MS/MS 检测方法的建立 [J]. 环境化

学, 2015, 34（8）：1446-1452.

［90］Bu Q, Wang B, Huang J, et al. Pharmaceuticals and personal care products in the aquatic environment in China：A review ［J］. Journal of Hazardous Materials, 2013, 262：189-211.

［91］Chen H, Jing L, Teng Y, et al Characterization of antibiotics in a large-scale river system of China： Occurrence pattern, spatiotemporal distribution and environmental risks ［J］. Science of the Total Environment, 2018. 618：409-418.

［92］Jiang Y, Li M, Guo C, et al. Distribution and ecological risk of antibiotics in a typical effluent-receiving river（Wangyang River）in north China ［J］. Chemosphere, 2014. 112：267-274.

［93］Zhang L, Shen L, Qin S, et al. Quinolones antibiotics in the baiyangdian lake, China：Occurrence, distribution, predicted no-effect concentrations （PNECs） and ecological risks by three methods ［J］. Environmental Pollution, 2020：256.

［94］Li S, Shi W, Liu W, et al. A duodecennial national synthesis of antibiotics in China′s major rivers and seas （2005-2016） ［J］. Science of the Total Environment, 2018. 615：906-917.

［95］Sun J, Luo Q, Wang D, et al. Occurrences of pharmaceuticals in drinking water sources of major river watersheds, China ［J］. Ecotoxicology and Environmental Safety, 2015. 117：132-140.

［96］Xu W, Zhang G, Zou S, et al. A preliminary investigation on the occurrence and distribution of antibiotics in the Yellow River and its tributaries, China ［J］. Water Environment Research, 2009. 81 （3）： 248-254.

［97］Zhang R, Zhang G, Zheng Q, et al. Occurrence and risks of antibiotics in the Laizhou Bay, China： Impacts of river discharge ［J］. Ecotoxicology and Environmental Safety, 2012. 80：208-215.

［98］Zhao S, Liu X, Cheng D, et al. Temporal-spatial variation and partitioning prediction of antibiotics in surface water and sediments from the intertidal zones of the Yellow River Delta, China ［J］. Science of the Total Environment, 2016, 569：1350-1358.

［99］Bai Y, Meng W, Xu J, et al. Occurrence, distribution and bioaccumulation of antibiotics in the Liao River Basin in China ［J］. Environmental Science-Processes & Impacts, 2014, 16 （3）：586-593.

［100］Jia A, Hu J, Wu X, et al. Occurrence and source apportionment of sulfonamides and their metabolites in Liaodong Bay and the adjacent Liao River basin, North China ［J］. Environmental Toxicology and Chemistry, 2011, 30 （6）：1252-1260.

［101］Yang C, Wang L, Hou X, et al. Analysis of pollution levels of 16 antibiotics in the river water of Daliao River water system ［J］. Chinese Journal of Chromatography, 2012, 30 （8）：756-762.

［102］Hu Y, Yan X, Shen Y, et al. Antibiotics in surface water and sediments from Hanjiang River, Central China：Occurrence, behavior and risk assessment ［J］. Ecotoxicology and Environmental Safety, 2018, 157：150-158.

［103］Yan C, Yang Y, Zhou J, et al. Antibiotics in the surface water of the Yangtze Estuary：Occurrence, distribution and risk assessment ［J］. Environmental Pollution, 2013, 175：22-29.

［104］Li L, Liu D, Zhang Q, et al. Occurrence and ecological risk assessment of selected antibiotics in the freshwater lakes along the middle and lower reaches of Yangtze River Basin ［J］. Journal of Environmental Management, 2019：249.

［105］Zhou L J, Li J, Zhang Y, et al. Trends in the occurrence and risk assessment of antibiotics in shallow lakes in the lower-middle reaches of the Yangtze River basin, China ［J］. Ecotoxicology and Environmental Safety, 2019：183.

［106］He X, Wang Z, Nie X, et al. Residues of fluoroquinolones in marine aquaculture environment of the Pearl River Delta, South China ［J］. Environmental Geochemistry and Health, 2012, 34 （3）：323-335.

[107] Yang J F, Ying G G, Zhao J L, et al. Simultaneous determination of four classes of antibiotics in sediments of the Pearl Rivers using RRLC-MS/MS [J]. Science of the Total Environment, 2010, 408 (16): 3424-3432.

[108] Jia A, Hu J, Wu X. Occurrence and source apportionment of sulfonamides and their metabolites in liaodong bay and the adjacent liao river basin, North China [J]. Environmental toxicology and chemistry, 2011, 30: 1252-1260.

[109] 莫测辉, 邰义萍, 李彦文等. 珠三角蔬菜基地土壤中典型抗生素的污染特征与生态风险 [C]// 第六届全国环境化学大会暨环境科学仪器与分析仪器展览会摘要集, 2011.

[110] 王林芳. 汾河流域典型抗生素污染特征及归趋研究 [D]. 太原: 山西大学, 2021.

[111] Sniegocki T, Posyniak A, Gbylik-Sikorska M, et al. Determination of chloramphenicol in milk using a quechers-based on liquid chromatographytandem mass spectrometry method [J]. Analytical Letters, 2014, 47: 568-578.

[112] Teixeira S, Delerue-Matos C, Alves A, et al. Fast screening procedure for antibiotics in wastewaters by direct HPLC-DAD analysis [J]. Journal of Separation Science, 2008, 31: 2924.

[113] Shen H Y, Jiang H L. Screening determination and confirmation of chloramphenicol in seafood, meat and honey using ELISA, HPLC-UVD, GC-ECD, GC-MS-EI-SIM and GCMS-NCI-SIM methods [J]. Analytica Chimica Acta, 2005, 535: 33-41.

[114] Icardo M C, Misiewicz M, Ciucu A, et al. FI-on line photochemical reaction for direct chemiluminescence determination of photodegradated chloramphenicol [J]. Talanta, 2003, 60: 405.

[115] Jin W R, Ye X Y, Yu D Q, et al. Measurement of chloramphenicol by capillary zone electrophoresis following end-column amperometric detection at a carbon fiber micro-disk array electrode [J]. Journal of Chromatography B, 2000, 741: 155.

[116] Yang R R, Zhao J L, Chen M J, et al. Electrocatalytic determination of chloramphenicol based on molybdenum disulfide nanosheets and self-doped polyaniline [J]. Talanta, 2015, 131: 619-623.

[117] Xia Y M, Zhang W, Li M Y, et al. Effective electrochemical determination of chloramphenicol and florfenicol based on graphene/copper phthalocyanine nanocomposites modified glassy carbon electrode [J]. Journal of Electrochemical Society, 2019, 166: 654-663.

[118] Borowiec J, Wang R, Zhu L, et al. Synthesis of nitrogen-doped graphene nanosheets decorated with gold nanoparticles as an improved sensor for electrochemical determination of chloramphenicol [J]. Electrochimica Acta, 2013, 99: 138-144.

[119] Huang X, Zeng X Y, Zhang H. Metal dichalcogenide nanosheets: Preparation, properties and applications [J]. Chemical Society Reviews, 2013, 42: 1934-1946.

[120] Laura G, Paredes J I, Munuera J M, et al. Chemically exfoliated $MoS_2$ nanosheets as an efficient catalyst for reduction reactions in the aqueous phase [J]. ACS Applied Materials & Interfaces, 2014, 6: 21702-21710.

[121] Huang X, Tan C L, Yin Z Y, et al. 25th anniversary article: Hybrid nanostructures based on two-dimensional nanomaterials [J]. Advanced Materials, 2014, 26: 2185-2204.

[122] Zhu C Z, Du D, Lin Y H. Graphene-like 2D nanomaterial-based biointerfaces for biosensing applications [J]. Biosensors and Bioelectronics, 2017, 89: 43-55.

[123] Song Y, Luo Y N, Zhu C Z, et al. Recent advances in electrochemical biosensors based on graphene two-dimensional nanomaterials [J]. Biosens. Bioelectron, 2016, 76: 195-212.

[124] Ren X P, Ma Q, Fan H, et al. A se-doped $MoS_2$ nanosheet for improved hydrogen evolution reaction [J]. Chemical Communications, 2015, 51: 15997-16000.

［125］ Zhang H，Li Y，Xu T，et al. Amorphous co-doped MoS$_2$ nanosheet coated metallic CoS$_2$ nanocubes as an excellent electrocatalyst for hydrogen evolution ［J］. Journal of Materials Chemistry A，2015，3：15020-15023.

［126］ Maimaitizi H，Abulizi A，Zhang T. Facile photo-ultrasonic assisted synthesis of flower-like Pt/N-MoS$_2$ microsphere as an efficient sonophotocatalyst for nitrogen fixation ［J］. Ultrasonics Sonochemistry，2020，63：104956.

［127］ Zhang H Y，Tian Y，Zhao J X，et al. Small dopants make big differences：Enhanced electrocatalytic performance of MoS$_2$ monolayer for oxygen reduction reaction（orr）by N- and P-doping ［J］. Electrochimica Acta，2017，225：543-550.

［128］ Su S，Sun H，Xu F，et al. Highly sensitive and selective determination of dopamine in the presence of ascorbic acid using gold nanoparticles-decorated MoS$_2$ nanosheets modified electrode ［J］. Electroanalysis，2013，25：2523-2529.

［129］ Zhu X，Gao L，Tang L，et al. Ultrathin PtNi nanozyme based self-powered photoelectrochemical aptasensor for ultrasensitive chloramphenicol detection ［J］. Biosensors and Bioelectronics，2019，146：111756.

［130］ Huang K J，Zhang J Z，Liu Y J，et al. Novel electrochemical sensing platform based on molybdenum disulfide nanosheets-polyaniline composites and Au nanoparticles ［J］. Sensors and Actuators B：Chemical，2014，194：303-310.

［131］ Xia X H，Zheng Z X，Zhang Y，et al. Synthesis of Ag-MoS$_2$/chitosan nanocomposite and its application forcatalytic oxidation of tryptophan ［J］. Sensors and Actuators B：Chemical，2014，192：42-50.

［132］ Su S，Sun H，Cao W，et al. Dual-target electrochemical biosensing based on DNA structural switching on gold nanoparticle-decorated MoS$_2$ nanosheets ［J］. ACS Applied Materials & Interfaces，2016，8：6826-6833.

［133］ Parlak O，ncel A，Uzun L，et al. Structuring Au nanoparticles on two-dimensional MoS$_2$ nanosheets for electrochemical glucose biosensors ［J］. Biosensors and Bioelectronics，2017，89：545-550.

［134］ Huang K J，Wang L，Li J，et al. Electrochemical sensing based on layered MoS$_2$-graphene composites ［J］. Sensors and Actuators B：Chemical，2013，178：671-677.

［135］ Zhang J，Lin F，Yang L，et al. Ultrasmall Ru nanoparticles supported on chitin nanofibers for hydrogen production from NaBH$_4$ hydrolysis ［J］. Chinese Chemical Letters，2020，31：2019.

［136］ Peng F，Setyawati M I，Tee J K，et al. Nanoparticles promote in vivo breast cancer cell intravasation and extravasation by inducing endothelial leakiness ［J］. Nature Nanotechnology，2019，14：279.

［137］ Liu J，Li X，Gong X，et al. Label-free fluorescent detection of Hg$^{2+}$ in aqueous media based on N-doped MoS$_2$ nanosheets ［J］. Nano，2018，5：1850057.

［138］ Li X，Du X. Molybdenum disulfide nanosheets supported Au-Pd bimetallic nanoparticles for non-enzymatic electrochemical sensing of hydrogen peroxide and glucose ［J］. Sensors Actuators B：Chemical，2017，239：536-543.

［139］ Hyeon H S，Eunmi K，Haeli P. Pd-nanodot decorated MoS$_2$ nanosheets as a highly efficient photocatalyst for the visible-light-induced suzuki-miyaura coupling reaction ［J］. Journal of Materials Chemistry A，2017，5：24965.

［140］ Feng L P，Zhang L X，Zhang S，et al. Plasma-assisted controllable doping of nitrogen into MoS$_2$ nanosheets as efficient nanozymes with enhanced peroxidase-like catalysis activity ［J］. ACS Applied Materials & Interfaces，2020，12：17547-17556.

［141］ Muijsers J C，Weber T，Vanhardeveld R M，et al. Sulfidation study of molybdenum oxide using MoO$_3$/

SiO$_2$/Si（100）model catalysts and Mo-Ⅳ3-sulfur cluster Compounds［J］. Journal of Catalysis，1995，157：698-705.

［142］Weber T，Muijsers J C，Wolput J H，et al. Basic reaction steps in the sulfidation of crystalline MoO$_3$ to MoS$_2$，as studied by X-ray photoelectron and infrared emission spectroscopy［J］. Journal of Physics Chemical，1996，100：14144-14150.

［143］Zhou W，Hou D，Sang Y，et al. MoO$_2$ Nanobelts @ nitrogen self-doped MoS$_2$ nanosheets as effective electrocatalysts for hydrogen evolution reaction［J］. Journal of Materials Chemistry A，2014，2：11358-11364.

［144］Inumaru K，Baba K，Yamanaka S. Preparation of superconducting molybdenum aitride MoN$_x$（0.5$\leqslant$x$\leqslant$1）films with controlled composition［J］. Physica B：Condensed Matter，2006，383：84-85.

［145］Zhuang S X，Hall W K，Ertl G，et al. X-ray photoemission study of oxygen and nitric oxide adsorption on MoS$_2$［J］. Journal of Catalysis，1986，100：167-175.

［146］Qin S，Lei W，Liu D，et al. Advanced N-doped mesoporous molybdenum disulfide nanosheets and the enhanced lithium-ion storage performance［J］. Journal of Materials Chemistry A，2016，4：1440-1445.

［147］Song H，Ni Y，Kokot S. Investigations of an electrochemical platform based on the layered MoS$_2$-graphene and horseradish peroxidase nanocomposite for direct electrochemistry and electrocatalysis［J］. Biosensors and Bioelectronics，2014，56：137-143.

［148］Song D D，Wang Y Z，Lu X，et al. Ag nanoparticles-decorated nitrogen-fluorine Co-doped mmonolayer MoS$_2$ nanosheet for highly sensitive electrochemical sensing of organophosphorus pesticides［J］. Sensors Actuators B：Chemical，2018，18：30705-30706.

［149］Yi W W，Li Z P，Dong C. Electrochemical detection of chloramphenicol using palladium nanoparticles decorated reduced graphene oxide［J］. Microchemical Journal，2019，148：774-783.

［150］Li Y J，Dai H P，Feng N N. Silver chloride nanoparticles-decorated molybdenum disulfifide nanosheets for highly sensitive chloramphenicol detection［J］. Materials Express，2019，9：59-64.

［151］Munawar A，Tahir M A，Shaheen A，et al. Investigating nanohybrid material based on 3D CNTs @ Cu nanoparticle composite and imprinted polymer for highly selective detection of chloramphenicol［J］. Journal of Hazardous Materials，2018，342：96-106.

［152］Yang T，Chen H Y，Ge T，et al. Highly sensitive determination of chloramphenicol based on thin-layered MoS$_2$/Polyaniline nanocomposite［J］. Talanta，2015，144：1324-1328.

［153］Codognoto L，Winter E，Doretto K M，et al. Electroanalytical performance of self-assembled monolayer gold electrode for chloramphenicol determination［J］. Microchimica. Acta，2010，169：345-351.

［154］Jalalian S H，Karimabadi N，Ramezani M，et al. Electrochemical and optical aptamer-based sensors for detection of tetracyclines［J］. Trends in Food Science & Technology，2018，73：45-57.

［155］Nebot C，Guarddon M，Seco F，et al. Monitoring the presence of residues of tetracyclines in baby food samples by HPLC- MS/MS.［J］. Food Control，2014，46：495-501.

［156］Ding X J，Mou S F. Ion Chromatographic analysis of tetracyclines using polymeric column and acidic eluent［J］. Journal of Chromatography A，2000，897：205-214.

［157］Bougrini M，Florea A，Cristea C，et al. Development of a novel sensitive molecularly imprinted polymer sensor based on electropolymerization of a microporous-metal-organic framework for tetracycline detection in Honey［J］. Food Control，2016，59：424-429.

［158］Xu J J，An M R，Yang R，et al. Determination of tetracycline antibiotic residues in honey and milk by miniaturized solid phase extraction using chitosan-modified graphitized multiwalled carbon nanotubes［J］. Journal of Agricultural and Food Chemistry，2016，64：2647-2654.

［159］Solanki S, Soni A, Pandey M K, et al. Langm ir-Blodgett nanoassemblies of the MoS$_2$-A comosite at the air-water interface for denge detection ［J］. ACS Applied Nano Materials, 2018, 10：3020-3028.

［160］Huang K J, Liu Y J, Liu Y M, et al. Molybdenum disulfide nano flower-chitosan-Au nanoparticles composites based electrochemical sensing platform for bisphenol：A determination ［J］. Journal of Hazardous Materials, 2014, 276：207-215.

［161］Devi R, Gogoi S, Barua S. Electrochemical detection of monosodium glutamate in foodstuffs based on Au@MoS$_2$/Chitosan modified glassy carbon electrode ［J］. Food Chemistry, 2019, 276：350-357.

［162］Xiong F, Cai Z, Qu L, et al. Three-dimensional crumpled reduced graphene oxide/MoS$_2$ nanoflowers：A stable anode for lithium-ion batteries ［J］. ACS Applied. Materials Interfaces, 2015, 7：12625-12630.

［163］Qiao X, Hu F, Hou D, et al. PEG assisted hydrothermal synthesis of hierarchical MoS$_2$ microspheres with excellent adsorption behavior ［J］. Material Letter, 2016, 169：241-245.

［164］Li S S, Hu W W, Wang A J, et al. Simple synthesis of worm-like Au-Pd nanostructures supported on reduced graphene oxide for highly sensitive detection of nitrite ［J］. Sensors and Actuators, B：Chemical, 2015, 208：468-474.

［165］Xia X H, Zheng Z X, Zhang Y, et al. Synthesis of Ag-MoS$_2$/chitosan nanocomposite and its application forcatalytic oxidation of tryptophan ［J］. Sensors and Actuators, B：Chemical, 2014, 192：42-50.

［166］Lin X, Ni Y, Kokot S. Electrochemical cholesterol sensor based on cholesterol oxidase and MoS$_2$-AuNPs modified glassy carbon electrode ［J］. Sensors and Actuators, B：Chemical, 2016, 233：100-106.

［167］Patrícia B, Deroco R C. A new and simple method for the simultaneous determination of amoxicillin and nimesulide using carbon dlack within a dihexadecylphosphate film as electrochemical sensor ［J］. Talanta, 2018, 179：115-123.

［168］Dang X P, Hu C G, Wei Y L, et al. Sensitivity improvement of the oxidation of tetracycline at acetylene black electrode in the presence of sodium dodecyl sulfate ［J］. Electroanalysis, 2004, 16：1949-1955.

［169］Kushikwawa R T, Silva M R, Angelo A C D, et al. Construction of an electrochemical sensing platform based on platinum nanoparticles supported on carbon for tetracycline determination ［J］. Sensors and Actuators, B：Chemical, 2016, 228：207-213.

［170］Calixto C M F, Cavalheiro E T G. Determination of tetracyclines in dovine and human urine using a graphite-polyurethane composite electrode ［J］. Analytical Letters, 2015, 48：1454-1464.

［171］Kumar D, Ranjith, Kesavan. Determination of tetracycline in the presence of major interference in human urine samples using polymelamine/electrochemically reduced graphene oxide modified electrode ［J］. Sensors and Actuators B：Chemical, 2017, 241：455-465.

［172］Gan T, Shi Z, Sun T, et al. Simple and novel electrochemical sensor for the determination of tetracycline based on iron/zinc cations-exchanged montmorillonite catalyst ［J］. Talanta, 2014, 121：187-193.

［173］Wang H, Zhao H, Quan X. Gold modified microelectrode for direct tetracycline detection ［J］. Frontiers Environmental Science & Engineering, 2012, 6：313-319.

［174］Masawat P, Slater J M. The determination of tetracycline residues in food using a disposable screen-printed gold Electrode（SPGE）［J］. Sensors and Actuators, B：Chemical, 2007, 124：127-132.

［175］Yorke J C, Froc P. Quantitation of nine quinolones in chicken tissues by high-performance liquid chromatography with fluorescence detection ［J］. Journal of Chromatography A, 2000, 882：63.

［176］Tyczkowska K, Hedeen K M, Aucoin D P, et al. High-performance liquid chromatographic method for the simultaneous determination of enrofloxacin and its primary metabolite ciprofloxacin in canine serum and prostatic tissue ［J］. Journal of Chromatography A, 1989, 493：337.

［177］Brown S A. Fluoroquinolones in animal health ［J］. Journal of Veterinary Pharmacology and Therapeutics,

1996, 19: 1.

[178] Yu F, Yu S, Yu L, et al. Determination of residual enrofloxacin in food samples by a sensitive method of chemi-luminescence enzyme immunoassay [J]. Food Chemistry, 2014, 149: 71-75.

[179] Wang Z, Zhang H, Ni H, et al. Development of a highly sensitive and specific immunoassay for enrofloxacin based on heterologous coating haptens [J]. Analytica Chimica Acta, 2014, 820: 152-158.

[180] Piñero M Y, Fuenmayor M, Arce L, et al. A simple sample treatment for the determination of enrofloxacin and ciprofloxacin in raw goat milk [J]. Microchemical Journal, 2013, 110: 533-537.

[181] Amin A S, Dessouki H A, Agwa I A. Ion-pairing and reversed phase liquid chromatography for the determination of three different quinolones: Enrofloxacin, lomefloxacin and ofloxacin [J]. Arabian Journal of Chemistry, 2011, 4: 249-257.

[182] Ensaifi A A, Khayamian T, Taei M. Determination of ultra-trace amount of enrofloxacin by adsorptive cathodic stripping voltammetry using copper (II) as an intermediate [J]. Talanta, 2009, 78: 942-948.

[183] Esafi A A, Taei M, Khayamian T, et al. Simultaneous voltammetric determination of enrofloxacin and ciprofloxacin in urine and plasma using multiwall carbon nanotubes modified glassy carbon electrode by least-squares support vector machines [J]. Analytical Sciences, 2010, 26: 83-88.

[184] Lu X, Liu G, Di P. Electrochemical manozyme sensor based on $MoS_2$-COOH-MWCNT nanohybrid for a new plant growth regulator 5-nitroguaiacol [J]. Food Analytical Methods, 2020, 3: 2028-2038.

[185] Tang Y, Wu D, Mai Y, et al. A Two-dimensional hybrid with molybdenum disulfide nanocrystals strongly coupled on nitrogen-enriched graphene via mild temperature pyrolysis for high performance lithium storage [J]. Nanoscale, 2014, 6: 14679-14685.

[186] Chen B, Lu H, Zhou J, et al. Porous $MoS_2$/carbon spheres anchored on 3D interconnected multiwall carbon nanotube networks for ultrafast Na storage [J]. Advanced. Energy Materials, 2018, 8: 1702909.

[187] Zhao C, Wang X, Kong J, et al. Self-assembly-induced alternately stacked single-layer $MoS_2$ and N-doped graphene: A novel van der waals heterostructure for lithium-ion batteries [J]. ACS Applied Materials & Interfaces, 2016, 8: 2372-2379.

[188] Abbasi S, Zebarjad S M, Baghban S H N. Decorating and filling of multi-walled carbon nanotubes with $TiO_2$ nanoparticles via wet [J]. Chemical Method, 2013.

[189] Sadat K S, Mozaffari A, Barekat A. Fabrication of a modified electrode based on multi-walled carbon nanotubes decorated with iron oxide nanoparticles for the determination of enrofloxacin [J]. Micro & Nano Letters Iet, 2015, 10: 561-566.

[190] Huang K J, Liu X, Xie W Z, et al. Electrochemical behavior and voltammetric determination of norfloxacin at glassy carbon electrode modified with multi walled carbon nanotubes/nafion [J]. Colloids and Surfaces B: Biointerfaces, 2008, 64: 269.

[191] Ikhsan N I, Rameshkumar P, Huang N M. Controlled synthesis of reduced graphene oxide supported silver nanoparticles for selective and sensitive electrochemical detection of 4-nitrophenol [J]. Electrochimica Acta, 2016, 192: 392-399.

[192] Buikema A L, McGimres M J, Cairns J. Phenolics in aquatic ecosystems: A selected review of recent literature [J]. Environmental Research, 1979 (2): 87.

[193] Close C S, Groff C, Chami J A, et al. Analysis of phenols and nitrophenols in rainwater collected simultaneously on an urban and rural site in east of France [J]. Science of the Total Environment, 2009 (407): 5637.

[194] Xu X M, Liu Z, Zhang X, et al. Cyclodextrin functionalized mesoporous silica for electrochemical selective sensor: Simultaneous determination of nitrophenol isomers [J]. Electrochimica Acta,

2011（58）：142.

［195］Wang P, Xiao J, Liao A, et al. Electrochemical determination of 4-nitrophenol using uniform nanoparticle film electrode of glass carbon fabricated facilely by square wave potential pulses［J］. Electrochimica Acta, 2015（176）：448.

［196］Zhang W, Wilson C R, Danielson N D. Indirect fluorescent determination of selected nitro-aromatic and pharmaceutical compounds via UV-photolysis of 2-phenylbenzimidazole-5-sulfonate［J］. Talanta, 2008, 74：1400-1407.

［197］Belloli R, Barletta B, Bolzacchini E, et al. Determination of toxic nitrophenols in the atmosphere by high-performance liquid chromatography［J］. Journal of Chromatography A, 1999, 846：277-281.

［198］Prathap M U A, Satpati B, Srivastava R. Facile preparation of polyaniline/$MnO_2$ nanofibers and its electrochemical application in the simultaneous determination of catechol, hydroquinone, and resorcinol［J］. Sensors Actuators B：Chemical, 2013, 186：67-77.

［199］Guo X, Wang Z, Zhou S. The separation and determination of nitrophenol isomers by high-performance capillary zone electrophoresis［J］. Talanta, 2004, 64：135-139.

［200］Deepak Ba, Lian K Y, Neethu S. Ultrasound-assisted synthesis of 3D flower-like zinc oxide decorated fMWCNTs for sensitive detection of toxic environmental pollutant 4-nitrophenol［J］. Ultrasonics Sonochemistry, 2020, 60：104798.

［201］马圣乾, 裴立振, 康英杰. 石墨烯研究进展［J］. 现代物理知识. 2009, 21（4）：44-47.

［202］Rod R. Calling all chemists［J］. Nature. Nanotechnology, 2008（3）：10-11.

［203］Harris P J F. Carbon nanotube science：Synthesis, properties and applications［M］. Cambridge：Cambridge University Press, 2009.

［204］Shi J, Chen Z, Wang L, et al. A tumor-specific cleavable nanosystem of PEG-modified $C_{60}$@ Au hybrid aggregates for radio frequency-controlled release, hyperthermia, photodynamic therapy and X-ray imaging［J］. Acta Biomaterialia, 2016, 29：282-297.

［205］Grassi G, Scala A, Piperno A, et al. A facile and ecofriendly functionalization of multiwalled carbon nanotubes by an old mesoionic compound［J］. Chemical Communications, 2012, 48（54）：6836-6838.

［206］Karousis N, Tagmatarchis N, Tasis D. Current progress on the chemical modification of carbon nanotubes［J］. Chemical Reviews, 2010, 110（9）：5366-5397.

［207］Kim Y T, Mitani T. Surface thiolation of carbon nanotubes as supports：A promising route for the high dispersion of Pt nanoparticles for electrocatalysts［J］. Journal of Catalysis, 2006, 238（2）：394-401.

［208］Goldberg S N, Ahmed M, Gazelle G S, et al. Radio-frequency thermal ablation with NaCl solution injection：Effect of electrical conductivity on tissue heating and coagulation-phantom and porcine liver study 1［J］. Radiology, 2001, 219（1）：157-165.

［209］Zeng J, Zhang Q, Chen J, et al. A comparison study of the catalytic properties of Au-based nanocages, nanoboxes, and nanoparticles［J］. Nano Letters, 2009, 10（1）：30-35.

［210］史文秀. 富勒烯甘氨酸铅/铜盐的制备及其性能研究［D］. 绵阳：西南科技大学, 2012.

［211］Yang J H, Yang H, Liu S, et al. Microwave-assisted synthesis graphite-supported Pd nanoparticles for detection of nitrite［J］. Sensors and Actuators B：Chemical, 2015, 220：652-658.

［212］薄祥洁. 金属纳米粒子/介孔碳复合材料制备及电化学应用研究［D］. 长春：东北师范大学, 2013.

［213］Bailey J C, Feelisch M, Horowitz J D, et al. Pharmacology and therapeutic role of inorganic nitrite and nitrate in vasodilatation［J］. Pharmacology & Therapeutics, 2014, 144（3）：303-320.

[214] Song X, Cornforth D, Whittier D, et al. Nitrite spray treatment to promote red color stability of vacuum packaged beef [J]. Meat Science, 2015, 99: 8-17.

[215] Gómez J, Sanjuán N, Bon J, et al. Effect of temperature on nitrite and water diffusion in pork meat [J]. Journal of Food Engineering, 2015, 149: 188-194.

[216] Song H, Saraswathy V, Muralidharan S, et al. Role of alkaline nitrites in the corrosion performance of steel in composite cements [J]. Journal of Applied Electrochemistry, 2009, 39 (1): 15-22.

[217] Lijinsky W, Epstein S S. Nitrosamines as environmental carcinogens [J]. Nature, 1970, 225: 21-23.

[218] Merusi C, Corradini C, Cavazza A, et al. Determination of nitrates, nitrites and oxalates in food products by capillary electrophoresis with pH-dependent electroosmotic flow reversal [J]. Food Chemistry, 2010, 120 (2): 615-620.

[219] Salhi E, Gunten U. Simultaneous determination of bromide, bromate and nitrite in low $\mu$g-1 levels by ion chromatography without sample pretreatment [J]. Water Research, 1999, 33 (15): 3239-3244.

[220] Nagababu E, Rifkind J M. Measurement of plasma nitrite by chemiluminescence without interference of S-, N-nitroso and nitrated species [J]. Free Radical Biology and Medicine, 2007, 42 (8): 1146-1154.

[221] Li M, Wang H, Zhang X, et al. Development of a new fluorescent probe: 1, 3, 5, 7-tetramethyl-8- (4'-aminophenyl) -4, 4-difluoro-4-bora-3a, 4a-diaza-s-indacence for the determination of trace nitrite [J]. Spectrochimica Acta Part A, Molecular and Biomolecular Spectroscopy, 2004, 60: 987-993.

[222] Li S S, Hu Y Y, Wang A J, et al. Simple synthesis of worm-like Au-Pd nanostructures supported on reduced graphene oxide for highly sensitive detection of nitrite [J]. Sensors and Actuators B: Chemical, 2015, 208: 468-474.

[223] Chamsi A Y, Fogg A G. Oxidative flow injection amperometric determination of nitrite at an electrochemically pre-treated glassy carbon electrode [J]. Analyst, 1988, 113 (11): 1723-1727.

[224] Zhang Y, Zhao Y, Yuan S, et al. Electrocatalysis and detection of nitrite on a reduced graphene/Pd nanocomposite modified glassy carbon electrode [J]. Sensors and Actuators B: Chemical, 2013, 185: 602-607.

[225] Jiang J, Fan W, Du X. Nitrite electrochemical biosensing based on coupled graphene and gold nanoparticles [J]. Biosensors and Bioelectronics, 2014, 51: 343-348.

[226] Pham X H, Li C A, Han K N, et al. Electrochemical detection of nitrite using urchin-like palladium nanostructures on carbon nanotube thin film electrodes [J]. Sensors and Actuators B: Chemical, 2014, 193: 815-822.

[227] Robinson J T, Perkins F K, Snow E S, et al. Reduced graphene oxide molecular sensors [J]. Nano Letters, 2008, 8 (10): 3137-3140.

[228] Huang X, Li Y, Chen Y, et al. Electrochemical determination of nitrite and iodate by use of gold nanoparticles/poly (3-methylthiophene) composites coated glassy carbon electrode [J]. Sensors and actuators B: Chemical, 2008, 134 (2): 780-786.

# 4 碳纳米材料环境电化学分析

**本章提要：**
  （1）掌握碳纳米材料以及功能化碳纳米材料修饰电极对环境污染物的电化学检测方法。
  （2）掌握碳纳米复合材料的制备方法、电化学性能和检测机理等。

## 4.1 引　言

　　碳纳米材料作为 21 世纪材料科学中的重大突破，由于拥有优异的光学、电学及催化性能，它们已经被广泛应用于储能、传感、电子器件等领域。碳纳米材料是众多纳米材料中最具潜力的电极修饰材料。碳纳米管（CNTs）、石墨烯（Gr）、碳量子点（CQDs）和其他线性碳、碳纳米卷、碳纳米带、碳纳米棒、介孔碳等碳纳米材料都具有独特的结构和良好的电化学性能（部分碳材料结构如图 4-1 所示），因此，纳米材料修饰的电极能够显著提高电化学检测的灵敏度和选择性，它们都是良好的电极修饰材料。它们在环境污染物电化学分析领域中，也得到了较为广泛的研究和应用。碳纳米材料在环境污染物电化学分析检测中所起到的作用包括：电子传输作用、电催化作用、修饰物稳定作用、选择性作用等，为环境样品中各类污染物的高选择性和高灵敏检测提供了保障。对环境污染物进行直接电化学分析主要是借助电极表面高的电子传输性能，进而提高分析检测的灵敏度。碳纳米材料因其独特的结构具有优良的导电性和对污染物良好的吸附富集功能，能够很好地促

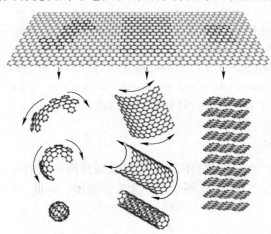

图 4-1　石墨烯、富勒烯、碳纳米管和石墨等碳纳米材料结构的相互转化[1]

进目标物与电极界面之间的电子传递速率，从而使得修饰电极对目标物的检测起到预期的增敏效应。另外，许多功能分子，包括有机小分子、聚合物、DNA、蛋白质、酶、金属纳米粒子及金属氧化物纳米粒子等，都可以被用于对碳纳米材料进行功能化修饰，进一步提高碳纳米材料修饰电极的导电性、催化性、稳定性和选择性。本章将介绍和讨论碳纳米材料及功能化碳纳米材料修饰的电极对环境污染物的电化学检测，以及碳纳米复合材料的制备方法、电化学性能和检测机理等。

## 4.2　碳纳米材料的结构及性质

### 4.2.1　碳纳米管

自 1992 年碳纳米管被发现以来，其优异的物理和化学性质吸引了大量科学家对其进行研究。碳纳米管的结构和性能得到了深入的研究，合成方法也越来越成熟，这些都促进了碳纳米管的广泛应用，特别是在电化学领域，碳纳米管表现出了优良的电化学性能。碳纳米管主要被分为两大类：单壁碳纳米管（Single-Walled Carbon Nanotubes，SWCNTs）和多壁碳纳米管（Multi-Walled Carbon Nanotubes，MWCNTs）。SWCNTs 是由单层石墨卷曲形成的无缝圆筒状纳米管，而 MWCNTs 可看作是多个不同直径的 SWCNTs 套在一起形成的多层同轴纳米管。碳纳米管中通过 $sp^2$ 杂化连接的碳原子赋予该材料很高的弹性模量和拉伸强度。而且，由 $p$ 电子轨道重叠形成的 $\pi$ 键为碳纳米管提供了优良的导电性能。另外，碳纳米管具有很高的比表面积，使其具有很强的催化活性。这些性质都决定了碳纳米管能够被广泛应用于环境污染物的电化学传感领域。

但是，碳纳米管在水中的溶解度很低，这阻碍了它的进一步应用。因此，大量基于碳纳米管的复合材料被不断开发出来。这些基于碳纳米管的复合材料是通过不同的有机和无机分子与碳纳米管复合得到的，具有不同的物理和化学性质，它们在环境污染物检测领域的应用已经变得越来越成熟。

### 4.2.2　石墨烯

自 2004 年由英国曼彻斯特大学的 Geim 和 Novoselov 采用微机械剥离技术制备出石墨烯以来，因其特殊的分子结构、力学和电化学性质而受到极大关注。石墨烯是一种二维层状材料，由一层 $sp^2$ 杂化的碳原子组成，每个碳原子的 $p$ 轨道与相邻碳原子的 $p$ 轨道重叠，形成离域的大 $\pi$ 键。在这个范围内，电子的运动是不受限制的。因此，石墨烯具有优良的导电性能。另外，石墨烯具有超大的比表面积、较高的机械强度、优异的热性能和很高的光透过率，在催化剂载体和功能复合材料领域有广泛的应用前景。石墨烯大的比表面积可以起到吸附和富集目标物的作用，易于实现痕量物质的电化学检测；石墨烯优良的导电性能够促进电子在检测物和电极表面的传递，容易提高修饰电极的灵敏度。此外，氧化石墨烯（GO）含有更多的羧基、羟基、环氧基等含氧官能团。因此，GO 具有较高的催化活性和良好的分散性，在电化学传感领域得到了广泛应用。

石墨烯经典的制备方法包括机械剥离法、化学气相沉积法和氧化石墨还原法。虽然前两种方法制备的石墨烯质量较高，但产率很低，并且难于大规模制备。而氧化石墨还原法操作相对简单、产率相对较高，成为大量制备石墨烯最常用的方法。该方法的大体步骤为，首先用强酸对石墨粉进行氧化，氧化过程在石墨层边缘和内部引入了含氧官能团，这些含氧官能团增加了石墨片层间的距离；然后通过超声将石墨片层分离，得到单层或少层的氧化石墨烯；这些氧化石墨烯可以用水合肼或硼氢化钠等强还原剂还原，得到还原态石墨烯（RGO）。但是，被还原的石墨烯由于缺乏含氧官能团的保护，各片层将因为范德华力和 π—π 作用重新聚集在一起。因此，一些材料和功能分子被引入 RGO 表面，既避免了RGO 的聚集，又为石墨烯赋予了新的功能，形成了具有特定功能的石墨烯复合物。许多石墨烯复合物被用于环境污染物的电化学传感领域。

### 4.2.3 碳纳米球和碳量子点

碳纳米球（CNSs）作为一种新型的碳材料，因其优异的生物相容性、较长的电荷转移距离和良好的表面通透性而受到研究者的关注。我们所熟知的富勒烯也属于 CNSs 中的一种。经过处理的 CNSs 表面含有大量的羰基和羟基，这使得 CNSs 具有广泛的用途。

碳量子点（CQDs）是一种新型的碳基纳米材料，具有优异的光学性能、溶解性和生物相容性。特别是 CQDs 表面丰富的含氧基团使其容易与其他分子结合，因此，它也成为一种很有前途的电化学传感材料。尽管 CQDs 具有较高的催化性能和丰富的表面官能团，但其导电性较弱。为了克服这一问题，各种由 CQDs 组成的纳米复合材料成为人们关注的焦点。

### 4.2.4 生物质碳材料

生物炭（BC）是一种新兴的富碳固体材料，通常是由生物质废弃物在缺氧气氛下，在一定温度下进行热解制备而成。生物质废料价格低廉，容易获得，以其作为原料制备的碳纳米材料具有独特的性质。与上述碳纳米材料相比，该类材料具有多孔和良好的电化学性能等特点，在超级电容器和电化学传感领域具有广阔的应用前景。

### 4.2.5 其他碳纳米材料

近年来，仿生离子打印技术在环境污染物检测领域得到了广泛的应用，其目的是利用对污染物具有高特异性识别能力的仿生离子印迹聚合物（IIPs）或分子印迹聚合物（MIPs）实现选择性检测。制备 IIPs/MIPs 需要选择合适的功能单体，用印迹的离子/分子形成离子/分子印迹聚合物，然后将印迹的离子/分子洗脱，形成具有特定结合位点的孔结构。将印迹聚合物与石墨烯和碳纳米管等碳材料结合，既可以提高对目标物的特异性识别能力，还有利于增强复合材料的导电能力。

碳纳米纤维（CNFs）具有类似于 CNTs 的圆柱形纳米结构，但直径通常比 CNTs 大，长度更长。CNFs 通常以片状形式堆积，导致边缘面缺陷的出现和整个表面的活化，从而提高了电子传递性能，有利于电化学传感器的构建。此外，CNFs 可以提高电极的比表面积，使其承载更多的目标物结合位点，从而提高电化学传感器的灵敏度。

碳纳米点（CNDs）作为一种零维碳材料，因其优异的光学性能、良好的生物相容性、简单的合成和优异的导电性而受到学者们的广泛关注。近年来，由于 CNDs 能够加速传感界面与电极之间的电子传递过程，促进氧化还原反应过程，CNDs 已被应用于电化学传感器的开发。此外，CNDs还提供了将金属组分组合成二元杂化纳米材料的可能性，将不同的性能整合成为单一新材料的性能，从而在各种应用中提供比单一组分更优越的性能。

纳米钻石（NDs）与CNDs具有相似的尺寸和表面功能，主要区别在于NDs具有更多的$sp^3$杂化碳原子和含氧基团，但仍具有碳纳米材料所具有的标志性的化学稳定性和较宽的电位窗口。此外，NDs的生物相容性和功能特性也具有制备电化学传感器的潜力。

纳米多孔碳（NC）也是碳纳米材料家族中的一员，具有导电率高、化学惰性强、比表面积大、环境友好等特点。这些有趣而突出的特性使其广泛应用于超级电容器、燃料电池、催化材料和传感器的开发中。值得注意的是，NC因其具有较大的比表面积和分析物能够快速扩散通过多孔结构而在电化学传感器的构建中受到越来越多的关注。

## 4.3 碳纳米材料对酚类污染物的分析检测

### 4.3.1 双酚A的检测

为了实现对双酚A（BPA）的高选择性和高灵敏度电化学检测，贵金属纳米材料经常被用于增强导电性和催化活性。例如，首先通过用浓硝酸处理碳纳米管而得到羧基化的碳纳米管（f-MWCNTs），再将金纳米粒子负载到f-MWCNTs表面，形成f-MWCNTs/Au NPs复合物，这种纳米复合物因其增强了在水中的分散性和生物相容性而具有了良好的电化学性能。用该复合材料修饰金电极后，通过自组装将能与双酚A特异性结合的适配体固定于金纳米粒子表面，构成适配体电化学传感器，可以实现对双酚A的免标记电化学检测[2]。方波伏安法（SWV）检测结果显示，BPA在水中的浓度在0.1~10nmol/L范围内，浓度与峰电流值成正比，LOD可以达到0.05nmol/L。说明该修饰电极的检测性能远远高于未经修饰的金电极，这得益于f-MWCNTs/Au NPs复合物良好的导电性能。而且，该方法在双酚B、4，4'-联苯二酚和6氟-双酚A等存在的情况下，对BPA仍具有高度的选择性，这种优良的选择性来源于适配体与BPA的特异性结合能力。

与贵金属相比，金属氧化物具有成本低、毒性小的优点。氧化锌作为一种重要的半导体材料，在催化、电容器、传感器和纳米发电机等领域具有优异的光电性能。纳米氧化锌表面有许多羟基，具有较强的反应活性。然而，纯氧化锌作为电化学传感器的效果并不理想，因为其吸附控制过程和纳米氧化锌容易阻碍电极与分析物之间的电子转移。因此，石墨烯和氧化锌的纳米复合材料受到了广泛的关注。例如，采用水热法制备RGO和氧化锌纳米团簇组成的纳米复合材料（ZnO NCs/RGO），用于伏安法检测双酚A。电化学响应表明，ZnO NCs/RGO/SPCE（丝网印刷碳电极）比ZnO NCs/SPCE具有更好的吸附性能和电化学活性。在一定的浓度范围（50~1332μmol/L）内，双酚A与电流呈良好的线性关系，LOD为2.1nmol/L[3]。

各种酶也被应用于BPA的电化学分析检测中。例如，由SWCNTs、矿物油和酪氨酸酶组成的碳糊电极（CPE）被封装在聚四氟乙烯管中，铜导线作为电触点，用于双酚A的伏安检测。与石墨碳粉和MWCNTs相比，SWCNTs的加入获得了更高的灵敏度（138μA/(mmol·L⁻¹)）和较低的LOD(0.02μmol/L)[4]。较低的LOD归功于SWCNTs的小尺寸、矿物油的萃取性和双酚A与CNTs之间较强的相互作用。该电极在-4℃保存一个月后依然保留了90%的活性，显示了较好的稳定性。

　　由于生物炭具有亲生物、环境友好、无毒、比表面积大等优点，因此，它也是稳定固定化酶的良好载体，使其在构建基于酶的生物传感器方面具有很大优势。研究发现，生物炭的理化性质因热解条件的不同而不同，特别是热解温度可以控制生物炭的炭化程度，高炭化可能导致生物炭具有较高的电导率。Piao 等[5]在 900℃热解温度下合成了高导电性的纳米生物炭，然后将其功能化，用于共价固定酪氨酸酶（TYR），负载了酶之后的纳米生物炭材料修饰玻碳电极实现了对双酚 A 的灵敏电化学检测。线性范围为 0.01～1.01μmol/L，LOD 值为 2.78nmol/L（如图 4-2 所示）。可以看出，该生物传感器对 BPA 的检测具有合理的线性范围和较低的检测限。这些良好的传感器性能基于生物质碳材料的特性，包括生物炭纳米颗粒来源于生物质，具有良好的生物相容性，可以提供更好的酶固定微环境，同时也可以保持其稳定性和生物活性，这将促进对 BPA 高效的酶反应。而且，通过高温处理，不导电的半纤维素、纤维素和木质素中低密度和无序的碳，被转化为高密度导电的石墨烯片，而碳的杂化形态则由 $sp^3$ 向 $sp^2$ 转变，这些特性对提高电子转移速率和放大双酚 A 氧化电流信号起了重要作用。与一些优良碳纳米材料检测双酚 A 的检测限相比较，如氧化石墨烯（0.74nmol/L）和碳纳米管（0.97nmol/L），该生物质碳材料的检测限（2.78nmol/L）略高于上述碳纳米材料（约 3 倍），说明通过优化生物质炭的电化学性能，达到更低的检测限是有希望的。

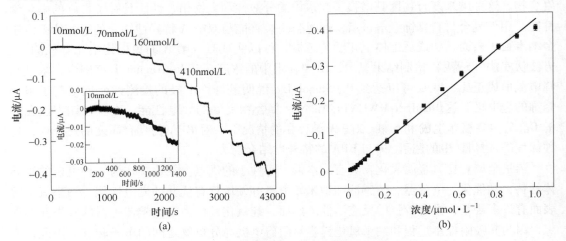

图 4-2　在-0.05V 恒电位条件下，连续加入不同浓度 BPA，
固定酪氨酸酶的磁性生物炭纳米颗粒电极表面的电流响应曲线（a）
（插图为低浓度 BPA 的电流-时间曲线）以及检测 BPA 的标准曲线（b）[5]

　　另外，环糊精（CD）是一种天然存在的寡聚糖，其分子具有疏水性的内腔和亲水性的外表，这种结构有利于疏水性分子进入环糊精的空腔内，形成主客体包合物。将环糊精结合于石墨烯/铂（Gr/PtNPs）纳米复合材料上，也可以实现对双酚 A 的灵敏检测。与其他环糊精分子相比，七-（2，3，6-三甲基）-β-环糊精（TM-β-CD）与双酚 A 形成的超分子复合物更稳定，因此，TM-β-CD 被选择与 Gr/PtNPs 结合，形成 TM-β-CD/Gr/PtNPs 纳米复合物用于双酚 A 的电化学检测。DPV 检测结果显示，双酚 A 浓度在 0.05～80μmol/L

范围内与峰电流呈线性关系，LOD 值为 15nmol/L[6]。TM-β-CD 分子增加了体系的溶解度和分散性，并提高了与检测目标物双酚 A 的结合能力，使体系具有良好的电化学性能，Pt NPs 提供了良好的催化性能。

此外，还可以在低温条件下，以柠檬酸为碳源，PEI 为氮源，采用简单的水热法制备 NCQDs。NCQDs 能有效催化双酚 A 的氧化反应，电流响应表明双酚 A 的线性范围为 $0.01 \sim 0.21\mu mol/L$，检出限为 $1.3nmol/L$[7]。另外，有研究表明，CQDs 与导电聚合物聚（3，4-乙氧基噻吩，PEDOT）结合可以降低电阻、提高传感性能[8]，为碳基纳米材料在环境污染物电化学检测中的更多应用提供了思路。总之，CQDs 具有比表面积大、合成方法简单、催化性能强等优点。此外，通过 N 掺杂或与导电材料结合，可以很好地解决它们电导率低的问题。

### 4.3.2　五氯酚的检测

与共价功能化相比，非共价功能化不会造成 CNTs 的分子结构和机电特性的改变，所以非共价功能化修饰的碳纳米管也是电化学领域非常有希望的纳米复合材料。非共价功能化的修饰可以通过聚合物的覆盖、分子间氢键和具有芳香结构的分子与 CNTs 之间的 π-π 连接来实现。环糊精主客体识别性质容易形成主客体包合物。这种性质也被用于对 CNTs 的非功能化修饰和电化学检测。例如芘环环糊精（PyCD）与 SWCNTs 形成的复合物，被用于五氯酚（PCB）的电化学检测。其原理是利用 PyCD 对氧化还原探针 $Fe(CN)_6^{3-/4-}$ 的捕获，会受到进入 CD 空腔时阻力大小的影响，从而使电极表面的阻抗产生变化进行检测。该修饰电极对 PCB-77 的检测具有很高的灵敏度、选择性、稳定性及抗干扰能力[9]。也可以直接用 β-CD 与 CNTs 非共价结合并修饰玻碳电极（β-CD/CNTs/GCE）对 PCB 进行检测[10]。线性扫描伏安法（LSV）检测结果显示，峰电流与 PCB 浓度在 $0.8 \sim 10.4\mu mol/L$ 范围内呈线性关系，LOD 值达到 40nmol/L。较低的 LOD 可能是由于目标分子可以占据环糊精的疏水空腔，生成主客体包合物，增加了水分子进入空腔的难度，增加了材料的稳定性。另外，PyCD 中的芘可以通过 π—π 键与 CNTs 结合，可以增强电子转移能力，从而提高传感性能。这也为电化学法选择性检测环境污染物提供了新的视角和更深刻的理解。

## 4.4　碳纳米材料对亚硝酸盐的分析检测

钯纳米粒子（Pd PNs）因其优良的催化性能和大的比表面积，也常用于电化学传感器中。例如，一种基于海胆样钯纳米粒子沉积的 SWCNTs（SWCNTs/Pd）修饰的电极用于亚硝酸盐的电化学检测。这些海胆样 Pd 纳米粒子被电化学沉积到 SWCNTs 电极上，同时，球形 Pd 纳米粒子也被制备了作为对比。检测结果表明，类似海胆样的 Pd 纳米粒子传感器的电流响应是球形 Pd 纳米粒子传感器的 1.5 倍。在这个基于海胆样 Pd 纳米粒子的传感器上，可以得到两个线性范围（$2 \sim 238\mu mol/L$ 和 $283 \sim 1230\mu mol/L$）来测定亚硝酸盐[11]。此外，利用钯纳米粒子沉积到 MWCNTs 上合成的纳米复合物（MWCNTs/Pd NPs）修饰的电极也可以对亚硝酸盐进行电化学检测，检测结果显示，MWCNTs/Pd NPs 对亚硝酸盐的氧化表现出了优良的电催化活性，具有非常宽的检测线性范围（$0.05 \sim 2887.6\mu mol/L$）和较低的 LOD 值（22nmol/L）[12]。该 MWCNTs/Pd NPs 构成的传感器对亚硝酸盐的检测性能明显优于 SWCNTs/Pd，体现了 MWCNTs 优良的电催化活性。并且，该传感器在检测不同水样中的亚硝酸盐时，都具有很高的回收率，表明其具有实际应用的潜力。

采用柠檬酸钠与乙二醇共还原法制备的 Au NPs-RGO-MWCNTs 纳米复合材料，也可以用于检测亚硝酸盐。复合物中各组分的协同效应使得复合材料具有较高的亚硝酸盐氧化催化活性，由 Au NPs-RGO-MWCNTs 修饰的电极具有较好的亚硝酸盐检测能力。在电位为 0.8V 和 pH 值为 5 的条件下，检测范围为 $0.05 \sim 2200 \mu mol/L$，检出限为 $0.014 \mu mol/L$。该电极具有较高的灵敏度、选择性和重复性，已成功应用于当地河流水中亚硝酸盐的检测[13]。

以活性边为电极材料的石墨烯能增强修饰电极对特定分子的吸附和电催化能力。例如，一种基于石墨烯纳米带的高选择性、高灵敏度的电化学传感器，成功应用于检测自来水中的亚硝酸盐。将碳纳米管"剪开"成为石墨烯纳米带，修饰于玻碳电极表面对亚硝酸盐进行检测。检测结果表明，基于石墨烯纳米带的传感器表现出极好的亚硝酸盐氧化电催化活性，具有极高的峰值电流。该传感器的线性范围为 $0.5 \sim 105 \mu mol/L$，LOD 为 $0.22 \mu mol/L$。此外，离子干扰物质，如 $Na^+$、$K^+$、$Mg^{2+}$ 和 $Ca^{2+}$，对亚硝酸盐检测的影响可以忽略不计，显示出基于石墨烯纳米带传感器的高选择性[14]。

另外，有研究表明，电化学还原法制备的孔洞石墨烯（ERHG）对亚硝酸盐的电化学检测具有较大的线性范围。ERHG 表面有大量的纳米孔，这些孔中含有更多的暴露边缘表面和高密度的缺陷，可以显著提高电极传递电子和传质效率。因此，ERHG 修饰的玻碳电极对亚硝酸盐具有很强的电催化氧化作用，在 0.92V 和 pH 值为 7.4 的条件下，检测的线性范围较宽（$0.2 \mu mol/L \sim 10 mmol/L$），LOD 可以低至 $0.054 \mu mol/L$，灵敏度可达到 $0.311 \mu A/(\mu mol \cdot L^{-1} \cdot cm^2)$[15]。

与上述研究的石墨烯相比，3D 石墨烯的检测限更低。例如，一种水热法制备三维多孔石墨烯（3D-HG）用于亚硝酸盐的灵敏检测。由于 3D-HG 具有更大的表面积和更多的暴露边缘，其电化学活性位点和电子转移速率得到了显著提高。3D-HG 修饰的玻碳电极对亚硝酸盐氧化具有良好的电催化性能。当工作电位是 0.819V，pH 值为 7.4 时，脉冲伏安法检测亚硝酸盐的线性范围是 $0.05 \sim 500 \mu mol/L$ 和 $0.5 \sim 10 mmol/L$，LOD 值为 $0.01 \mu mol/L$。该修饰电极也有很好的抗干扰能力、良好的稳定性和再现性以及良好的实际自来水检测性能[16]。

研究表明，增强石墨烯电化学传感器检测性能的一种有效方法是，在石墨烯中掺杂各种杂原子（氮、磷、硫等），即石墨碳原子被外来原子取代或共价结合。例如，一种基于硫掺杂的石墨烯（S-Gr）构建的传感器用于计时电流法检测亚硝酸盐的简单方法。为了制备 S-Gr，采用亚硫酸氢钠（$NaHSO_3$）作为 GO 的还原剂和硫掺杂剂。电化学检测表明，S-Gr 传感器对亚硝酸盐氧化具有良好的电催化活性、较高的灵敏度（$20766.17 \mu A/(mol \cdot L^{-1} \cdot cm^2)$）、较宽的线性范围（$12.5 \sim 680.92 \mu mol/L$）和较低的 LOD 值（$3.0 nmol/L$）。重要的是，即使存在高浓度的常见干扰离子，该传感器对检测亚硝酸盐表现出明显的选择性[17]。

金属纳米材料与石墨烯的复合物也是常用的电极修饰材料。利用 Ag-RGO 纳米复合材料修饰玻碳电极能够实现对亚硝酸盐的高灵敏度检测。由于 Ag 和 RGO 的协同作用对亚硝酸盐的催化氧化，修饰电极表现出较高的氧化峰电流。检测的线性范围为 $0.1 \sim 120 \mu mol/L$，灵敏度为 $18.4 \mu A/(\mu mol \cdot L^{-1} \cdot cm^2)$，LOD 为 $0.012 \mu mol/L$。经实际样品检测证明，该修饰电极应用于池塘水中亚硝酸盐的检测是可行的[18]。

铁纳米粒子（FeNPs）是一种优良的亚硝酸盐氧化电催化剂。石墨烯、多壁碳纳米管与铁纳米粒子组成的纳米复合材料（Gr/MWCNTs/Fe NPs）修饰玻碳电极（GCE），可用于检测亚硝酸盐[19]。首先，将多壁碳纳米管加入氧化石墨烯分散液中，通过超声波处理2h得到GO/MWCNTs；然后添加$FeCl_3$和$NaBH_4$，搅拌3h，获得Gr/MWCNTs/FeNPs纳米复合材料。在恒电位为0.77V和pH值为5的条件下，用该复合材料修饰电极检测亚硝酸盐的线性范围为0.1μmol/L～1.68mmol/L，LOD是75.6nmol/L。该电极具有稳定性、重复性、抗干扰性等特点。不同水体的检测回收率在96.1%～103.7%之间，证明了该方法的实用性。

与Fe NPs相比，铜/石墨烯复合物修饰玻碳电极对亚硝酸盐的检测灵敏度有所提高。例如，一种纳米多孔铜膜（NPCF）和石墨烯修饰的GCE（NPCF-Gr/GCE），用于灵敏检测亚硝酸盐。通过一步化学法制备NPCF，然后用恒电位法将NPCF组装到Gr/GCE表面。由于NPCF和Gr的协同作用，NPCF-Gr/GCE电极对亚硝酸盐氧化的电催化活性显著提高。在外加电位为0.8V，pH值为9的条件下，修饰电极的检测范围为0.1～100μmol/L，灵敏度为3.1μA/（μmol·$L^{-1}$·$cm^2$），LOD为0.088μmol/L。与裸电极相比，该电极的响应速度更快（3s），选择性更好。在实际河水、湖水中检测结果与分光光度法比较接近[20]。另外，铜纳米粒子（Cu NPs）也表现出良好的还原硝酸盐的电催化活性。例如，Cu纳米粒子修饰的自组装石墨烯用于硝酸盐检测。自组装石墨烯克服了传统石墨烯与电极连接时附着力差的缺点，为纳米粒子提供了三维网络结构。由于铜对硝酸还原有催化作用，该复合材料具有较高的灵敏度。该纳米复合材料用于三电极系统传感器检测硝酸盐浓度范围为10～90μmol/L，LOD为7.89μmol/L。该方法在实际湖水中的检测结果与标准方法的检测结果一致。该传感器具有成本低、体积小、灵敏度高等优点[21]。有趣的是，Cu纳米粒子与MWCNTs/RGO的混合物可以同时检测水中的硝酸盐和亚硝酸盐。MWCNT/RGO具有较大的表面和大量的边缘和缺陷，纳米铜提供了作用位点，这使得亚硝酸盐和硝酸盐还原的峰值电流显著增加。在pH=3的条件下，用方波伏安法测定亚硝酸盐和硝酸盐的浓度线性范围为0.1～75μmol/L，LOD分别为0.03μmol/L和0.02μmol/L[22]。

钴纳米粒子（Co NPs）用于修饰电极也可以提高电极的电催化活性。例如，Co NPs、聚3，4-乙烯二氧噻吩（PEDOT）和石墨烯组成的纳米复合材料修饰GCE（Co NPs-PEDOT-Gr/GCE）用于检测亚硝酸盐。首先，石墨烯溶液干燥后固定在GCE表面形成Gr/GCE，PEDOT用同样的方法固定在Gr/GCE表面形成PEDOT-Gr/GCE。采用循环伏安法将纳米钴电沉积在PEDOT-Gr/GCE上形成Co NPs-PEDOT-Gr/GCE。CoNPs-PEDOT-Gr/GCE对亚硝酸盐的氧化具有很强的催化活性，这主要因为石墨烯的高导电率和通过PEDOT均匀分散在石墨烯表面的Co NPs提供的快速传质能力。在0.45V的工作电位和pH值为6.5的条件下，该修饰电极检测亚硝酸盐的线性范围为0.5～240μmol/L，LOD为0.15μmol/L。然而，该电极的抗干扰能力不强，20倍的抗坏血酸和10倍的$S_2O_3^{2-}$、$I^-$会严重影响检测结果[23]。

以上这些研究已经在不同的条件下说明了Fe、Cu、Co结合石墨烯显示出优异的电催化能力。另外，有实验研究了相同结构、相同结合条件下Cu、Co、Ni对亚硝酸盐电催化活性的影响。采用不同的方法合成了Cu@Pt/Gr（见图4-3）[24]、Ni@Pt/Gr[25]和Co@Pt/Gr[26]

三种核壳结构纳米复合材料。其中 Cu、Co、Ni 均为核心层，Pt 为壳层，石墨烯为底层导电材料。在相同的条件下（外加电位为 0.85V，pH 值为 4），它们对亚硝酸盐的检测范围分别为 1 ~ 15mmol/L、0.01 ~ 15mmol/L、1 ~ 15mmol/L，LOD 分别为 0.035μmol/L、0.49μmol/L 和 0.145μmol/L。其中，Cu@ Pt/Gr 对亚硝酸盐的检测限最低，Co@ Pt/Gr 对亚硝酸盐的灵敏度最高，Ni@ Pt/Gr 的检测范围最大。它们均具有良好的选择性、稳定性和重现性，在实际自来水和河水中的检测回收率令人满意。

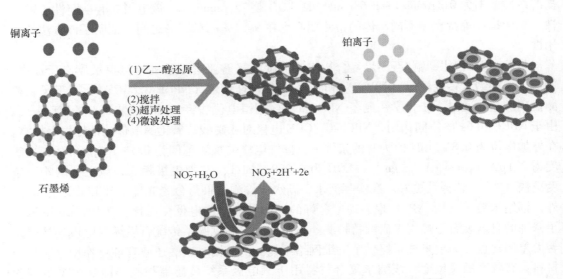

图 4-3　Cu@ Pt/Gr 制备过程及亚硝酸盐电化学检测示意图[24]

此外，双金属纳米粒子的同时修饰，可以更好地提高石墨烯复合物的电化学性能。例如，一种将金-铂双金属纳米粒子直接电化学沉积在氮掺杂的石墨烯上，得到 NGr/AuPt NPs 纳米复合物，用于构建亚硝酸盐传感器。得益于 AuPt NPs 优异的电化学催化活性和 Gr 的高电导率，所构建的传感器对亚硝酸盐氧化表现出极高的催化活性。在最佳检测条件下，基于 NGr/AuPt NPs 的传感器对亚硝酸盐的检测具有较宽的线性范围（0.5 ~ 1621μmol/L）、较低的 LOD（0.19μmol/L）和较高的灵敏度（$0.0276\mu A/(\mu mol \cdot L^{-1})$）。该传感器可用于自来水和香肠中亚硝酸盐的检测，结果令人满意[27]。

由此可见，石墨烯与贵金属纳米粒子的结合，有效增强了电化学传感性能，同时，避免了石墨烯和金属纳米粒子的聚集。开发更多的贵金属与石墨烯纳米复合材料用于环境污染物的检测，以及更清晰的检测分子机制将是未来的研究重点。此外，石墨烯与其他功能材料结合，构建高性能亚硝酸盐传感器的能力更强。

由于具有合成方法简便、成本低廉和低毒性等优点，许多金属氧化物和碳纳米管的纳米复合物被用来构建传感界面，从而实现对污染物分子的高灵敏检测。例如，通过茜素红（PAR）在 $Fe_3O_4$ 纳米粒子功能化 MWCNTs（MWCNTs-$Fe_3O_4$NPs/PAR）表面电聚合制备了伏安型亚硝酸盐传感器。循环伏安法检测结果发现，该纳米复合材料对亚硝酸盐具有优良的催化活性，其浓度在 9.64 ~ 1300μmol/L 范围内与峰电流呈线性关系，LOD 可达到 1.19μmol/L[28]。

另外，CuO 与 SWCNTs 的复合物（SWCNTs/CuO）修饰碳糊电极（SWCNTs/CuO/CPE），可用于亚硝酸盐的电化学传感。为了增强 SWCNTs/CuO 在 CPE 表面的附着力，采用了室温离子液体 1-甲基-3-丁咪唑溴作为黏结剂。检测结果表明，所制备的传感器对亚硝酸盐的电氧化具有较高的催化活性。该传感器检测亚硝酸盐的线性范围为 $1.0\mu mol/L \sim$ 10mmol/L，LOD 达到了 $0.5\mu mol/L$ [29]。

$Mn_3O_4$ 材料由于其成本低、材料丰富以及多价态的特点，也常常被用于电催化领域。例如，一种基于氧化石墨烯与 $Mn_3O_4$ 微立方的复合物（GO-$Mn_3O_4$MCs）的电化学传感器，用于亚硝酸盐的检测。该纳米复合物采用水热法制备（见图 4-4）。带负电荷的氧化石墨烯纳米片与带正电荷的 $Mn_3O_4$MCs 通过静电相互作用形成 GO-$Mn_3O_4$MCs。采用滴涂法对 GO-$Mn_3O_4$MCs 在丝网印刷电极（SPE）表面进行了修饰。所得电极对亚硝酸盐具有良好的电催化活性，亚硝酸盐浓度为 $0.1 \sim 1300\mu mol/L$ 时氧化峰电流与亚硝酸盐呈良好的线性关系[30]。

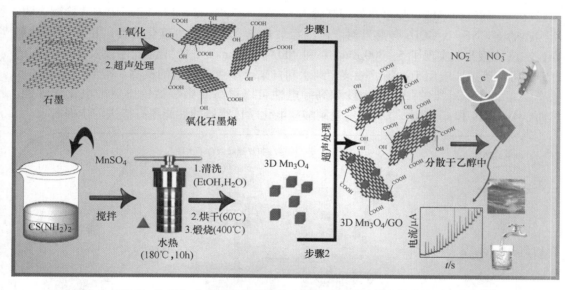

图 4-4 GO-$Mn_3O_4$MCs 合成过程及其修饰电极对亚硝酸盐的电化学检测示意图[30]

总之，这类纳米复合材料检测环境污染物能够获得优异的电化学性能，是因为石墨烯具有较高的电导率，弥补了金属氧化物电导率较弱的缺陷。同时，金属氧化物的加载不仅为环境污染物提供了结合位点，而且避免了石墨烯的聚集。

聚吡咯（PPy）是一种常见的导电性良好的导电聚合物，与石墨烯杂化可以提高其导电性。例如，石墨烯/聚吡啶/壳聚糖纳米复合膜（Gr/PPy/CS）修饰的玻碳电极用于亚硝酸盐的电化学检测[31]，聚吡咯对亚硝酸盐起电催化氧化作用，CS 表面含有丰富的氨基，对亚硝酸盐具有吸附能力。修饰电极对亚硝酸盐的检测性能良好，线性范围为 $0.5 \sim 722\mu mol/L$，LOD 为 $0.1\mu mol/L$。该电极用于实际湖水和河水中亚硝酸盐的检测，效果良好。另外，通过使用羧基化石墨烯，优化吡咯与羧基化石墨烯用量的比例及缓冲液 pH 值等参数，可以得到更宽的线性范围（$0.2 \sim 1000\mu mol/L$）和更低的 LOD（$0.02\mu mol/L$）[32]。

此外，以氧化石墨烯为稳定剂，通过乙烯二氧噻吩（EDOT）的界面聚合制备了 GO/

PEDOT 复合材料。结果表明，GO/PEDOT 复合材料可作为一种灵敏的亚硝酸盐检测电化学平台，线性范围为 $4 \sim 2480 \mu mol/L$，LOD 为 $1.2 \mu mol/L$[33]。

碳纳米纤维是常用电极修饰纳米材料，具有良好的导电性和较大的比表面积。例如，一种基于 CNFs 修饰的玻碳电极（CNFs/GCE），用于检测亚硝酸盐。CNFs 优异的生物相容性和表面较高的官能团密度使其能够固定和稳定血红素（Hemin）。检测结果表明，血红素修饰的 CNFs/GCE（Hemin/CNFs/GCE）具有良好的电催化活性和快速的电子转移动力学，甚至优于 SWCNTs 基电极。在优化的条件下，该传感器的线性范围为 $50 \sim 1000 \mu mol/L$，LOD 为 $2 \mu mol/L$，响应时间为 9s，灵敏度为 $0.0022 \mu A/(\mu mol \cdot L^{-1} \cdot cm^2)$，且对亚硝酸盐的检测具有良好的重复性和稳定性[34]。

再如，一种基于氮掺杂的石墨烯量子点修饰氮掺杂的 CNFs 的亚硝酸盐伏安传感器（N-CNFs/N-GQDs）。为了制备 N-CNFs，聚丙烯腈（PAN）首先电纺到 PAN 纳米纤维内，然后在 $N_2$ 气氛中碳化获得 N-CNFs（如图 4-5 所示）。所获得的 N-CNFs 与柠檬酸、双氰胺混合，通过简单的一步水热处理制备 N-CNFs/N-GQDs 复合物。循环伏安法检测表明，所构建的 N-CNFs/N-GQDs 传感器对亚硝酸盐氧化具有极高的电催化活性。正如预期的那样，在该传感器上实现了 $5 \sim 300 \mu mol/L$ 和 $400 \sim 3000 \mu mol/L$ 的线性范围以及 $3 \mu mol/L$ 的 LOD。将该传感器应用于香肠、酸菜、湖水和自来水中亚硝酸盐的检测，得到了满意的回收率[35]。纳米碳纤维的强催化活性和高导电性可以提高亚硝酸盐传感器的电化学性能。然而，与 CNTs 和 Gr 相比，CNFs 基亚硝酸盐电化学传感器的性能还有待进一步提高。

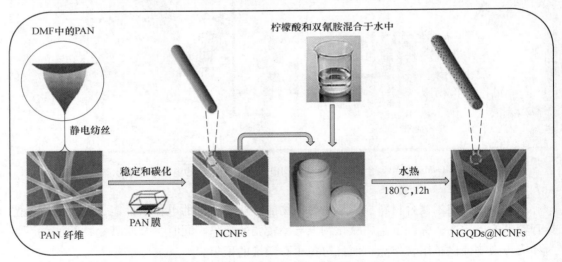

图 4-5  基于 CNFs 的亚硝酸盐电化学传感器的制备工艺示意图[35]

由 CNDs 和 Au NPs 组成的纳米杂化体（CNDs/AuNPs），可作为亚硝酸盐电化学传感的有效平台。先采用电化学氧化法从石墨棒中制备 CNDs，获得的 CNDs 可以作为还原剂在基质上原位生长 Au NPs。由于 CNDs/Au NPs 修饰 GCE（CNDs/AuNPs/GCE）对亚硝酸盐的氧化具有优良的电催化活性，其峰电流与亚硝酸盐浓度在很宽的范围内（$0.1 \sim 2000 \mu mol/L$）呈线性关系，LOD 为 $0.06 \mu mol/L$。并且成功地在湖泊水样中检测到亚硝酸盐，证明了该传感器实际应用开发的可行性[36]。尽管有这高的灵敏度高，CNDs 还是有从电极表面脱离的问题，这可能会影响传感器的稳定性。

纳米钻石是一种新型电极修饰材料。例如，利用电化学聚合方法合成聚苯胺接枝的纳米钻石（NDs-PANI）复合材料，制备了一种对亚硝酸盐响应灵敏的电化学传感器。为了提高灵敏度和生物相容性，Au NPs 被电沉积在 NDs-PANI 表面，然后细胞色素 c(Cyt c，在亚硝酸盐生物传感器中一个常用的电子中介）被固定在 Au NPs 表面。将催化剂（Au NPs）和生物分子（Cyt c）结合在 NDs-PANI 上，构成了一种灵敏、选择性检测亚硝酸盐的电化学传感器。差分脉冲伏安法检测结果显示，该亚硝酸盐传感器的线性范围为 $0.5 \sim 3000 \mu mol/L$，LOD 为 $0.16 \mu mol/L$，灵敏度为 $88.2 \mu A/(mmol \cdot L^{-1})$[37]。虽然 NDs 在亚硝酸盐电化学传感器中的应用研究较少，但 NDs 对电化学传感器的增强作用是很明显的。

利用纳米多孔碳（NC）作为活性电极材料也可以构建亚硝酸盐电化学传感器。例如，以介孔二氧化硅为模板，糠醇为碳源，采用纳米复制法制备 NC[38]。由于独特的半有序多孔结构、良好的电子导电性、大的比表面积和纳米孔壁表面大量的平面边缘缺陷位点，NC 基传感器为亚硝酸盐在不同系统中的检测提供了巨大的潜力，包括含有抗坏血酸、多巴胺、尿酸的生理系统和含有儿茶酚胺、苯二酚、间苯二酚的环境系统。

# 4.5  碳纳米材料对农药的分析检测

金纳米粒子（Au NPs）因其体积小、比表面积大、表面原子丰富、催化性能强及化学稳定性强等优点一直以来备受关注。将 Au NPs 加载到碳纳米管表面可以提高电化学传感器性能。例如，用 Au NPs 与 MWCNTs 构成的纳米复合物修饰电极，可以实现对甲基对硫磷（MP）的高灵敏电化学检测[39]。差分脉冲伏安法（DPV）检测结果显示，该修饰电极对 MP 的最低检出限（LOD）低于 MWCNTs 修饰的电极，达到 $50 \mu g/mL$。说明检测性能的提高来自于金纳米粒子的优良催化性能。类似地，该复合纳米材料用于砷的检测，LOD 可以达到 $0.1 \mu g/mL$，低于 AuNPs 或者 MWCNTs 分别修饰的玻碳电极[40]。

过渡金属氧化物 CuO 也被广泛用于生物传感器，特别是 CuO 对含硫化合物具有很强的亲和性。利用这一性质，CNTs/CuO 被用于含硫农药的电化学检测。通过对铜纳米线（Cu NWs）热氧化形成 CuO NWs，再将其负载于 SWCNTs 上得到 SWCNTs/CuO NWs 纳米复合物，可以用于检测马拉硫磷。DPV 检测结果显示，LOD 可低至 $0.3 nmol/L$。如此低的 LOD 可能是由于 CuO NWs 能够与有机磷农药（OPs）中的含硫基团结合形成复合物。但这种复合物也使得该传感器成为不能重复利用的一次性传感器[41]。

Du 等[42]报道了一种用于快速测定有机磷农药三唑磷的乙酰胆碱酯酶（AChE）生物传感器。MWCNT-壳聚糖复合材料被用于修饰工作电极，采用戊二醛作交联剂将 AChE 非共价固定在电极上。AChE 与硫代乙酰硫胆碱的相互作用产生了硫代胆碱和电活性产物，该产物产生了不可逆氧化峰。由于三唑磷对 AChE 的抑制作用，使得硫代胆碱的氧化电流随着三唑磷浓度增加而下降。基于此，实现了对三唑磷的检测。尽管该方法比较灵敏，但由于 AChE 不仅会受到有机磷农药的抑制，还会受到氨基甲酸酯类农药的抑制，因此基于 AChE 抑制的生物传感器的选择性较差。由于对酶活性的抑制是不可逆的，所以它们只适合于单次使用。此外，该方案涉及多个步骤，难于在实时检测中应用。有机磷农药神经毒素的直接和实时检测途径涉及有机磷农药水解酶（OPH）的生物催化活性，这种酶具有广泛的底物特异性，能够水解多种有机磷农药，如对氧磷、对硫磷、蝇毒磷、二嗪农、毒死蜱等。Liu 等[43]展示了一种实时检测对氧磷的方法，采用介电泳法通过电极对排列 SWCNTs，使用对齐的碳纳米管能够确保 OPH 和 SWCNTs 的均匀覆盖和更高的界面接触，这将带来更高的灵敏度。但由于酶的非特异性结合可能在操作条件下导致酶的浸出，这依然阻碍了该生物传感器的实际应用。

Pedrosa 等[44]利用共价键将 OPH 分别固定在氧化的 SWCNTs 和 MWCNTs 上，制备了生物传感器。简言之，碳纳米管通过酸处理氧化引入羧基官能团，并通过两种不同的方法对 OPH 进行共价固定：（1）通过酰胺形成（EDC-NHS）直接偶联乙二胺与羧基，引入氨基；（2）直接羧基偶联到戊二醛修饰的胺基（APTES-GA）上。比较酶的催化活性发现，通过 EDC-NHS 偶联的 OPH 的活性略优于 APTES-GA 连接。此外，OPH 偶联到 SWCNTs 的活性比偶联到 MWCNTs 的活性高得多，这得益于更均匀的 SWCNTs 网络和随后沉积的酶更加均匀。在这种情况下，有机磷农药对氧磷水解产生具有电活性的对硝基酚，可以在阳极表面被电化学氧化。在流动注射（FIA）模式下，对氧化过程进行了安培实时监测。氧化电流随对氧磷浓度的增加呈线性增加。该传感器具有较高的灵敏度和稳定性，检测的线性范围为 $0.5 \sim 8.5 \mu mol/L$，LOD 为 $0.01 \mu mol/L$，这种稳定性来源于 OPH 对碳纳米管的共价功能化修饰。

目前，酶功能化的碳纳米管已经被用在超氧化物、水合肼、胆固醇等的电化学检测中。然而，用于环境污染物的电化学传感器研究还比较少。而且，由于酶较低的附着能力和不稳定性，此类复合材料修饰电极的研究进展还比较缓慢。因此，提高生物大分子的稳定性是本领域研究的重点任务。

离子液体（ILs）是一种常用的环保型试剂，因其良好的溶解性、宽的电化学窗口和高的离子电导率而备受关注。通过离子液体与石墨烯的耦合，为石墨烯片间的 π—π 堆积相互作用提供了屏蔽效应，防止了石墨烯的聚集，提高了水溶性。同时，又显著提高了纳米复合材料的电化学性能。因此，离子液体石墨烯复合纳米片能够提高对不同目标分子的电化学检测性能。例如，利用离子液体（丁基甲基咪唑二氰亚胺）功能化石墨烯修饰电极，可以实现甲基对硫磷的灵敏电化学检测，并具有较宽的检测线性范围（$5.3 ng/mL \sim 2.6 \mu g/mL$）和较低的检测限（$1.1 ng/mL$），其检测性能优于一些基于酶的生物传感器[45]。

此外，基于功能化 MWCNTs 的 MIPs 也可以被用于甲基对硫磷的电化学检测。首先，MWCNTs-COOH、氯化亚砜和氯仿混合物在 60℃ 下反应；然后它被清洗和干燥得到 MWCNTs-COCl，MWCNTs-COCl 与无水四氢呋喃、烯丙醇、三甲胺和（4-二甲胺）吡啶混合，在 50℃ 反应得到 MWCNTs-CH＝CH$_2$；随后以甲基对硫磷为模板分子，选择性聚合 MWCNTs-CH＝CH$_2$，制备了 MIPs；最后，用酸/甲醇洗脱模板分子。功能单体、模板分子和基体通过 π—π、π—p 相互作用和氢键连接。DPV 检测结果显示，峰电流与甲基对硫磷的浓度在一定范围内呈良好的线性关系，LOD 值为 67nmol/L。该传感器能够识别对硫磷和对氧磷（与对硫磷结构相似的物质），表明该传感器对甲基对硫磷具有良好的选择性[46]。

结合上述电化学传感器和电化学检测结果，可以看出离子/分子印迹聚合物修饰电极检测的 LOD 相对较低，这是因为大量的印迹分子、离子的存在印迹与洗脱能够为目标分子、离子提供大量的结合位点。此外，碳基纳米材料对提高导电能力有很大的贡献。因此，碳基纳米材料与离子印迹技术的结合对环境污染物的电化学传感器发展具有重要意义。我们期望在未来，离子/分子印迹聚合物电极将以一种更简单的方式被广泛应用。

　　生物质炭（BC）也是发展迅速的电极修饰材料。其中，竹子具有生长快、强度高等优点，是一种极具发展潜力的生物质材料和未来的生物能源。竹材可炭化成层次化多孔碳质结构，使竹材 BC 具有高度有序的结构，具有大的比表面积、高的电导率。将在 600℃限氧条件下进行炭化处理后得到的厚壁毛竹 BC 和磨碎的白云石（DM）分散在超纯水中，利用液相超声辅助法制备毛竹 BC-DM 纳米复合材料，然后将其作为一种新型电极修饰材料可应用于差分脉冲溶出伏安法检测噻虫嗪。检测的线性范围为 $0.5 \sim 35\mu g/mL$，LOD 值为 $0.22\mu g/mL$。说明该材料在电化学传感领域具有广泛的应用潜力[47]。

# 4.6　碳纳米材料对重金属离子的分析检测

　　金属氧化物 $Tl_2O_3$ 具有良好的导电性和催化活性，它被广泛应用于防静电涂料、光探测、气体传感器和太阳能电池等领域。$Tl_2O_3$ 与 CNTs 构成的纳米复合物能够有效增强对一些环境污染物的检测性能。通过简单的声化学法可以制备 $Tl_2O_3$ 纳米小球与纯化的 MWCNTs 纳米复合物（$Tl_2O_3$ NSs/MWCNTs），该复合物修饰的铅笔石墨电极（PGE）被用于对 $Cu^{2+}$ 的检测。差分脉冲阳极溶出伏安法（DPASV）检测结果显示，$Tl_2O_3$ NSs/MWCNTs/PGE 的阻抗低于 MWCNTs/PGE，检测 $Cu^{2+}$ 的 LOD 可以达到 $4.63nmol/L$[48]。

　　一般来说，所选择的有机小分子与目标分析物有很强的相关性。例如，将在强酸中氧化得到的羧基化 MWCNTs（MWCNTs-COOH）先后与氯化亚砜和硫杂杯芳烃（TCA）反应，可以获得 TCA-MWCNTs 纳米复合物，用于检测超痕量的 $Pb^{2+}$（如图 4-6 所示）。阳极溶出差分脉冲伏安法检测结果显示，检测的 LOD 值可以达到 $0.04nmol/L$。而且，TCA-

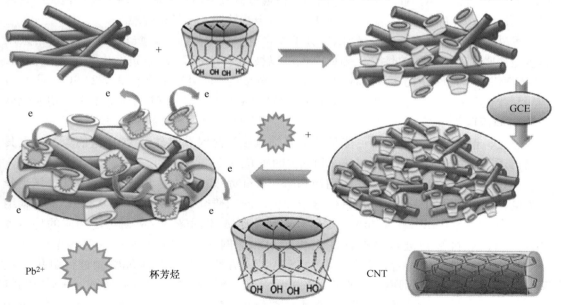

图 4-6　TCA-MWCNTs/GCE 的制备及电化学检测 $Pb^{2+}$ 原理示意图[49]

MWCNTs 修饰的玻碳电极（TCA-MWCNTs/GCE）在 100 倍浓度的 $Zn^{2+}$、$Ni^{2+}$ 和 $Cd^{2+}$ 存在的情况下，对 $Pb^{2+}$ 仍具有良好的选择性。特别是 TCA-MWCNTs/GCE 能够分辨 $Pb^{2+}$ 与 $Sn^{2+}$（与 $Hg^{2+}$ 具有相似的氧化还原电位），根据泛函理论计算，TCA-Pb（Ⅱ）与 TCA-Sn（Ⅱ）在水中的吸附能量有很大差异。因此，TCA-MWCNTs 对 $Pb^{2+}$ 不仅具有特异吸附性能，而且能分辨 $Pb^{2+}$ 与 $Sn^{2+}$ 的峰电位。该修饰电极超强的选择性和超低的 LOD 归功于 TCA 与 Pb（Ⅱ）可以形成稳定的复合物以及 CNTs 优良的导电能力[49]。

半胱氨酸（Cys）是一种人体必需氨基酸，它与多种重金属有很高的结合常数。因此，半胱氨酸可以被共价结合于 MWCNTs-COOH 表面，合成半胱氨酸功能化的碳纳米管复合物（MWCNTs-Co-Cys）[50]。该材料修饰的电极对 Pb（Ⅱ）和 Cu（Ⅱ）有很高的检测灵敏度。阳极溶出差分脉冲伏安法检测结果显示，对 Pb（Ⅱ）和 Cu（Ⅱ）的检测 LOD 值分别达到 $1×10^{-9}$ 和 $15×10^{-9}$。与上述 TCA-MWCNTs/GCE 相比，其检测灵敏度更高，可能是由于半胱氨酸与 Pb（Ⅱ）和 Cu（Ⅱ）的特异性结合能力比 TCA 稍强一些的原因。

总之，在碳纳米管表面的羧基基团不仅提高了 CNTs 在水中的分散性，而且为有机小分子的共价结合提供了结合位点。有机小分子的结合，有效提高了对目标分子的特异性识别能力，从而提升了整体传感性能。

到目前为止，聚合物已经被广泛地用于 CNTs 的功能化修饰，所得到的复合纳米材料可以用作电极修饰材料进行环境污染物电化学检测。聚合物结合于 CNTs 表面，会破坏碳纳米管管壁间的范德华力，提高 CNTs 的分散性能。而且，由于聚合物/CNTs 纳米复合物固有的电子转移特性、分散性、超高的环境稳定性及特定的有机基团的存在，该类复合物在电化学传感领域具有非常重要的意义。

聚苯胺（PANI）是一种常用的聚合物，它具有较高的导电性、环境稳定性、成本低廉和易于合成等优点。聚间氨基苯磺酸修饰的 SWCNTs（SWCNTs-PABs）被用于水中 Hg（Ⅱ）的检测。SWCNTs-PAB 修饰的金电极通过方波溶出伏安法（SWASV）检测的结果显示，LOD 值为 60nmol/L。但该修饰电极的抗干扰性能并不是很理想[51]。

另外，枝状的聚乙烯亚胺（PEI）分子中含有大量的伯胺、仲胺和叔胺，它常常被用作重金属吸附剂的表面改性剂。因此，也可以被用来与 CNTs 结合进行电极修饰。例如，PEI-MWCNTs 可以被用于检测 Cr（Ⅵ）。其电流强度与 Cr（Ⅵ）浓度在 $0.002 \sim 20 \mu mol/L$ 范围内呈线性关系，LOD 值达到 0.6nmol/L。PEI-MWCNTs 的分散性明显优于未经功能化修饰的 MWCNTs[52]。

总之，聚合物的吸附性能可能是该类修饰电极检测时获得较低 LOD 值的原因，但其检测机理还需要在未来进行更加深入和细致的研究。

生物大分子主要包括 DNA、蛋白质和酶，具有特殊的结构和丰富的表面基团，该类分子为电化学传感器的特异性识别目标分子开创了新的研究领域。通常可以将 DNA 与碳纳米管结合，制备 DNA/CNTs 的纳米复合物，利用 DNA 不同碱基序列对特定物质的特异性结合作用，对目标物进行高选择性电化学检测。例如，将特定碱基序列的单链 DNA（ssDNA）与 SWCNTs 结合，获得 ssDNA/SWCNTs 纳米复合物对亚砷酸盐进行电化学检测[53]。首先，利用单链 DNA 中的芳香核酸碱基和 CNTs 的疏水性侧壁通过 π—π 作用将 SWCNTs 与 ssDNA 包裹，使 ssDNA 的亲水性部分暴露在表面；当有亚砷酸盐存在时，由于亚砷酸盐与 ssDNA 中的 G/T 碱基有强烈的络合作用，导致 ssDNA 与亚砷酸盐结合而从

SWCNTs 上分离下来；这样，恢复了疏水性的 SWCNTs 可以通过范德华力和疏水作用力结合在 $C_{18}H_{37}SH$ 修饰的金电极表面，金电极的电子传递能力被 $C_{18}H_{37}SH$ 修饰层阻断，而结合了 SWCNTs 的电极又具有了介导电子传递的能力，使亚砷酸盐的电极反应得以进行，产生了氧化还原电信号，实现了亚砷酸盐的电化学检测（原理如图 4-7 所示）。DPV 检测结果显示，检测亚砷酸盐的 LOD 可以达到 0.5ppb。该方法不仅证明了 CNTs 的 DNA 修饰的可行性，而且为无辐射检测亚砷酸盐开辟了一条新途径。

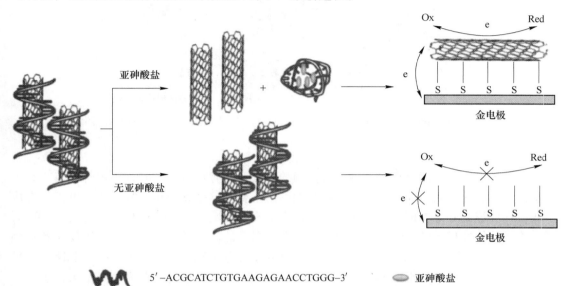

5′–ACGCATCTGTGAAGAGAACCTGGG–3′　　亚砷酸盐

图 4-7　基于 ssDNA/SWCNTs 电化学检测亚砷酸盐的原理示意图[53]

类似地，利用以上原理，还可以选用对 $Hg^{2+}$ 有特异性结合作用的单链 DNA 对 CNTs 进行功能化修饰，并在 Cd(Ⅱ) 和 Pb(Ⅱ) 存在的情况下，对 $Hg^{2+}$ 进行选择性检测。检测的 LOD 也可以达到 0.05nmol/L[54]。这也是利用了 $Hg^{2+}$ 与 ssDNA 强烈的螯合作用，导致 ssDNA 与 $Hg^{2+}$ 结合而从 CNTs 上脱离下来，与别的重金属离子相比，$Hg^{2+}$ 与 DNA 碱基具有更强的相互作用。

另外，Gong 等[55]提出了一种用于检测 $Hg^{2+}$ 的免标记化学阻抗型生物传感器，该传感器利用了 polyT：polyA 二聚体功能化的单壁碳纳米管。检测方案如图 4-8 所示。简言之，通过 π—π 键作用使 SWCNTs 与连接分子 PBASE 非共价连接，制备了 SWCNTs 化学电阻型生物传感器，氨基标记的寡核苷酸 polyT（5′-/5AmMC6/TTT TTT TTT TTT TTT TTT-3′）通过形成酰胺键共价连接到连接分子上，然后与 polyA 杂交形成 polyT：polyA 二聚体。当与含有 $Hg^{2+}$ 溶液孵育后，$Hg^{2+}$ 与 polyT 结合形成 T-$Hg^{2+}$-T，同时，polyA 被从 SWCNTs 表面释放，即 polyT：polyA 二聚体去杂化，使 SWCNTs 化学电阻型生物传感器的电阻或电导发生改变。该传感器对 $Hg^{2+}$ 浓度范围从 100nmol/L 到 1μmol/L 呈线性响应。

总之，碳纳米管可以被 DNA 包裹而实现有效的功能化和更好的分散性。目标分子与 DNA 碱基之间及络合作用和螯合作用是实现更低的 LOD 和更高的选择性的原因所在。DNA 碱基的特异性识别作用和碳纳米管公认的电子传递特性使 DNA/CNTs 纳米复合材料显示出良好的应用前景。然而，由于 DNA 容易失活，其修饰电极的稳定性和制备方法有

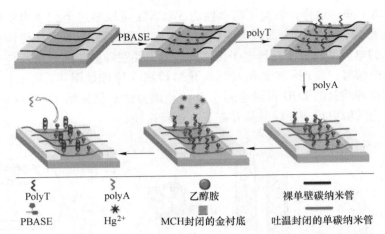

图 4-8  基于 polyT：polyA 二聚体功能化 SWCNTs 电化学检测 Hg$^{2+}$ 的原理示意图[55]

待进一步改进。

等离子体表面功能化也是一种值得信赖的方法，具有环保、省时、稳定等优点。为了在碳纳米管表面引入不同的官能团，可根据不同需要调整等离子体参数，整个过程具有成本效益和环境友好性。值得注意的是，这种方法成功地避免了强酸对 CNTs 的损伤。例如，用氧等离子体处理碳纳米管形成的膜发现，碳纳米管的富勒烯帽被氧等离子体反应离子刻蚀过程给打开，并形成了亲水性功能基团，这些基团使 CNTs 具备了优良的分散性和透水性。用该材料同时检测水中 Pb（Ⅱ）和 Cd（Ⅱ），阳极溶出方波伏安法检测结果显示，灵敏度分别为 18.2μA/（μmol·L$^{-1}$）和 3.55μA/（μmol·L$^{-1}$），LOD 分别达到 0.086nmol/L 和 0.057nmol/L。与未经修饰的玻碳电极相比，该材料大幅提高了电极的电化学性能[56]。

除了氧等离子体处理的碳纳米管外，氨等离子体也可以用来处理 CNTs 形成氨等离子体处理的 MWCNTs（pn-MWCNTs），pn-MWCNTs 被用于检测多种重金属离子，如：Zn（Ⅱ）、Cd（Ⅱ）、Cu（Ⅱ）、Hg（Ⅱ）等。方波伏安法检测结果显示，pn-MWCNTs 对重金属离子有优良的吸附性能，对上述四种重金属离子的 LOD 分别为：0.314nmol/L、0.0271nmol/L、0.226nmol/L 和 0.144nmol/L。如此低的 LOD 是因为碳纳米管表面引入的氨基可以为重金属离子提供丰富的结合位点（图 4-9）[57]。另外，pn-MWCNTs 还可以被用于 4-硝基甲苯（4-NT）的电化学检测，阳极溶出方波伏安法检测结果得到的 LOD 值也达到了 0.4420nmol/L[58]。

之所以等离子体处理过的碳纳米管显示出优良的电化学检测性能，是因为引入 CNTs 表面的羧基、羰基、羟基或氨基为目标分子提供了大量的结合位点。

为提高对检测目标物的选择性，可以将适配体固定在石墨烯表面构建适配体型传感器，该类传感器的高性能来源于石墨烯本身优良的导电性能。例如，一种检测 Pb$^{2+}$ 的适配体电化学传感器，其原理是先将适配体通过 π—π 相互作用固定在石墨烯表面，电化学阻抗谱分析表明，Gr 能降低电极界面处的电子传递电阻，即促进电子的传递，提高传感器的灵敏度。当 Pb$^{2+}$ 吸附于其表面上时，Pb$^{2+}$ 可以将适配体转化为稳定的 G 四联体结构并引起电信号的变化。在最佳实验条件下，峰值电流衰减与 Pb$^{2+}$ 浓度的对数在 $5.0 \times 10^{-10} \sim 5.0 \times 10^{-8}$ mol/L 范围内呈线性关系，LOD 值达到 $6.0 \times 10^{-11}$ mol/L，显示了极高的灵敏度和选

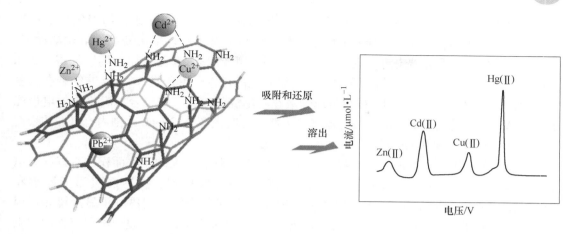

图 4-9 各种金属离子与 pn-MWCNTs 可能的结合机制示意图及其阳极溶出伏安曲线[57]

择性[59]。

另外,通过信号放大策略,可以进一步提升传感器的灵敏度。例如,一种利用硫堇(TH)做信号分子,用石墨烯作为信号放大平台构建的高灵敏检测 $Pb^{2+}$ 的免标记电化学适配体传感器。(原理如图 4-10 所示)在 $Pb^{2+}$ 的作用下,与 $Pb^{2+}$ 特异性结合的适配体(LSA)通过与 $Pb^{2+}$ 的相互作用,转变为折叠的 G 四联体结构。Gr 与 LSA 的亲和力明显降低,导致 Gr 与电活性硫堇构成的复合物从传感界面上释放下来,导致传感器的氧化还原信号减少。通过循环伏安法分析,加入 Gr 电极的氧化还原信号明显小于不加入 Gr 电极的氧化还原信号,说明 Gr 在传感器的电化学响应中起着重要作用。结果表明,随着 $Pb^{2+}$ 浓度的增加,峰值电流衰减量在 $1.6 \times 10^{-13} \sim 1.6 \times 10^{-10}$ mol/L 范围内呈良好的线性关系,LOD 值达到 $3.2 \times 10^{-14}$ mol/L[60]。

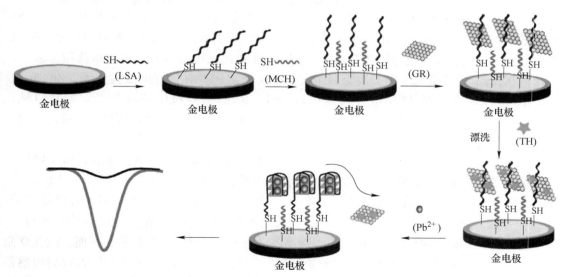

图 4-10 基于 Gr 和硫堇在适配体修饰电极表面渐进组装的 $Pb^{2+}$ 适配体电化学传感器的原理图[60]

金纳米粒子作为典型的贵金属纳米粒子,具有优异的导电能力和电催化性能。目前,制备 AuNPs/Gr 纳米复合物的方法很多，包括化学还原法、热还原法和物理气相沉积法等。大量研究表明，金和石墨烯构成的纳米复合物可以被用于环境污染物的电化学检测。例如，有研究人员利用光化学还原技术制备金和石墨烯的纳米复合物，具体是将 GO 和 $HAuCl_4$ 的混合物置于紫外光线下照射，通过紫外光的还原作用合成 Au NPs 并结合在石墨烯的表面，结果表明了 Au NPs 被均匀地分散在石墨烯的表面。该复合材料修饰的电极能够实现 As(Ⅲ) 的高灵敏检测，峰电流与 As(Ⅲ) 浓度在 0.3~20ppb 范围内有良好的线性关系，LOD 值可达到 0.1ppb[61]。

银纳米粒子因其良好的生物相容性、较强的催化活性、较大的比表面积和良好的导电能力也是常用的贵金属纳米材料。例如，以环糊精为保护剂、抗坏血酸为还原剂将 Ag(Ⅰ) 还原并分散在 GO 表面，形成 Ag NPs/GO 纳米复合物。扫描电子显微镜和透射电子显微镜表征结果显示，Ag NPs 被均匀地分散在 GO 表面。该纳米复合材料修饰的玻碳电极用于 As(Ⅲ) 的电化学检测，通过方波溶出伏安法检测结果表明，该修饰电极对 As(Ⅲ) 具有很高的检测灵敏度（达到 $180.5\mu A/(\mu mol \cdot L^{-1})$）和很低的 LOD 值（0.24nmol/L）[62]。

另外，石墨烯和 ZnO 纳米棒（ZnO NRs/Gr）组成的电化学传感器，可用于 Cd(Ⅱ) 和 Pb(Ⅱ) 的同时检测。以 ZnO 和 GO 为原料，通过热分解和在室温下胶体凝固的方法合成 ZnO NRs/Gr。透射电镜显示，纳米复合材料的形貌良好，ZnO 纳米棒均匀分布在石墨烯上。阳极溶出方波伏安法检测结果显示，Cd(Ⅱ) 和 Pb(Ⅱ) 的 LOD 分别为 $0.6\mu g/L$ 和 $0.8\mu g/L$。此外，该修饰电极还成功地应用于水样中重金属的检测[63]。这些实例表明，石墨烯为 ZnO 提供了一个出色的平台，有效地阻止了石墨烯的聚集，增加了材料的表面积。因此，优异的传感性能是由于石墨烯骨架增加的比表面积和优良的电导率，以及 ZnO 的强吸附性能的结合。

除 ZnO 外，$Fe_2O_3$ 因其优越的催化性能也常常被应用于电化学传感器领域。例如 $Fe_2O_3$/Gr 纳米复合材料修饰的 GCE 电极和采用热分解法制备的铋膜（$Fe_2O_3$/Gr/Bi）。修饰电极可同时测定痕量 Zn(Ⅱ)、Ca(Ⅱ) 和 Pb(Ⅱ)。铋膜的优点是它可以与重金属形成熔化合金，从而提供高灵敏度和明确的峰形状。阳极溶出差分脉冲伏安法检测结果表明，在 $1~100\mu g/L$ 的浓度范围内，重金属浓度与峰电流之间存在良好的线性关系。Zn(Ⅱ)、Cd(Ⅱ) 和 Pb(Ⅱ) 的 LOD 值分别为 $0.11\mu g/L$、$0.08\mu g/L$ 和 $0.07\mu g/L$[64]。除此以外，许多其他金属氧化物功能化的石墨烯，如 CuO/Gr、$Co_3O_4$/Gr 等也具有较好的电催化活性，可以被用作电化学传感器。

除了贵金属和金属氧化物外，其他的一些无机物也可以用来修饰石墨烯，如 AlOOH。AlOOH 具有特殊的两层结构，是由 $AlO_6$ 单元相互连接形成一个垂直于（010）方向的平面。AlOOH 的层状表面富含羟基和孤对电子。AlOOH 具有比表面积大、表面自由能高的优点，为重金属的电化学检测提供了可能。通过水热法可将高吸附能力的 γ-AlOOH 与石墨烯结合起来合成 RGO/γ-AlOOH，用于检测溶液中的 Pb(Ⅱ)。在水热条件下，γ-AlOOH 纳米片的均匀沉淀过程与氧化石墨烯的还原同时发生。TEM 图像显示 γ-AlOOH 纳米片均匀分散在还原氧化石墨烯上。用 RGO/γ-AlOOH 修饰的玻碳电极进行阳极溶出方波伏安法检测，结果显示，LOD 值可低至 0.015nmol/L[65]。另外，RGO/AlOOH 还可以通过一锅水热法加热 $Al(NO_3)_3 \cdot 9H_2O$、尿素和 GO 的混合物来制备[66]，用于水中 Ca(Ⅱ) 和

Pb（Ⅱ）的同时检测，阳极溶出方波伏安法检测的 LOD 分别达到 0.0352nmol/L 和 0.0932nmol/L。总之，AlOOH 超强的吸附能力是实现低 LOD 值的主要原因。含孤对电子的层状表面为 Pb（Ⅱ）黏附提供了结合位点。RGO 的引入改善了 AlOOH 的电导率和电子传递能力。

与无机纳米材料相比，有机分子具有更多的表面基团。利用有机分子修饰的石墨烯可以构建灵敏度高、选择性好的环境污染物电化学传感器。

由有机小分子修饰的石墨烯在电化学传感器领域得到了很好的应用。例如，在乙胺中采用简单的电解方法合成了氨基还原氧化石墨烯复合材料（AERGO），实现了对 Pb（Ⅱ）的高灵敏电化学检测。阳极溶出差分脉冲伏安法检测结果证明，在一定的浓度范围内（0.5～350μg/L），电流峰值随 Pb（Ⅱ）浓度的增加而增加，LOD 低至 0.0924μg/L[67]。高灵敏度和低 LOD 是由于氨基中的氮原子提供的孤对电子能有效地吸引重金属离子。

此外，杯芳烃（CA）功能化还原氧化石墨烯纳米复合材料（CA/RGO），可以被用于 Fe（Ⅲ）、Cd（Ⅱ）、Pb（Ⅱ）的同时检测。方波伏安法检测结果表明，CA/RGO 修饰的玻碳电极 CA/RGO/GCE 与 RGO/GCE 和裸 GCE 相比，CA/RGO/GCE 对 Fe（Ⅲ）、Cd（Ⅱ）和 Pb（Ⅱ）最敏感，LOD 值基本都可以达到约 0.02nmol/L。杯芳烃较强的与重金属离子形成配合物的能力，以及石墨烯提供的支撑与突出的导电性是其优异的电化学性能的主要原因。

由于分子中存在大量的基团，聚合物在电化学传感器领域也有着广泛的应用。例如，聚二氨基萘（poly（DAN））的游离氨基可以与重金属离子形成配合物，但 poly（DAN）电导率差、致密性高，降低了电极的灵敏度，而这一缺陷可以通过石墨烯来弥补。例如，通过原位电聚合法合成的 poly（DAN）/RGO 纳米复合材料，其修饰的 Pt 电极可以检测溶液中的 Pb（Ⅱ）。阳极溶出方波伏安法检测结果表明，在一定浓度范围内（0.2～700μg/L）峰电流与 Pb（Ⅱ）浓度呈线性关系，LOD 为 200ng/L[68]。如此低的 LOD 归因于 poly（DAN）对重金属的强螯合能力，石墨烯的存在又增加了纳米复合材料的比表面积和电导率。

采用静电纺丝法制备的石墨烯/聚苯胺/聚苯乙烯纳米孔纤维改性丝网印刷碳电极（RGO/PANI/PS/SPCE），可以实现对 Pb（Ⅱ）和 Cd（Ⅱ）的电化学传感。结果表明，该电流峰与重金属离子浓度呈线性关系，Pb（Ⅱ）和 Cd（Ⅱ）的 LODs 分别为 3.30μg/L 和 4.43μg/L[69]。优异的传感性能是由于石墨烯显著的电子传递性能和聚苯乙烯作为载体聚合物的高强度，以及聚苯胺优良的电活性和相容性。

近年来，含有机、无机和石墨烯的三元纳米复合材料备受关注，它们的协同效应为环境污染物的电化学检测开辟了一条新的途径。例如，胺基功能化的 PEI/CoFe$_2$O$_4$/RGO 复合材料对 Cu（Ⅱ）的检测有很高的灵敏度，LOD 可以达到 0.4nmol/L[70]。较低的 LOD 是由于 PEI 的多孔结构提供了更强的螯合能力，而 CoFe$_2$O$_4$/RGO 提高了比表面积。

此外，活化的石墨烯/全氟磺酸树脂（Nafion）/铋（aGr/NA/Bi）纳米复合物也可用于重金属离子的测定。阳极溶出差分脉冲伏安法响应结果表明，aGr/NA/GCE 对 Zn（Ⅱ）、Cd（Ⅱ）和 Pb（Ⅱ）的检测效果优于 RGO/NA/GCE，获得的 LODs 分别为 0.57μg/L、0.07μg/L 和 0.05μg/L[71]。对重金属离子检测的低 LOD 是由于铋能与多种重金属形成合金，具有广阔的电位窗口。此外，全氟磺酸树脂作为活化石墨烯的有效增溶剂和防污涂层，可以减少表面活性剂大分子的影响。

聚合物同样可以与碳纳米小球结合，用于检测重金属离子。聚吡咯（PPy）和 CNSs 构成的纳米复合物（PPy-CNSs）修饰的丝网印刷电极（PPy-CNSs/SPE），可以实现对 Hg（Ⅱ）和 Pb（Ⅱ）的高效电化学检测。PPy-CNSs/SPE 对 Hg（Ⅱ）和 Pb（Ⅱ）显示出较强的 SWASV 信号，在一定的浓度范围内和峰电流呈良好的线性关系，对 Pb（Ⅱ）和 Hg（Ⅱ）检测的 LOD 值分别到达了 0.0014nmol/L 和 0.0128nmol/L，低于用 CNSs/SPE 和 PPy/SPE 检测的 LOD 值。另外，在 Zn（Ⅱ）、Cd（Ⅱ）和 Cu（Ⅱ）等金属离子存在的情况下，PPy-CNSs 的抗干扰性测定结果表明，Zn（Ⅱ）、Cd（Ⅱ）和 Cu（Ⅱ）的峰值电流显著低于 Hg（Ⅱ）和 Pb（Ⅱ）。这种高选择性是由于含氮导电聚合物与金属离子的螯合作用。而且，CNSs 的高表面化学活性也是其高传感性能的重要原因[72]。

此外，氨基功能化的碳微米小球（CMSs）也受到了一些关注。NH₂-CMSs 修饰玻碳电极（NH₂-CMSs/GCE）可以实现 Cd（Ⅱ）、Pb（Ⅱ）、Cu（Ⅱ）和 Hg（Ⅱ）的同时电化学检测（见图 4-11）。SWASV 结果表明，NH₂-CMSs/GCE 分别检测 Hg（Ⅱ）、Pb（Ⅱ）、Cu（Ⅱ）和 Cd（Ⅱ）的灵敏度较高，LOD 值分别为 0.3675μmol/L、0.383μmol/L、0.2455μmol/L 和 1.073μmol/L。然而，当四种重金属同时检测时，由于 Pb（Ⅱ）、Cd（Ⅱ）和 Hg（Ⅱ）在电极表面的竞争性吸附，其灵敏度显著降低。特别的是，由于 Cu-Hg 金属间化合物的形成，Cu（Ⅱ）的灵敏度有所增加[73]。

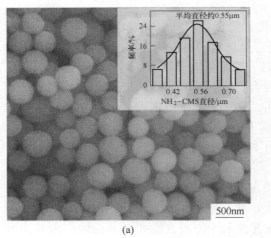
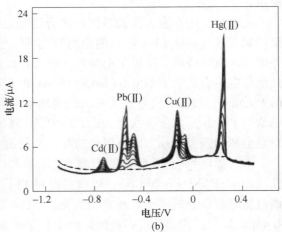

图 4-11    NH₂-CMSs 的扫描电镜图（a）和 NH₂-CMSs/GCE 同时检测 Cd（Ⅱ）、
Pb（Ⅱ）、Cu（Ⅱ）和 Hg（Ⅱ）的 SWASV 曲线（b）（浓度范围为 0.4~1.2μmol/L）[73]

类似地，还可以采用简单的水热法合成的羟基化/羧基化碳质微球（H/CCMSs）Pb（Ⅱ）离子进行电化学检测。羧基和羟基通过葡萄糖的缩合作用引入碳质微球表面，制备工艺简单、环保。SWASV 结果表明，H/CCMSs/GCE 对 Pb（Ⅱ）的响应是明显的，并具有良好的稳定性和良好的线性关系，LOD 值为 2nmol/L，证明了特定官能团与纳米材料结合可以有效地检测目标污染物[74]。因此，CNSs 修饰电极为检测环境污染物提供了一种新的方法。CNSs 的制备工艺简单、环境友好，且对污染物具有选择性吸附。这些优点为 CNSs 修饰电极的开发奠定了基础。

碳量子点与石墨烯结合的复合材料也是检测重金属离子的热门材料。一种氮掺杂的

CQDs/氧化石墨烯纳米复合材料修饰的玻碳电极（NCQDs-GO/GCE）被用于 Cd（Ⅱ）和 Pb（Ⅱ）的同时检测。NCQDs 是采用一步微波辅助法制备，再利用 Nafion 薄膜将 NCQDs 氧化物与氧化石墨烯结合起来。溶出伏安法检测结果表明，当同时测定 Cd（Ⅱ）和 Pb（Ⅱ）时，Cd（Ⅱ）和 Pb（Ⅱ）的 LOD 值分别为 7.45μg/L 和 1.17μg/L。而且，修饰电极具有良好的抗干扰性能，在 10 倍干扰离子（K（Ⅰ）、Na（Ⅰ）、Ni（Ⅱ）、Fe（Ⅲ）、Mg（Ⅱ）、Mn（Ⅱ）、Zn（Ⅱ）、Hg（Ⅱ）、Cu（Ⅱ））存在时，Cd（Ⅱ）、Pb（Ⅱ）的溶出信号变化不超过 10%[75]。

另有研究报道了 Hg（Ⅱ）印迹聚（2-巯基苯并噻唑）（PMBT）薄膜修饰的 Au NPs/SWCNTs/GCE，通过 DPASV 峰电流信号获得 Hg（Ⅱ）的低 LOD（0.08nmol/L）。制备过程是通过氮和硫原子络合作用，将 MBT/AuNPs/SWCNTs/GCE 浸入 Hg（Ⅱ）溶液中，成功地将 Hg（Ⅱ）组装到 MBT/AuNPs/SWCNTs/GCE 中。然后将与 Hg（Ⅱ）组装的 Au NPs/SWCNTs/GCE 浸入含有 MBT 的电解质溶液中，通过循环扫描进行电聚合。最后，将 PMBT/AuNPs/SWCNTs/GCE 在 $HNO_3$ 溶液中在 0.8V 电位下浸泡约 60s 以去除模板 Hg（Ⅱ）。结果表明，Hg（Ⅱ）印迹 PMBT/AuNPs/SWCNTs/GCE 对 Hg（Ⅱ）的 DPASV 响应分别比未印迹 PMBT/AuNPs/SWCNTs/GCE 和印迹 PMBT/AuNPs/GCE 高 3.7 倍和 10.5 倍。值得注意的是，当 Pb（Ⅱ）、Cd（Ⅱ）、Zn（Ⅱ）和 Cu（Ⅱ）过量 100 倍和 Ag（Ⅰ）过量 20 倍时，Hg（Ⅱ）信号几乎不受影响，显示出超高的选择性[76]。

类似地，一种印迹壳聚糖-石墨烯纳米复合材料（IIP-S）被开发出来用于测定 Cr（Ⅵ）。DPV 检测结果显示该电极在 Zn（Ⅱ）、Co（Ⅱ）、Cu（Ⅱ）、Ni（Ⅱ）、Mn（Ⅱ）、$MnO_4^-$、$C_2O_4^{2-}$、$S_2O_6^{2-}$、和 $MoO_4^{2-}$ 存在的情况下，对 Cr（Ⅵ）具有很高的选择性，检测 Cr（Ⅵ）的 LOD 值为 0.64nmol/L[77]。已经有研究人员开展了生物质碳纳米材料的制备及其在环境污染物电化学检测方面的应用研究。例如，杏仁是生长在中国南方（新疆）的一种重要的坚果类水果，食用广泛。杏仁壳是一种丰富的废弃物，易于回收再利用。利用杏仁壳制备的氮掺杂纳米多孔碳（N-NPC）可以被用于检测水中痕量的重金属铅离子[78]。该材料的简单制备过程为，首先通过 450℃ 和 600℃ 两次高温碳化，得到纳米多孔碳（NPC）；然后将尿素和 NPC 加入 50% 的乙醇溶液，180℃ 反应 12h，得到 N-NPC。用该材料修饰玻碳电极，利用差分脉冲阳极溶出伏安法检测水中 $Pb^{2+}$，检测的线性范围为 2.0~120μg/L，LOD 值为 0.7μg/L，说明该材料在 $Pb^{2+}$ 检测方面具有良好的电化学性能。

## 4.7 碳纳米材料对其他污染物的分析检测

由于铂原子具有未填满的 $d$ 轨道，铂纳米粒子（Pt NPs）也具有很高的电催化活性，有利于反应物的吸附与解吸附。例如，一种基于聚（二烯丙基二甲基氯化铵）稳定的石墨烯/铂纳米粒子的传感器，用于检测痕量 N-亚硝基二苯胺，检测限达到 33nmol/L[79]。

另外，将还原氧化石墨烯（rGO）与 Pt NPs 结合，构建成一种新型的提高灵敏度的三明治式分子印迹电化学传感器（MIES）。通过铂硫键的形成，在 Pt NPs/rGO 复合修饰玻碳电极（GCE）表面制备了 6-巯基烟酸（MNA）。17β-雌二醇（E2）与 MNA 形成氢键组装。MNA 通过电聚合形成聚合物膜，去除模板后形成特定的识别腔。采用差分脉冲伏安法（DPV）检测，在 0.004~0.060μmol/L 和 0.060~50μmol/L 范围内呈良好的线性关系。E2 的检出限为 0.002μmol/L[80]。

与 Pt NPs 类似，直径较小的高分散的钯纳米颗粒（Pd NPs）也具有良好的催化性能。例如，基于石墨烯/钯纳米颗粒的复合材料对三氯生的高灵敏电化学检测，该纳米复合材料具有良好的导电性和催化活性。在优化的条件下，检测三氯生的线性范围为 9.0nmol/L~20.0μmol/L，检测限低至 3.5nmol/L[81]。

抗体也是一类重要的生物大分子，它可以与特定的物质结合，其特异性非常高，可以利用抗体结合的特异性构建免疫型传感器，对环境污染物进行高选择性检测。例如，三硝基甲苯（TNT）从炸药和弹药到染料制造、增塑剂和杀虫剂都有广泛的用途。由于其持久性，在土壤和地下水中都可以发现微量的 TNT。Park 等[82]报道了一种碳纳米管免疫/亲和生物传感器，可以现场、快速、高灵敏度地检测 TNT。如图 4-12 所示，在导电通道上进行介电泳对碳纳米管进行排列，再用三硝基苯卵清蛋白（TNP-OVA）进行非共价功能化，并与抗 TNT 单链抗体（scAb）连接。将传感器与含有 TNT 的溶液孵育后，anti-TNT 抗体 scAb 与 TNT 具有更高结合亲和力，TNT 取代了 TNP 使已附着的 scAb 脱离，并使器件电导发生变化。该传感器能够检测到缓冲溶液中 0.5~5000ppb 浓度的 TNT 和真实水样中标准加入的 TNT，并在其他硝基芳香爆炸物存在时表现出很高的选择性。

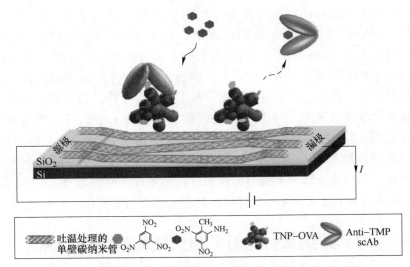

图 4-12　基于 SWCNTs 的免疫传感器检测 TNT 的原理图[82]

尽管基于抗体功能化碳纳米管的生物传感器对检测目标物具有很高的特异性，但该类型传感器的响应时间、灵敏度、稳定性、寿命和成本等问题仍然限制其广泛应用，还有大量工作需要做。

最新的研究表明，与普通的碳纳米管相比，由细菌纤维素通过高温碳化形成的碳纳米纤维（CNFs）网络具有独特的多级多孔结构，即由直径为 10~30nm 的交联纳米纤维构成的独特的三维层次多孔结构，并具有优异的生物相容性，当将生物分子连接到该材料修饰的电极表面上时，生物-非生物界面电子交换显著改善，有利于电解质的快速扩散和提供更大的电化学活性面积，从而提高了免疫传感器差分脉冲伏安曲线的峰值电流。Zou 等[83]基于此构建的简便、灵敏度高的霉菌毒素检测方法对生物质碳纳米材料在电化学传感器的发展和预防霉菌毒素对人体的潜在危害都具有重要意义。Zou 等构建了一种基于三维互连CNFs 网络与分散良好的金纳米颗粒（Au NPs）耦合的无标记安培免疫传感器，用于小麦样品中黄曲霉毒素 $B_1$（$AFB_1$）的定量检测。细菌纤维素水凝胶薄膜通过真空干燥后，在1000℃高温碳化形成 CNF 气凝胶。结合使用线性聚乙烯亚胺（PEI）作为软模板加入到CNFs 中的 Au NPs，构成基于 Au@PEI@CNFs 的免疫传感器，该传感器检测 $AFB_1$ 浓度在0.05～25ng/mL 范围内，表现出良好的线性响应，检测限为 0.027ng/mL，比基于 Au@PEI@CNTs 的传感器低 3 倍以上。结果表明，该免疫传感器具有良好的重复性、贮存稳定性和选择性。所研制的免疫传感器灵敏度适宜，准确度可靠，可用于小麦样品中 $AFB_1$ 的分析。该工作有望进一步说明 CNFs 网络材料在生物杂化电化学系统中的巨大实用价值，并为构建稳定的生物电化学传感电极提供一条巧妙的途径。

镍铁氰纳米颗粒（NiHCF NPs）是一种类鲁士蓝化合物，由于其独特的结构特征，被认为是用于电荷存储和传感器领域非常有前景的材料。NiHCF NPs 具有可逆氧化还原对（$Fe^{3+}/Fe^{2+}$），可以作为传感器的信号探针。阿特拉津（ATZ）是常用的三嗪类除草剂之一，它被广泛应用于农业生产领域。由于其分子结构稳定，使用后不易降解，ATZ 广泛地存在于土壤，废水和其他水源中。即使在含量非常低的水平下，长期暴露于含有 ATZ 的环境中，也会使内分泌系统、生殖系统、中枢神经系统和免疫系统严重受损。因此，迫切需要建立高效、简便的方法用于评估环境中 ATZ 的残留量。对 ATZ 的特异性检测，可以选择对阿特拉津有特异性识别能力的适配体可以作为识别元件，将氧化石墨烯（GO）修饰在玻碳电极表面，并通过电化学方法将 GO 还原获得电化学还原氧化石墨烯（ERGO）以作为基底电极，通过电化学沉积技术将 NiHCF NPs 沉积在电极表面，以作为信号探针。再通过恒电位沉积将金纳米粒子（Au NPs）沉积在电极表面，通过 Au—S 键将适配体固定在电极表面。ERGO 具有高的比表面，良好的导电性，提高了分析方法的灵敏度。其次引入的 NiHCF NPs 信号探针，峰电流信号良好，稳定，并且避免了在适配体上标记电活性物质或在测试体系中加入信号物质的弊端。沉积的 Au NPs 不仅将适配体稳定地固定在电极表面，还增加了电极的导电性和稳定性。当体系中存在 ATZ 时，电极表面的阻抗增大，峰电流信号下降，下降量与 ATZ 浓度呈线性关系。传感器构建及检测原理如图 4-13 所示。检测的线性范围为 0.00054～27ng/mL，LOD 值达到 0.00018ng/mL（如图 4-14 所示）。该传感器显示出对 ATZ 高灵敏、高选择性的特点[84]。

上述检测方法说明，碳纳米管的存在及其功能化修饰，可以优化这些纳米复合材料的电化学性能，并拓宽了碳纳米管的应用范围，该类纳米复合材料修饰的电极对环境污染物具有非常优良的电化学检测性能。

同样，功能化石墨烯作为基底和载体，具有良好的催化能力，而且石墨烯复合物也具有很好的分散性和优异的电催化活性，在提高电化学传感性能方面发挥着重要作用，石墨烯及其纳米复合材料在环境污染物检测中表现出高灵敏度、高选择性等增强的电化学性

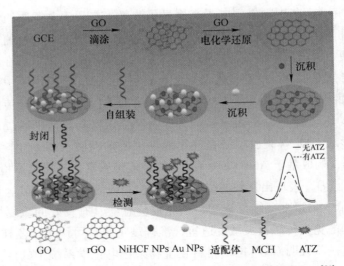

图 4-13 电化学适体传感器制备和 ATZ 的检测机制示意图[84]

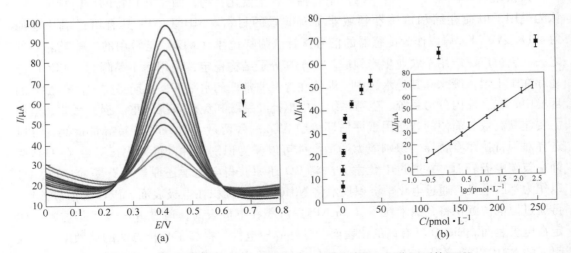

图 4-14 阿特拉津电化学适体传感器与不同浓度的 ATZ 作用下的 DPV
响应（a）及峰电流变化值与 ATZ 浓度的关系（b）[84]

（从 a 到 k：0，0.25pmol/L，0.375pmol/L，1.25pmol/L，2.5pmol/L，3.75pmol/L，12.5pmol/L，25pmol/L，
37.5pmol/L，125pmol/L，250pmol/L；插图为 $\Delta I$ 与 ATZ 浓度的对数值的线性关系曲线）

能，有效提高了对环境污染物的电化学检测效果，应用前景十分广阔。

　　而有机物与石墨烯的结合也为电化学传感器领域的发展提供了强有力的支持。而且，有机物的特殊基团赋予了石墨烯特定的功能性，同时又避免了石墨烯的聚集。然而，这些反应的分子机理目前还不清晰，需要进一步阐明。

　　基于 CNSs 和 CQDs 的纳米复合材料对环境污染物也具有良好的检测效果。值得注意的是，CNSs 与 PPy 组合的 LOD 较低，说明其他碳基纳米材料也可以应用于环境污染物的电化学检测。因此，在未来将有更多的碳基纳米材料被用于构建新的电化学传感器，且制备方法简单，检测性能优良。

目前，功能化碳基纳米材料的制备工艺比较复杂，特别是三元碳基纳米材料。因此，需要一种更简单的制备方法。而且，电极不可避免地会形成吸附层和氧化膜，降低了电极的稳定性和精度。另外，滴涂法还会由于裸电极的表面张力导致碳基纳米材料在电极表面聚集，影响电极的稳定性和重现性。因此，实现碳基纳米材料在电极表面的可控组装还是一个挑战。另一方面，尽管一些电化学传感器已经显示出对环境污染物的高灵敏度和低LOD 值，但在选择性和抗干扰方面的进一步改进还是迫切需要的。因此，控制功能化碳基纳米材料的制备以实现对环境污染物的特异性捕获也是一个重要的发展方向。此外，电化学技术与光谱技术相结合有望解决共存物质的干扰问题，如激光诱导击穿光谱和透射 X 射线荧光光谱等。重要的是，提高电化学性能的灵敏度的机制尚不清楚，在经验水平上还不够充分。碳基纳米材料与环境污染物之间的相互作用需要进一步阐明，如键类型、键长、键角、吸附能等。因此，利用碳基纳米材料对环境污染物进行电化学检测仍然存在许多问题和挑战，期待在不久的将来，碳基纳米材料在环境检测领域取得突破性进展。

———— 本 章 小 结 ————

碳基纳米材料以其独特的结构、优异的导电性和优异的电子传输性能引起了学者们的广泛关注。为了更好地理解碳基纳米材料的性质和应用，本章详细介绍了碳纳米管、石墨烯、碳基微球、碳量子点、分子印迹膜改性的碳基纳米材料、生物质碳纳米材料以及其他碳基纳米材料在环境污染物电化学检测领域的研究进展和具体应用实例。同时，从材料合成、灵敏度、选择性、检测机制等方面总结了碳基纳米材料在环境污染物检测领域的优势。特别是，碳基纳米材料用于环境污染物的电化学检测，具有时间短、经济、环保等优点，已成为一种很有前景的方法。纳米材料的多样性和特异性与电化学方法相结合，不仅扩大了电化学在环境检测领域的应用范围，而且在选择性检测方面具有无可争辩的优势，奠定了碳基纳米材料在环境检测领域不可动摇的地位。

## 习 题

4-1 简述碳纳米管的分类、结构特点及其性质。

4-2 简述 TCA-MWCNTs 纳米复合物对 $Pb^{2+}$ 检测具有良好的选择性和灵敏度的原因。

4-3 举例说明利用石墨烯作为信号放大平台实现超灵敏检测 $Pb^{2+}$ 的免标记电化学适配体传感器原理。

4-4 举例说明有机和无机材料共同修饰的石墨烯纳米复合材料在环境污染物的电化学检测过程中的协同效应。

4-5 简述印迹聚合物改性碳纳米材料用于环境污染物电化学检测的优点。

## 参 考 文 献

[1] Geim A K, Novoselov K S. The rise of graphene [J]. Nature Materials, 2007 (6): 183-191.

[2] Deiminiat B, Rounaghi G H, Arbab-Zavar M H, et al. A novel electrochemical aptasensor based on f-MWCNTs/AuNPs nanocomposite for label-free detection of bisphenol A [J]. Sensors and Actuators B: Chemical, 2017, 242: 158-166.

[3] Akilarasan M, Kogularasu S, Chen S M, et al. One-step synthesis of reduced graphene oxide sheathed zinc

oxide nanoclusters for the trace level detection of bisphenol A in tissue papers [J]. Ecotoxicology and Environmental Safety, 2018, 161: 699-705.

[4] Mita D G, Attanasio A, Arduini F, et al. Enzymatic determination of BPA by means of tyrosinase immobilized on different carbon carriers [J]. Biosensors & Bioelectronics, 2007, 23: 60-65.

[5] He L Z, Yang Y S, Kim J, et al. Multi-layered enzyme coating on highly conductive magnetic biochar nanoparticles for bisphenol A sensing in water [J]. Chemical Engineering Journal, 2020, 384: 123276.

[6] Zou J F, Liu Z G, Guo Y J, et al. Electrochemical sensor for the facile detection of trace amounts of bisphenol A based on cyclodextrin-functionalized graphene/platinum nanoparticles [J]. Analytical Methods, 2017, 9: 134-140.

[7] Wu X R, Wu L N, Cao X Z, et al. Nitrogen-doped carbon quantum dots for fluorescence detection of $Cu^{2+}$ and electrochemical monitoring of bisphenol A [J]. RSC Advances, 2018, 8: 20000-20006.

[8] Jiao M X, Li Z M, Li Y, et al. Poly (3, 4-ethylenedioxythiophene) doped with engineered carbon quantum dots for enhanced amperometric detection of nitrite [J]. Microchimica Acta, 2018, 185(5): 249.

[9] Wei Y, Kong L T, Yang R, et al. Electrochemical impedance determination of polychlorinated biphenyl using a pyrenecyclodextrin-decorated single-walled carbon nanotube hybrid [J]. Chemical Communications, 2011, 47: 5340-5342.

[10] Xu H, Zhang X L, Zhan J H. Determination of pentachlorophenol at carbon nanotubes modified electrode incorporated with beta-cyclodextrin [J]. Journal of Nanoscience and Nanotechnology, 2010, 10: 7654-7657.

[11] Pham X H, Li C A, Han K N, et al. Electrochemical detection of nitrite using urchin-like palladium nanostructures on carbon nanotube thin film electrodes [J]. Sensors and Actuators B: Chemical, 2014, 193: 815-822.

[12] Thirumalraj B, Palanisamy S, Chen S M, et al. Amperometric detection of nitrite in water samples by use of electrodes consisting of palladium-nanoparticle-functionalized multi-walled carbon nanotubes [J]. Journal of Colloid and Interface Science, 2016, 478: 413-420.

[13] Yu H, Li R, Song K L. Amperometric determination of nitrite by using a nanocomposite prepared from gold nanoparticles, reduced graphene oxide and multi-walled carbon nanotubes [J]. Microchimica Acta, 2019, 186 (9): 624.

[14] Mehmeti E, Stankovic D M, Hajrizi A, et al. The use of graphene nanoribbons as efficient electrochemical sensing material for nitrite determination [J]. Talanta, 2016, 159: 34-39.

[15] Zhang J, Zhang Y, Zhou J, et al. Construction of a highly sensitive non-enzymatic nitrite sensor using electrochemically reduced holey graphene [J]. Analytica Chimica Acta, 2018, 1043: 28-34.

[16] Chen Z F, Zhang Y, Zhang J, et al. Electrochemical sensing platform based on three-dimensional holey graphene for highly selective and ultra-sensitive detection of ascorbic acid, uric Aacid, and nitrite [J]. Journal of the Electrochemical Society, 2019, 166: B787-B792.

[17] Bhat S A, Pandit S A, Rather M A, et al. Self-assembled AuNPs on sulphur-doped graphene: A dual and highly efficient electrochemical sensor for nitrite ($NO_2^-$) and nitric oxide (NO) [J]. New Journal of Chemistry, 2017, 41: 8347-8358.

[18] Ahmad R, Mahmoud T, Ahn M S, et al. Fabrication of sensitive non-enzymatic nitrite sensor using silver-reduced graphene oxide nanocomposite [J]. Journal of Colloid and Interface Science, 2018, 516: 67-75.

[19] Mani V, Wu T Y, Chen S M. Iron nanoparticles decorated graphene-multiwalled carbon nanotubes nanocomposite-modified glassy carbon electrode for the sensitive determination of nitrite [J]. Journal of Solid State Electrochemistry, 2014, 18: 1015-1023.

[20] Majidi M R, Ghaderi S. Hydrogen bubble bubble dynamic template fabrication of nanoporous Cu film supported by graphene nanaosheets: A highly sensitive sensor for detection of nitrite [J]. Talanta, 2017,

175：21-29.

[21] Wang L, Kim J, Cui T H. Self-assembled graphene and copper nanoparticles composite sensor for nitrate determination [J]. Microsystem Technologies-Micro-and Nanosystems-Information Storage and Processing Systems, 2018, 24：3623-3630.

[22] Bagheri H, Hajian A, Rezaei M, et al. Composite of Cu metal nanoparticles-multiwall carbon nanotubes-reduced graphene oxide as a novel and high performance platform of the electrochemical sensor for simultaneous determination of nitrite and nitrate [J]. Journal of Hazardous Materials, 2017, 324：762-772.

[23] Wang Q, Yun Y B. A nanomaterial composed of cobalt nanoparticles, poly (3, 4-ethylenedioxythiophene) and graphene with high electrocatalytic activity for nitrite oxidation [J]. Microchimica Acta, 2012, 177：411-418.

[24] Hameed R M A, Medany S S. Sensitive nitrite detection at core-shell structured Cu@Pt nanoparticles supported on graphene [J]. Applied Surface Science, 2018, 458：252-263.

[25] Hameed R M A, Medany S S. Construction of core-shell structured nickel@platinum nanoparticles on graphene sheets for electrochemical determination of nitrite in drinking water samples [J]. Microchemical Journal, 2019, 145：354-366.

[26] Hameed R M A, Medany S S. Evaluation of core-shell structured cobalt@platinum nanoparticles-decorated graphene for nitrite sensing [J]. Synthetic Metals, 2019, 247：67-80.

[27] Li Z, An Z Z, Guo Y Y, et al. Au-Pt bimetallic nanoparticles supported on functionalized nitrogen-doped graphene for sensitive detection of nitrite [J]. Talanta, 2016, 161：713-720.

[28] Qu J Y, Dong Y, Wang Y, et al. A novel nanofilm sensor based on poly-(alizarin red)/$Fe_3O_4$ magnetic nanoparticles-multiwalled carbon nanotubes composite material for determination of nitrite [J]. Journal of Nanoscience and Nanotechnology, 2016, 16：2731-2736.

[29] Bijad M, Karimi-Maleh H, Farsi M, et al. Simultaneous determination of amaranth and nitrite in foodstuffs via electrochemical sensor based on carbon paste electrode modified with CuO/SWCNTs and room temperature ionic liquid [J]. Food Analytical Methods, 2017, 10：3773-3780.

[30] Muthumariappan A, Govindasamy M, Chen S M, et al. Screen-printed electrode modified with a composite prepared from graphene oxide nanosheets and $Mn_3O_4$ microcubes for ultrasensitive determination of nitrite [J]. Microchimica Acta, 2017, 184：3625-3634.

[31] Ye D X, Luo L Q, Ding Y P, et al. A novel nitrite sensor based on graphene/polypyrrole/chitosan nanocomposite modified glassy carbon electrode [J]. Analyst, 2011, 136：4563-4569.

[32] Xiao Q, Feng M M, Liu Y, et al. The graphene/polypyrrole/chitosan-modified glassy carbon electrode for electrochemical nitrite detection [J]. Ionics, 2018, 24：845-859.

[33] Liu S, Tian J Q, Wang L, et al. Production of stable aqueous dispersion of poly (3, 4-ethylenedioxythiophene) nanorods using graphene oxide as a stabilizing agent and their application for nitrite detection [J]. Analyst, 2011, 136：4898-4902.

[34] Valentini F, Cristofanelli L, Carbone M, et al. Glassy carbon electrodes modified with hemin-carbon nanomaterial films for amperometric $H_2O_2$ and $NO^{2-}$ detection [J]. Electrochimica Acta, 2012, 63：37-46.

[35] Li L B, Liu D, Wang K, et al. Quantitative detection of nitrite with N-doped graphene quantum dots decorated N-doped carbon nanofibers composite-based electrochemical sensor [J]. Sensors and Actuators B：Chemical, 2017, 252：17-23.

[36] Zhuang Z J, Lin H Q, Zhang X, et al. A glassy carbon electrode modified with carbon dots and gold nanoparticles for enhanced electrocatalytic oxidation and detection of nitrite [J]. Microchimica Acta, 2016, 183：2807-2814.

[37] Gopalan A I, Lee K P, Komathi S. Bioelectrocatalytic determination of nitrite ions based on polyaniline

grafted nanodiamond [J]. Biosensors & Bioelectronics, 2010, 26: 1638-1643.

[38] Zhou S H, Wu H M, Wu Y, et al. Hemi-ordered nanoporous carbon electrode material for highly selective determination of nitrite in physiological and environmental systems [J]. Thin Solid Films, 2014, 564: 406-411.

[39] Ma J C, Zhang W D. Gold nanoparticle-coated multiwall carbon nanotube-modified electrode for electrochemical determination of methyl parathion [J]. Microchimica Acta, 2011, 175: 309-314.

[40] Xiao L, Wildgoose G G, Compton R G. Sensitive electrochemical detection of arsenic (Ⅲ) using gold nanoparticle modified carbon nanotubes via anodic stripping voltammetry [J]. Analytica Chimica Acta, 2008, 620: 44-49.

[41] Huo D Q, Li Q, Zhang Y C, et al. A highly efficient organophosphorus pesticides sensor based on CuO nanowires-SWCNTs hybrid nanocomposite [J]. Sensors and Actuators B: Chemical, 2014, 199: 410-417.

[42] Du D, Huang X, Cai J, et al. Amperometric detection of triazophos pesticide using acetylcholinesterase biosensor based on multiwall carbon nanotube-chitosan matrix [J]. Sensors and Actuators B: Chemical, 2007, 127: 531-535.

[43] Liu N Y, Cai X P, Lei Y, et al. Single-walled carbon nanotube based real-time organophosphate detector [J]. Electroanalysis, 2007, 19: 616-619.

[44] Pedrosa V A, Paliwal S, Balasubramanian S, et al. Enhanced stability of enzyme organophosphate hydrolase interfaced on the carbon nanotubes [J]. Colloids and Surfaces B: Biointerfaces, 2010, 77: 69-74.

[45] Ma H L, Wang L, Liu Z G, et al. Ionic liquid-graphene hybrid nanosheets-based electrochemical sensor for sensitive detection of methyl parathion [J]. International Journal of Environmental Analytical Chemistry, 2016, 96: 161-172.

[46] Zhang D, Yu D J, Zhao W J, et al. A molecularly imprinted polymer based on functionalized multiwalled carbon nanotubes for the electrochemical detection of parathion-methyl [J]. Analyst, 2012, 137: 2629-2636.

[47] Chen S, Li L J, Wen Y P, et al. Voltammetric analysis of thiamethoxam based on inexpensive thick-walled moso bamboo biochar nanocomposites [J]. International Journal of Electrochemical Science, 2019, 14: 10848-10861.

[48] Goudarzi M, Salavati-Niasari M, Bazarganipour M, et al. Sonochemical synthesis of $Tl_2O_3$ nanostructures: Supported on multi-walled carbon nanotube modified electrode for monitoring of copper ions [J]. Journal of Materials Science-Materials in Electronics, 2016, 27: 3675-3682.

[49] Wang L, Wang X Y, Shi G S, et al. Thiacalixarene covalently functionalized multiwalled carbon nanotubes as chemically modified electrode material for detection of ultratrace $Pb^{2+}$ ions [J]. Analytical Chemistry, 2012, 84: 10560-10567.

[50] Morton J, Havens N, Mugweru A, et al. Detection of trace heavy metal ions using carbon nanotube-modified electrodes [J]. Electroanalysis, 2009, 21: 1597-1603.

[51] Gauta G M D N, Kriveshini P, Omotayo A. Electrochemical detection of Hg (Ⅱ) in water using self-assembled single walled carbon nanotube-poly (m-amino benzene sulfonic acid) on gold electrode [J]. Sensing and Bio-Sensing Research, 2016, 2016: 27-33.

[52] Peng Y P, Wang Y J, Li Y J, et al. Polyethylenimine functionalized multi-walled carbon nanotubes for electrochemical detection of chromium (Ⅵ) [J]. Electroanalysis 2016, 28: 2029-2036.

[53] Wang Y H, Wang P, Wang Y Q, et al. Single strand DNA functionalized single wall carbon nanotubes as sensitive electrochemical labels for arsenite detection [J]. Talanta, 2015, 141: 122-127.

[54] Paul A, Bhattacharya B, Bhattacharyya T K. Selective detection of Hg(Ⅱ) over Cd(Ⅱ) and Pb(Ⅱ) ions

by DNA functionalized CNT [J]. IEEE Sensors Journal, 2015, 15: 2774-2779.

[55] Gong J L, Sarkar T, Badhulika S, et al. Label-free chemiresistive biosensor for mercury(Ⅱ) based on single-walled carbon nanotubes and structure-switching DNA [J]. Applied Physics Letters, 2013, 102.

[56] Wei Y, Liu Z G, Yu X Y, et al. O-2-plasma oxidized multi-walled carbon nanotubes for Cd(Ⅱ) and Pb(Ⅱ) detection: Evidence of adsorption capacity for electrochemical sensing [J]. Electrochemistry Communications, 2011, 13: 1506-1509.

[57] Wei Y, Yang R, Chen X, et al. A cation trap for anodic stripping voltammetry: $NH_3$-plasma treated carbon nanotubes for adsorption and detection of metal ions [J]. Analytica Chimica Acta, 2012, 755: 54-61.

[58] Yang R, Wei Y, Yu Y, et al. Make it different: The plasma treated multi-walled carbon nanotubes improve electrochemical performances toward nitroaromatic compounds [J]. Electrochimica Acta, 2012, 76: 354-362.

[59] Gao C, Hang L, Liao X L, et al. Graphene and anthraquinone-2-sulfonic acid sodium based electrochemical aptasensor for $Pb^{2+}$ [J]. Chinese Journal of Analytical Chemistry, 2014, 42: 853-858.

[60] Gao F, Gao C, He S Y, et al. Label-free electrochemical lead(Ⅱ) aptasensor using thionine as the signaling molecule and graphene as signal-enhancing platform [J]. Biosensors & Bioelectronics, 2016, 81: 15-22.

[61] Li W W, Kong F Y, Wang J Y, et al. Facile one-pot and rapid synthesis of surfactant-free Au-reduced graphene oxide nanocomposite for trace arsenic(Ⅲ) detection [J]. Electrochimica Acta, 2015, 157: 183-190.

[62] Ikhsan N I, Rameshkumar P, Huang N M. Controlled synthesis of reduced graphene oxide supported silver nanoparticles for selective and sensitive electrochemical detection of 4-nitrophenol [J]. Electrochimica Acta, 2016, 192: 392-399.

[63] Yukird J, Kongsittikul P, Qin J, et al. ZnO@graphene nanocomposite modified electrode for sensitive and simultaneous detection of Cd(Ⅱ) and Pb(Ⅱ) [J]. Synthetic Metals, 2018, 245: 251-259.

[64] Lee S, Oh J, Kim D, et al. A sensitive electrochemical sensor using an iron oxide/graphene composite for the simultaneous detection of heavy metal ions [J]. Talanta, 2016, 160: 528-536.

[65] Fan W, Miao Y E, Liu T X. Graphene/gamma-AlOOH hybrids as an enhanced sensing platform for ultrasensitive stripping voltammetric detection of Pb(Ⅱ) [J]. Chemical Research in Chinese Universities, 2015, 31: 590-596.

[66] Gao C, Yu X Y, Xu R X, et al. AlOOH-reduced graphene oxide nanocomposites: one-pot hydrothermal synthesis and their enhanced electrochemical activity for heavy metal ions [J]. ACS Applied Materials & Interfaces, 2012, 4: 4672-4682.

[67] Li M J, Li Z H, Liu C M, et al. Amino-modification and successive electrochemical reduction of graphene oxide for highly sensitive electrochemical detection of trace $Pb^{2+}$ [J]. Carbon, 2016, 109: 479-486.

[68] Nguyen T D, Dang T T H, Thai H, et al. One-step electrosynthesis of poly (1, 5-diaminonaphthalene)/graphene nanocomposite as platform for lead detection in water [J]. Electroanalysis, 2016, 28: 1907-1913.

[69] Promphet N, Rattanarat P, Rangkupan R, et al. An electrochemical sensor based on graphene/polyaniline/polystyrene nanoporous fibers modified electrode for simultaneous determination of lead and cadmium [J]. Sensors and Actuators B: Chemical, 2015, 207: 526-534.

[70] Xiong S Q, Ye S D, Hu X H, et al. Electrochemical detection of ultra-trace Cu(Ⅱ) and interaction mechanism analysis between amine-groups functionalized $CoFe_2O_4$/reduced graphene oxide composites and

metal ion [J]. Electrochimica Acta, 2016, 217: 24-33.

[71] Meng F L, Jia Y, Liu J Y, et al. Nanocomposites of sub-10nm SnO₂ nanoparticles and MWCNTs for detection of aldrin and DDT [J]. Analytical Methods, 2010, 2: 1710-1714.

[72] Wei Y, Yang R, Liu J H, et al. Selective detection toward Hg ( II ) and Pb ( II ) using polypyrrole/carbonaceous nanospheres modified screen-printed electrode [J]. Electrochimica Acta, 2013, 105: 218-223.

[73] Sun Y F, Zhao L J, Jiang T J, et al. Sensitive and selective electrochemical detection of heavy metal ions using amino-functionalized carbon microspheres [J]. Journal of Electroanalytical Chemistry, 2016, 760: 143-150.

[74] Guo Z, Wei Y, Yang R, et al. Hydroxylation/carbonylation carbonaceous microspheres: A route without the need for an external functionalization to a " hunter" of lead ( II ) for electrochemical detection [J]. Electrochimica Acta, 2013, 87: 46-52.

[75] Li L, Liu D, Shi A P, et al. Simultaneous stripping determination of cadmium and lead ions based on the N-doped carbon quantum dots-graphene oxide hybrid [J]. Sensors and Actuators B: Chemical, 2018, 255: 1762-1770.

[76] Fu X C, Wu J, Nie L, et al. Electropolymerized surface ion imprinting films on a gold nanoparticles/single-wall carbon nanotube nanohybrids modified glassy carbon electrode for electrochemical detection of trace mercury( II ) in water [J]. Analytica Chimica Acta, 2012, 720: 29-37.

[77] Wu S P, Dai X Z, Cheng T T, et al. Highly sensitive and selective ion-imprinted polymers based on one-step electrodeposition of chitosan-graphene nanocomposites for the determination of Cr ( VI ) [J]. Carbohydrate Polymers, 2018, 195: 199-206.

[78] Baikeli Y, Mamat X, Yalikun N, et al. Differential pulse voltammetry detection of Pb ( II ) using nitrogen-doped activated nanoporous carbon from almond shells [J]. RSC Advances, 2019, 9: 23678-23685.

[79] Peng X Y, Zou J F, Liu Z G, et al. Electrochemical sensor for facile detection of trace N-nitrosodiphenylamine based on poly ( diallyldimethylammonium chloride ) -stabilized graphene/platinum nanoparticles [J]. New Journal of Chemistry, 2019, 43: 820-826.

[80] Wen T T, Xue C, Li Y, et al. Reduced graphene oxide-platinum nanoparticles composites based imprinting sensor for sensitively electrochemical analysis of 17 beta-estradiol [J]. Journal of Electroanalytical Chemistry, 2012, 682: 121-127.

[81] Wu T X, Li T T, Liu Z G, et al. Electrochemical sensor for sensitive detection of triclosan based on graphene/palladium nanoparticles hybrids [J]. Talanta, 2017, 164: 556-562.

[82] Park M, Cella L N, Chen W F, et al. Carbon nanotubes-based chemiresistive immunosensor for small molecules: Detection of nitroaromatic explosives [J]. Biosensors & Bioelectronics, 2010, 26: 1297-1301.

[83] Huang Y H, Zhu F, Guan J H, et al. Label-free amperometric immunosensor based on versatile carbon nanofibers network coupled with Au nanoparticles for aflatoxin B-1 detection [J]. Biosensors-Basel, 2021, 11.

[84] Fan L F, Zhang C Y, Yan W J, et al. Design of a facile and label-free electrochemical aptasensor for detection of atrazine [J]. Talanta, 2019, 201: 156-164.

# 5 MOFs 材料环境电化学分析

**本章提要：**

（1）金属有机框架（MOFs）材料的定义与分类。

（2）金属有机框架（MOFs）材料在环境污染物电化学分析方面的应用。

## 5.1 金属有机框架材料的定义与发展历程

对金属-有机框架材料（Metal-organic Frameworks，MOFs）或者（和）金属配位聚合物（Metal Coordination Polymers，MCPs）的研究无疑是近些年来在化学和材料学方面的研究热点[1,2]。其巨大的发刊量即为有力证明，就过去的十年中，有超过 6000 篇的文章报道了具有独特结构的 MOFs。MOFs 是通过将金属离子或包涵金属簇的物质与有机配体通过配位作用或其他作用力自组装形成具有周期性网络结构的二维（2D）或者三维（3D）结构的一类化合物[3]，常见的 MOFs 结构如图 5-1 所示[4]。与传统的多孔材料（沸石[5]、三维碳材料[6,7]）相比，MOFs 就其突出的高孔隙率、孔径可调性和功能位点多样化而言是独一无二的。MOFs 结构极高的孔隙率和高达 7000m$^2$/g 的比表面积，使得其在氢气[8,9]、甲烷[10]和乙炔[9]等气体的储存和对 CO$_2$[11,12]的捕获方面性能优异；而它们带有功能化位点的可调节的孔径使得我们能够处理那些比较棘手的小分子和大分子的分离[13]，并发展传感[14]、药物输送[15,16]和多相催化[17]的功能材料。其结构可以通过常规的一些仪器进行表征，如 X 射线衍射、同步加速器、中子衍射等[18,19]。

MOFs 的合成是伴随着配位化学和固态/沸石化学而形成的一个比较年轻的领域。配位聚合物作为配位化学的一类长期的研究对象[20]，由于其是以金属离子作为桥联点，与作为连接体的有机配体相互连接形成的一类化合物[3,4,21]。此类化合物的合成在 1964 年被首次报道[22]。而对多孔配位聚合物的认识和研究要晚很多，尽管一些复合物已经研究被证实具有可逆的吸附特性，如普鲁士蓝化合物和霍夫曼包合物。因此，真正对多孔配位聚合物和 MOFs 的研究是大约在 1990 年才开始的。在 1989[23]年和 1990[24]年，Hoskins 和 Robson 做出开创性的工作为未来 MOFs 材料的研究奠定了基础。在发表的文章中，他们已经预见了之后世界各地的许多科学家所报道的事实[25]：大规模的晶体、微孔材料、稳定的固体，可以使用结构诱导剂，结合离子交换、气体吸附或催化等技术进一步在框架结构形成后引入官能团而合成。1995 年左右，Yaghi 等[26,27]在发现了层状钴苯三甲酸（[CoC$_6$H$_3$(COOH$_{1/3}$)$_3$(NC$_5$H$_5$)$_2$·2/3NC$_5$H$_5$]）具有可逆吸附性质之后，该 MOF 在室温下具有气体吸附性质。接下来的几年中，陆续有 MOF-5[29]和 HKUST-1[30]合成的报道。而这两种 MOFs 也成为了到今天以来研究最多的材料。从 2002 年开始，Férey 等人报道了刚性

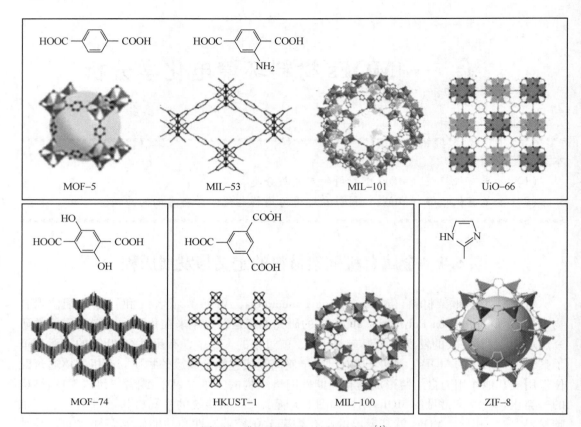

图 5-1　典型的 MOFs 结构示意图[4]

和柔性的多孔 MOFs 的合成，其代表化合物分别为：MIL-47[31] 和 MIL-53[32]/MIL-88[33]。网状化学的概念在 2002 年由于一系列的锌酯的出现而流行，并扩展到其他材料。尤其是混合有机配体复合物[34]，如［M$_2$（乙二酸）$_2$（二胺）］（M＝Zn、Cu），通过改变两种配体的组成可以得到大量的新的结构、组成和多功能的 MOFs，故也吸引了大批研究者的关注。第一个混合有机配体的结构模型[35]在 2001 年被发表。

　　在 2002 年，MOFs 材料的家庭扩大到了以咪唑的为配体化合物，如今被称为沸石咪唑框架（ZIFs）[36,37]。当然，对许多有趣的化合物还很有介绍的必要。在后面的章节中会详细提到。

## 5.2　金属有机框架材料的分类

　　随着对 MOFs 研究的逐渐深入，MOFs 的种类得到了极大的丰富和发展，目前已知的 MOF 就有大于 2 万种不同的结构。所以，有必要对 MOFs 进行分类。从其结构角度，可以将其分为：一维（1D）链状聚合物、二维（2D）层状聚合物、三维（3D）网状聚合物三种形式。依据桥联的金属离子的不同，将其分为主族金属配位聚合物，过渡金属配位聚合物，$d\sim f$ 金属配位聚合物和稀土金属配位聚合物；有机配体作为 MOFs 材料在合成过程中的关键因素之一，其种类的不同、功能化基团不同直接影响 MOFs 的结构，进而影响

MOFs 材料的性能，所以按照有机配体的不同也可大致分为：含羧酸类配体的 MOFs，含氮杂环类配体的 MOFs 和含羧酸及氮杂环类混合配体的 MOFs 三大类；本书根据在合成 MOFs 材料方面具有突出代表性的研究工作（也是文献中常见的命名）将 MOFs 分为以下几大类：

（1）MIL 系列复合材料。Férey 课题组自 1998 年始发展的一种以 MIL-$n$（Materials of Institute Lavoisier Frameworks）命名的一系列金属配位聚合物。MIL-n 型的多孔金属羧酸盐多为三价阳离子，如钒（Ⅲ）、铬（Ⅲ）和铁（Ⅲ），也可扩展到 p 元素，如铝（Ⅲ）、镓（Ⅲ）或铟（Ⅲ）的运用，而该类 MOFs 材料的有机配体多为琥珀酸、戊二酸、对苯二甲酸（BDC 或 bdc 表示）等二元羧酸[38-40]。这些具有开放孔笼的 MOFs 框架材料类似于一些沸石拓扑结构，但在表面化学、密度、孔径大小方面有所不同。比较重要的 MIL 型结构为 3D-[M($M_4$-BDC)(M-OH)] 这种类型，其中 M = Al、Cr 或 Fe[32,41-43]，BDC = 对苯二甲酸。结晶的介孔材料 3D-[$Cr_3$(O)(BDC)$_3$(F)-($H_2O$)$_2$]·25$H_2O$，即 MIL-101，是 $Cr^{3+}$ 与对苯二甲酸的配位聚合物，具有一个 1.6nm 尺寸的六边形窗口和 3.4nm 直径的内空笼[44]（见图 5-2）。

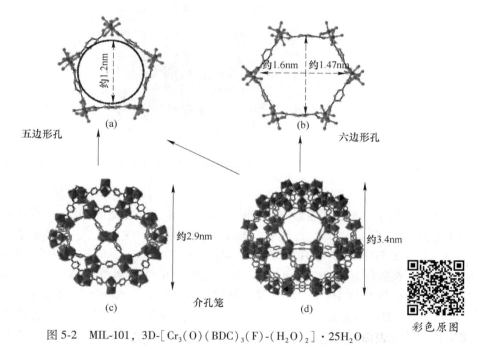

图 5-2　MIL-101，3D-[$Cr_3$(O)(BDC)$_3$(F)-($H_2O$)$_2$]·25$H_2O$
五边形（a）、六边形（b）窗口的球-棒模型和两个笼子的球-棒模型（c，d）[44]
（铬八面体、氧、氟和碳原子分别用绿色、红色、红色和蓝色表示）

MIL-53 由 M = Al、Cr 或 Fe 的三价金属离子与对苯二甲酸（BDC）共价结合形成。MIL-53 的框架结构具有高度灵活性，在主客体的强相互作用下可以得到不同的形状。多孔铁 MOFs 的合成具有重要意义，不仅是因为这样的 Fe 类 MOFs 材料是比较罕见的，而且还因为铁也是一种与磁性或催化性能相关的元素。

（2）IRMOF 系列复合材料。Yaghi 研究小组基于 MOF-5 合成了 IRMOF（Isoreticular

metal-organic Frameworks，IRMOFs）系列金属配位聚合物[46]。从水热法得到四核和四面体（$Zn_4O$）结构单元为基础的一系列立方异网状 MOFs 的结构，IR-MOF-$n$（$n=1\sim16$），具有可调谐的孔径范围（0.38~2.9nm）；比空隙体积达到 $1cm^3/g$[46]。这类材料借助了异网状结构合成的几何概念，将二级结构单元（SBU）（$Zn_4O$）中的配位金属离子与有机羧酸配体相结合[29,46]。IR-MOF-1[46]的结构，也就是众所周知的 MOF-5[29]，以对苯二甲酸为配体，是被广泛认可的。IR-MOF-16 在没有客体分子存在的情况下，具有超高的每单位晶胞体积 91% 的孔隙率（图 5-3）[46]。

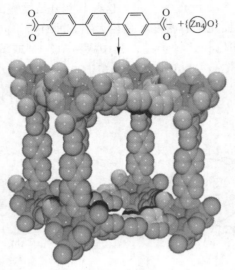

彩色原图

图 5-3   IR-MOF-15、IR-MOF-16 构建模块和 3D-[$Zn_4O(L)_3$] 的空间填充示意图[46]

（3）以铜与各类三羧酸形成的同时含有孔笼和三维管道的 MOFs，也叫作 PCN。PCN 是由美国得克萨斯 A&M 大学的 Zhou 研究小组合成的[47,48]。使用含有铜离子的 $Cu(NO_3)_2\cdot2.5H_2O$ 分别与 $H_3$TATB（4，4′，4″-s-三嗪-2，4，6-三（三甲苯酸酯））配体和 HTB 配体，在酸性环境中，75℃ 条件下，反应 48h 可以制得 PCN 系列中的两种典型材料——PCN-6′和 MOF-HTB′。PCN 系列材料含有多个立方八面体纳米孔笼，并在空间上形成类似于 Cu-BTC 的孔笼-孔道拓扑结构。PCN 材料在气体储存方面最具代表性的材料是 PCN-14，其比表面积可达 $2176cm^2/g$。在 290K 和 3.5MPa 压力下，其甲烷存储能力可达到 230（体积比），高出美国能源部制定的 180（体积比）的标准 28%[49]。

（4）沸石咪唑酯骨架结构（ZIFs）。ZIFs 是 MOFs 材料的一类，类似于拓扑的沸石。ZIFs 是由四面体配位过渡金属离子（如铁、钴、铜、锌）通过有机咪唑配体连接起来的三维框架结构[37,50]。通常这一类比其他的 MOFs 材料具有更高的热稳定性和化学稳定性[37]，ZIFs 正在成为聚合物膜在有限气体分离方面的潜在材料[50]。

ZIFs 框架结构化合物可由 T$(Im)_2$（Im=咪唑酯及其衍生物，T=四面体配位金属离子）的形式来表示，类似于（铝）硅沸石中（Al）$SiO_2$ 的框架；尤其是其金属-配体-金属（T-Im-T）的角度为 145°，与在沸石中发现在 Si-O-Si 键角相近[50]。在这些结构中，四面体配位的金属中心与咪唑配体（Im＝$C_3N_2H_3$-）1，3 位上的氮原子配位，并表现出类似于标准沸石的拓扑结构。这些多孔、柔韧、化学和热稳定的晶体（400℃），由于其孔的尺寸小于 0.5nm，可被用于气体分离和存储，以及用于尺寸和形状的选择性催化[51,52]。此外，它们的表面积类似于孔非常多的 MOFs 材料，这归因于基于咪唑配体的边和面的充分暴露。ZIFs 在气体吸附方面还表现出了其框架结构的灵活性，并且在严苛的实验条件下，如用有机溶剂、水和碱性水溶液回流，也展示了其优异的稳定性[53]。

（5）具有孔道-笼结构的 HKUST-1。Williams 等人合成的（$Cu_3(TMA)_2$-$(H_2O)_3$）$_n$，即 HKUST-1，是另外一种有代表性的 MOFs 材料。研究人员用间苯三甲酸和硝酸铜在乙二醇/水的混合液中，180℃下反应合成[54]。该化合物具有孔道-笼的结构，孔径大小约为 0.95nm×0.95nm，比表面积为 692.2$m^2$/g。通过有机配体的改变可以得到多种具有孔道-笼结构的 MOFs 材料。在这类材料中，每个金属簇单元与四个有机配体连接，每个有机配体单元与三个金属簇单元连接。以 HKUST-1 为例，四个有机配体（苯三甲酸）通过六个金属簇单元连接而成。每个笼含有四个窗口孔道，连接到正交孔道。正交孔道相互连接，连接口约为正方形。

（6）层柱状（Coordination Pillared-Layer，CPL）金属配位聚合物。这一系列的 MOFs 材料由日本京都大学 Kitagawa 研究小组合成。六配位金属元素与中性的含氮杂环类配体，如 2，2-联吡啶，4，4-联吡啶，苯酚等配位形成 CPL 系列材料独特的层状结构[55]。通过改变有机配体，可以得到不同孔径、比表面积的 CPL 材料。这类材料最大的特点在于，在吸附客体分子时，其框架结构会从闭合结构变为开放式结构。而这种结构变化与吸附的客体分子有关[56]。尽管这个现象在力学性质和分子吸附能力方面具有令人感兴趣的研究价值，但是还没有很好的理论方法能够深入地研究此现象的机理。此外，这类材料还具有结构稳定，密度低，结构设计灵活等优点，在储存氢气和甲烷等气体中有良好的应用前景。

（7）UiO(University of Oslo) 系列材料。这是一系列基于锆（Zr）的新型 MOFs 材料。以 UiO-66 为例，该材料是由含 Zr 的正八面体（$Zr_6O_4(OH)_4$）与 12 个对苯二甲酸配体相连，形成包含八面体中心笼（1.1nm）和八个四面体角笼（约 0.8nm）的 3D 微孔结构[57]，这两种笼之间通过三角窗口相连（约 0.6nm）（如图 5-4 所示）。UiO-66 超过 500℃仍具有热稳定性，并且在多种有机溶剂中也有一定的结构稳定性，是目前已经报道的 MOFs 材料中最好的材料之一[58]。基于其出众的稳定性，该材料可用作气体的储存与分离[59]。

（8）其他种类的 MOFs。包括混合配体 MOFs 材料和混合金属 MOFs 材料。混合配体 MOFs 材料通过利用多种不同有机配体形成形貌、性能特别的新型 MOFs 材料。如 Thompson 等将初始 MOFs(ZIF-7、ZIF-8 和 ZIF-90) 的配体在反应溶液中按不同比例混合，得到了 ZIF-7-8，ZIF-8-90 杂化材料[60]。其中，ZIF-8-90 依然保持了其自身结构，而 ZIF-7-8 则变成了斜方六面体晶胞。混合金属 MOFs 材料中含有多种金属前驱体，可引入不同的功能。用 2-氨基对苯二甲酸作为配体，合成了钴掺杂的 $NH_2$-MIL-53（Fe）复合材料[61]，该材料在碱性介质中具有优异的电化学析出氧气性能。Su 等[62]合成了含有 Zn、Co 的 3d-3d 混合金属 MOFs 材料，发现其具有手性特征。总的来说，这种混合型 MOFs 材料为可调控 MOFs 材料拓扑结构，丰富材料功能特性等提供新思路。

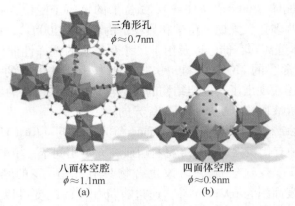

三角形孔
$\phi \approx 0.7\,nm$

八面体空腔          四面体空腔
$\phi \approx 1.1\,nm$          $\phi \approx 0.8\,nm$
(a)                    (b)

彩色原图

图 5-4　UiO-66 上的八面体孔笼和四面体孔笼示意图[57]

（Zr 多面体和碳原子分别用蓝色和黑色表示。八面体和四面体空腔的自由直径分别通过紫色和绿色的球体表示）

# 5.3　金属有机框架材料的合成

随着 MOFs 材料研究兴趣的提升，每年都有许多新的框架结构的报道，其中不乏新的配体和拓扑结构。在此，对 MOFs 的合成方法进行总结，期望其能扩展到大规模的合成，并且节省合成时间。典型的 MOFs 合成需要将有机配体与金属盐的混合液加热 12 ~ 48h[62-65]。虽然此合成方法可以得到高品质的结晶，但是它反应时间长并且很难达到约 1 克以上的产量[66,67]。溶剂，特别是经常使用的二甲基甲酰胺（DEF），是比较昂贵的，不利于大规模的合成。BASF 公司的 Mueller 和他的同事首次大规模地合成了 MOFs 材料[68]，在该合成过程中，50g 的 MOF-5 的合成需要近 6L 的 DEF。因此，减少的反应时间和溶剂所需量的方法是对于实验室规模的合成及对于 MOFs 材料的商业化是十分有利的。本节总结了传统溶剂热合成法、微波合成法、声化学合成法、机械化学合成法、电化学合成法及后合成修饰的合成方法。

## 5.3.1　传统溶剂热合成

MOFs 通常使用传统的电加热的方式通过溶剂热的方法合成的。MOFs 材料的自组装过程通常从单独的金属离子和有机配体开始。1999 年报道了两个有代表性的 MOFs 材料，HKUST-1[30] 和 MOF-5[29]，以它们作为 MOFs 化学的基础。对于 HKUST-1，是由铜的轮浆结构作为二级结构单元（Secondary Building Units，SBUs）与 1，3，5-苯三酸（BTC）配位形成三维多孔立方网络结构。另一方面，MOF-5 是由 $Zn_4O$ 簇和线性的对苯二甲酸配位形成的金属配位聚合物，其化学组成为 $Zn_4O(BDC)_3 \cdot (DMF)_8(C_6H_5Cl)$。用类似的合成方法，可以得到许多性质新颖的有代表性的 MOFs 材料，如 MIL-53[69-71]、MIL-100[72,79]、MIL-101[44,73-74,80-84]、MOF-74[85-88]、UiO-66[89-91] 和 PCN（Coordination Networks，网状配位聚合物）[92-99] 系列。

合成 MOFs 材料的另一种途径是用预建的无机模块进行搭建。这些预建多核配位复合物的结构和功能与 MOFs 的无机结构类似或相同。例如，MIL-88 和 MIL-89 是将三核氧桥连 Fe（Ⅲ）的一元羧酸盐（酯）替换为二元羧酸盐（富马酸盐、2，6-萘二甲酸和反，反-粘康酸盐）[40,100]。与此同时，这个研究小组报道了使用锆甲基丙烯酸氧簇合成了具有 UiO-66 结构的多孔锆二羧酸 MOFs（[$Zr_6O_4(OH)_4(OMc)_{12}$]，OMc ＝ $CH_2$ ＝ $CH(CH_3)COO$），见图 5-5）[101]。同样地，该合成策略已在 MOF-5 的合成中得到了应用。以 [$M_4(\mu_4\text{-}O)(OAc)_6$] 为前驱体，可以得到 MOF-5（Zn）和 MOF-5（Be）两种配位聚合物。此外，含有两个 [$Co_4O$]$^{6+}$ 单元的钴氧代戊酸可以作为合成 MOF-5（Co）的前驱体[102]。引入锌以外的其他金属可以得到具有新的功能 IRMOFs，如 MOF-5（Co）的磁性。

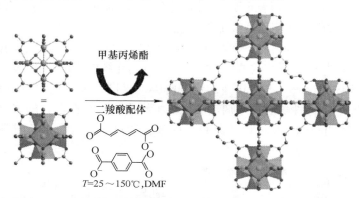

图 5-5　从 Zr6-甲基丙烯酸氧簇开始合成二羧酸锆 MOFs 的示意图[101]
（金属多面体、碳原子和氧原子分别以绿色、灰色和红色标示在图中）

最近，Zhou 小组以预组装的 [$Fe_3O(OOCCH_3)_6$] 为基本结构单元合成了一系列介孔的基于金属卟啉的 MOFs[103]，命名为 PCN-600（M）（M ＝ 锰、铁、钴、镍、铜）。PCN-600 在一维方向上有尺寸大约 3.1nm 的通道，实验测得孔容积为 1.80cm³/g，并且化学稳定性高。PCN-600（Fe）已被证实具有类过氧化物酶性质，可以催化共氧化的反应。此外，该小组也提出了一种动力学调控的扩增维度的路径来合成高结晶度、并且稳定的 Fe-MOF，将 [$Fe_2M(\mu_3\text{-}O)(CH_3COO)_6$]（M ＝ $Fe^{2+,3+}$、$Co^{2+}$、$Ni^{2+}$、$Mn^{2+}$、$Zn^{2+}$）作为无机结构单元[104]。通过合理调节 MOFs 生长过程中热力学和动力学两方面因素，可以得到 34 种具有不同配体，不同结构的 Fe-MOFs 材料的大单晶。其中，PCN-250（$Fe_2Co$）表现出对甲烷和氢气的高吸附量，并且其在水中或者不同 pH 值的水溶液中具有较好的稳定性。

### 5.3.2　微波合成法

微波加热被广泛地用作加速化学反应的速率的方法[105]。这种速率的提高被认为是由于溶剂吸收微波可以迅速达到高温的原因。由 Ni 和 Masel 首先通过微波辐射的方法合成了 MOFs 材料[106]，他们合成了 IRMOF-1（MOF-5）、IRMOF-2 和 IRMOF-3 微晶，该方法大大缩短了反应时间。这项技术可以扩展到其他 MOFs 材料的合成[107,108]。

在过去的几年中，研究人员对微波技术的机理得到了更深刻的理解，并且扩展了其应用。速率增强的机理通过 Cu-苯三酸金属配位聚合物的生长（HKUST-1）[109]进行了研究，研究结果表明：速率的提高主要是由于成核速率的增加，而不是晶体的生长速率。有趣的是，MIL-53（Fe）MOFs 的生长情况正好与 HKUST-1 相反，其成核速率和晶体生长速率同时得到了增加[64]。改变反应的温度和反应时间可以可控地合成 Cu-1，3，5-苯三酸（BTC）MOFs 的不同相的结构[110]，包括合成比溶剂热法和电化学合成方法具有更高比表面积的 CuBTC。通过优化的微波法合成 MOF-5，在微波加热 0.5h 后可以得到以克为单位的 MOF-5，其性质与传统加热的方法合成的 MOF-5 类似；然而微波辐射的 0.5 小时后的样品的结晶度变差[111]。微波法和传统加热法合成的 MOF-5 之间具有相似的特性[112]。Zn-2，2′-双吡啶-5，5′-二羧酸盐[113]MOFs 也同样被证实两种方法合成的晶体性质类似，但是对于 MOF-177[114]，传统加热的方法与微波法合成出的晶体的性质并无相似性。

　　通过微波加热的方法可以得到微晶产物，缩短反应时间，也可用于合成 MOFs 薄膜。例如，ZIF-8 聚合物薄膜已在使用微波加热法在二氧化钛表面生长[115]，MOF-5 的致密薄膜通过微波照射的方法生长在覆有石墨涂层的阳极氧化铝表面。使用这些基底时，可通过图案化的石墨表面来进行表面形貌的调整[116]。为了得到连续的 MOF-5 薄膜，这些种子膜可以经由传统的溶剂热法合成[117]。ZIF-7 的连续薄膜（见图 5-6）同样可以通过种子基底来生长。在这种情况下，将种子通过溶剂热法生长，浸涂法涂布在分散的聚合物溶液中，然后通过微波照射可以生长 1~2μm 厚的薄膜。用微波加热实现二次生长时间的缩短被认为是影响沉积速率的重要因素[118]。

图 5-6　ZIF-7 膜的俯视图（a）、剖面图（b）的 SEM 图像和 X 射线光散射图像（c）[118]
（Zn 用橙色标示，Al 用青色表示）

彩色原图

### 5.3.3　声化学合成

能够形成小的 MOFs 晶体，并且缩短反应时间的另一种方法是声化学合成法，是一种最近才开始进行探索的方法。声化学辐射能加快反应速率的原因是由于溶液中气泡的形成与瓦解，称为声空化，产生非常高的局部温度（大于 5000K）和压力，最终可以实现快速的加热和冷却[119]。在 1-甲基-2-吡咯烷酮（NMP）溶剂中用声化学法反应 30min，得到 5~25μm 的 MOF-5 晶体，其性质与微波法或者传统加热方法得到的 MOF-5 晶体十分相似[112]。还有研究小组以 MOF-177[114] 和 Zn-2，2′-联吡啶-5，5′-二羧酸酯 MOFs[113] 为例对比了声化学法和微波法合成的 MOFs 晶体的性质区别。结果表明，声化学合成法比微波合成法得到的 MOF-177 晶体具有更优异的性质。同样的，声化学方法也可以用来缩短 Cu-BTC 的合成时间[120]。通过声化学法可以控制尺寸合成 3(BTC)$_2$·12H$_2$O 金属配位聚合物，晶体尺寸在 50~900nm 之间变化[121]。通过改变反应时间，可以得到纳米带、纳米片和微晶形态的 [Zn(1，4-苯二甲酸)(H$_2$O)]$_n$[122]。虽然声化学合成是一个相对较新的技术，它合成有助于缩短反应时间和降低溶剂热合成需要的高温，但其通用性尚未完全建立。

### 5.3.4　机械化学合成

虽然微波法和声化学方法缩短了 MOFs 合成的时间，但是这些合成方法仍然依赖于溶剂，而机械化学合成是一种无溶剂的方法。这种技术是将无水的配体分子和金属盐的混合物在球磨机中研磨以得到期望的 MOFs 结构。关于机械化学合成 Cu-异烟酸 MOFs 的方法，首次由 Pichon 等在 2006 年进行了报道[123]。近来，这个研究小组试图通过对五种有机配体和十二种铜、铁和锌盐排列组合进行研究，将该技术进行扩展。在第六种可能的组合中[124]，得到了四十种结晶的产物，其中包括 HKUST-1。通常情况下，低熔点的有机配体和水合的或者反应时可以释放溶剂（如乙酸）的金属前驱体易于发生反应。接着，研究者们研究了一种叫作液体辅助磨削（LAG）的机械化学合成的变体，在该过程中有非常小剂量的溶剂加入反应混合物中。通过改变加入反丁烯二酸和氧化锌的混合物中的溶剂种类，他们得到了一维、二维和三维结构的配位聚合物。将 DMF、甲醇、乙醇或异丙醇作为溶剂，加入联吡啶有机配体可以得到柱状的 MOFs 材料[125]。研究小组通过制备柱状的 BDC-DABCO MOFs 材料（见图 5-7）表明了该方法的通用性，并且发现通过加入催化量的金属盐类可以得到几种不同的结构[126]。硝酸盐可以促进四方结构的形成，而硫酸盐则可诱导生成的六边形结构。根据核磁共振标记研究，可以确定不同的金属盐前驱体均起到了模板的作用。虽然机械化学合成很有前途，但是其应用到 MOFs 材料的合成尚处于起步阶段，与这里描述的其他方法一样，需要进一步探究。

### 5.3.5　电化学合成

MOFs 材料电化学合成的第一个例子是 HKUST-1，这是 2005 年由 BASF 的研究者们报道[127]，旨在减少大规模合成 MOFs 材料时需要的阴离子。此后，这种合成路线已被广泛应用在 MOFs 化学，包括基于 Zn 的 MOFs、基于 Cu 的 MOFs 和基于 Al 的 MOFs[104]。在这一部分，我们要讨论电化学合成 MOFs 薄膜方面的研究进展，它可以在传感和电化学设备方面得到应用。

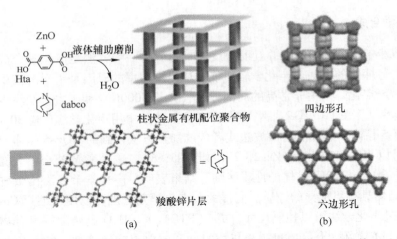

图 5-7　液体辅助研磨自组装 MOFs(a) 和四边形和六边形的 MOFs 异构体（b）[126]

在 2013 年，Campagnol 等[128] 首次报道了在高温高压下，电化学沉积合成 MIL-100（Fe）。合成过程如下，溶液 A 为 1，3，5-苯三酸（H3BTC）在乙醇和水的混合溶剂（乙醇∶水=2∶1）中的溶液，将 A 在电解池中高温高压下进行加热。使用铁作为阳极，可以在不同温度下（110～190℃）和不同电流密度下（2～20mA/cm²）得到或是分散在溶液中的 MIL-100（Fe）晶体，或是涂覆在纯铁基底顶部的 MIL-100（Fe）薄膜。以 HKUST-1 为例，他们还证明，这种高温-高压电解池也可以用于调整 MOFs 材料的晶体形态。

电位控制合成双相 MOFs 薄膜的方法由 Li 等人在 2014 年进行了报道[129]。研究者首次提出使用三乙胺作为前驱体合成三甲胺，有助于 MOFs 材料的阴极电化学沉积。在高浓度三乙胺的存在下，没有观察到 Zn 的沉积，合成了阴离子框架结构（Et3NH)2Zn3(BDC)4。这主要是由于由三乙胺对 Zn 金属层的刻蚀和三甲胺的低有效浓度（由于三甲胺缓冲的 pH 值）以诱导 MOF-5 的形成。通过减少三乙胺的浓度，可以实现在较高电位下合成（Et3NH)2Zn3(BDC)4，较低的电位下合成 MOF-5。此外，混合膜和双层膜的合成可通过控制电位（见图 5-8）来实现。这篇文章清楚地证明利用电化学的方法来合成异构多相和多层 MOF 薄膜和膜的可能性。

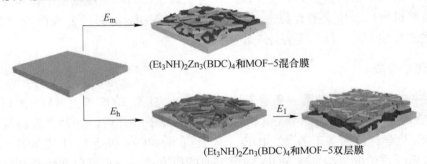

图 5-8　在一定电位下（阴极），双相混合膜的合成的示意图（$E_l < E_m < E_h$）[129]

虽然电化学合成已被证明是用于合成层状 MOFs 的有效途径，它由阳极产生层状 MOFs 合成时所需的金属离子（在含有有机配体的溶液中）；但是，阳极电化学沉积的一个缺点就是只能用与 MOFs 材料相同金属作为模板才可以合成相应的材料。Campagnol 等人最近提出用金属氧化物作为阳极电化学沉积的基底来合成 MOFs 薄膜[130]。用这种方法成功在 Al 基底上合成了 Tb-BTC 和 Tb（Ⅲ）掺杂的 Zn-BTC 薄膜，而无需使用昂贵的稀土类基底材料。含有荧光元素 Tb 的 MOFs 薄膜可以用来高效地检测 2，4-二硝基甲苯（DNT），2，4，6-三硝基甲苯（TNT）的副产物。

最近报道了以锆箔作为唯一金属源，通过阳极或者阴极电化学沉积得到 UiO-66 薄膜（见图 5-9）[131]。首先，将含有 BDC：$HNO_3$：$H_2O$：AA：DMF = 1：2：4：5/10/50：130 的混合液加热至 383K。然后，在 383K 通过施加 80mA 的电流来电沉积合成 MOFs 薄膜。由于氧化物桥联层的生成，可以在阳极沉积的过程中观察到 MOFs 薄层紧紧地黏附在锆基底表面。另一方面，阴极沉积具有的基底材料选择灵活性的优点。这种合成方法可以进行图案化沉积，并且 UiO-66 在小型的吸附剂收集器中得到直接的应用，如在线分析采样及稀挥发性有机复合物的浓度测定。

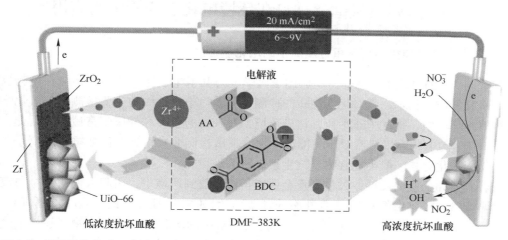

图 5-9　以锆箔作为唯一金属源，通过阳极或者阴极电化学沉积得到 UiO-66 薄膜的机理示意图[131]

### 5.3.6　合成后修饰

合成后修饰（Postsynthetic Modification，PSM）可以引入各种各样的化学功能基团到已知的框架结构中，避免了 MOFs 合成时引入新的条件。本节重点介绍一些最新的进展，最近探究的两个新反应扩展了 MOFs 材料 PSM 的范围。

首先，Jones 和 Bauer 证实了使用电化学溴化的方法可以实现对基于二苯乙烯 MOFs 的非对映体的控制[132]。由于有机配体受框架结构限制，不能自由的旋转，所以该反应只产生一种非对映体，而不是由于溶液中的二苯乙烯二羧酸配体而得到的两个非对映体。部分溴化也导致比表面积的增加，是由于一种在贯通结构中晶格间相互作用破坏的原因。

第二个新的 PSM 方法，"点击"化学，如 CuI 催化的叠氮化物和炔烃的环加成反应最近也得到了证实。"点击"化学被认为是高效且产量高的反应[133]。Goto 等使用了 IRMOF-

16 的一个变体，以叠氮化物作为连接体[134]，这种 MOFs 与具有酯、羟基和烷官能团的乙炔反应，可以得到很大程度上的掺入，并且只有很少量框架结构的降解。然而，以胺基或羧基官能团修饰的乙炔会分解 MOFs 结构。但是，Hupp 和他的同事们合成了以三甲基硅基保护的炔烃功能化的吡啶为配体的 Zn-2，6-萘二甲酸乙二醇的柱状 MOFs[135]。与四丁基氟化铵（TBAF）反应有助于对金属配位聚合物的外层的脱保护，将会有利于"点击"反应的进行。可以使用这种技术来将荧光染料和聚乙二醇连接到 MOFs 的外部。在进一步的工作中，该研究小组发现用不同的保护剂可以选择性地脱保护或者功能化一些类似的 MOFs。在饱和的氯仿中，MOFs 的外部可以用 KF 进行脱保护和选择性功能化。使用四乙基铵氟化物可以实现对 MOFs 内部的脱保护[136]。

最近的氨基化的 MIL-68（In）和柱状的 1，4-苯二甲酸（BDC）-DABCO MOFs 可以用 tBuONO 和 TMSN$_3$ 转化为与叠氮化物，然后与炔进行一锅反应[137]。这种方法是有吸引力的，因为它解决了用叠氮化物或受保护的乙炔合成 MOFs 材料的困难，如果该方法的普适性能得到证实，也可以证明该方法是十分有用的。

# 5.4    金属有机框架材料在环境电化学分析中的应用

## 5.4.1    金属有机框架材料用于重金属离子的电化学检测

基于 MOFs 的电化学传感器广泛应用于医学、公共卫生、能源控制、环境污染物检测等各个研究领域和技术，而对化学物质的检测是环境污染物检测的主要检测对象。化学物质被排放到环境中，扰乱生态平衡，污染环境，对人类的生存和健康带来威胁。因此，开发基于 MOFs 的电化学传感器对于环境污染物的灵敏检测非常重要，例如重金属离子、农药、硝基芳香化合物、酚类化合物、抗生素、肼等。

随着农业和工业的发展，大量的重金属离子被排放到环境中，引起人们对重金属离子污染问题的关注。环境中存在多种有毒金属，例如汞（Hg）、铜（Cu）、镉（Cd）、铬（Cr）、铅（Pb）和砷（As）[138]。由于它们在水中的溶解性、不可生物降解、半衰期长和在人体内的累积效应[139]，它们的毒性非常大，会导致慢性中毒，对胃肠、免疫、神经和生殖系统造成损害[140,141]。长期暴露在重金属离子环境中会引发癌症[142]。因此，开发小型化、准确、经济高效、灵敏且快速的食品、饮用水和生物液体中的重金属监测系统具有重要意义。

Guo 等将 Cr（NO$_3$）$_3$·9H$_2$O 与 2-氨基对苯二甲酸（H$_2$BDC-NH$_2$）在 DMF/H$_2$O 混合液中回流，得到了片状的 MOFs 化合物 NH$_2$-MIL-53（Cr）[143]。运用方波阳极溶出伏安法（SWASV），NH$_2$-MIL-53（Cr）的修饰电极可成功用于水溶液中 Pb$^{2+}$ 的高选择性电化学测定。究其原因，可归因于 NH$_2$-MIL-53（Cr）中的氨基可以与 Pb$^{2+}$ 形成配合物。因此，NH$_2$-MIL-53（Cr）修饰电极在对 Pb$^{2+}$ 的检测中也表现出了良好的稳定性。此外，其高选择性是该修饰电极的主要优势，特别是在实际应用中。该修饰电极在 Zn$^{2+}$、Hg$^{2+}$、Cu$^{2+}$ 和 Cd$^{2+}$ 存在下对 Pb$^{2+}$ 的检测仍具有很高的选择性，对 Pb$^{2+}$ 检测的线性范围在 $4.0 \times 10^{-7}$ mol/L 和 $8.0 \times 10^{-5}$ mol/L 之间，而检测限（LOD）为 $3.05 \times 10^{-8}$ mol/L。

通过将八面体晶体 MIL-101（Cr）修饰玻碳电极（GCE）构建了简便、高效的电化学传感器，利用差分脉冲阳极溶出伏安法（DPASV）检测水中的 $Pb^{2+}$[144]。该电化学传感器对 $Pb^{2+}$ 检测的线性范围为 $1.0\times10^{-9}\sim1.0\times10^{-6}mol/L$（$R^2=0.999$）检出限为 $5.0\times10^{-10}mol/L$。这种方法在对实际水样中的 $Pb^{2+}$ 进行检测时表现出了优异的回收率。

通过在 UiO-66-NH$_2$ MOF 上聚合苯胺，得到具有核壳结构的 UiO-66-NH$_2$@聚苯胺（PANI）复合材料[145]。利用 UiO-66-NH$_2$@PANI 复合材料构建了一种新型电化学传感器（UiO-66-NH$_2$@PANI/GCE），用于测定 $Cd^{2+}$ 离子。在 $0.5\sim600mg/L$ 范围内，氧化峰电流与 $Cd^{2+}$ 浓度成正比。该传感器检出限为 $0.3mg/L$。为了验证该传感器的实际应用性能，测试了自来水、湖水和尿液中的 $Cd^{2+}$，回收率良好。

随后，研究者提出一种基于微孔阴离子 Me$_2$NH$_2$@MOF-1 修饰的 GCE 和金纳米粒子修饰的玻碳电极（Au/Me$_2$NH$_2$@MOF-1/GCE）的高灵敏、高选择性的 $Cu^{2+}$ 电化学传感器[146]。图 5-10 为该电极修饰过程、$Cu^{2+}$ 的阳离子交换检测过程及 Au/Me$_2$NH$_2$@MOF-1/GCE 的协同效应示意图。在该工作中，$Cu^{2+}$ 的线性范围为 $5\times10^{-12}\sim9\times10^{-7}mol/L$，检出限为 $1\times10^{-12}mol/L$（$R^2=0.997$）。此外，在 $Hg^{2+}$、$Pb^{2+}$、$As^{3+}$、$Cd^{2+}$ 和 $Zn^{2+}$ 存在的条件下，Au/Me$_2$NH$_2$@MOF-1/GCE 电化学传感器对 $Cu^{2+}$ 依然具有良好的选择性。通过检测河水中的 $Cu^{2+}$ 进一步地验证了所制备传感器的实用性。河水样品中 $Cu^{2+}$ 的回收率为 $98.1\%\sim108.2\%$。

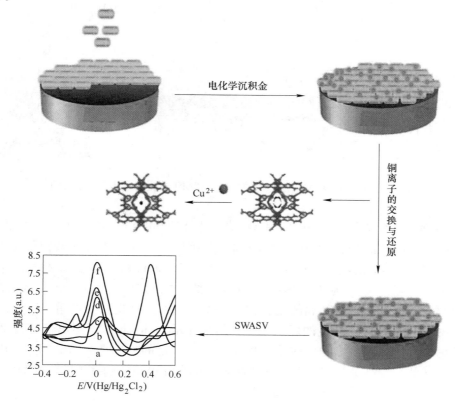

图 5-10 Au/Me$_2$NH$_2$@MOF-1/GCE 的制备及其阳离子交换检测 $Cu^{2+}$ 机理示意图[146]

通过在石墨烯气凝胶（GA）上原位生长 UiO-66-NH$_2$ MOF 晶体合成的 GA-MOF 复合材

料（见图 5-11）可用于测定多种重金属离子[147]。以 GA 用作基底材料，提高了复合材料的导电性。实验结果表明，所制备的 GA-UiO-66-NH$_2$/GCE 可用于高灵敏检测水溶液中的 Cu$^{2+}$、Hg$^{2+}$、Pb$^{2+}$ 和 Cd$^{2+}$。为了测试所提出的电化学方法在同时测定多种重金属离子过程中的抗干扰能力，他们将不同的干扰离子（包括 Zn$^{2+}$、Ni$^{2+}$、Cr$^{3+}$、K$^+$、Ag$^+$、Ca$^{2+}$、Na$^+$、Fe$^{3+}$、Co$^{2+}$、Mg$^{2+}$、Mn$^{2+}$ 和 Bi$^{3+}$）加入含 Cd$^{2+}$、Pb$^{2+}$、Cu$^{2+}$ 和 Hg$^{2+}$ 的溶液中。结果表明，在高浓度的不同干扰离子存在下，所提出的电化学方法仍然具有对 Cd$^{2+}$、Pb$^{2+}$、Cu$^{2+}$ 和 Hg$^{2+}$ 同时检测的高灵敏度。使用差分脉冲溶出伏安法（DPSV）测得不同离子的检出限分别为：Hg$^{2+}$ 0.9nmol/L，Pb$^{2+}$ 1nmol/L，Cu$^{2+}$ 8nmol/L，Cd$^{2+}$ 9nmol/L。该方法还可用于高灵敏测定蔬菜和土壤中的 Hg$^{2+}$、Pb$^{2+}$、Cu$^{2+}$ 和 Cd$^{2+}$。

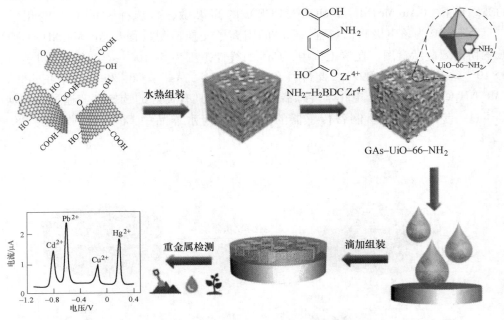

图 5-11　GAs-UiO-66-NH$_2$ 复合物的合成及其用于检测重金属离子示意图[147]

将溶剂热方法合成的锌基 MOFs 和 Gr 纳米片（Gr/MOF）纳米复合材料滴涂到 GCE 上，采用 DPASV 方法，构建了电化学 As(Ⅲ) 传感器[148]。该传感器表现出优异的电化学性能，具有 0.06mg/L 的低检出限（S/N=3），0.2~25mg/L 的线性范围。使用溶出法检测 As(Ⅲ) 的主要难题是其他重金属离子与 As(Ⅲ) 的同时沉积。在众多金属离子中，Cu(Ⅱ) 可与 As(Ⅲ) 形成金属间化合物，因而产生的干扰也最为严重。因此，研究了 Cu(Ⅱ) 对 Gr/MOF-GCE 性能的影响。实验结果显示，Cu(Ⅱ) 的溶出信号几乎不会对 As(Ⅲ) 的溶出信号产生影响。在选择性实验中，过量的 Cd(Ⅱ)、Hg(Ⅱ)、Pb(Ⅱ)、Zn(Ⅱ)、Ni(Ⅱ)、Fe(Ⅱ)、Bi(Ⅲ) 和 Cr(Ⅲ) 的存在也不影响 As(Ⅲ) 的测定。此外，该传感器还用于检测天然水样中的 As(Ⅲ)。

## 5.4.2　金属有机框架材料用于农药的电化学检测

随着杂交技术的发展和对农作物病虫害的有效控制，农业生产水平得到了显著提高[149,150]。其中，农药发挥着重要作用，因为全球大约三分之一的农产品是使用这些化学品获得的。但是，各种农药的广泛使用对环境带来了不可恢复的损害。值得注意的是，从安全和健康的角度来看，过度使用杀虫剂会导致严重的环境和食品污染，这是我们面临的最严重的问题之一[151,152]。农药会引发慢性疾病，例如糖尿病、神经系统疾病、癌症和哮喘病[153,154]。因此，对生态系统中污染状态的精确评估是保证食品质量和安全、保护人类健康和保护生态系统免受潜在风险的迫切需求。

Hu 等通过水热技术制备了 Cu-MOF([Cu(adp)(BIB)(H$_2$O)]$_n$，BIB = 1，4-双咪唑苯；adp = 己二酸）用于检测水中的多菌灵[155]。与裸 GCE 相比，Cu-MOF/GCE 的电极表面积和电荷转移率均有所提高。Cu-MOF/GCE 对多菌灵检测的线性范围为 0.1 ~ 10mmol/L，检出限为 10nmol/L。此外，该多菌灵传感器还可以有效检测环境自来水样品中的多菌灵。

利用多壁碳纳米管（MWCNT）和 Cr 基 MOF（MIL-101）的复合材料修饰的 GCE 构建的简便、快速和灵敏的苦味素伏安检测法[156]。与 GCE 和 MIL-101/GCE 相比，CNT/GCE 显示出对苦味素更高的电催化活性，主要表现为更高的峰电流和更低的过电位。这可归因于碳纳米管的高导电性、大比表面积、强吸附能力和优异的电催化性能。而相比于 MWCNT/GCE MWCNT/MIL-101/GCE 表现出对苦味素更强的电化学催化氧化能力，氧化峰电流增加了 22%。这种现象可归因于碳纳米管的大表面积和高电导率及 MIL-101 的大比表面积、多孔性和结构中 Cr$^{3+}$ 离子的电催化活性的协同效应。用方波伏安法（SWV）得到苦味素的线性范围是 0.1 ~ 12.5mmol/L 和 12.5 ~ 40mmol/L，检出限为 0.06mmol/L。这种方法非常适用标准加入法检测河流和自来水样品中的苦味素。回收率范围在 97.5% 到 105.0% 之间，证明了该方法良好的准确性和可靠性。

Tu 等利用绿色、简便的方法合成了新型还原氧化石墨烯（RGO）包覆 Ce-MOF（Ce-BTC）的复合材料（RGO@Ce-MOF）[157]。具体合成过程如下：首先，将 Ce-MOF 和 GO 都滴涂在 GCE 上，然后通过电化学还原将 GO 还原为 RGO（见图 5-12）。接下来，将获得的 RGO@Ce-MOF/GCE 直接用作电极材料来测定双氯酚。利用 RGO 和 Ce-MOF 之间的协同效应，RGO@Ce-MOF 对二氯酚的检出限低至 0.007mmol/L（S/N = 3），线性范围为 0.02 ~

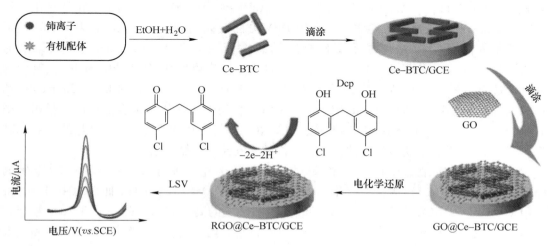

图 5-12　RGO@Ce-BTC/GCE 传感界面的制备及其二氯酚传感过程示意图[157]

10mmol/L。此外，RGO@Ce-MOF 电极具有良好的重现性和选择性。在选择性实验中，高浓度的 $K^+$、$Ca^{2+}$、$NO_3^-$、$Cl^-$、$SO_4^{2-}$、醌醇、间苯二酚、儿茶酚和苯酚，以及 100 倍的草酸、脂肪酸、腐植酸、2,4-二氯苯酚、氯酚、多菌灵和毒杀芬的电流信号均低于二氯酚信号的 5%。该电极可用于检测实际水样中的二氯酚。

以 Cu-MOF 作为碳糊电极改性剂可用于检测马拉硫磷[158]。Cu-MOF 通过 $CuCl_2 \cdot 2H_2O$、哌嗪和 1，2，4，5-苯四甲酸酯（BTEC）反应合成。该传感器具有高稳定性和重现性，线性范围 0.6～24nmol/L，检出限 0.17nmol/L。共存干扰物引起的电流变化很小（4.4%）。此外，这方法还可用于测定蔬菜提取物样品中的马拉硫磷，回收率为 91.0%～104.4%。

研究者基于吡咯烷离子液体（PIL）和沸石咪唑酯骨架（ZIF-8）的协同作用，开发了一种用于灵敏检测对硫磷的电化学传感器[159]。与市售电极相比，PIL/ZIF-8 修饰的碳糊电极（PIL/ZIF-8/CPE）具有较高的电子转移速率。与裸 CPE、PIL 和 ZIF-8 修饰的 CPE 相比，在 PIL/ZIF-8/CPE 上对硫磷的电化学响应显著增强。这与 ZIF-8 和 PIL 之间的协同作用有关，得到了增强的催化和电子特性。该传感器对对硫磷的线性范围为 5.0～700mg/L，检出限为 2.0mg/L。该电化学传感器还用于检测蔬菜样品中的对硫磷，其回收率为 90.5%～109%。

基于层状结构的多孔 Cu-BTC MOF 构建了用于分析草甘膦的电化学传感器。所制备 MOF 的大比表面积可以增加电极的反应位点，进一步提高其检测性能[160]。差分脉冲伏安法（DPV）结果表明，所构建的传感器具有 $1.4 \times 10^{-13}$ mol/L 的超低检出限和 $1.0 \times 10^{-12}$～$1.0 \times 10^{-9}$ mol/L、$1.0 \times 10^{-9}$～$1.0 \times 10^{-5}$ mol/L 的宽检测范围。该传感器具有良好的稳定性和重现性，对草甘膦氨基甲基膦酸（AMPA）的主要代谢物以及其他干扰物（敌百虫、多菌灵、乙草胺、福美双、$K^+$、$Ca^{2+}$、$Zn^{2+}$、$NO_3^-$、$Cl^-$ 和 $SO_4^{2-}$）具有可接受的选择性。此外，该电化学传感器可用于检测大豆中的草甘膦。

使用聚合生长或外延生长在 ZIF-8 内封装高分散的 Au 纳米棒（AuNRs@ZIF-8），AuNRs@ZIF-8 进一步被 GO 纳米片包覆，获得具有高比表面积、电子传输性能和增强的电催化活性的复合材料（AuNRs@ZIF-8@GO）。AuNRs@ZIF-8@GO 可用于电化学氧化由敌草隆、双氯酚和多菌灵组成的农药。采用 DPV 方法对氯硝柳胺、双氯酚、多菌灵、敌草隆进行定量检测[161]。结果显示氯硝柳胺的线性范围为 0.028～35mmol/L，双氯酚为 0.010～15mmol/L，多菌灵为 0.0020～2.5mmol/L，敌草隆为 0.0010～20mmol/L。氯硝柳胺、双氯酚、多菌灵和敌草隆的检出限分别为 4.1nmol/L、3.0nmol/L、0.33nmol/L 和 0.26nmol/L。此外，所构建的 AuNRs@ZIF-8@GO 传感器可用于检测食品样品、稻田、稻田水、菠菜、黄瓜和牛奶中的氯硝柳胺、双氯酚、多菌灵和敌草隆。6 次测量的相对标准偏差均在 4% 以下，证明该传感器检测实际样品中农药的可靠性强。

在对氧磷和氯吡硫磷的灵敏检测时，研究者构建了基于 GO@UiO-66 功能化的 $TiO_2$（$TiO_2$GO@UiO-66）的新型电化学传感器[162]。与 GO/GCE 和 GO@UiO-66/GCE 相比，$TiO_2$GO@UiO-66/GCE 中 $TiO_2$ 具有对磷酸基团和羧基的高亲和力；此外，将 $TiO_2$ 修饰在 GO 上可以提高电子转移效率，有助于增加对有机磷农药的响应。用 SWV 对对氧磷和氯吡硫磷进行定量，分别在 0.45V 和 1.3V 出现两个还原峰（相对于 Ag/AgCl），线性范围分别为 1.0～100.0nmol/L 和 5.0～300.0nmol/L，检出限为 0.22nmol/L 和 1.2nmol/L。此外，该传感器可用于水和蔬菜样品中的农药残留评价。

图 5-13 所示为 MXene/CNHs/β-CD-MOFs 的制备过程及其用于多菌灵电化学传感的示意图[163]。β-CD-MOFs 中 β-CD 的主客体识别性能，高孔隙率、孔体积和多孔结构，提高了对多菌灵的吸附能力。MXene/CNHs 优异的导电性、丰富的活性位点和大比表面积，为多菌灵提供了充足的传质通道，提高了传质能力。基于 β-CD-MOFs 和 MXene/CNHs 的协同作用，MXene/CNHs/β-CD MOFs 电极对多菌灵的线性范围是 3.0~10.0mmol/L，检出限为 1.0nmol/L（S/N=3）。此外，该传感器表现出良好的重现性和稳定性，可用于检测番茄中的多菌灵。

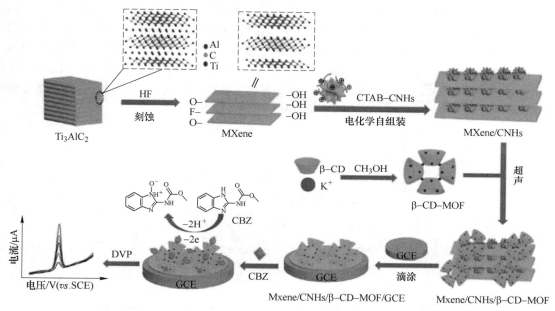

图 5-13　MXene/CNHs/β-CD-MOFs 的合成方法及其检测多菌灵过程示意图[163]

### 5.4.3　金属有机框架材料用于酚类化合物的电化学检测

酚类化合物因其稳定性和生物降解性差而成为臭名昭著的环境污染物[164]。生产树脂、塑料、纸浆、木制品、石油化工、造纸、医药等行业的废弃物中通常含有有害的酚类物质，酚类物质可能通过皮肤和黏膜的吸附进入人体内。酚类化合物如果在未经任何适当处理的情况下释放到环境中，将对人类健康和水生生物造成极大危害[165]。误服 1g 可能会导致麻痹、呼吸停止、震颤、抽搐和肌肉无力[166]。微量的酚类也会导致一些慢性影响，例如眩晕、体重减轻、流涎、厌食、腹泻等。因此，加快发展灵敏度高、选择性好的酚类化合物检测装置是当务之急。

一种基于 Cu-MOF-199（Cu₃(BTC)₂，BTC=1,3,5-苯三酸）的新型电化学传感器可用于同时检测儿茶酚和对苯二酚[167]。电极的修饰过程是在裸 GCE 上先修饰一层单壁碳纳米管（SWCNT），然后电沉积 Cu-MOF-199。由于 SWCNT 与 Cu MOF-199 的协同作用，该电化学传感器表现出对对苯二酚和邻苯二酚增强的电化学氧化信号。对苯二酚和邻苯二酚的线性响应范围为 0.1～1150mmol/L 和 0.1～1453mmol/L, 检出限分别为 0.1mmol/L 和 0.08mmol/L。此外, 修饰电极显示出优异的重现性和抗干扰能力, 可用于检测河水和自来水样品中的对苯二酚和儿茶酚。

基于 MOF[Cu₃(BTC)₂] 修饰的碳糊电极构建了一种用于灵敏检测 2,4-二氯苯酚的电化学传感器[168]。该传感器对 2,4-二氯苯酚检测的线性范围是 0.04～1.0mmol/L, 检出限为 9nmol/L(S/N=3)。此外, 该传感器可用于水库水样中 2,4-二氯苯酚的检测。在另一项研究中, 研究者利用溶剂热法合成的 UiO-66 MOF/介孔碳(MC)复合材料(UiO-66/MC)构建了可用于同时检测邻苯二酚、对苯二酚和间苯二酚的二羟基苯异构体的新型电化学传感器[169]。图 5-14 所示为该电化学传感的制备过程。UiO-66/MC 具有对间苯二酚、对苯二酚和儿茶酚良好的电化学氧化活性。儿茶酚和对苯二酚、间苯二酚和儿茶酚之间的峰电位差分别为 0.130V 和 0.345V。该传感器对间苯二酚、对苯二酚和儿茶酚的线性范围是: 30～400mmol/L、0.5～100mmol/L 和 0.4～100mmol/L, 检出限分别为 3.51mmol/L、0.056mmol/L 和 0.072mmol/L(S/N=3)。该传感器还可用于检测实际水样中的二羟基苯异构体。

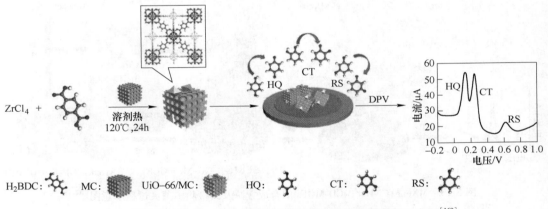

图 5-14   UiO-66/MC 的合成及二羟基苯异构体的传感测策略示意图[169]

设计了一种基于 Cu-MOF(Cu(bpy)(H₂O)₂(BF₄)₂(-bpy), BF₄=四氟硼酸盐)修饰碳糊电极(CPE)的高灵敏电化学传感器用于 2,4-二氯苯酚的检测[170]。由于所制备的传感器中 Cu-MOF 的高电子传递效率、优异的吸附性能和大比表面积, 使得其具有对 2,4-二氯苯酚良好的选择性。在优化条件下, 该传感器对 2,4-二氯苯酚检测的线性范围是 4～100mmol/L, 检出限为 1.1mmol/L。使用自来水研究了该传感器的实际应用性能, 结果显示其回收率良好。

通过十六烷基三甲基溴化铵(CTAB)功能化的层状 Ce-MOF(Ce-1,3,5-H₃BTC)构建了用于超灵敏双酚 A 的电化学传感器[171]。将 CTAB/Ce-MOF 的悬浮液滴在 GCE 表面, 制备 CTAB/Ce-MOF/GCE 传感界面。该传感器对双酚 A 具有 0.005～50mmol/L 的宽线性范围及 2.0nmol/L(S/N=3) 的检出限。与 Ce-MOF/GCE 相比, CTAB/Ce-MOF/GCE 具有对双酚 A 更强的电化学响应, 其原因归结于 CTAB 的长烷烃链及其疏水相互作用的影响。该传感器可用于 12 种实际样品(聚碳酸酯饮料包装、聚对苯二甲酸乙二醇酯饮料瓶和鲜奶)

中的双酚 A 检测，回收率在 96.2% 至 104.6% 之间。

将 MOF（PCN-222（Fe））修饰乙炔黑电极（ABPE），构建了一种四溴双酚 A 传感器[172]。PCN-222（Fe）具有以 Fe-TCPP（TCPP，四（4-羧基苯基）卟啉）和高度稳定的 Zr$_6$ 簇作为节点的 3D 类血红素结构。PCN-222（Fe）的类过氧化物酶催化活性，提高了传感器对四溴双酚 A 的电氧化活性。PCN-222（Fe）对从水中的四溴双酚 A 具有强吸附作用，进一步提高了传感器的灵敏度。该传感器对四溴双酚 A 的线性范围为 0.001～1.0mmol/L，检出限为 0.57nmol/L，可用于测定水样中的四溴双酚 A。

利用 Cu-MOF（Cu$_3$（BTC）$_2$）-Gr 复合材料修饰的 GCE（Cu-MOF-Gr/GCE）构建了高灵敏电化学传感器用于分析水中的儿茶酚和对苯二酚[173]。电极修饰过程是在裸 GCE 上沉积 Cu-MOF-GO，然后使用电化学技术将 Cu-MOF-GO 还原为 Cu-MOF-Gr。修饰电极对儿茶酚和对苯二酚传感显示出高选择性和电催化活性。对儿茶酚和对苯二酚的线性范围为 $1.0 \times 10^{-6} \sim 1.0 \times 10^{-3}$ mol/L，检出限分别为 $3.3 \times 10^{-7}$ mol/L，$5.9 \times 10^{-7}$ mol/L（S/N=3）。利用该传感器分析了四种不同的自来水样品中的儿茶酚和对苯二酚。证明该方法可用于研究自来水中儿茶酚和对苯二酚的异构体，五次测量回收率平均范围为 99.0%～102.9%。

通过原位生成分级多孔结构的聚吡咯@ZIF-8/石墨烯气凝胶（PPy@ZIF-8/GAs）可提高 4-氯苯酚的电化学传感性能[174]。合成过程如下：首先，PPy 聚合在 GAs 上；然后通过 PPy 中的氨基与 Zn$^{2+}$ 的配位作用，ZIF-8 纳米晶体有序地生长在 PPy/GAs 表面。图 5-15 所示为 PPy@ZIF-8/GAs 的合成过程和 4-氯苯酚传感过程。上述 MOF 杂化纳米材料有利于电解质传输的孔道，可增强对剧毒 4-氯苯酚的电化学传感性能。PPy@ZIF-8/GAs/GCE 还表现出对 4-氯苯酚检测的高灵敏度，得益于 PPy、GAs 和 ZIF-8 之间的协同作用，其检出限低至 0.1nmol/L。此外，值得注意的是，该传感器可成功用于测定湖水样品中的 4-氯苯酚。

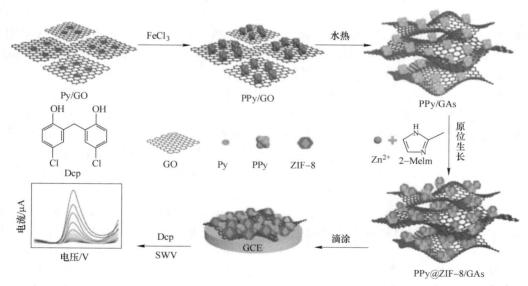

图 5-15 PPy@ZIF-8/GAs 的合成过程及 2，2-亚甲基双（4-氯苯酚）的检测[174]

将多壁碳纳米管（MWCNTs）包裹双金属 Ce-Ni-MOFs 来提高 MOFs 导电性。然后，Ce-Ni-MOF/MWCNT 修饰 GCE 作为检测双酚 A 的电化学传感器[175]。结果显示，该传感器对双酚 A 的线性范围是从 0.1~100mmol/L，检出限为 7.8nmol/L（S/N=3）。另一项有趣的研究报道了用 MOF-508a 修饰的 GCE 电催化氧化双酚 A[176]。与未修饰的电极相比，MOF-508a/GCE 具有非常高的电化学信号响应，对双酚 A 具有超高灵敏度（0.0564mA/（mmol·L⁻¹））、0.03mmol/L 的低检出限和 0.1~700.0mmol/L 的宽线性范围。MOF-508a/GCE 还用于测定天然水中的双酚 A。

ZIF-67 是典型的 Co 基 MOF 材料，由 $Co^{2+}$ 和 2-甲基咪唑配位合成。通过与 CNTs 复合，得到 CNTs@ZIF-67 复合物，并构建了四溴双酚 A 的电化学传感器[177]。电化学阻抗谱（EIS）验证了 CNT 对 ZIF-67 电导率的改善有一定作用。此外，CNTs@ZIF-67 修饰电极的高电流响应表明 CNTs@ZIF-67 对四溴双酚 A 具有非常强的吸附能力。传感器在四溴双酚 A 浓度为 0.01~1.5mmol/L 的线性范围内具有稳定的电化学响应，检出限为 4.2nmol/L（S/N=3）。该传感器可成功用于池塘和雨水中四溴双酚 A 的测定。

通过 Au NPs、Cu-MOF（Cu-BDC）和 ZnTe 纳米棒（ZnTe NRs）对 GCE 表面的逐层改性，开发了一种高效的电化学传感器来测定邻苯二酚[178]。由于 Au NPs 和 Cu-MOF/ZnTe NRs 的协同作用，复合电极对邻苯二酚的氧化表现出优异的电催化活性。该传感器可扩展用于井水、药品、废水、茶样、自来水和体液中邻苯二酚及其相关衍生物的检测，回收率结果良好。

### 5.4.4   金属有机框架材料用于硝基芳香化合物的电化学检测

硝基芳族化合物广泛用于杀虫剂、苯胺、药物等的生产[179,180]，通常具有较大的毒性，危害人类健康和生态系统，会导致生物体发生突变和癌症[181]。因此，对这些化合物的精确测定对于健康安全和环境保护非常重要。

在 MOF-5（Zn）上引入 Ag 得到 Ag@MOF-5（Zn）复合物，可用于电化学氧化硝基苯酚（例如 2-硝基苯酚、2-甲基-4-硝基苯酚以及 4-硝基苯酚）[182]。该复合物可以极大地改善硝基苯酚氧化的信号。2-甲基-4-硝基苯酚、2-硝基苯酚和 4-硝基苯酚的检出限分别为 0.056mmol/L、0.057mmol/L 和 0.09mmol/L。对自来水样品中 2-甲基-4-硝基苯酚、4-硝基苯酚和 2-硝基苯酚的回收率均在可接受范围内。

将 PVP 封端的 Ni-MOF 修饰到 GCE 上，通过伏安法对硝基苯进行高选择性和灵敏检测[183]。该 MOF 复合材料是以 $NiCl_2·6H_2O$ 和 NH₂-1,4-BDC 为前驱体，PVP 作为表面活性剂，通过溶剂热法一锅制备而成。制备的 Ni-MOF-PVP/GCE 具有比裸 GCE 高两倍的还原峰电流。当硝基苯的浓度从 0.2mmol/L 增加到 1mmol/L 时，其电流响应逐渐增强。通过检测湖水和自来水样品中的硝基苯污染物，验证了 Ni-MOF-PVP/GCE 在实际检测中的可行性，且结果与 GC-MS 分析结果一致。

通过水热法制备的一种由铁和有序介孔碳（H₂N-Fe-MIL-88B@OMC）组成的新型 MOF 纳米复合材料，OMC 在 H₂N-Fe-MIL-88B@OMC 纳米复合材料中提供了高比表面积，降低了电子转移阻力，并显著提高了纳米复合材料的电化学效率的作用，为硝基甲苯还原和肼氧化的提供足够的电催化活性[184]。对于对硝基甲苯，该传感器表现出两个不同的线性范围（即 20~225mmol/L 和 225~2600mmol/L）和 8mmol/L（S/N=3）的检出限。对肼检测的线性范围为 0.061~611.111mmol/L 和 0.006~0.061mmol/L，检出限为 5.3nmol/L。在无机离子（如 $K^+$、$Na^+$、$SO_4^{2-}$ 和 $Cl^-$）、甲苯、苯酚、邻硝基甲苯、m-硝基甲苯、二硝基甲苯和三硝基甲苯的存在下，该传感器依然保持了对硝基甲苯良好的电化学重现性、稳定性、实用性和选择性。

利用含有电还原氧化石墨烯（ERGO）和 Cu-MOF（Cu BTC）的杂化膜对 2,4,6-三硝基苯酚进行电化学检测[185]。该传感器的差分脉冲伏安曲线显示，Cu-BTC/ERGO/GCE 比单独的 ERGO/GCE 或 Cu-BTC/GCE 具有对 2,4,6-三硝基苯酚更高的电化学还原信号。通过标准加入法对湖水和自来水样品中的 2,4,6-三硝基苯酚测量的回收率在 95% 到 101% 之间，证明该传感器具有实用性。

通过简单的混合方法合成的热力学稳定的 AgPd 纳米粒子（AgPd NPs）与氨基 MOFs 的复合物（AgPd@UiO-66-NH$_2$），具有如下几个优点：电子转移速率快、导电性好和比表面积高[186]。AgPd@UiO-66-NH$_2$ 也显示出对 4-硝基苯酚优异的电化学催化活性。AgPd@UiO-66-NH$_2$ 的制备策略及其对 4-硝基苯酚的电化学还原机制如图 5-16 所示。该传感器对浓度范围为 100mmol/L 至 370mmol/L 的 4-硝基苯酚具有高度选择性和灵敏度，检出限为 32nmol/L。此外，在 3-硝基苯酚、2,4-二硝基苯酚、2-硝基苯酚、氢醌、苯酚、硝基苯、间苯二酚、2,4,6-三硝基苯酚和 2-氨基苯酚等干扰物的存在下，对 4-硝基苯酚依然具有选择性。在测量自来水样品中的 4-硝基苯酚含量时得到的回收率为 100%。说明该传感器具有实际应用潜力。

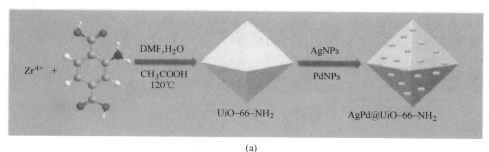

(a)

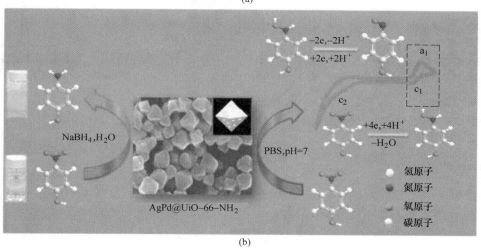

(b)

图 5-16　AgPd@UiO-66-NH$_2$ 的合成（a）及其对 4-硝基苯酚的电化学还原机理（b）[186]

基于 Zn-MOF 和银量子点（Zn-MOF-8@AgQDs）复合材料修饰的金电极构建了新颖的电流型 2,4-二硝基甲苯传感器[187]。Zn-MOF-8 是 Zn（C$_4$O$_4$H$_6$）·2H$_2$O 和 2,6-萘二甲酸（2,6-NDC）超声合成的。Zn-MOF-8和AgQD的结合使得该传感器具有大比表面积和良好的电导率，赋予了传感器高灵敏度、选择性、稳定和快速的特性。其检出限和线性范围分别为0.041mmol/L和0.0002~0.9mmol/L。

### 5.4.5　金属有机框架材料用于抗生素的电化学检测

抗生素由于成本低、抗菌能力强，被广泛地用于各种疾病的预防和治疗、兽药和医疗方面[188]。它们在饮用水、环境和食品中的残留会给人类健康带来严重影响[189]。因此，通过可靠的方法对抗生素进行实时的监测和检测对于改善医疗实践非常有帮助。

将具有炭黑纳米结构的MIL-101（Cr）/XC-72复合材料修饰GCE后用于检测氯霉素[190]。通过DPV和CV方法研究发现，该传感器在磷酸盐缓冲溶液（PBS）中有一对明显的氯霉素氧化还原峰。此外，MIL-101（Cr）/XC-72/GCE可应用于检测实际样品（蜂蜜、滴眼液和牛奶）中的氯霉素，回收率令人满意。

基于Zr(Ⅳ)的MOFs（NH$_2$-UiO-66）构建了的高选择性和高灵敏度的检测水中的环丙沙星电化学传感器[191]。图5-17为该电化学环丙沙星传感器的工作原理和结构示意图。环丙沙星的测定采用ASV法。NH$_2$-UiO-66/RGO传感器的使用实现了环丙沙星的痕量（6.67nmol/L）、高灵敏度（10.86mA/（mmol·L$^{-1}$））和宽线性范围（0.02~1mmol/L）检测。该传感器还表现出良好的重现性和稳定性。此外，对该传感器在红霉素、妥布霉

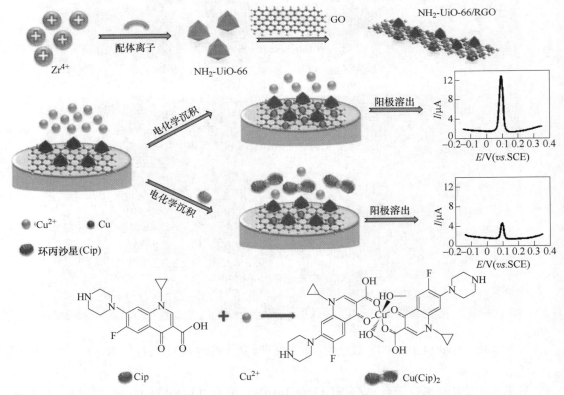

图5-17　NH$_2$-UiO-66/RGO的合成及用于环丙沙星的电化学检测示意图[191]

素、四环素、氯霉素、硫酸卡那霉素、硫酸链霉素、左氧氟沙星、氧氟沙星、诺氟沙星、氢醌和扑热息痛存在下的选择性进行了详细研究。结果表明，即使在较高浓度下，大多数干扰物的电流响应比环丙沙星小得多。氧氟沙星和诺氟沙星以及喹诺酮类抗生素的添加在 $Cu^{2+}$ 存在下有微弱信号，这可能是因为氧氟沙星、诺氟沙星和环丙沙星分子中存在吡啶羧酸结构。值得注意的是，该电化学传感器可用于对实际水样中环丙沙星的检测，回收率良好。

构建了基于聚丙烯酸（PAA）功能化的 Cu MOF（PAA-Cu-BTC）的万古霉素电化学传感器[192]。通过 PAA 将 MOF 修饰在 GCE 上，与 MOF NPs 形成网络结构。该复合材料提高了 MOF NPs 的分散性，并增强了万古霉素和 MOF NPs 之间的相互作用力。经证明，PAA-Cu-BTC 修饰的 GCE 在电化学检测血清和尿液样品中万古霉素的发挥了极大的促进作用。在 1~500nmol/L 的浓度范围内具有良好的线性响应，且检出限为 1nmol/L，相对标准偏差为 4.3%。

### 5.4.6　金属有机框架材料用于亚硝酸盐的电化学检测

亚硝酸根离子（$NO_2^-$）普遍存在于水、食物和生理系统中[193,194]。事实上，人体内过多的亚硝酸盐可能会降低红细胞的功能，导致严重的健康问题。此外，据报道，亚硝酸根离子可能转化为仲胺和酰胺，产生被认为是致癌物质的 N-亚硝基胺[195]。因此，为了预防其毒性，检测水、环境和食品中的亚硝酸根离子非常重要。

MOF NPs 由 $Zr_6$ 单元（MOF-525）和介孔-4(4-羧基苯基）卟啉（$H_4TCPP$）配体配位形成。在导电玻璃及地上合成了均匀的卟啉包裹 MOF NPs 薄膜。制备的 MOF-525 薄膜可选择性电化学氧化亚硝酸盐，在水溶液中表现出高电催化活性[196]。MOF-525 薄膜电催化氧化亚硝酸盐的机理通过 CV 进行研究。亚硝酸盐的氧化还原行为在 KCl 水溶液中通过安培法分析。因此，构建了基于 MOF-525 薄膜检测亚硝酸盐的电流型传感器，该传感器表现出优异的灵敏度。

将 Au NPs 和 MOF-5 复合，得到 Au-MOF-5 复合物。该复合物具有选择性识别亚硝酸盐和硝基苯的电化学行为[197]。亚硝酸盐在 Au-MOF-5/GCE 上的氧化与 MOF-5/GCE 具有显著的氧化电流增强行为。Au-MOF-5/GCE 上对硝基苯的电催化还原通过还原电流和电位来表征。对硝基苯的检出限为 1.0mmol/L，15.3mmol/L 对应灵敏度为 0.43mA/（mmol·$L^{-1}$·$cm^2$），对应亚硝酸盐的灵敏度为 0.23mA/（mmol·$L^{-1}$·$cm^2$）。即使在存在各种干扰物的情况下，如无机离子、生物分子和其他酚类时，Au-MOF-5/GCE 仍然显示出对亚硝酸盐和硝基苯优异的选择性和稳定性。

在 Cu 基 MOFs 上电沉积 Au NPs 也可用于亚硝酸盐的电化学检测[198]。Cu-MOF 则是 Cu 前驱体与 $H_2BDC$ 配体在室温下反应生成。通过恒电位法将 Au NPs 电沉积到 Cu-MOF 修饰的 GCE 上，得到 Cu-MOF/Au/GCE。Cu-MOFs 的制备和电极修饰过程如图 5-18 所示。由于 Cu-MOF 的大孔隙率和大比表面积，可阻止 Au NPs 团聚并增强对亚硝酸盐的吸附能力，Cu-MOF/Au 对亚硝酸盐氧化具有协同催化作用。此外，Au NPs 可以提高制备的纳米复合材料的导电性和催化活性。通过安培法对亚硝酸盐的定量测定，其线性范围为 0.1~4000mmol/L 和 4000~10000mmol/L，检出限为 82nmol/L。该传感装置还可用于河水样品中亚硝酸盐的测定，回收率令人满意。

此外，在铜基 MOF（Cu-TDPAT）上负载 Au NPs/ERGO，将其作为一种用于灵敏检测

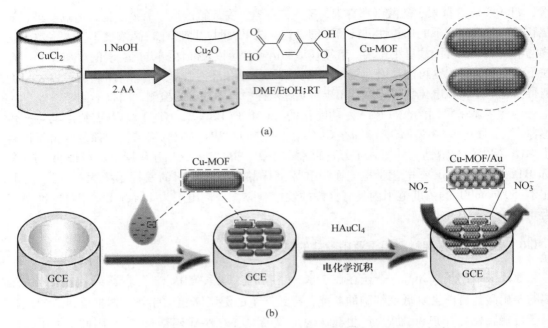

图 5-18 Cu-MOFs 的制备（a）和亚硝酸盐检测（b）示意图[198]

亚硝酸盐的新型传感器[199]。通过 CV 和 EIS 研究了修饰电极上亚硝酸盐的电化学行为。结果表明，修饰电极对亚硝酸盐的氧化具有良好的电化学响应。制备的电极对亚硝酸盐氧化的优异电催化性能，使得其具有较宽的线性范围（0.001~1000mmol/L）和较低的检出限（0.006mmol/L）。此外，该传感器还适用于测定香肠、自来水和腌菜中的亚硝酸盐，回收率令人满意。

### 5.4.7 金属有机框架材料用于肼的电化学检测

肼是一种重要的化合物和强还原剂，广泛应用于生产农药、发泡剂、燃料电池、乳化剂、纺织染料、发泡剂等行业。肼具有高水溶性、毒性和腐蚀性，可损害中枢神经系统，进入人体后会产生肿瘤和癫痫等症状[200,201]。此外，它被美国环境保护署（USEPA）认定为致癌物质[202]。因此，非常有必要开发有效的传感器来检测肼浓度。

在有序介孔碳（OMC）上合成 Cu MOFs（Cu-BTC）的混合纳米结构，其中 Cu-MOFs 可以显著提高用于肼氧化的电化学活性，其高灵敏度表现为低检出限（0.35mmol/L）和宽线性范围（0.5~711mmol/L）[203]。此外，还研究了 Cu MOFs/OMC-GCE 在不同有机污染物（包括正丙胺、二甘醇、三乙醇胺、三氯甲烷和硝基苯）存在下，对测定肼的选择性。结果表明，Cu-MOFs/OMC-GCE 在含有上述化合物的溶液中（浓度比肼高 10 倍）具有对肼的高选择性和抗干扰能力。

在 ZIF-67（Co（MIM）$_2$，MIM＝2-咪唑甲酯）上复合 Ag NPs，可以有效地用于肼的电化学检测[204]。传感器的电化学性能通过安培技术、EIS 和 CV 进行表征。电流分析结果显示该传感器对于肼具有良好的电催化活性，具有两个线性范围（326~4700mmol/L、4~326mmol/L）和 1.45mmol/L 的检出限。Ag/ZIF-67/CPE 作为一种高效的传感器，具有响应时间短、重现性强等优点。$NO_3^-$、$NH_4^+$、$Ca^{2+}$、葡萄糖和抗坏血酸等干扰物对肼氧化电流强度的影响微不足道，表明构建的传感器用于选择性检测肼具有较高的准确性。此外，该传感器可用于检测天然水样中的肼。

将新型 Zn-MOF@RGO［Zn（吡啶-2，6-二羧酸）-RGO］纳米复合材料修饰在金电极（AuE）上，构建电催化氧化水样中的肼的电化学传感器[205]。Zn-MOF@RGO/AuE 的制备如图 5-19 所示。将 Zn-MOF 掺入 RGO 可明显提高肼传感器性能，这归因于其大比表面积、高吸附亲和力、化学稳定性好，导电性高等特点。该传感器表现出高灵敏度（$5.4×10^{-2}\mu A/(\mu mol\cdot L^{-1}\cdot cm^2)$）、低检出限（$8.7×10^{-3}\mu mol/L$）和快速响应时间（<2s）。此外，该传感器还具有优异的抗干扰能力和重现性，可用于实际水样中肼的检测。

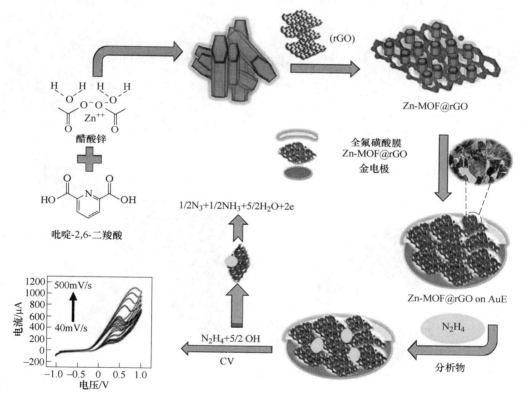

图 5-19　Zn-MOF@rGO/AuE 传感界面的构建及其用于肼电化学检测示意图[205]

将 DMOF-1（$Zn_2(bdc)_2dabco$，dabco = 1，4-二氮杂双环［2，2，2］辛烷）涂附在丝网印刷电极（SPE）上，测定不同水样中的肼，研究 DMOF-1 的电化学氧化肼的性能[206]。与未修饰的电极相比，DMOF-1/SPE 具有对肼更高的电流响应，这主要归因于 DMOF-1 提供的大比表面积。其对肼的检出限、线性范围和灵敏度分别为 0.02mmol/L、0.09～400.0mmol/L 和 0.0863mA/（$mmol\cdot L^{-1}$）。根据实验结果，该传感器可用于分析不同水样中的肼。

通过简便、快速的超声法成功制备的 Au/$NH_2$-MIL-125（Ti）复合材料对肼的氧化具有优异的电化学催化活性[207]。合成的 $NH_2$-MIL-125（Ti）具有较为均一的形貌和尺寸，其粒

径大小大约在 300nm。相比之下，负载了 Au NPs 的 NH₂-MIL-125(Ti) 可以清楚地看到
Au NPs 在其表面均匀的分散（如图 5-20 所示），证明了复合物 Au/NH₂-MIL-125(Ti) 的成
功合成。图 5-20（c）和（d）为 NH₂-MIL-125(Ti) 和 Au/NH₂-MIL-125(Ti) 相对应的
TEM 表征。从透射电镜图像中可以看出，Au/NH₂-MIL-125(Ti) 复合物中 Au 纳米粒子粒
径大约为 8nm，且 Au 纳米粒子在 NH₂-MIL-125(Ti) 内部和表面均有负载，其表征结果与
SEM 一致。

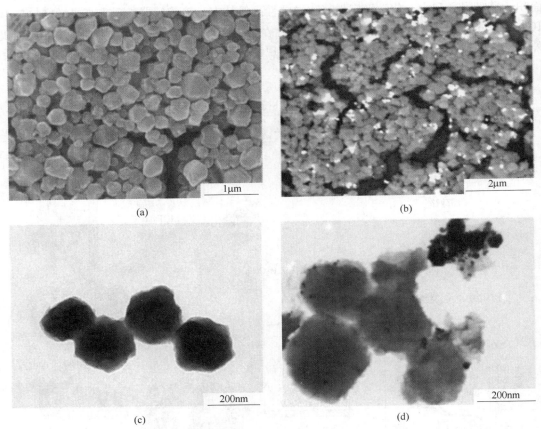

图 5-20    NH₂-MIL-125(Ti)（a，c）和 Au/NH₂-MIL-125(Ti)(b，d) 的 SEM 和 TEM 表征

　　制得的 NH₂-MIL-125(Ti) 和 Au/NH₂-MIL-125(Ti) 的组成和结构，进一步通过 XRD
和 XPS 方法表征。如图 5-21（曲线 b）所示，制备的 NH₂-MIL-125(Ti) 的衍射峰与理论
计算的 MIL-125(Ti) 的特征衍射峰基本一致（图 5-21 曲线 a），证明了 NH₂-MIL-125(Ti)
的成功合成，并且-NH₂ 的引入并未对其整体结构造成影响。而对于 Au/NH₂-MIL-125
(Ti)（图 5-21 曲线 c）而言，可以发现有明显的 Au(111) 特征峰 $2\theta = 38.24°$，与此同时，
NH₂-MIL-125(Ti) 的特征衍射峰也同时存在，这表明 Au/NH₂-MIL-125(Ti) 的成功合成，
并且 Au NPs 的引入未对金属配位聚合物 NH₂-MIL-125(Ti) 的结构造成影响。

　　NH₂-MIL-125(Ti) 和 Au/NH₂-MIL-125(Ti) 水溶液的紫外-可见光谱表征结果如图
5-22 所示。图 5-22 曲线 a 为 NH₂-MIL-125(Ti) 金属配位聚合物的紫外-可见吸收光谱，
302nm 处的吸收峰是由 TiO₅(OH) 无机配体中 O 到 Ti 这种配体-金属之间的电荷转移引起

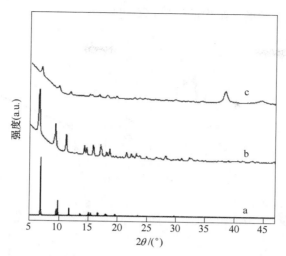

图 5-21　理论计算的 MIL-125(Ti)（a）、NH$_2$-MIL-125(Ti)(b)
和 Au/NH$_2$-MIL-125(Ti)(c) 的 XRD 表征

的，其在 400nm 处的较宽的吸收峰是有机配体 H$_2$ATA 的特征吸收峰。在以上体系中引入
Au NPs 之后，在 550nm 处出现了一个新的吸收峰（图 5-22 曲线 b），这证明了 Au NPs 和
NH$_2$-MIL-125(Ti) 的成功结合。

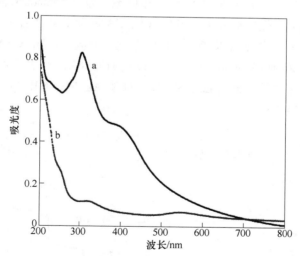

图 5-22　NH$_2$-MIL-125(Ti)(a) 和 Au/NH$_2$-MIL-125(Ti) (b) 水溶液的紫外-可见光谱

通过研究证明了 Au/NH$_2$-MIL-125(Ti) 复合材料对肼的电化学催化氧化具有优异的性
能，成功地构建了肼的电化学传感器。图 5-23 (a) 为 Au/NH$_2$-MIL-125(Ti)/GCE 在外加
电压0.3V 时，对肼的电流-时间响应曲线（0.1mol/L PBS，pH = 7.0），其在 4s 之内便可
达到稳态。随着肼的连续加入，其氧化电流也逐渐增大。图 5-23 (b) 为氧化电流与相对
应的肼的浓度的线性关系图。Au/NH$_2$-MIL-125(Ti)/GCE 对肼的检测线性范围为 10nmol/
L~10µmol/L（$R^2$ = 0.9942）和 10~100µmol/L（$R^2$ = 0.9959），检出限为 0.5nmol/L（根据

实验结果得出），与已发表的文献中的结果具有可比性。

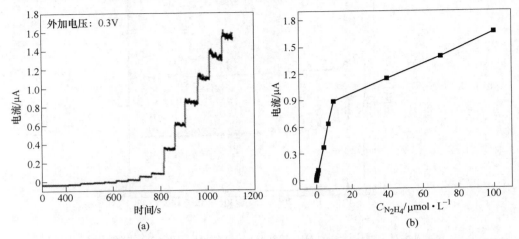

(a)                                           (b)

图 5-23    Au/NH$_2$-MIL-125(Ti)/GCE 在 0.1mol/L PBS(pH=7.0) 中连续加入肼的电流-时间
曲线（a）和肼的电化学催化氧化电流与肼的浓度的线性关系图（b）

　　作为传感器性能的重要参数，测试了 Au/NH$_2$-MIL-125(Ti) 对肼检测的选择性和稳定性。在常见的干扰物中，抗坏血酸（AA）、多巴胺（DA）和葡萄糖（glucose）作为干扰物进行了选择性实验测试。如图 5-24 所示，在体系中加入 1mmol/L 肼之后，有明显的电化学响应，在此基础上，先后加入 1mmol/L AA、DA 和葡萄糖之后，无明显电化学信号的变化，再次加入 1mmol/L 肼则可以产生明显的电化学响应。证明 Au/NH$_2$-MIL-125(Ti) 对肼有良好的选择性。将制备的 Au/NH$_2$-MIL-125(Ti)/GCE 室温下放置 7 天后，再次对 0.1mmol/L 肼进行检测，其电流降低了 9.4%，证明 Au/NH$_2$-MIL-125(Ti) 作为肼的电化学传感材料有良好的稳定性。

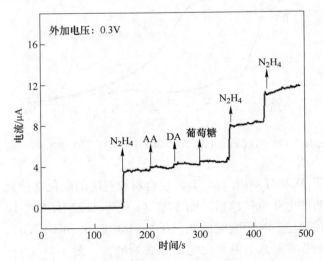

图 5-24    Au/NH$_2$-MIL-125(Ti)/GCE 在加入 1mmol/L 肼、1mmol/L AA、1mmol/L DA、
1mmol/L 葡萄糖、1mmol/L 肼和 1mmol/L 肼的电流-时间曲线

该工作不仅提供了一种贵金属/MOFs复合材料合成的一种普适性的方法，并且拓宽了这类材料的应用。

<h1 style="text-align:center">—— 本 章 小 结 ——</h1>

MOFs是将金属离子与有机配体结合在一起的一类多孔型无机-有机晶体杂化材料。由于其具有大比表面积，可调节的孔径，独特的电学、光学和催化特性等优异性能，MOFs常常被用在异质催化、气体的储存与分离和药物的释放/释放等方面。MOFs的金属中心或者金属-氧代单元通常被认为是催化反应中有效的活性中心，特别是电化学催化反应。在环境电化学分析中，MOFs通常能起到富集和催化的作用，增强电化学传感器的灵敏度。MOFs目前在重金属离子、农药、酚类化合物、抗生素、亚硝酸盐、肼等环境污染物的检测中得到了广泛的研究，具有良好的应用前景。

5-1 简述MOFs材料的特性。
5-2 MOFs材料在环境污染物电化学分析方面应用的讨论。

## 参 考 文 献

［1］ Li J R, Kuppler R J, Zhou H C. Selective gas adsorption and separation in metal-organic frameworks ［J］. Chemical Society Reviews, 2009, 38 (5): 1477-1504.

［2］ Li J R, Sculley J, Zhou H C. Metal-organic frameworks for separations ［J］. Chemical Reviews, 2012, 112 (2): 869-932.

［3］ Cheetham A K, Fe′rey G, Loiseau T. Open-Framework inorganic materials ［J］. Angewandte Chemie International Edition in English, 1999, 38 (22): 3268-3292.

［4］ Lee Y R, Kim J, Ahn W S. Synthesis of metal-organic frameworks: A mini review ［J］. Korean Journal of Chemical Engineering, 2013, 30 (9): 1667-1680.

［5］ Choi M, Na K, Kim J, et al. Stable single-unit-cell nanosheets of zeolite MFI as active and long-lived catalysts ［J］. Nature, 2009, 461 (7261): 246-249.

［6］ Lee J, Kim J, Hyeon T. Recent progress in the synthesis of porous carbon materials ［J］. Advanced Materials, 2006, 18 (16): 2073-2094.

［7］ Wang D W, Li F, Liu M, et al. 3D aperiodic hierarchical porous graphitic carbon material for high-rate electrochemical capacitive energy storage ［J］. Angewandte Chemie International Edition in English, 2008, 47 (2): 373-376.

［8］ Rowsell J L, Yaghi O M. Strategies for hydrogen storage in metal--organic frameworks ［J］. Angewandte Chemie International Edition in English, 2005, 44 (30): 4670-4679.

［9］ Liu C, Li F, Ma L P, et al. Advanced materials for energy storage ［J］. Advanced Materials, 2010, 22 (8): 28-62.

［10］ Getman R B, Bae Y S, Wilmer C E, et al. Review and analysis of molecular simulations of methane, hydrogen, and acetylene storage in metal-organic frameworks ［J］. Chemical Reviews, 2012, 112 (2): 703-723.

［11］ Millward A R, Yaghi O M. Metal-organic frameworks with exceptionally high capacity for storage of carbon dioxide at room temperature ［J］. Journal of the American Chemical Society, 2005, 127 (51): 17998-17999.

［12］ D' Alessandro D M, Smit B, Long J R. Carbon dioxide capture: Prospects for new materials ［J］. Angewandte Chemie International Edition in English , 2010, 49 (35): 6058-6082.

［13］ Chen B, Xiang S, Qian G. Metal-organic frameworks with functional pores for recognition of small molecules ［J］. Accounts of Chemical Research, 2010, 43 (8): 1115-1124.

［14］ Kreno L E, Leong K, Farha O K, et al. Metal-organic framework materials as chemical sensors ［J］. Chemical Reviews, 2012, 112 (2): 1105-1125.

［15］ Horcajada P, Serre C, Vallet-Regi M, et al. Metal-organic frameworks as efficient materials for drug delivery ［J］. Angewandte Chemie International Edition in English , 2006, 45 (36): 5974-5978.

［16］ Taylor-Pashow K M, Della Rocca J, Xie Z, et al. Postsynthetic modifications of iron-carboxylate nanoscale metal-organic frameworks for imaging and drug delivery ［J］. Journal of the American Chemical Society, 2009, 131 (40): 14261-14263.

［17］ Corma A, Garcia H, Llabres i Xamena F X. Engineering metal organic frameworks for heterogeneous catalysis ［J］. Chemical Reviews, 2010, 110 (8): 4606-4655.

［18］ Schneemann A, Bon V, Schwedler I , et al. Flexible metal-organic frameworks ［J］. Chemical Society Reviews, 2014, 43 (16): 6062-6096.

［19］ Natarajan S, Mahata P. Metal-organic framework structures--how closely are they related to classical inorganic structures? ［J］. Chemical Society Reviews, 2009, 38 (8): 2304-2318.

［20］ Biradha K, Ramana A, Vittal J J. Coordination polymers versus metal-Organic frameworks ［J］. Crystal Growth & Design, 2009, 9 (7): 2969-2970.

［21］ James S L. Metal-organic frameworks ［J］. Chemical Society Reviews, 2003, 32 (5): 276.

［22］ Bailar J J. Coordination polymers ［J］. Interscience, 1964: 1-25.

［23］ Hoskins B F, Robson R. Infinite polymeric frameworks consisting of three dimensionally linked rod-like segments ［J］. Journal of the American Chemical Society, 1989, 111 (15): 5962-5964.

［24］ Hoskins B, Robson R. Design and construction of a new class of scaffolding-like materials comprising infinite polymeric frameworks of 3D-linked molecular rods. A reappraisal of the zinc cyanide and cadmium cyanide structures and the synthesis and structure of the diamond-related frameworks ［N($CH_3$)$_4$］ ［CuIZnII(CN)$_4$］ and CuI ［4, 4', 4'', 4'''-tetracyanotetraphenylmethane］BF$_4$ · $x$C$_6$H$_5$NO$_2$ ［J］. Journal of the American Chemical Society, 1990, 112 (4): 1546-1554.

［25］ Robson R. Design and its limitations in the construction of bi-and poly-nuclear coordination complexes and coordination polymers (aka MOFs): A personal view ［J］. Dalton Transactions, 2008, (38): 5113-5131.

［26］ Yaghi O M, Li G, Li H. Selective binding and removal of guests in a microporous metal-organic framework ［J］. Nature, 1995, 378 (6558): 703-706.

［27］ Yaghi O, Li H. Hydrothermal synthesis of a metal-organic framework containing large rectangular channels ［J］. Journal of the American Chemical Society, 1995, 117 (41): 10401-10402.

［28］ Kondo M, Yoshitomi T, Matsuzaka H, et al. Three-Dimensional Framework with Channeling Cavities for Small Molecules: {［M$_2$(4, 4'-bpy)$_3$(NO$_3$)$_4$］ · $x$H$_2$O}$_n$(M = Co, Ni, Zn) ［J］. Angewandte Chemie International Edition in English, 1997, 36 (16): 1725-1727.

［29］ Li H, Eddaoudi M, O'Keeffe M, et al. Design and synthesis of an exceptionally stable and highly porous metal-organic framework ［J］. Nature, 1999, 402 (6759): 276-279.

［30］ Chui S S Y, Lo S M F, Charmant J P, et al. A chemically functionalizable nanoporous material

$[Cu_3(TMA)_2(H_2O)_3]_n[J]$. Science, 1999, 283 (5405): 1148-1150.

[31] Barthelet K, Marrot J, Riou D, et al. A breathing hybrid organic-inorganic solid with very large pores and high magnetic characteristics [J]. Angewandte Chemie International Edition in English, 2002, 114 (2): 291-294.

[32] Serre C, Millange F, Thouvenot C, et al. Very Large Breathing Effect in the First Nanoporous Chromium (Ⅲ)-Based Solids: MIL-53 or CrIII (OH) · $\{O_2C-C_6H_4-CO_2\}$ · $\{HO_2C-C_6H_4-CO_2H\}_x$ · $H_2Oy[J]$. Journal of the American Chemical Society, 2002, 124 (45): 13519-13526.

[33] Serre C, Mellot-Draznieks C, Surblé S, et al. Role of solvent-host interactions that lead to very large swelling of hybrid frameworks [J]. Science, 2007, 315 (5820): 1828-1831.

[34] Dybtsev D N, Chun H, Kim K. Rigid and flexible: A highly porous metal-organic framework with unusual guest-dependent dynamic behavior [J]. Angewandte Chemie International Edition in English, 2004, 116 (38): 5143-5146.

[35] Seki K, Mori W. Syntheses and characterization of microporous coordination polymers with open frameworks [J]. The Journal of Physical Chemistry B, 2002, 106 (6): 1380-1385.

[36] Tian Y Q, Cai C X, Ji Y, et al. $[Co_5(im)_{10} · 2MB]$: A Metal-Organic Open-Framework with Zeolite-Like Topology [J]. Angewandte Chemie International Edition in English, 2002, 114 (8): 1442-1444.

[37] Park K S, Ni Z, Côté A P, et al. Exceptional chemical and thermal stability of zeolitic imidazolate frameworks [J]. Proceedings of the National Academy of Sciences, 2006, 103 (27): 10186-10191.

[38] Férey G. Building units design and scale chemistry [J]. Journal of Solid State Chemistry, 2000, 152 (1): 37-48.

[39] Surble S, Millange F, Serre C, et al. An EXAFS study of the formation of a nanoporous metal-organic framework: evidence for the retention of secondary building units during synthesis [J]. Chemical Communications, 2006, (14): 1518-1520.

[40] Serre C, Millange F, Surblé S, et al. A route to the synthesis of trivalent transition-metal porous carboxylates with trimeric secondary building units [J]. Angewandte Chemie International Edition in English, 2004, 43 (46): 6285-6289.

[41] Alaerts L, Maes M, Giebeler L, et al. Selective adsorption and separation of ortho-substituted alkylaromatics with the microporous aluminum terephthalate MIL-53 [J]. Journal of the American Chemical Society, 2008, 130 (43): 14170-14178.

[42] Bauer S, Serre C, Devic T, et al. High-throughput assisted rationalization of the formation of metal organic frameworks in the iron (Ⅲ) aminoterephthalate solvothermal system [J]. Inorganic Chemistry, 2008, 47 (17): 7568-7576.

[43] Meilikhov M, Yusenko K, Fischer R A. Turning MIL-53 (Al) redox-active by functionalization of the bridging OH-group with 1, 1'-ferrocenediyl-dimethylsilane [J]. Journal of the American Chemical Society, 2009, 131 (28): 9644-9645.

[44] Férey G, Mellot-Draznieks C, Serre C, et al. A chromium terephthalate-based solid with unusually large pore volumes and surface area [J]. Science, 2005, 309 (5743): 2040-2042.

[45] Millange F, Serre C, Férey G. Synthesis, structure determination and properties of MIL-53as and MIL-53ht: the first Cr III hybrid inorganic-organic microporous solids: Cr III (OH) · $\{O_2C-C_6H_4-CO_2\}$ · $\{HO_2C-C_6H_4-CO_2H\}_x[J]$. Chemical Communications, 2002, (8): 822-823.

[46] Eddaoudi M, Kim J, Rosi N, et al. Systematic design of pore size and functionality in isoreticular MOFs and their application in methane storage [J]. Science, 2002, 295 (5554): 469-472.

[47] Ma S, Zhou H C. A metal-organic framework with entatic metal centers exhibiting high gas adsorption

affinity [J]. Journal of the American Chemical Society, 2006, 128 (36): 11734-11735.

[48] Ma S, Sun D, Ambrogio M, et al. Framework-catenation isomerism in metal-organic frameworks and its impact on hydrogen uptake [J]. Journal of the American Chemical Society, 2007, 129 (7): 1858-1859.

[49] Ma S, Sun D, Simmons J M, et al. Metal-organic framework from an anthracene derivative containing nanoscopic cages exhibiting high methane uptake [J]. Journal of the American Chemical Society, 2008, 130 (3): 1012-1016.

[50] Banerjee R, Phan A, Wang B, et al. High-throughput synthesis of zeolitic imidazolate frameworks and application to $CO_2$ capture [J]. Science, 2008, 319 (5865): 939-943.

[51] Liu Y, Kravtsov V C, Larsen R, et al. Molecular building blocks approach to the assembly of zeolite-like metal-organic frameworks (ZMOFs) with extra-large cavities [J]. Chemical Communications, 2006 (14): 1488-1490.

[52] Eddaoudi M, Eubank J F, Liu Y, et al. Zeolites embrace metal-organic frameworks: Building block approach to the design and synthesis of zeolite-like metal-organic frameworks (ZMOFs) [J]. Studies in Surface Science and Catalysis, 2007, 170: 2021-2029.

[53] Abu-Shandi K, Winkler H, Wu B, et al. Open-framework iron phosphates: Syntheses, structures, sorption studies and oxidation catalysis [J]. Cryst. Eng. Comm, 2003, 5 (33): 180-189.

[54] Tahmasian A, Morsali A. Ultrasonic synthesis of a 3D Ni (II) Metal-organic framework at ambient temperature and pressure: New precursor for synthesis of nickel(II) oxide nano-particles [J]. Inorganica Chimica Acta, 2012, 387: 327-331.

[55] Kitaura R, Fujimoto K, Noro S I, et al. A pillared-layer coordination polymer network displaying hysteretic sorption: [$Cu_2(pzdc)_2(dpyg)$]$_n$ (pzdc = Pyrazine-2, 3-dicarboxylate; dpyg = 1, 2-Di (4-pyridyl) glycol) [J]. Angewandte Chemie International Edition in English, 2002, 114 (1): 141-143.

[56] Tanaka D, Nakagawa K, Higuchi M, et al. Kinetic Gate-Opening Process in a Flexible Porous Coordination Polymer [J]. Angewandte Chemie International Edition in English, 2008, 120 (21): 3978-3982.

[57] Bárcia P S, Guimarães D, Mendes P A P, et al. Reverse shape selectivity in the adsorption of hexane and xylene isomers in MOF UiO-66 [J]. Microporous and Mesoporous Materials, 2011, 139 (1-3): 67-73.

[58] Valenzano L, Civalleri B, Chavan S, et al. Disclosing the complex structure of UiO-66 metal organic framework: A synergic combination of experiment and theory [J]. Chemistry of Materials, 2011, 23 (7): 1700-1718.

[59] Yang Q, Wiersum A D, Llewellyn P L, et al. Functionalizing porous zirconium terephthalate UiO-66(Zr) for natural gas upgrading: a computational exploration [J]. Chemical Communications, 2011, 47 (34): 9603-9605.

[60] Thompson J A, Blad C R, Brunelli N A, et al. Hybrid zeolitic imidazolate frameworks: Controlling framework porosity and functionality by mixed-linker synthesis [J]. Chemistry of Materials, 2012, 24 (10): 1930-1936.

[61] Han Y, Zhai J, Zhang L, et al. Direct carbonization of cobalt-doped $NH_2$-MIL-53 (Fe) for electrocatalysis of oxygen evolution reaction [J]. Nanoscale, 2016, 8 (2): 1033-1039.

[62] Su Z, Fan J, Okamura T, et al. Ligand-directed and pH-controlled assembly of chiral 3d-3d heterometallic metal-organic frameworks [J]. Crystal Growth & Design, 2010, 10 (8): 3515-3521.

[63] Ishida T, Nagaoka M, Akita T, et al. Deposition of gold clusters on porous coordination polymers by solid grinding and their catalytic activity in aerobic oxidation of alcohols [J]. Chemistry-A European Journal, 2008, 14 (28): 8456-8460.

［64］ Haque E, Khan N A, Park J H, et al. Synthesis of a metal-organic framework material, iron terephthalate, by ultrasound, microwave, and conventional electric heating: a kinetic study ［J］. Chemistry-A European Journal, 2010, 16 (3): 1046-1052.

［65］ Della Rocca J, Liu D, Lin W. Nanoscale metal-organic frameworks for biomedical imaging and drug delivery ［J］. Accounts of Chemical Research, 2011, 44 (10): 957-968.

［66］ Czaja A U, Trukhan N, Müller U. Industrial applications of metal-organic frameworks ［J］. Chemical Society Reviews, 2009, 38 (5): 1284-1293.

［67］ Seo Y K, Yoon J W, Lee J S, et al. Large scale fluorine-free synthesis of hierarchically porous iron(Ⅲ) trimesate MIL-100 (Fe) with a zeolite MTN topology ［J］. Microporous and Mesoporous Materials, 2012, 157: 137-145.

［68］ Mueller U, Schubert M, Teich F, et al. Metal-organic frameworks-prospective industrial applications ［J］. Journal of Materials Chemistry, 2006, 16 (7): 626-636.

［69］ Bourrelly S, Llewellyn P L, Serre C, et al. Different adsorption behaviors of methane and carbon dioxide in the isotypic nanoporous metal terephthalates MIL-53 and MIL-47 ［J］. Journal of the American Chemical Society, 2005, 127 (39): 13519-13521.

［70］ Férey G, Latroche M, Serre C, et al. Hydrogen adsorption in the nanoporous metal-benzenedicarboxylate M(OH)($O_2$C-$C_6H_4$-$CO_2$)(M=$Al^{3+}$,$Cr^{3+}$), MIL-53［J］. Chemical Communications, 2003, (24): 2976-2977.

［71］ Loiseau T, Serre C, Huguenard C, et al. A Rationale for the Large Breathing of the Porous Aluminum Terephthalate (MIL-53) Upon Hydration ［J］. Chemistry-A European Journal, 2004, 10 (6): 1373-1382.

［72］ Salles F, Bourrelly S, Jobic H, et al. Molecular insight into the adsorption and diffusion of water in the versatile hydrophilic/hydrophobic flexible MIL-53 (Cr) MOF ［J］. The Journal of Physical Chemistry C, 2011, 115 (21): 10764-10776.

［73］ Sonnauer A, Hoffmann F, Fröba M, et al. Giant pores in a chromium 2, 6-naphthalenedicarboxylate open-framework structure with MIL-101 topology ［J］. Angewandte Chemie International Edition in English, 2009, 121 (21): 3849-3852.

［74］ Llewellyn P L, Bourrelly S, Serre C, et al. High Uptakes of $CO_2$ and $CH_4$ in Mesoporous Metal-Organic Frameworks MIL-100 and MIL-101 ［J］. Langmuir, 2008, 24 (14): 7245-7250.

［75］ Horcajada P, Surblé S, Serre C, et al. Synthesis and catalytic properties of MIL-100 (Fe), an iron(Ⅲ) carboxylate with large pores ［J］. Chemical Communications, 2007 (27): 2820-2822.

［76］ Volkringer C, Popov D, Loiseau T, et al. Synthesis, single-crystal X-ray microdiffraction, and NMR characterizations of the giant pore metal-organic framework aluminum trimesate MIL-100 ［J］. Chemistry of Materials, 2009, 21 (24): 5695-5697.

［77］ Canioni R, Roch-Marchal C, Sécheresse F, et al. Stable polyoxometalate insertion within the mesoporous metal organic framework MIL-100(Fe) ［J］. Journal of Materials Chemistry, 2011, 21 (4): 1226-1233.

［78］ Huo S H, Yan X P. Metal-organic framework MIL-100 (Fe) for the adsorption of malachite green from aqueous solution ［J］. Journal of Materials Chemistry, 2012, 22 (15): 7449-7455.

［79］ Jeremias F, Khutia A, Henninger S K, et al. MIL-100 (Al, Fe) as water adsorbents for heat transformation purposes-a promising application ［J］. Journal of Materials Chemistry, 2012, 22 (20): 10148-10151.

［80］ Latroche M, Surblé S, Serre C, et al. Hydrogen Storage in the Giant-Pore Metal-Organic Frameworks MIL-100 and MIL-101 ［J］. Angewandte Chemie International Edition in English, 2006, 45 (48):

8227-8231.

［81］ Horcajada P, Serre C, Vallet-Regí M, et al. Metal-organic frameworks as efficient materials for drug delivery ［J］. Angewandte Chemie International Edition in English, 2006, 118 (36): 6120-6124.

［82］ Henschel A, Gedrich K, Kraehnert R, et al. Catalytic properties of MIL-101 ［J］. Chemical Communications, 2008, (35): 4192-4194.

［83］ Hong D Y, Hwang Y K, Serre C, et al. Porous chromium terephthalate MIL-101 with coordinatively unsaturated sites: Surface functionalization, encapsulation, sorption and catalysis ［J］. Advanced Functional Materials, 2009, 19 (10): 1537-1552.

［84］ Gu Z Y, Yan X P. Metal-organic framework MIL-101 for high-resolution gas-chromatographic separation of xylene isomers and ethylbenzene ［J］. Angewandte Chemie International Edition in English, 2010, 49 (8): 1477-1480.

［85］ Millward A R, Yaghi O M. Metal-organic frameworks with exceptionally high capacity for storage of carbon dioxide at room temperature ［J］. Journal of the American Chemical Society, 2005, 127 (51): 17998-17999.

［86］ Rowsell J L, Yaghi O M. Effects of functionalization, catenation, and variation of the metal oxide and organic linking units on the low-pressure hydrogen adsorption properties of metal-organic frameworks ［J］. Journal of the American Chemical Society, 2006, 128 (4): 1304-1315.

［87］ Deng H, Grunder S, Cordova K E, et al. Large-pore apertures in a series of metal-organic frameworks ［J］. Science, 2012, 336 (6084): 1018-1023.

［88］ McDonald T M, Lee W R, Mason J A, et al. Capture of carbon dioxide from air and flue gas in the alkylamine-appended metal-organic framework mmen-$Mg_2$ (dobpdc) ［J］. Journal of the American Chemical Society, 2012, 134 (16): 7056-7065.

［89］ Kandiah M, Nilsen M H, Usseglio S, et al. Synthesis and stability of tagged UiO-66 Zr-MOFs ［J］. Chemistry of Materials, 2010, 22 (24): 6632-6640.

［90］ Gomes Silva C, Luz I, Llabrés i Xamena, F X, et al. Water stable Zr-benzenedicarboxylate metal-organic frameworks as photocatalysts for hydrogen generation ［J］. Chemistry-A European Journal, 2010, 16 (36): 11133-11138.

［91］ Schaate A, Roy P, Godt A, et al. Modulated synthesis of Zr-based metal-organic frameworks: From nano to single crystals ［J］. Chemistry-A European Journal, 2011, 17 (24): 6643-6651.

［92］ Feng D, Gu Z Y, Li J R, et al. Zirconium-metalloporphyrin PCN-222: Mesoporous metal-organic frameworks with ultrahigh stability as biomimetic catalysts ［J］. Angewandte Chemie International Edition in English, 2012, 124 (41): 10453-10456.

［93］ Feng D, Jiang H L, Chen Y P, et al. Metal-Organic Frameworks Based on Previously Unknown $Zr_8/Hf_8$ Cubic Clusters ［J］. Inorganic Chemistry, 2013, 52 (21): 12661-12667.

［94］ Feng D, Chung W C, Wei Z, et al. Construction of ultrastable porphyrin Zr metal-organic frameworks through linker elimination ［J］. Journal of the American Chemical Society, 2013, 135 (45): 17105-17110.

［95］ Jiang H L, Feng D, Wang K, et al. An exceptionally stable, porphyrinic Zr metal-organic framework exhibiting pH-dependent fluorescence ［J］. Journal of the American Chemical Society, 2013, 135 (37): 13934-13938.

［96］ Feng D, Gu Z Y, Chen Y P, et al. A highly stable porphyrinic zirconium metal-organic framework with shp-a topology ［J］. Journal of the American Chemical Society, 2014, 136 (51): 17714-17717.

［97］ Wei Z, Gu Z Y, Arvapally R K, et al. Rigidifying fluorescent linkers by metal-organic framework formation for fluorescence blue shift and quantum yield enhancement [J]. Journal of the American Chemical Society, 2014, 136 (23): 8269-8276.

[98] Feng D, Liu T F, Su J, et al. Stable metal-organic frameworks containing single-molecule traps for enzyme encapsulation [J]. Nature Communications, 2015, 6.

[99] Feng D, Wang K, Su J, et al. A highly stable zeotype mesoporous zirconium metal-organic framework with ultralarge pores [J]. Angewandte Chemie International Edition in English, 2015, 54 (1): 149-154.

[100] Surblé S, Serre C, Mellot-Draznieks C, et al. A new isoreticular class of metal-organic-frameworks with the MIL-88 topology [J]. Chemical Communications, 2006, (3): 284-286.

[101] Guillerm V, Gross S, Serre C, et al. A zirconium methacrylate oxocluster as precursor for the low-temperature synthesis of porous zirconium (Ⅳ) dicarboxylates [J]. Chemical Communications, 2010, 46 (5): 767-769.

[102] Hausdorf S, Baitalow F, Böhle T, et al. Main-group and transition-element IRMOF homologues [J]. Journal of the American Chemical Society, 2010, 132 (32): 10978-10981.

[103] Wang K, Feng D, Liu T F, et al. A series of highly stable mesoporous metalloporphyrin Fe-MOFs [J]. Journal of the American Chemical Society, 2014, 136 (40): 13983-13986.

[104] Feng Z A, El Gabaly F, Ye X, et al. Fast vacancy-mediated oxygen ion incorporation across the ceria-gas electrochemical interface [J]. Nature Communications, 2014, 5.

[105] Park S E, Chang J S, Hwang Y K, et al. Supramolecular interactions and morphology control in microwave synthesis of nanoporous materials [J]. Catalysis surveys from Asia, 2004, 8 (2): 91-110.

[106] Ni Z, Masel R I. Rapid production of metal-organic frameworks via microwave-assisted solvothermal synthesis [J]. Journal of the American Chemical Society, 2006, 128 (38): 12394-12395.

[107] Jhung S H, Lee J H, Yoon J W, et al. Microwave synthesis of chromium terephthalate MIL-101 and its benzene sorption ability [J]. Advanced Materials, 2007, 19 (1): 121-124.

[108] Amo-Ochoa P, Givaja G, Miguel P J S., et al. Microwave assisted hydrothermal synthesis of a novel Cu I-sulfate-pyrazine MOF [J]. Inorganic Chemistry Communications, 2007, 10 (8): 921-924.

[109] Khan N A, Haque E, Jhung S H. Rapid syntheses of a metal-organic framework material $Cu_3(BTC)_2(H_2O)_3$ under microwave: A quantitative analysis of accelerated syntheses [J]. Physical Chemistry Chemical Physics, 2010, 12 (11): 2625-2631.

[110] Seo Y K, Hundal G, Jang I T, et al. Microwave synthesis of hybrid inorganic-organic materials including porous $Cu_3(BTC)_2$ from Cu(Ⅱ)-trimesate mixture [J]. Microporous and Mesoporous Materials, 2009, 119 (1): 331-337.

[111] Choi J S, Son W J, Kim J, et al. Metal-organic framework MOF-5 prepared by microwave heating: factors to be considered [J]. Microporous and Mesoporous Materials, 2008, 116 (1): 727-731.

[112] Son W J, Kim J, Kim J, et al. Sonochemical synthesis of MOF-5 [J]. Chemical Communications, 2008, (47): 6336-6338.

[113] Huh S, Jung S, Kim Y, et al. Two-dimensional metal-organic frameworks with blue luminescence [J]. Dalton Transactions, 2010, 39 (5): 1261-1265.

[114] Jung D W, Yang D A, Kim J, et al. Facile synthesis of MOF-177 by a sonochemical method using 1-methyl-2-pyrrolidinone as a solvent [J]. Dalton Transactions, 2010, 39 (11): 2883-2887.

[115] Bux H, Liang F, Li Y, et al. Zeolitic imidazolate framework membrane with molecular sieving properties by microwave-assisted solvothermal synthesis [J]. Journal of the American Chemical Society, 2009, 131 (44): 16000-16001.

[116] Yoo Y, Jeong H K. Rapid fabrication of metal organic framework thin films using microwave-induced

thermal deposition [J]. Chemical Communications, 2008 (21): 2441-2443.

[117] Yoo Y, Lai Z, Jeong H K. Fabrication of MOF-5 membranes using microwave-induced rapid seeding and solvothermal secondary growth [J]. Microporous and Mesoporous Materials, 2009, 123 (1): 100-106.

[118] Li Y S, Liang F Y, Bux H, et al. Molecular sieve membrane: supported metal-organic framework with high hydrogen selectivity [J]. Angewandte Chemie International Edition in English, 2010, 122 (3): 558-561.

[119] Suslick K S, Hammerton D A, Cline R E. Sonochemical hot spot [J]. Journal of the American Chemical Society, 1986, 108 (18): 5641-5642.

[120] Li Z Q, Qiu L G, Xu T, et al. Ultrasonic synthesis of the microporous metal-organic framework $Cu_3(BTC)_2$ at ambient temperature and pressure: an efficient and environmentally friendly method [J]. Materials Letters, 2009, 63 (1): 78-80.

[121] Qiu L G, Li Z Q, Wu Y, et al. Facile synthesis of nanocrystals of a microporous metal-organic framework by an ultrasonic method and selective sensing of organoamines [J]. Chemical Communications, 2008 (31): 3642-3644.

[122] Li Z Q, Qiu L G, Wang W, et al. Fabrication of nanosheets of a fluorescent metal-organic framework $[Zn(BDC)(H_2O)]_n$ (BDC = 1,4-benzenedicarboxylate): Ultrasonic synthesis and sensing of ethylamine [J]. Inorganic Chemistry Communications, 2008, 11 (11): 1375-1377.

[123] Pichon A, Lazuen-Garay A, James S L. Solvent-free synthesis of a microporous metal-organic framework [J]. CrystEngComm, 2006, 8 (3): 211-214.

[124] Pichon A, James S L. An array-based study of reactivity under solvent-free mechanochemical conditions-insights and trends [J]. CrystEngComm, 2008, 10 (12): 1839-1847.

[125] Friščić T, Fábián L. Mechanochemical conversion of a metal oxide into coordination polymers and porous frameworks using liquid-assisted grinding (LAG) [J]. CrystEngComm, 2009, 11 (5): 743-745.

[126] Friščić T, Reid D G, Halasz I, et al. Ion-and liquid-assisted grinding: Improved mechanochemical synthesis of metal-organic frameworks reveals salt inclusion and anion templating [J]. Angewandte Chemie International Edition in English, 2010, 122 (4): 724-727.

[127] Mueller U, Puetter H, Hesse M, Wessel H. WO 2005/049892, 2005 [P]. BASF Aktiengesellschaft, 2007.

[128] Campagnol N, Van Assche T, Boudewijns T, et al. High pressure, high temperature electrochemical synthesis of metal-organic frameworks: Films of MIL-100 (Fe) and HKUST-1 in different morphologies [J]. Journal of Materials Chemistry A, 2013, 1 (19): 5827-5830.

[129] Li M, Dincǎ M. Selective formation of biphasic thin films of metal-organic frameworks by potential-controlled cathodic electrodeposition [J]. Chemical Science, 2014, 5 (1): 107-111.

[130] Campagnol N, Souza E R, De Vos D E, et al. Luminescent terbium-containing metal-organic framework films: New approaches for the electrochemical synthesis and application as detectors for explosives [J]. Chemical Communications, 2014, 50 (83): 12545-12547.

[131] Stassen I, Styles M, Van Assche T, et al. Electrochemical Film Deposition of the Zirconium Metal-Organic Framework UiO-66 and Application in a Miniaturized Sorbent Trap [J]. Chemistry of Materials, 2015, 27 (5): 1801-1807.

[132] Jones S C, Bauer C A. Diastereoselective heterogeneous bromination of stilbene in a porous metal-organic framework [J]. Journal of the American Chemical Society, 2009, 131 (35): 12516-12517.

[133] Moses J E, Moorhouse A D. The growing applications of click chemistry [J]. Chemical Society Reviews, 2007, 36 (8): 1249-1262.

[134] Goto Y, Sato H, Shinkai S, et al. "Clickable" Metal-Organic Framework [J]. Journal of the American Chemical Society, 2008, 130 (44): 14354-14355.

[135] Gadzikwa T, Lu G, Stern C L, et al. Covalent surface modification of a metal-organic framework: Selective surface engineering via CuI-catalyzed Huisgen cycloaddition [J]. Chemical Communications, 2008 (43): 5493-5495.

[136] Savonnet M, Bazer-Bachi D, Bats N, et al. Generic postfunctionalization route from amino-derived metal-organic frameworks [J]. Journal of the American Chemical Society, 2010, 132 (13): 4518-4519.

[137] Ray A, Rizzoli C, Pilet G, et al. Two new supramolecular architectures of singly phenoxo-bridged copper(Ⅱ) and doubly phenoxo-bridged manganese(Ⅱ) complexes derived from an unusual ONOO donor hydrazone ligand: Syntheses, structural variations, cryomagnetic, DFT, and EPR studies [J]. European Journal of Inorganic Chemistry, 2009 (20): 2915-2928.

[138] Dai X, Wu S, Li S. Progress on electrochemical sensors for the determination of heavy metal ions from contaminated water [J]. Journal of the Chinese Advanced Materials Society, 2018, 6 (2): 91-111.

[139] Arora M, Kiran B, Rani S, et al. Heavy metal accumulation in vegetables irrigated with water from different sources [J]. Food Chemistry, 2008, 111 (4): 811-815.

[140] Ginya M A, Idris M B, Zakariyya U A. The role of some antioxidants an absorption, distribution and elimination of lead and iron: an in-vivo study [J]. European Journal of Biomedical AND Pharmaceutical sciences, 2016, 3: 528-531.

[141] Afkhami A, Soltani-Felehgari F, Madrakian T, et al. Fabrication and application of a new modified electrochemical sensor using nano-silica and a newly synthesized Schiff base for simultaneous determination of $Cd^{2+}$, $Cu^{2+}$ and $Hg^{2+}$ ions in water and some foodstuff samples [J]. Analytica chimica acta, 2013, 771: 21-30.

[142] Sharma B, Singh S, Siddiqi N J. Biomedical implications of heavy metals induced imbalances in redox systems [J]. BioMed Research International, 2015, 2014 (1): 640754.

[143] Guo H, Wang D, Chen J, et al. Simple fabrication of flake-like $NH_2$-MIL-53 (Cr) and its application as an electrochemical sensor for the detection of $Pb^{2+}$ [J]. Chemical Engineering Journal, 2016, 289: 479-485.

[144] Wang Y, Du K, Chen Y, et al. Electrochemical determination of lead based on metal-organic framework MIL-101 (Cr) by differential pulse anodic stripping voltammetry [J]. Analytical Methods 2016, 8 (15): 3263-3269.

[145] Wang Y, Wang L, Huang W, et al. A metal-organic framework and conducting polymer based electrochemical sensor for high performance cadmium ion detection [J]. Journal of Materials Chemistry A, 2017, 5 (18): 8385-8393.

[146] Jin J C, Wu J, Yang G P, et al. A microporous anionic metal-organic framework for a highly selective and sensitive electrochemical sensor of $Cu^{(2+)}$ ions [J]. Chemical communications, 2016, 52 (54), 8475.

[147] Lu M, Deng Y, Luo Y, et al. Graphene aerogel-metal-organic framework-based electrochemical method for simultaneous detection of multiple heavy-metal ions [J]. Analytical chemistry, 2019, 91 (1): 888-895.

[148] Baghayeri M, Ghanei-Motlagh M, Tayebee R, et al. Application of graphene/zinc-based metal-organic framework nanocomposite for electrochemical sensing of As(Ⅲ) in water resources [J]. Analytica chimica acta, 2020, 1099: 60-67.

[149] Chen J, Huang Y, Kannan P, et al. Flexible and Adhesive Surface Enhance Raman Scattering Active Tape for Rapid Detection of Pesticide Residues in Fruits and Vegetables [J]. Analytical chemistry, 2016,

88 (4): 2149-2155.

[150] Kesik M, Ekiz Kanik F, Turan J, et al. An acetylcholinesterase biosensor based on a conducting polymer using multiwalled carbon nanotubes for amperometric detection of organophosphorous pesticides [J]. Sensors and Actuators B: Chemical, 2014, 205: 39-49.

[151] Liu M, Khan A, Wang Z, et al. Aptasensors for pesticide detection [J]. Biosensors and Bioelectronics, 2019, 130: 174-184.

[152] Carvalho F P. Pesticides, environment, and food safety [J]. Food and Energy Security, 2017, 6 (2): 48-60.

[153] Kim K H, Kabir E, Jahan S A. Exposure to pesticides and the associated human health effects [J]. The Science of the total environment, 2017, 575: 525-535.

[154] Evenset A, Hallanger I G, Tessmann M, et al. Seasonal variation in accumulation of persistent organic pollutants in an Arctic marine benthic food web [J]. The Science of the total environment, 2016, 542: 108-120.

[155] Hu Y W. Preparation of a Cu-MOF as an Electrode Modifier for the Determination of Carbendazim in Water [J]. International Journal of Electrochemical Science, 2018: 5031-5040.

[156] Hadi M, Bayat M, Mostaanzadeh H. Sensitive electrochemical detection of picloram utilising a multi-walled carbon nanotube/Cr-based metal-organic framework composite-modified glassy carbon electrode [J]. International journal of environmental analytical chemistry, 2018, 98 (1-5): 197-214.

[157] Tu X, Xie Y, Ma X, et al. Highly stable reduced graphene oxide-encapsulated Ce-MOF composite as sensing material for electrochemically detecting dichlorophen [J]. Journal of Electroanalytical Chemistry, 2019, 848: 113268.

[158] Al'Abri A M, Abdul Halim S N, Abu Bakar N K, et al. Highly sensitive and selective determination of malathion in vegetable extracts by an electrochemical sensor based on Cu-metal organic framework [J]. Journal of environmental science and health. Part. B, Pesticides, food contaminants, and agricultural wastes, 2019, 54 (12): 930-941.

[159] Wei L, Huang X, Zheng L, et al. Electrochemical sensor for the sensitive determination of parathion based on the synergistic effect of ZIF-8 and ionic liquid [J]. Ionics, 2019, 25 (10): 5013-5021.

[160] Cao Y, Wang L, Shen C, et al. An electrochemical sensor on the hierarchically porous Cu-BTC MOF platform for glyphosate determination [J]. Sensors and Actuators B: Chemical, 2019, 283: 487-494.

[161] Gan T, Li J, Li H, et al. Synthesis of Au nanorod-embedded and graphene oxide-wrapped microporous ZIF-8 with high electrocatalytic activity for the sensing of pesticides [J]. Nanoscale, 2019, 11 (16): 7839-7849.

[162] Karimian N, Fakhri H, Amidi S, et al. A novel sensing layer based on metal-organic framework UiO-66 modified with TiO₂-graphene oxide: application to rapid, sensitive and simultaneous determination of paraoxon and chlorpyrifos [J]. New Journal of Chemistry, 2019, 43 (6): 2600-2609.

[163] Tu X, Gao F, Ma X, et al. Mxene/carbon nanohorn/beta-cyclodextrin-Metal-organic frameworks as high-performance electrochemical sensing platform for sensitive detection of carbendazim pesticide [J]. Journal of hazardous materials, 2020, 396: 122776.

[164] Wu C, Liu Z, Sun H, et al. Selective determination of phenols and aromatic amines based on horseradish peroxidase-nanoporous gold co-catalytic strategy [J]. Biosensors & bioelectronics, 2016, 79: 843.

[165] Villegas L G C, Mashhadi N, Chen M, et al. A Short Review of Techniques for Phenol Removal from Wastewater [J]. Current Pollution Reports, 2016, 2 (3): 157-167.

[166] Fernández L, Ledezma I, Borrás C, et al. Horseradish peroxidase modified electrode based on a film of

Co-Al layered double hydroxide modified with sodium dodecylbenzenesulfonate for determination of 2-chlorophenol [J]. Sensors and Actuators B: Chemical, 2013, 182: 625-632.

[167] Zhou J, Li X, Yang L, et al. The Cu-MOF-199/single-walled carbon nanotubes modified electrode for simultaneous determination of hydroquinone and catechol with extended linear ranges and lower detection limits [J]. Analytica chimica acta, 2015, 899: 57-65.

[168] Dong S, Suo G, Li N, et al. A simple strategy to fabricate high sensitive 2, 4-dichlorophenol electrochemical sensor based on metal organic framework $Cu_3(BTC)_2$ [J]. Sensors and Actuators B: Chemical, 2016, 222: 972-979.

[169] Deng M, Lin S, Bo X, et al. Simultaneous and sensitive electrochemical detection of dihydroxybenzene isomers with UiO-66 metal-organic framework/mesoporous carbon [J]. Talanta, 2017, 174: 527-538.

[170] Cui M. Development of a Metal-Organic Framework for the Sensitive Determination of 2, 4-Dichlorophenol [J]. International Journal of Electrochemical Science, 2018, 3420-3428.

[171] Zhang J, Xu X, Chen L. An ultrasensitive electrochemical bisphenol A sensor based on hierarchical Ce-metal-organic framework modified with cetyltrimethylammonium bromide [J]. Sensors and Actuators B: Chemical, 2018, 261: 425-433.

[172] Yu G, Song X, Zheng S, et al. A facile and sensitive tetrabromobisphenol-A sensor based on biomimetic catalysis of a metal-organic framework: PCN-222 (Fe) [J]. Analytical Methods, 2018, 10 (35): 4275-4281.

[173] Li J, Xia J, Zhang F, et al. An electrochemical sensor based on copper-based metal-organic frameworks-graphene composites for determination of dihydroxybenzene isomers in water [J]. Talanta, 2018, 181: 80-86.

[174] Xie Y, Tu X, Ma X, et al. In-situ synthesis of hierarchically porous polypyrrole @ ZIF-8/graphene aerogels for enhanced electrochemical sensing of 2, 2-methylenebis (4-chlorophenol) [J]. Electrochimica Acta, 2019, 311: 114-122.

[175] Huang X, Huang D, Chen J, et al. Fabrication of novel electrochemical sensor based on bimetallic Ce-Ni-MOF for sensitive detection of bisphenol A [J]. Analytical and bioanalytical chemistry, 2020, 412 (4): 849-860.

[176] Jahani P M, Tajik S, Alizadeh R, et al. Highly Electrocatalytic Oxidation of Bisphenol A at Glassy Carbon Electrode Modified with Metal-organic Framework MOF-508a and its Application in Real Sample Analysis [J]. Analytical and Bioanalytical Chemistry Research, 2020, 7: 161-170.

[177] Zhou T, Zhao X, Xu Y, et al. Electrochemical determination of tetrabromobisphenol A in water samples based on a carbon nanotubes @ zeolitic imidazole framework-67 modified electrode [J]. RSC Advances, 2020, 10 (4): 2123-2132.

[178] Mollarasouli F, Kurbanoglu S, Asadpour-Zeynali K, et al. Preparation of porous Cu metal organic framework/ZnTe nanorods/Au nanoparticles hybrid platform for nonenzymatic determination of catechol [J]. Journal of Electroanalytical Chemistry, 2020, 856: 113672.

[179] Huang X L, Liu L, Gao M L, et al. A luminescent metal-organic framework for highly selective sensing of nitrobenzene and aniline [J]. RSC Advances, 2016, 6 (91): 87945-87949.

[180] Hu X L, Liu F H, Qin C, et al. A 2D bilayered metal-organic framework as a fluorescent sensor for highly selective sensing of nitro explosives [J]. Dalton transactions, 2015, 44 (17): 7822.

[181] Kumar P, Kim K H, Lee J, et al. Metal-organic framework for sorptive/catalytic removal and sensing applications against nitroaromatic compounds [J]. Journal of Industrial and Engineering Chemistry, 2020, 84: 87-95.

［182］ Yadav D K, Ganesan V, Marken F, et al. Metal@ MOF materials in electroanalysis: Silver-enhanced oxidation reactivity towards nitrophenols adsorbed into a zinc metal organic framework-Ag@ MOF-5(Zn) ［J］. Electrochimica Acta, 2016, 219: 482-491.

［183］ Arul P, John S A. Size controlled synthesis of Ni-MOF using polyvinylpyrrolidone: New electrode material for the trace level determination of nitrobenzene ［J］. Journal of electroanalytical chemistry, 2018, 829: 168-176.

［184］ Yuan S, Bo X, Guo L. In-situ growth of iron-based metal-organic framework crystal on ordered mesoporous carbon for efficient electrocatalysis of p-nitrotoluene and hydrazine ［J］. Analytica chimica acta, 2018, 1024: 73-83.

［185］ Wang Y, Cao W, Wang L, et al. Electrochemical determination of 2, 4, 6-trinitrophenol using a hybrid film composed of a copper-based metal organic framework and electroreduced graphene oxide ［J］. Mikrochimica acta, 2018, 185 (6): 315.

［186］ Hira S A, Nallal M, Park K H. Fabrication of PdAg nanoparticle infused metal-organic framework for electrochemical and solution-chemical reduction and detection of toxic 4-nitrophenol ［J］. Sensors and Actuators B: Chemical, 2019, 298: 126861.

［187］ Rani S, Sharma B, Kapoor S, et al. Construction of Silver Quantum Dot Immobilized Zn-MOF-8 Composite for Electrochemical Sensing of 2, 4-Dinitrotoluene ［J］. Applied Sciences, 2019, 9 (22): 4952.

［188］ Zhou Y, Mahapatra C, Chen H, et al. Recent developments in fluorescent aptasensors for detection of antibiotics ［J］. Current Opinion in Biomedical Engineering, 2020, 13: 16-24.

［189］ Chen B, Ma M, Su X. An amperometric penicillin biosensor with enhanced sensitivity based on co-immobilization of carbon nanotubes, hematein, and beta-lactamase on glassy carbon electrode ［J］. Analytica chimica acta, 2010, 674 (1): 89-95.

［190］ Zhang W, Zhang Z, Li Y, et al. Novel nanostructured MIL-101(Cr)/XC-72 modified electrode sensor: A highly sensitive and selective determination of chloramphenicol ［J］. Sensors and Actuators B: Chemical, 2017, 247: 756-764.

［191］ Fang X, Chen X, Liu Y, et al. Nanocomposites of Zr (Ⅳ)-Based Metal-Organic Frameworks and Reduced Graphene Oxide for Electrochemically Sensing Ciprofloxacin in Water ［J］. ACS Applied Nano Materials, 2019, 2 (4): 2367-2376.

［192］ Gill A A S, Singh S, Agrawal N, et al. A poly (acrylic acid) -modified copper-organic framework for electrochemical determination of vancomycin ［J］. Mikrochimica acta, 2020, 187 (1): 79.

［193］ Hajisafari M, Nasirizadeh N. An electrochemical nanosensor for simultaneous determination of hydroxylamine and nitrite using oxadiazole self-assembled on silver nanoparticle-modified glassy carbon electrode ［J］. Ionics, 2017, 23 (6): 1541-1551.

［194］ Luo H, Lin X, Peng Z, et al. A Fast and Highly Selective Nitrite Sensor Based on Interdigital Electrodes Modified With Nanogold Film and Chrome-Black T ［J］. Frontiers in chemistry, 2020, 8: 366.

［195］ Gao F, Zhang L, Wang L, et al. Ultrasensitive and selective determination of trace amounts of nitrite ion with a novel fluorescence probe mono［6-N (2-carboxy-phenyl)］-β-cyclodextrin ［J］. Analytica chimica acta, 2005, 533 (1): 25-29.

［196］ Kung C W, Chang T H, Chou L Y, et al. Porphyrin-based metal-organic framework thin films for electrochemical nitrite detection ［J］. Electrochemistry Communications, 2015, 58: 51-56.

［197］ Yadav D K, Ganesan V, Sonkar P K, et al. Electrochemical investigation of gold nanoparticles incorporated zinc based metal-organic framework for selective recognition of nitrite and nitrobenzene ［J］.

Electrochimica Acta, 2016, 200: 276-282.

[198] Chen H, Yang T, Liu F, et al. Electrodeposition of gold nanoparticles on Cu-based metal-organic framework for the electrochemical detection of nitrite [J]. Sensors and Actuators B: Chemical, 2019, 286: 401-407.

[199] He B, Yan D. Au/ERGO nanoparticles supported on Cu-based metal-organic framework as a novel sensor for sensitive determination of nitrite [J]. Food Control, 2019, 103: 70-77.

[200] Hiremath S D, Priyadarshi B, Banerjee M, et al. Carbon dots-$MnO_2$ based turn-on fluorescent probe for rapid and sensitive detection of hydrazine in water [J]. Journal of Photochemistry and Photobiology A: Chemistry, 2020, 389: 112258.

[201] Haque A M J, Kumar S, Sabaté del Río J, et al. Highly sensitive detection of hydrazine by a disposable, Poly(Tannic Acid)-Coated carbon electrode [J]. Biosensors and Bioelectronics, 2020, 150: 111927.

[202] Sun M, Guo J, Yang Q, et al. A new fluorescent and colorimetric sensor for hydrazine and its application in biological systems [J]. Journal of materials chemistry. B, 2014, 2 (13): 1846-1851.

[203] Wang L, Teng Q, Sun X, et al. Facile synthesis of metal-organic frameworks/ordered mesoporous carbon composites with enhanced electrocatalytic ability for hydrazine [J]. Journal of colloid and interface science, 2018, 512: 127-133.

[204] Asadi F, Azizi S N, Ghasemi S. Preparation of Ag nanoparticles on nano cobalt-based metal organic framework (ZIF-67) as catalyst support for electrochemical determination of hydrazine [J]. Journal of Materials Science: Materials in Electronics, 2019, 30 (6): 5410-5420.

[205] Rani S, Kapoor S, Sharma B, et al. Fabrication of Zn-MOF@ rGO based sensitive nanosensor for the real time monitoring of hydrazine [J]. Journal of Alloys and Compounds, 2020, 816: 152509.

[206] Jahani P M, Tajik S, Aflatoonian M R, et al. DMOF-1 assessment and preparation to electrochemically determine hydrazine in different water samples [J]. Analytical and Bioanalytical Chemistry Research, 2020, 7: 151-160.

[207] Han Y, Han L, Zhang L, et al. Ultrasonic synthesis of highly dispersed Au nanoparticles supported on Ti-based metal-organic frameworks for electrocatalytic oxidation of hydrazine [J]. Journal of Materials Chemistry A, 2015, 3 (28): 14669-14674.

# 6 导电聚合物环境电化学分析

>>>>>>>>>>>>>>>>>>>>>>>>>>>>>>>>>>>>>>>>>>>>>>>>>>>>>>>>>>>>>>>>>>

**本章提要：**
（1）导电聚合物材料的定义与分类。
（2）导电聚合物材料在环境污染物电化学分析方面的应用。

>>>>>>>>>>>>>>>>>>>>>>>>>>>>>>>>>>>>>>>>>>>>>>>>>>>>>>>>>>>>>>>>>>

## 6.1 导电聚合物概况

导电聚合物[1-3]由许多相同结构单元分子通过共价键重复连接而成的高分子量的化合物所构成的，其结构中的大 π 键，使得电子可以从聚合物的一端传递到另一端。在导电聚合物（CP）被发现之前，聚合物被认为是绝缘体[1]。这些导电聚合物具有与无机半导体相似的独特电学和光学性质的原因是共轭碳链由交替的单键和双键组成，其中高度离域、极化和电子密集的 π 键是其表现出电学和光学行为的原因。导电聚合物可以通过化学修饰使其结构多样化。通过化学修饰和合成，可以调控导电聚合物的电子和机械性能。此外，导电聚合物还有光学和环境稳定性高、成本低、工作温度低和重量轻等特点[4]，在光纤制造、芯片传感器、生物传感器、诊断和环境监测设备等领域得到了广泛的研究[5-8]。典型的导电聚合物包括聚乙炔（PA）、聚苯胺（PANI）、聚吡咯（PPy）、聚噻吩（PTH）、聚（对亚苯基）（PPP）、聚（-亚苯基亚乙烯基）（PPV）和聚呋喃（PF）。

Alan G. MacDiarmid 和 Alan J. Heeger 发现了氮化硫金属无机材料，该材料在掺杂溴时表现出优异的导电性。将这一发现运用到对导电聚乙炔的研究时发现，掺溴的聚乙炔的电导率是聚乙炔的一百万倍，该研究首次发现了能导电的聚合物，获得了 2000 年的诺贝尔奖[2]。这一研究打破了聚合物是绝缘体的传统观念，开创了导电聚合物的研究领域，也为电化学研究提供了一种新兴的电极材料。导电聚合物的溶解性和功能主要取决于其侧链，掺杂的离子则赋予它们新的机械、电学和光学特性[3]。导电聚合物的导电性就像是纯半导体的绝缘体，导电性随着掺杂原子浓度的增加而增加。在未掺杂状态下，它们表现为各向异性、准一维电子结构，与传统半导体一样具有 2~3eV 的带隙，并且它们表现出半导体的电学和光学行为及典型聚合物的机械性能。当导电聚合物进行掺杂或光激发时，p 键会自定域以极化子、孤子、双极化子等形式进行非线性激发，并且聚合物从非线性激发态转变为金属态[9-11]。导电聚合物特殊的结构和优异的物理化学性能赋予了其金属和无机半导体的电学和光学特性，又具有有机聚合物的柔韧性和可加工性，还具有电化学氧化还原活性。这些特点促使导电聚合物材料在有机光电子器件、电化学器件、纳米科技和纳米材料等的开发和应用中发挥重要作用（见图 6-1）[12-19]。

在过去的二十年中，导电聚合物已成为构建电化学传感器最重要的材料之一[11]。与

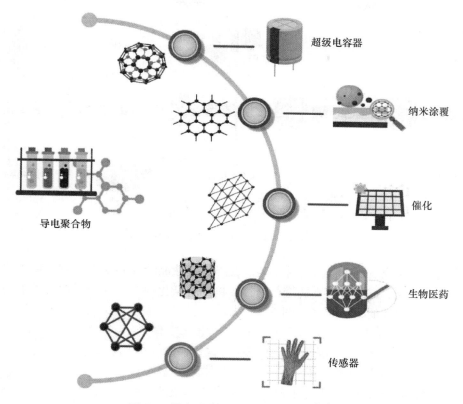

图 6-1　导电聚合物及其应用示意图[19]

其他技术相比，基于导电聚合物的传感器的巨大优势在于，导电聚合物有可能表现出增强的响应特性并且对小的扰动比较敏感。早期的惰性聚合物仅用于增加膜的机械强度，但导电聚合物由于其导电性或电荷传输特性可以提高传感器的灵敏度。此外，导电聚合物可以促进电子传递，并且直接沉积在电极上。导电聚合物的独特性质已被用于电化学传感器的制备[10,11]。

目前，CP 通过各种方法与纳米材料如石墨烯、碳、金属纳米材料复合，复合材料结合了各组分的优点，性能得到了优化和提升，从而在电化学传感中实现更好的应用[20-22]。

## 6.2　导电聚合物的合成

近些年，发展了许多不同的导电聚合物合成方法（图 6-2），其中大多数是基于导电聚合物的电化学法、水热法、溶剂热法、电纺丝、自组装和生化合成法等[23-27]。选择最合适的单体来合成电活性 CP 是开发任何类型电化学传感器的关键问题。本节总结了针对不同CP 的合成方法。

### 6.2.1　聚乙炔合成方法

聚乙炔的发明及其通过掺杂增强导电性获得了诺贝尔奖[28]。聚乙炔及其衍生物表现

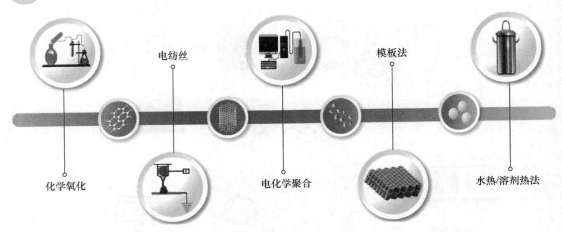

图 6-2　导电聚合物的不同合成方法示意图[10]

出多功能性。经研究发现，其具有导电性、光导性、液晶特性和手性识别。聚乙炔的主链由线性多烯链组成。通过对其支链进行修饰，例如将杂化的原子或分子取代碳上的氢，可形成单取代或双取代的聚乙炔（见图 6-3）[29]。

CP 的合成方法有许多，例如化学氧化法、电化学聚合法、气相合成法、水热法、溶剂热法、模板法、静电纺丝法、自组装法和光化学方法、固态法、等离子体聚合法等。通常，导电聚合物在其原始状态下具有低电导率和光学特性；然而，掺杂可以赋予它们优异的性能。聚乙炔的电导率在 $10^{-5}\,\mathrm{S/cm}$ 范围内，但在掺杂后，其电导率急剧上升至 $10^{2} \sim 10^{3}\,\mathrm{S/cm}$[30]，掺杂后其特性也会发生变化，使得其具有可调节的特性，如电化学或光学特性等[31,32]。聚乙炔的合成方法有催化聚合、非催化聚合、前体辅助合成等。在催化聚

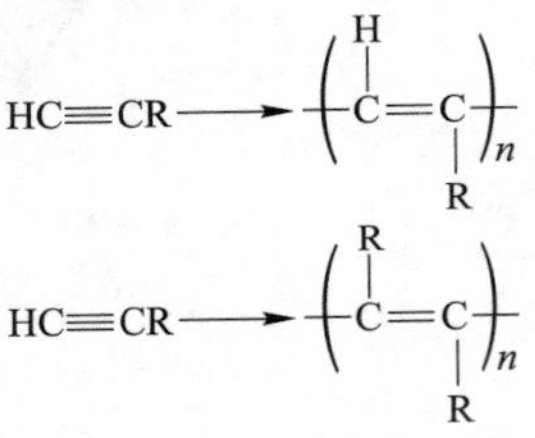

图 6-3　单取代和双取代
合成聚乙炔[29]

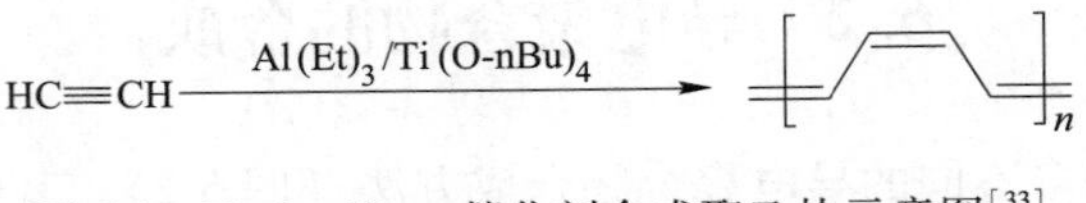

合时，Ziegler-Natta 催化剂或 Luttinger 催化剂可用于催化合成。乙炔的聚合会生成聚乙炔和低聚物，如环辛四烯和乙烯基乙炔。用于合成聚乙炔的催化剂有很多，其中 Ziegler-Natta 催化剂在有机溶剂中具有高溶解度和高选择性。将 Ti（O-n-$C_4H_9$）$_4$ 和（$C_2H_5$）$_3$Al 结合后，它们在涂有催化剂的反应瓶壁上产生高度结晶的聚乙炔自支撑薄膜（见图 6-4）[33]。

图 6-4　Ziegler-Natta 催化剂合成聚乙炔示意图[33]

Luttinger 催化剂也用于制备聚乙炔。它们由混合还原剂和Ⅷ族金属（如氯化镍）的络合物组合而成。这些催化剂生产高分子量聚乙炔，而不产生低聚物（见图 6-5）。与 Ziegler-Natta 催化剂相比，Luttinger 催化剂使用亲水性溶剂如水-乙醇四氢呋喃（THF）或乙腈作为溶剂。但它的催化活性低于 Zeigler-Natta 催化剂，并且由这些催化剂得到的产物具有几乎相同的物理和化学性质[34]。

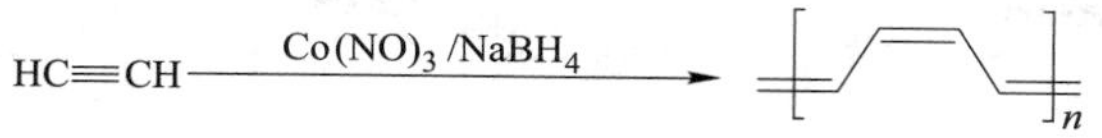

$$HC\equiv CH \xrightarrow{\text{Co(NO)}_3/\text{NaBH}_4} \left[ \sim \right]_n$$

图 6-5　Luttinger 催化剂合成聚乙炔示意图[34]

电化学沉积：大多数 CP 在多数已知溶剂中的溶解度都很差，限制了 CP 的应用。出于这个原因，电化学沉积对于直接在电极或一些其他导电表面上沉积导层状电聚合物是一种有效的方法。通过改变电化学参数，如电位、电流、扫描速率和扫描时间等，可以控制合成不同特性的层状聚合物[35,36]。此外，导电聚合物的电导率和一些电化学性质可以通过可聚合单体浓度、溶液的 pH 值和掺杂材料浓度的变化来调控[37-40]。层状导电聚合物的形态和厚度可以通过调节电位范围[35]和掺杂材料的比例[41]来控制。对形貌的控制可以改善或调整电化学合成 CP 的性能[42]。因此，导电聚合物的电化学合成方法非常有吸引力，因为可以控制合成具有不同灵敏度和选择性的 CP 复合材料。层状 CP 层的电化学合成有显著结构差异的 CP 层，从而对不同的分析物产生不同的电化学响应；因此，这种结构可以应用于电化学阵列的设计，其特征在于可以使用不同的响应模式表征和多元方差分析（MANOVA）进行分析[43]。

乙炔的电化学聚合属于非催化聚合。在惰性金属表面上，通过电化学阳极氧化单体前体来合成聚乙炔。多种电化学技术，如循环伏安法、恒电位法、恒电流法和恒电流充电技术，已用于聚乙炔的合成。电化学方法的主要优点是可以在金属上直接沉积聚合物薄膜，并且可以通过调整电化学参数轻松控制薄膜厚度[44]。Korshak 课题组通过开环聚合合成聚乙炔薄膜 1，3，5，7-环辛四烯与复分解催化剂 $W[OCH(CH_2Cl)_2]nCl_{6-n}(C_2H_5)_2AlCl$（$n = 2$ 或 3）[45]。还有相关研究报道了聚乙炔的光诱导合成，即将乙炔气用紫外线照射生成聚乙炔[46]。

### 6.2.2　聚苯胺的合成

聚苯胺具有高稳定性、可调的导电和光学性能等优点，是导电聚合物中被研究最多的。聚苯胺的电导率取决于掺杂离子或分子的浓度，只有当 pH 值小于 3 时才会达到类似金属的电导率[47]。聚苯胺具有不同的氧化态。根据其氧化态的不同，可分为还原态聚苯胺、苯胺绿和氧化态聚苯胺，即还原态聚苯胺以充分还原的状态存在，而氧化态聚苯胺以完全氧化的状态存在。聚苯胺只有在中等氧化状态下才会导电，并且在完全氧化状态下是绝缘体[48]。聚合物骨架由不同比例的醌态和苯甲态组成。比例的不同导致三种氧化态的存在：完全还原的聚苯胺处于醌状态，完全氧化的聚苯胺处于苯甲状态，导电的苯胺绿具有相等比例的苯甲态和环状醌态。掺杂不会改变其化学性质，不会与主链产生任何键合[49]。

化学氧化法是合成聚苯胺最直接的方法之一。在该方法中，相应聚合物的单体与氧化剂在合适的酸存在下可氧化得到产物（见图 6-6）。反应介质颜色变为绿色表明聚苯胺的形成。复合材料的制备也遵循相同的方法。一般使用过硫酸铵、过二硫酸铵、硝酸铈、硫酸铈、重铬酸钾等氧化剂。当 pH 值介于 1 和 3 之间时，聚合物和复合材料具有良好的导电性[50-52]。

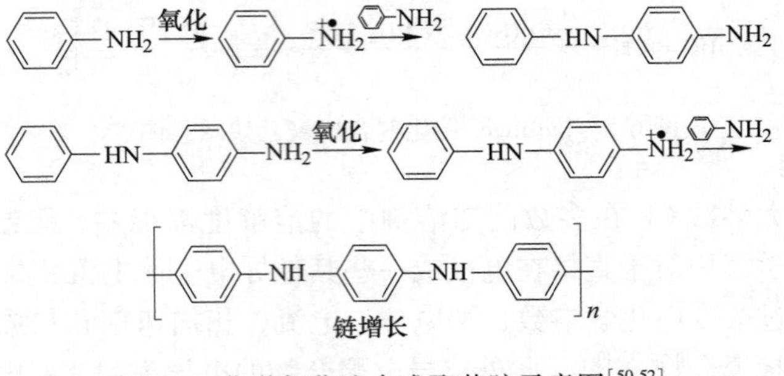

图 6-6　化学氧化法合成聚苯胺示意图[50-52]

### 6.2.3　聚吡咯的合成

聚吡咯的独特之处在于它的高稳定性、导电性，易形成同聚物和复合材料。聚吡咯是由吡咯单体在双氧水存在下化学氧化制得的一种黑色粉末状物质。聚吡咯在未掺杂时表现得像一种绝缘材料，当掺杂溴或碘等卤素电子受体时，它表现出 $10^{-5}\,S/m$ 的恒定电导率[53]。对于电化学合成的黄黑色的聚吡咯，在空气中具有高的稳定性和高热稳定性；掺杂剂阴离子后会发生热降解[54,55]。

在合成方法中，电化学法被广泛用于制备高导电性聚吡咯，其过程和技术与其他导电聚合物相似（见图 6-7）。由于阳极尺寸小，用电化学方法合成聚吡咯的产量受到限制。这种方法与其他技术相比的主要优点是可以通过控制电化学参数来控制聚吡咯的厚度和形态[56-59]。在此聚合机理中，由于去质子化而产生自由基阳离子，并且该自由基攻击中性单体单元；在二聚自由基的再氧化和质子损失之后，二聚分子可以进一步氧化，导致链增长。通过实验证实了吡咯氧化过程中释放质子[60]。一般而言，$FeCl_3$ 或其他 $Fe(Ⅲ)$ 或 $Cu(Ⅱ)$ 盐被广泛用作化学氧化剂[61]。高导电性聚吡咯是通过在水溶液中加入氧化剂来控制其氧化电位而合成的。除金属盐外，聚吡咯也可以在不同溶剂中利用卤素电子受体（如溴或碘）合成[53]。

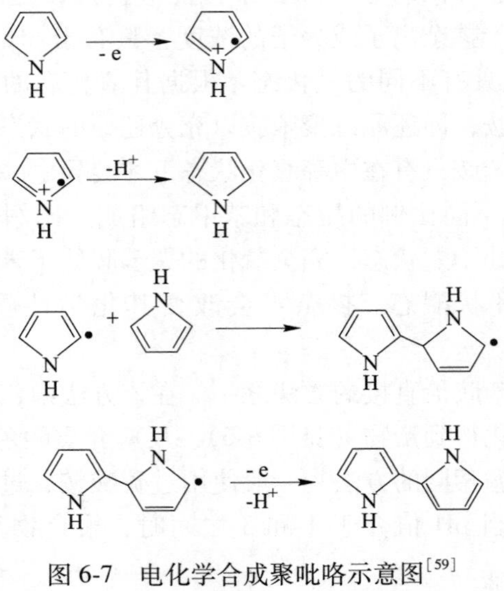

图 6-7　电化学合成聚吡咯示意图[59]

影响电导率和产率的因素有：（1）使用的溶剂和氧化剂类型；（2）吡咯和氧化剂比例；（3）反应温度和反应时间。以 $FeCl_3$ 为氧化剂制备聚吡咯时，最终产物中掺杂有 $Cl^-$ 离子。

基于化合物氧化的化学合成是导电聚合物合成最常见的方法之一。该方法十分简便，在合成过程中加入强氧化剂即可，如 $FeCl_3$ 或 $H_2O_2$[62]。在一些研究中已经证明，用 $H_2O_2$ 可以促进吡咯的聚合（PPy）。除此之外，$H_2O_2$ 的氧化电位足以引发其他一些单体的聚合，从而形成导电聚合物。这种方法备受推崇，因为过量的 $H_2O_2$ 会降解为 $H_2O$ 和 $O_2$；通过这种方式，可以合成高纯度 CP 粒子。研究表明，此类 CP 与活干细胞[63,64]和小鼠免疫系统[65]有良好的生物相容性。通过将基于 PPy 的纳米或微米级颗粒注射到小鼠腹膜中后，对免疫系统的刺激性非常低[65]。这种氧化化学合成的优点是，使用这种方法可以大量合成悬浮在溶液中、沉积在指定表面上的纳米颗粒或其他基于 CP 的复合材料。接下来，可以通过不同的方法对合成的纳米粒子进行修饰。然而，这种 CP 合成方法并不适用于聚合物薄膜结构的形成。

聚吡咯的酶促合成：PPy 的酶促合成法是基于氧化还原酶的应用和（或）由这些酶形成的氧化还原化合物[66]。这些"绿色"合成反应是在环境友好、室温和温和的 pH 值条件下进行的[67]。氧化还原酶可以充当氧化剂，或者在酶促反应期间可以产生 PPy 所必需的一些强氧化剂（例如 $H_2O_2$）[29,68]。PPy 的酶促合成可以使用氧化还原酶（例如，葡萄糖氧化酶或者其他氧化酶）进行，氧化还原酶在催化作用过程中会产生过氧化氢[47]。因此，从青霉菌中提取的葡萄糖氧化酶（GOx）可用于形成各种导电聚合物，包括聚吡咯[35,47,70]、聚苯胺[71]、聚噻吩[72]、聚菲咯啉[73]、聚-9,10-菲醌[74]，以及其他一些基于聚合物的导电薄膜或纳米粒子。这种基于可聚合单体被 GOx 催化过程中形成的 $H_2O_2$ 氧化的方法非常实用。被固定的和溶解在水中的 GOx 都已成功地应用于酶促合成导电聚合物基薄膜和/或颗粒。由于合成 PPy 良好的生物相容性和形貌，PPy 的酶促合成很受欢迎[75,76]。被包裹的 GOx 在封装在此类粒子和/或层中的同时保留催化活性是非常有用的，这很适合电流型生物传感器和生物燃料电池的设计。

聚吡咯的微生物合成：与单独分离出的酶的应用相比，微生物在导电聚合物合成中的应用具有更多优势，因为微生物可以以单独个体和（或）大量群体的形式在其生命周期中仍保持活性[77]。因此，微生物已被用于合成一些聚合物[78]。最近的研究团队将整个微生物应用于导电聚合物聚吡咯的合成。在最初报道细菌辅助合成聚吡咯的研究中，研究者们使用了细菌细胞链霉菌，它会产生一些酚氧化酶；这些酶能够促进吡咯单体聚合形成空心 PPy 微球[79]。在另一项研究中，研究者们应用了活细胞诱导的 $[Fe(CN)_6]^{4-}/[Fe(CN)_6]^{3-}$ 氧化还原循环，在酵母细胞壁内形成聚吡咯[80]。以上研究证明了这些基于活细胞代谢的 PPy 合成的氧化还原过程，即使没有任何氧化还原介质也可行[81]。我们基于非放射性同位素方法的研究表明，微生物聚合过程中形成 PPy 主要沉积在细胞壁内及细胞壁和细胞膜之间的空间中[82]。

有趣的是，在导电聚合物的微生物合成过程中，细胞依然具有活性，生成的 PPy 附着在细胞壁内和微生物四周。PPy 的生成是由存在于活细胞中的氧化还原酶诱导的，因此，PPy 簇在细胞膜附近和细胞壁内生长；此外，生成的 PPy 改变了细胞壁的弹性和介电常数[82]。对于 PPy 修饰的酵母细胞，一些 PPy 在细胞膜内形成，但最高浓度的 PPy 在细胞周围和活细胞的细胞壁内形成[82]。在此过程中，一些导电聚合物具有良好的导电性，从而增强了某些微生物的电荷转移能力[81,83,84]，可用于生物燃料电池的研究[81]。其他一些研究者们也证明了这种方法的可行性，并将其用于几种不同细菌的修饰，即嗜热链球菌、人嗜酸杆菌、希瓦氏杆菌和大肠杆菌[85]，它们表现出足够的活性和细胞壁增强的导电性。由于细胞壁增强的细胞壁电导率，这种导电聚合物修饰的微生物适用于设计新颖的微生物传感器[86,87]和微生物燃料电池（MBFC）[81]。

类似的导电聚合物形成的原理可适用于用聚吡咯修饰哺乳动物细胞[80]，利用$[Fe(CN)_6]^{4-}/[Fe(CN)_6]^{3-}$的氧化还原循环在溶液中和体内形成聚吡咯。因此，这种PPy修饰的哺乳动物细胞将在生物燃料电池和其他一些基于生物电子设备中发挥作用。

### 6.2.4　聚（对亚苯基）的制备

聚（对亚苯基）是由苯环芳核组成的大分子，通过C—C键直接连接。聚（对亚苯基）因其高热稳定性、高空气稳定性、易于掺杂和可调节的电和光学特性而引起了人们的广泛关注。聚（对亚苯基）的溶解度较小，但当柔性侧链连接到主链时溶解度会有所增加。聚（对亚苯基）在掺杂合适的掺杂剂时，导电性能增长14倍，p型和n型掺杂都是可以的。电导率随着掺杂剂暴露时间的增加而增加[88]。聚（对亚苯基）在有机LED的制造中起着至关重要的作用，与其他共轭体系相比，在光学性能和蓝光发射方面有所改善。聚（对亚苯基）的结构取决于温度：它在较高温度下显示出平面结构；在较低温度下发生相变，形成扭曲的平面结构。聚（对亚苯基）具有可调的带隙，通过掺杂或改变侧链会发生结构变化[89]。

直接氧化苯被广泛用于合成聚（对亚苯基）[90]。聚合反应通过使用由二元或一元体系组成的试剂进行（见图6-8）。二元催化体系由路易斯酸（$AuCl_3$）和氧化剂（$CuCl_2$）组成，在一元催化体系（$FeCl_3$）的情况下，$FeCl_3$既是路易斯酸又是氧化剂。

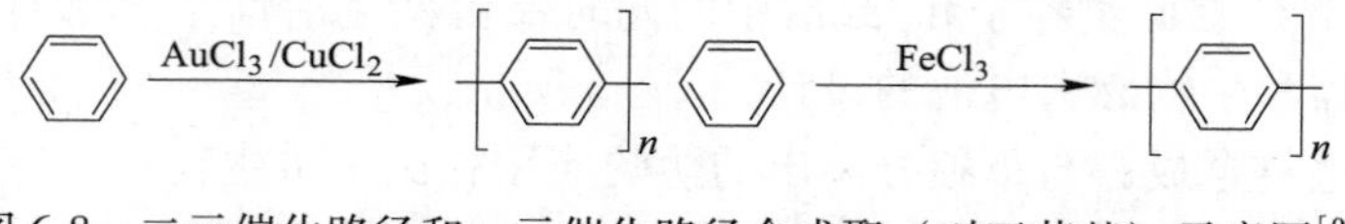

图6-8　二元催化路径和一元催化路径合成聚（对亚苯基）示意图[90]

首次化学合成的聚（对亚苯基）是使用Wurtz-Fittig反应合成的，一种金属偶联反应。Ulman反应也可用于制备聚（对亚苯基），该方法得到的产物具有较低的分子量和较规则的结构[91]。

前驱体法也应用在聚（对亚苯基）的合成中。导电聚合物溶解性较差，从不溶性前体聚合物制备聚（对亚苯基）是一个热门课题。Marvels、Grubbs和ICI前体方法是主要合成聚（对亚苯基）的方法。Marvels方法的主要缺点是产物分子量低，立体化学控制降低。此外，还有电化学合成法和还原聚合法[53]。

### 6.2.5　聚对苯乙炔的合成

聚对苯乙炔由于其高光学性能是第一种用于制造有机发光二极管的电致发光材料。它被广泛用于制造LED显示器。聚对苯乙炔是一种无定形物质，具有单斜晶胞微晶的各向同性分布[92,93]。聚对苯乙炔的电化学性能取决于掺杂剂的种类，未掺杂时为绝缘体。未杂化的聚对苯乙炔的电化学性能取决于其结构和反应条件。当掺杂时，其电导率值从 $10^{-13}$ S/cm 增加到 $10^3$ S/cm[94]。聚对苯乙炔在 LED、激光器、光电探测器等光电领域具有一定应用价值[95]。

有很多方法可用于制备聚对苯乙炔。Wittig 偶联反应是研究最多的。在该反应过程中，芳族双鳞盐与双醛偶联生成聚对苯乙炔（见图 6-9）。还研究了 Suzuki 偶联反应，通过钯催化烷基取代的芳基二硼酸与二溴芳族化合物偶联生产聚对苯乙炔。

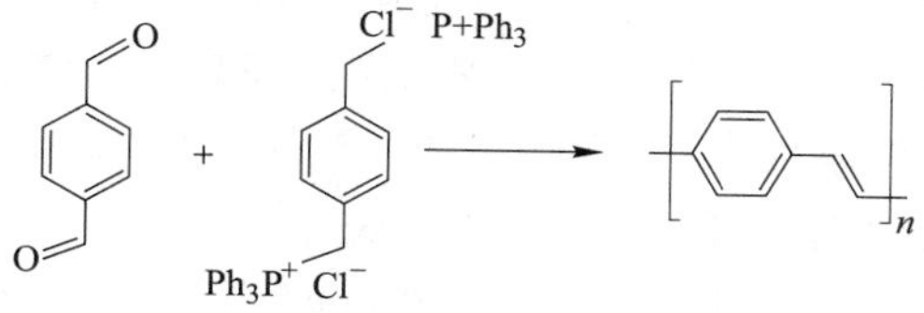

图 6-9 Wittig 偶联反应合成聚对苯乙炔示意图

其他合成方法也有报道，如电聚合[96]、开环聚合、复分解聚合和化学气相沉积等[53]。

### 6.2.6 聚噻吩的合成

与其他导电聚合物相比，聚噻吩及其衍生物因其环境稳定性、热稳定性和高光学性能而得到了广泛的关注。聚噻吩广泛用于制造非线性光学器件、光致变色模块、聚合物 LED、防腐涂层和用于储能器件。聚噻吩的电子和光学性质可以通过掺杂或化学修饰来调节。聚噻吩的带隙变化 3~1eV，具体取决于所采用的掺杂剂和侧链[97]。聚（3，4-乙烯二氧噻吩）（PEDOT）是聚噻吩的一种重要衍生物，因其高电学和电光特性而被研究。PEDOT 及其衍生物的主要问题是其不溶于水，通过在 PEDOT 基质中引入聚磺酸盐（PSS）等聚电解质可以解决这一问题。PSS 通过电荷平衡机制同时充当掺杂剂和稳定剂。PEDOT：PSS 衍生物具有高导电性、良好的机械柔韧性和长期热稳定性。聚噻吩及其衍生物的电学性能通过改变溶剂、引入表面活性剂和增大 PSS 浓度调节。聚（3-己基噻吩）（P3HT）是聚噻吩的另一类衍生物，其应用主要集中在光电和电子领域。P3HT 因其广泛的可用性、低成本、易于功能化而广受欢迎。P3HT 是一种半结晶聚合物，其骨架由孤立的环和线性侧链组成[98]。

聚噻吩是在 20 世纪 80 年代初期通过 Yamamoto 和 Lin-Dudek 路径化学合成的（如图 6-10 所示）[98]。对于 PEDOT、PEDOT：PSS 和 P3TH 等聚噻吩衍生物的合成，采用绿色合成[99]、微流体系统合成、电聚合和其他一些新技术等多种技术合成[100,101]。

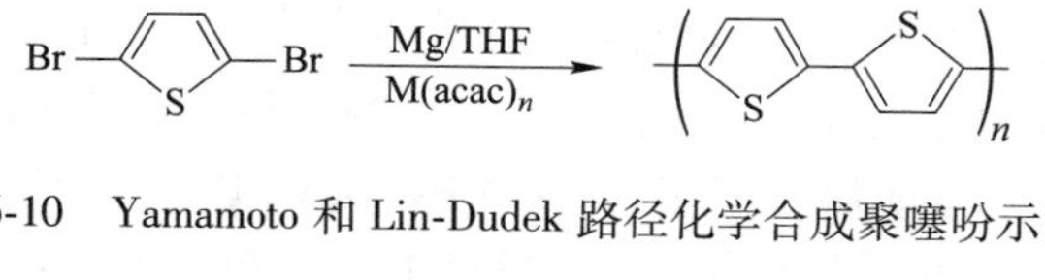

图 6-10 Yamamoto 和 Lin-Dudek 路径化学合成聚噻吩示意图[98]

# 6.3 导电聚合物的物理和化学性质

CP 是一类具有电子、电、磁、光等金属特性的有机聚合物，同时保留了传统有机聚合物的特性，如易合成、低成本和耐腐蚀[103-106]。它们可以是未掺杂或中性形式的绝缘体或半导体，也可通过氧化还原反应形成离域电荷载流子转变为掺杂形式。一般而言，CP 主链中具有交替的单（σ）和双（π）键，这些 π-共轭体系赋予 CP 内在的电化学、光学和电子特性。CP 优于一些有机聚合物的优点是化学结构可调，可以对其进行调整以改变这些聚合物的电导率和溶解度。例如，采用聚（3-己基噻吩）作为官能团可以提高一些不溶性聚合物的可修饰性和溶解性[107]。在众多的 CP 中，芳香族导电聚合物因其高导电性、良好的化学和热稳定性而引起了研究人员的极大关注[108]。

在饱和聚合物中，碳的四个价电子全部以共价键结合，与共轭 CP 的电子构型完全不同。这里的化学键导致每个碳原子有一个不成对的 π 电子。此外，这种 π 键合通过沿 CP 骨架的 p 轨道横向重叠导致电子离域，为电荷迁移提供"高速公路"。CP 的这种独特的电子结构有助于实现低电离电位、高电子亲和性和低能量光跃迁，进而影响其导电性。然而，单独的共轭不足以提高此类聚合物的导电性。因此，掺杂是一种可以通过引入不同的掺杂剂（部分氧化（p-掺杂）或部分还原（n-掺杂））将电导率提高到几个数量级的一种方法[109]。基于此，可以将带电缺陷，例如孤电子、自由基离子和双极分子引入 CP，然后将其作为电荷载流子使用。

检测目标物在 CP 基质中的扩散对于传感器效能来说也是一个非常重要的问题，因为这是限制电流产生的重要原因。在某些情况下，三维网状 CP 的可以制成多孔的形貌，这能够增加 CP 薄膜的渗透性，甚至电容[102]。大多数 CP 是在动力学控制下沉积的，因此是无定形的，形成的 CP 层没有长链分子序列。通过加入有机分子作为不同分子之间的"连接剂"，以此方式来调整 CP 微孔隙率并达到改变其表面积的效果，能够得到 CP 的有序多孔共轭结构[103]。

# 6.4 导电聚合物在环境电化学分析中的应用

## 6.4.1 导电聚合物对重金属离子的吸附和检测

重金属离子（HMIs）会带来严重的污染环境问题，其主要包括砷、镉、铅、汞和铬[110-114]。HMIs 存在于大气、土壤和水中，由于其广泛分布、持久性、生物累积性和高毒性，即使少量的 HMIs 也会对器官造成严重损伤[115-118]。因此，开发快速准确的低浓度HMIs 分析方法对环境样品（水、土壤和生物）、食品、医药和生物样品分析都具有重要意义[119,120]。

PPy 在构建电化学传感器方面显示出巨大的潜力[121-124]。除了具有生物相容性外，它还具有制备简单、成本低和导电率高等优点[77]，已经有许多关于用于检测重金属离子的功能化 PPy 的研究[125-128]。Song 制备了多孔 GO-PPy（pGO/PPy）聚合物纳米复合改性的传感器，用于 Cd（Ⅱ）的电化学痕量分析[129]。通过 DPSV 和 SWASV 评估 pGO/PPy 电极的电化学性能。pGO/PPy 纳米复合材料制备的 Cd（Ⅱ）传感器在 1~100μg/L 的线性范围内表现出高灵敏度，检出限为 0.05μg/L。Wei 首次合成了 PPy/碳纳米球（PPy/CNSs）并在改性丝网印刷电极（SPE）上选择性地检测了超低浓度的 Hg（Ⅱ）和 Pb（Ⅱ）。该方法的原理是基于 PPy/CNS 对重金属离子的选择性吸附。结合 CNSs 和 PPy 的优点，采用 SWASV 法对 Hg(Ⅱ) 和 Pb(Ⅱ) 的灵敏度分别为 0.113μA/（nmol·$L^{-1}$）、0.501μA/（nmol·$L^{-1}$），对 $Pb^{2+}$ 和 $Hg^{2+}$ 的检出限分别为 0.0041nmol/L 和 0.0214nmol/L[128]。

PEDOT 是一种重要的导电聚合物，由于其具有电化学稳定性、高电导率、优异的光学透明度、良好的变色性能和优越的电催化性能，已得到了对重金属离子检测的大量关注[130-133]。Zuo 报道了一种基于 PEDOT 纳米棒/GO 纳米复合材料修饰 GCE（PEDOT/GO/GCE）的 DPSV 电化学测定痕量 $Hg^{2+}$ 的方法。对影响因素，如积累时间、pH 值和沉积潜力进行了优化。在最佳条件下，峰值电流和 $Hg^{2+}$ 浓度在 10.0nmol/L~3.0mmol/L 范围内具有良好的线性。信噪比为 3 时，检测限为 2.78nmol/L[132]。Nagles 制备了 PEDOT 十二烷基硫酸钠（SDS）修饰的钌膜电极（SbFE）（PEDOT-SDS-SbFE）并用于通过 ASV 测定 Pb(Ⅱ) 和 Cd(Ⅱ)。PEDOT-SDS-SbFE 分别在 -0.12V 和 -0.40V 下显示出良好的氧化信号，比未修饰的电极具有更高的电流。对于 7 次连续测定，47.0μg/L Pb(Ⅱ) 的 RSD 为 1.5%[133]。

Xu 报道了一种使用 S 掺杂碳（S-C）纳米片和金纳米粒子（Au NPs）修饰电极通过 DPASV 检测 Cu(Ⅱ) 和 Hg(Ⅱ) 的方法。S-C 的络合能力和电催化活性以及 Au NPs 的良好导电性使得修饰电极比裸 GCE 表现出增强的电化学响应。在最佳实验条件下，峰值电流与 Cu(Ⅱ) 和 Hg(Ⅱ) 的浓度呈线性响应，线性范围分别为 0.64~63.55μg/L 和 4.01~300.89μg/L，检出限分别为 0.19μg/L 和 1400μg/L（S/N=3）。该修饰电极也用于检测湖水样品中的 Cu(Ⅱ) 和 Hg(Ⅱ)[134]。

PANI 表面具有丰富的氨基和亚胺官能团[135,136]，具有优异的理化稳定性、环境稳定性和生物兼容性。由于 PANI 和重金属离子之间的协同作用，已广泛用于检测重金属离子[136-138]。Kong 开发了一种简单易用的电化学传感器用于 $Pb^{2+}$ 和 $Cd^{2+}$ 的定量检测。核壳结构的 $Fe_3O_4$@PANI 纳米颗粒用于构建电化学传感平台。$Fe_3O_4$ 的大比表面积可以提高检测灵敏度。在最佳实验条件下，$Pb^{2+}$ 检测的线性范围为 0.1~10nmol/L，检出限为 0.03nmol/L，所制备的电化学传感器灵敏度高、特异性好、稳定性好的特点。这种分析方法在检测其他人重金属离子方面具有很大的应用前景[136]。Deshmukh 等人用 EDTA 修饰 PANI 和 SWCNT 的纳米复合材料（PANI/SWCNT），实现了对 $Cu^{2+}$、$Pb^{2+}$ 和 $Hg^{2+}$ 的电化学测定。EDTA-PANI/SWCNTs/SSE 对 $Cu^{2+}$、$Pb^{2+}$ 和 $Hg^{2+}$ 的检测限分别为 0.08μmol/L、1.65μmol/L 和 0.68μmol/L[137]。Muralikrishna 报道了 GO/PANI 纳米材料高灵敏电化学检测和去除对环境有害的铅离子（$Pb^{2+}$）的显著效果[138]。

电活性聚合物，包括 nafion、聚多巴胺、聚 L-赖氨酸（PLL）、聚烯丙胺和聚乙烯亚胺（PEI），也已应用于重金属离子传感。Guo 在 GCE 表面涂覆 RGO 和壳聚糖（CS）复合物（RGO-CS），然后通过 CV 扫描电聚合 PLL，制备得到 RGO-CS/PLL 修饰 GCE（RGO-CS/PLL/GCE）用于同时电化学检测 $Cd^{2+}$、$Pb^{2+}$ 和 $Cu^{2+}$。DPASV 方法对应 $Cd^{2+}$、$Pb^{2+}$ 和 $Cu^{2+}$ 检测限分别为 0.01μg/L、0.02μg/L 和 0.02μg/L。此外，PLL 修饰的电极表现出良好的稳定性、活性位点多和对电极表面的强黏附力，这也有利于增强电催化活性[139]。Hu 使用 PEI-RGO 纳米复合材料与 nafion 结合作为传感材料，并使用 DPASV 分析溶液中的痕量 $Cu^{2+}$。得到的检出限（S/N=3）为 $0.3\mu mol/L$，灵敏度高达 $0.5274\mu A/(\mu mol \cdot L^{-1})$。更重要的是，$Cu^{2+}$ 的痕量检测是在其他干扰重金属离子共存的情况下测量的[140]。Li 利用基于 Nafion-GO 纳米复合薄膜的 DPASV 方法的 $Cd^{2+}$ 传感平台。该纳米复合膜结合 GO 的优点和 nafion 的阳离子交换能力，提高了 $Cd^{2+}$ 检测灵敏度[141]。

### 6.4.2　导电聚合物对药物的检测

药物是广泛存在于水体和土壤中的微污染物[142]。它们已通过各种方式释放到环境中，例如以其原始状态或作为代谢物的代谢排泄、过期药物的不当处置等[143]。尽管它们的浓度很低，但它们的长半衰期会放大可能潜在危险的药物相互作用的影响[144]。毫无疑问，准确测定药物浓度水平对于应用更先进的方法提高其去除率并降低因此引起的环境风险至关重要。

阿奇霉素（AZY）和红霉素（ERY）是常用的大环内酯类抗生素，用于治疗许多不同的细菌感染。它们难以用普通废水的处理方式将其去除，被认为是可能构成水生环境重大风险的物质。分子印迹聚合物（MIP）是一种具有目标驱动的预定分子识别能力的聚合物材料，已在环境分析中显示出巨大的潜力。最近，报道了一种基于 MIP 的电化学传感器用于检测水中 AZY[145]。通过基于密度泛函理论（DFT）计算研究，选择 4-氨基苯甲酸（4-ABA）作为单体，在 SPCE 表面进行电聚合。AZY 的检测是通过使用 DPV 测试其氧化电流进行的（检出限=80nmol/L），并且在其他干扰化合物存在的情况下，传感器显示出很好的选择性。Ayankojo 等人使用了类似的体系获得第一个在丝网印刷金电极（SPAuE）上集成的 ERY 选择性 MIP 膜[146]。MIP 是通过间苯二胺（m-PD）的电聚合直接在 SPAuE 上产生的。使用 $[Fe(CN)_6]^{3-/4-}$ 氧化还原探针进行的 DPV 检测，得到 ERY 的检出限为 0.1nmol/L。

17-β-雌二醇（E2），常用于避孕药，被认为是生态系统中许多物种内分泌紊乱的主要因素[147]。此外，它还与女性乳腺癌和男性前列腺癌有关[148]，因此开发灵敏而准确的测定方法十分重要。2011 年，Yuan 等人报道了一种基于电化学 MIP 的传感器，使用铂纳米粒子（Pt NPs）修饰的 GCE 对 E2 定量[149]。E2 的 MIP 是通过 6-巯基酸（MNA）的电聚合合成，用 DPV 直接检测 E2 与 MIP 的结合情况。该传感器的检出限低至 16nmol/L，并且可用于医院废水和自来水分析。$Fe_3O_4$ 与分子印迹的结合再次证明其是高特异性检测 E2 的绝佳手段。Lahcen 等人开发了一种对 E2 具有高选择性的 $Fe_3O_4$-MIP 传感体系，用于河水样品分析[150]。MIP 修饰的 $Fe_3O_4$MNPs 滴涂在 SPCE 工作电极表面，通过 SWV 获得的 E2 的直接氧化电流，检出限低至 20nmol/L。

Zhang 等人成功合成了 4,7-二（呋喃-2-基）苯并噻二唑（FBThF）/Ag NPs-rGO-NH$_2$ 共轭聚合物，将其用于高灵敏测定有机磷农药[151]。该聚合物是通过使用循环伏安法在 $0.0\sim1.4V$（vs. Ag/AgCl）之间以 0.1V/s 的扫描速率在含有 FBThF 的 TBAPF6/DCM/ACN 溶液中进行 55 个循环之后电聚合制备的。在电化学聚合过程中，聚合物薄膜的厚度可以通过循环圈数和时间来控制，使形成的聚合物的形态更均匀[152,153]。制备的传感器对马拉硫磷和敌百虫表现出优异的电化学氧化活性，检出限分别为 0.032mg/L 和 0.001mg/L。聚合物上的氨基与 Ag NPs 的大表面积之间的协同作用是该材料具有良好的电催化活性和灵敏度的原因。而且，—NH$_2$ 的存在还可以提高 AchE 通过 CO—NH 与材料键合，提高了催化性能。此外，功能化聚合物的形成提供了化学异质结构，这种结构对提高材料的灵敏度和反应活性提供便利。

### 6.4.3 导电聚合物对其他环境污染物的检测

除了药物和重金属，环境中还含有其他可能危害人类健康的化学物质。许多日用品，例如工业炸药、工业合成的副产品、化妆品成分、阻燃剂甚至氨基酸，均能在环境中被检测到。

最近，Ali 等[154]报道了一种基于聚丙烯酸酯、还原氧化石墨烯（rGO）和 β-环糊精的分子印迹纳米复合材料，它们通过共价键连接形成 3D 网络结构（见图 6-11）。众所周知，β-环糊精可以通过主客体识别作用与双酚 A(BPA) 形成包合物，而聚丙烯酸酯有利于形成多孔 3D 网络结构。首先，在 BPA 存在下，β-环糊精的羟基与 GO 的环氧基发生反应，二者之间形成强相互作用力。然后，两种功能单体丙烯酰胺（AA）和 N, N′-亚甲基双丙烯酰胺（MBAA）进行聚合。将其修饰到 GCE 上来电化学检测 BPA，检出限为 8nmol/L。在这项工作中，首次探索了 rGO 和 β-环糊精在分子印迹中的组合，为设计更具选择性的MIP 提供了新途径。

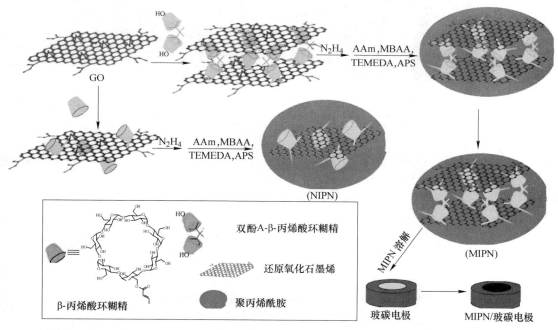

图 6-11 分子印迹（MIPN）和非分子印迹（NIPN）修饰电极用于电化学检测双酚 A 示意图

从透射电镜表征中可以看到，MIPN/NIPN 为 3D 结构如图 6-12（a）～（d）所示。热重分析表明，在 100～800℃，rGO、MIPN 和 NIPN 的质量损失分别为 16%、47% 和51%（图 6-12（e））。MIPN/NIPN 中 β-环糊精的含量为 15%～16%（体积分数），如图6-12（f）所示。

+0.74V 的氧化峰是双酚 A 的不可逆氧化峰。该氧化峰电流随着双酚 A 的增加而增大。相比而言，MIPN/GCE 比 NIPN/GCE 具有更灵敏的电流响应（图 6-13）。这是由于

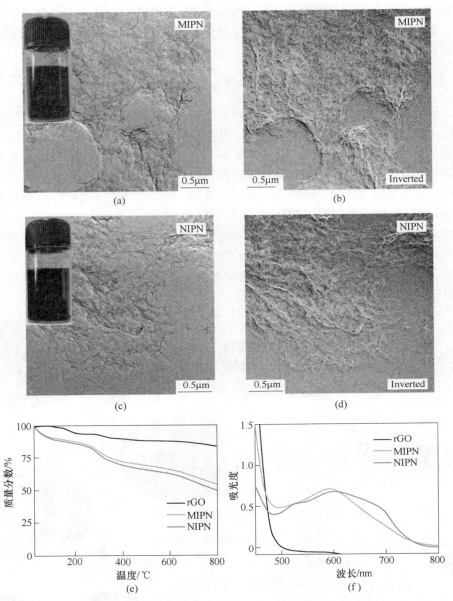

图 6-12　MIPN 的透射电镜图（a）和其对应的倒像图（b），
NIPN 的透射电镜图（c）和其对应的倒像图（d），
还原氧化石墨烯（rGO）、MIPN 和 NIPN 的热重曲线（e）以及吸收曲线（f）

MIPN 修饰电极对双酚 A 的选择性识别作用。MIPN 修饰电极对双酚 A 的检测线性范围为 0.02~1.0mmol/L，检出限为 8nmol/L。灵敏度与其他分子印迹电极可媲美。这是由于该复合物是在 β-环糊精和双酚 A 之间的主客体络合作用下合成的，因此双酚 A 的分子印记存在于纳米复合材料的 3D 结构中。因此，双酚 A 可以在双酚 A 同系物的存在下被选择性捕获，相邻的还原氧化石墨烯组分提供电催化检测。这种方法也可以扩展到双酚 A 的光学检测或选择性分离。

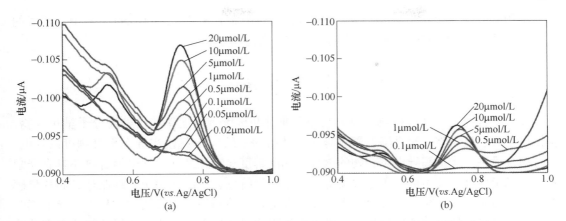

图 6-13　MIPN（a）和 NIPN（b）修饰玻碳电极对不同浓度双酚 A 的差分脉冲伏安曲线（DPVs）

基于 PANI/f-SCWT 聚合物纳米复合材料用于 $H_2S$ 气体的检测也得到了报道[155]。结果表明，聚合物的疏水性会影响电极的电子迁移率和材料表面性质，从而影响 $H_2S$ 检测的选择性和灵敏度。Liu 等人的研究揭示了材料形貌是影响气体检测最重要的因素之一，因为形貌会影响材料表面活性位点的分布[156]。通常，功能化聚合物可以提高目标物检测灵敏度和选择性测量，因为聚合物结构提供了特定的模板，如图 6-14 所示。

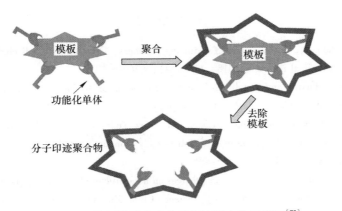

图 6-14　使用模板合成分子印迹聚合物示意图[73]

研究者将聚吡咯/聚吡咯-3-羧酸（PPy/PPa）共聚物修饰在一次性铅笔石墨电极（PGEs）上，将其用于对乙酰氨基酚（AC）的检测。共聚物修饰的电极在含有氧化还原探针的电解液中具有非常好的氧化还原行为。将羧酸官能团结合到导电聚合物中在生物传感方面带来了许多优势。制备的传感界面为 AC 提供了一个有效且优异的传感平台，具有高灵敏度、准确性和选择性，这表明其在临床应用中的实用性。使用循环伏安法（CV）在+0.0V 和+1.0V 之间相对于 Ag/AgCl 将共聚物沉积到 PGEs 上。对实验条件进行了优化，例如单体比例（3∶1~6∶1）和循环扫描圈数（1~10 个循环）对电聚合的影响等实验条件。用 CV 和扫描电子显微镜对涂层表面进行了表征。评估了电极在各种 pH 值下的交流电中的电化学响应。这种新的共聚物改性电极具有非常好的电化学响应，在缓冲液和血清中用差分脉冲伏安法对 AC 进行了检测，在原始血清样品（3.45μmol/L）中传感器的线性浓度范围为 15~150μmol/L，表明该传感平台可用于实际样品检测[157]。

## 本 章 小 结

导电聚合物是由许多相同结构单元分子通过共价键重复连接的一种高分子量化合物，包括聚乙炔、聚苯胺、聚吡咯、聚噻吩等。其结构中的大 π 键使得导电聚合物可以导电。通过掺杂可进一步提高导电聚合物的电导率和溶解度。除此之外，导电聚合物还具有光学和环境稳定性高、成本低、工作温度低、质量轻等特点，广泛应用于光纤制造、芯片传感器、生物传感器、诊断、环境监测等方面。在电化学检测环境污染物的过程中，导电聚合物发挥了其稳定性好、电导率高、电极表面黏附力强、易于功能化、表面活性位点多等特点，大大提高了检测灵敏度。在重金属离子、药物、酚类化合物、硫化氢气体等环境污染物检测方面进行了大量的研究，有很好的应用前景。

## 习 题

6-1 简述导电聚合物的种类和特性。

6-2 简述导电聚合物在环境污染物电化学分析方面应用的优势与缺陷。

### 参 考 文 献

[1] Nezakati T, Seifalian A, Tan A, et al. Conductive polymers: Opportunities and challenges in biomedical applications [J]. Chemical reviews, 2018, 118 (14): 6766-6843.

[2] Heeger A J. Semiconducting and metallic polymers: The fourth generation of polymeric materials [J]. The Journal of Physical Chemistry B, 2001, 105: 8475-8491.

[3] Skotheim T A. Handbook of conducting polymers [M]. New York: CRC Pr I Llc, 1986.

[4] Hatchett D W, Josowicz M. Composites of intrinsically conducting polymers as sensing nanomaterials [J]. Chemical Reviews, 2008, 108: 746-769.

[5] Zhang L, Du W, Nautiyal A, et al. Recent progress on nanostructured conducting polymers and composites: Synthesis, application and future aspects [J]. Science China Materials, 2018, 61: 303-352.

[6] Wang G, Morrin A, Li M, et al. Nanomaterial-doped conducting polymers for electrochemical sensors and biosensors [J]. Journal of Materials Chemistry B, 2018, 6: 4173-4190.

[7] EI Rhazi M, Majid S., Elbasri M, et al. Recent progress in nanocomposites based on conducting polymer: Application as electrochemical sensors [J]. International Nano Letters, 2018, 8: 79-99.

[8] John B. Polymer nanocomposite-based electrochemical sensors and biosensors [M]. London: Intech Open, 2020.

[9] Nalwa H S, Miyata S. Organic Electroluminescent Materials and Devices [M]. Gordon & Breach, Amsterdam, 1997.

[10] Nalwa H S. Handbook of Organic Conductive Molecules and Polymers [M]. New York, 1997, vol. 1-4.

[11] Skotheim E T A, Elsenbaumer R L, Reynolds J R. Handbook of Conducting Polymers [M]. New York, 1998.

[12] Zhao Z, Yu T, Miao Y, et al. Chloride ion-doped polyaniline/carbon nanotube nanocomposite materials as

new cathodes for chloride ion battery [J]. Electrochimica Acta, 2018, 270: 30-36.

[13] Iroh J O, Su W. Corrosion performance of polypyrrole coating applied to low carbon steel by an electrochemical process [J]. Electrochimica Acta, 2000, 46: 15-24.

[14] Pontes K, Indrusiak T, Soares B G. Poly ( vinylidene fluoride-co-hexafluorpropylene )/polyaniline conductive blends: Effect of the mixing procedure on the electrical properties and electromagnetic interference shielding effectiveness [J]. Journal of Applied Polymer Science, 2020, 138 (3): 49705.

[15] Sangiorgi N, Sangiorgi A, Tarterini F, et al. Molecularly imprinted polypyrrole counter electrode for gel-state dye-sensitized solar cells [J]. Electrochimica Acta, 2019, 305: 322-328.

[16] Samukaite-Bubniene U, Valiūnienė A, Bucinskas V, et al. Towards supercapacitors: Cyclic voltammetry and fast Fourier transform electrochemical impedance spectroscopy based evaluation of polypyrrole electrochemically deposited on the pencil graphite electrode [J]. Colloids and Surfaces A: Physicochemical and Engineering Aspects, 2021, 610: 125750.

[17] Emir G, Dilgin Y, Ramanaviciene A, et al. Amperometric nonenzymatic glucose biosensor based on graphite rod electrode modified by Ni-nanoparticle/polypyrrole composite [J]. Microchemical Journal, 2021, 161: 105751.

[18] Wang Y, Chen Y, Liu Y, et al. Urchin-like $Ni_{1/3}Co_{2/3}(CO_3)_{0.5}OH \cdot 0.11H_2O$ anchoring on polypyrrole nanotubes for supercapacitor electrodes [J]. Electrochimica Acta, 2019, 295: 989-996.

[19] Rout C S. Conducting polymers: A comprehensive review on recent advances in synthesis, properties and applications [J]. RSC Advances, 2021, 11 (10): 5659-5697.

[20] Mahore R P, Burghate D K, Kondawa S B. Development of nanocomposites based on polypyrrole and carbon nanotubes for supercapacitors [J]. Advance Materials Letters, 2014, 5: 400-405.

[21] Al-Mashat L, Shin K, Kalantar-zadeh K, et al. Graphene/Polyaniline nanocomposite for hydrogen sensing [J]. Journal of Physical Chemistry C, 2010, 114: 16168-16173.

[22] Said R A M, Hasan M A, Abdelzaher A M, et al. Review-insights into the developments of nanocomposites for its processing and application as sensing materials [J]. Journal of the Electrochemical Society, 2020, 167: 037549.

[23] Martin C R. Template synthesis of electronically conductive polymer nanostructures [J]. Cheminform, 1995, 26 (2): 61-68.

[24] MacDiarmid A G, Jones W E, Norris I D, et al. Electrostatically-generated nanofibers of electronic polymers [J]. Synthetic Metals, 2001, 119 (1): 27-30.

[25] Tang Q, Wu J, Sun X, et al. Shape and size control of oriented polyaniline microstructure by a self-assembly method [J]. Langmuir: the ACS journal of surfaces and colloids, 2009, 25 (9): 5253.

[26] Park C S, Kim D H, Shin B J, et al. Conductive polymer synthesis with single-crystallinity via a novel plasma polymerization technique for gas sensor applications [J]. Materials, 2016, 9 (10): 812.

[27] Ramanavicius A, Kausaite A, Ramanaviciene A. Self-encapsulation of oxidases as a basic approach to tune the upper detection limit of amperometric biosensors [J]. The Analyst, 2008, 133 (8): 1083.

[28] Marsh G. Tissue regeneration the material enablers [J]. Materials Today, 2001, 4 (3): 38-41.

[29] Liu J, Lam J W Y, Tang B Z. Synthesis and Functionality of Substituted Polyacetylenes [M]. 2010.

[30] Bredas J L, Street G B. Polarons, bipolarons, and solitons in conducting polymers [J]. Accounts of Chemical Research, 1985, 18: 309-315.

[31] Le T H, Yukyung K, Hyeonseok Y. Electrical and electrochemical properties of conducting polymers [J]. Polymers, 2017, 9 (12): 150.

[32] Håkansson E, Lin T, Wang H, et al. The effects of dye dopants on the conductivity and optical absorption

properties of polypyrrole [J]. Synthetic Metals, 2006, 156: 1194-1202.

[33] Ito T, Shirakawa H, Ikeda S. Simultaneous polymerization and ormation of polyacetylene film on the surface of concentrated coluble ziegler-type catalyst solution [J]. Journal of Polymer Science: Polymer Chemistry Edition, 1974, 12: 11-20.

[34] Luttinger L B, Colthup E C. Hydridic reducing agent-group Ⅷ metal compound. A new catalyst system for the polymerization of acetylenes and related compounds Ⅱ [J]. The Journal of Organic Chemistry, 1962, 27 (11): 1591-1596.

[35] Ramanavicius A, Oztekin Y, Ramanaviciene A. Electrochemical formation of polypyrrole-based layer for immunosensor design [J]. Sensors and Actuators B: Chemical, 2014, 197: 237-243.

[36] Mazur M, Krysinski P. Electrochemical preparation of conducting polymer microelectrodes [J]. The Journal of Physical Chemistry, B 2002, 106 (40): 10349-10354.

[37] Lu X W, Wu W, Chen J F, et al. Preparation of polyaniline nanofibers by high gravity chemical oxidative polymerization [J]. Industrial & Engineering Chemistry Research, 2011, 50 (9): 5589-5595.

[38] Xian X, Jiao L, Xue T, et al. Nanoveneers: An electrochemical approach to synthesizing conductive layered nanostructures [J]. ACS Nano, 2011, 5 (5): 4000-4006.

[39] Yu A, Meiser F, Cassagneau T, et al. Fabrication of polymer-nanoparticle composite inverse opals by a one-step electrochemical Co-deposition process [J]. Nano Letters, 2004, 4 (1): 177-181.

[40] Liu A, Li C, Bai H, et al. Electrochemical deposition of polypyrrole/sulfonated graphene composite films [J]. The Journal of Physical Chemistry C, 2010, 114 (51): 22783-22789.

[41] Takei T, Yonesaki Y, Kumada N, et al. Preparation of oriented titanium phosphate and tin phosphate/polyaniline hybrid films by electrochemical deposition [J]. Langmuir, 2008, 24 (16): 8554-8560.

[42] Bai S, Hu Q, Zeng Q, et al. Variations in surface morphologies, properties, and electrochemical responses to nitro-analyte by controlled electropolymerization of thiophene derivatives [J]. ACS Applied Materials & Interfaces, 2018, 10 (13): 11319-11327.

[43] Stewart S, Ivy M A, Anslyn E V. The use of principal component analysis and discriminant analysis in differential sensing routines [J]. Chemical Society Reviews, 2014, 43: 70-84.

[44] Chen S A, Shy H J. Electrochemical polymerization of acetylene on a surface of platinum [J] Journal of Polymer Science: Polymer Chemistry Edition, 1985, 23: 2441-2446.

[45] Korshak Y V, Korshak V V, Kanischka G, et al. A new route to polyacetylene. Ring-opening polymerization of 1, 3, 5, 7-cyclooctatetraene with metathesis catalysts [J]. Die Makromolekulare Chemie, Rapid Communications, 1985, 6: 685-692.

[46] Simionescu C I, Percec V. Progress in polyacetylene chemistry [J]. Progress in Polymer Science, 1982, 8 (1-2): 133-214.

[47] Wang Y Y, Levon K. Influence of dopant on electroactivity of polyaniline [J]. Macromolecular Symposia, 2012, 317-318: 240-247.

[48] Bhandari S. Polyaniline: Structure and Properties Relationship [M]. Polyaniline Blends, Composites, and Nanocomposites, 2018.

[49] Boeva Z A, Sergeyev V G. Polyaniline: Synthesis, properties, and application [J]. Polymer Science Series C, 2014, 56: 144-153.

[50] Bavane R G. Synthesis and characterization of thin films of conducting polymers for gas sensing applications [J]. North Maharashtra University, 2014.

[51] Vivekanandan J, Ponnusamy V, Mahudeswaran A, et al. Synthesis, characterization and conductivity study of polyaniline prepared by chemical oxidative and electrochemical methods [J]. Archives of Applied

Science Research, 2011, 3 (6): 147-153.

[52] Yang L, Yang L, Wu S, et al. Three-dimensional conductive organic sulfonic acid co-doped bacterial cellulose/polyaniline nanocomposite films for detection of ammonia at room temperature [J]. Sensors and Actuators B: Chemical, 2020, 323: 128689.

[53] Kiebooms R, Menon R, Lee K. Synthesis, electrical, and optical properties of conjugated polymers [M]. Pittsburgh: Academic Press, 2001.

[54] Moss B K, Burford R P. A kinetic study of polypyrrole degradation [J] Polymer, 1992, 33: 1902-1908.

[55] Kang E T, Neoh K G, Ong Y K. Thermal stability and degradation of some chemically synthesized polypyrrole complexes [J]. Thermochimica Acta, 1991, 181 (91): 57-70.

[56] Istakova O I, Konev D V, Glazkov A T, et al. Electrochemical synthesis of polypyrrole in powder form [J]. Journal of Solid State Electrochemistry, 2019, 23: 251-258.

[57] Ozkazanc H, Zor S. Electrochemical synthesis of polypyrrole (PPy) and P Pymetal composites on copper electrode and investigation of their anticorrosive properties [J]. Progress in Organic Coatings, 2013, 76 (4): 720-728.

[58] Koinkar P M, Patil S S, More M A, et al. Electrochemical synthesis of conducting polypyrrole film on tin substrate: Structural, chemical and field emission investigations [J]. Journal of Nano Research, 2016, 36: 44-50.

[59] Tang X, Raskin J P, Kryvutsa N, et al. An ammonia sensor composed of polypyrrole synthesized on reduced graphene oxide by electropolymerization [J]. Sensors and Actuators B: Chemical, 2020, 305: 127423.

[60] Chandler G K, Pletcher D. The electrodeposition of metals onto polypyrrole films from aqueous solution [J]. Journal of Applied Electrochemistry, 1986, 16: 62-68.

[61] Yussuf A, Al-Saleh M, Al-Enezi S, et al. Synthesis and characterization of conductive polypyrrole: The influence of the oxidants and monomer on the electrical, thermal, and morphological properties [J]. International Journal of Polymer Science, 2018: 1-8.

[62] Leonavicius K, Ramanaviciene A, Ramanavicius A. Polymerization model for hydrogen peroxide initiated synthesis of polypyrrole nanoparticles [J]. Langmuir: the ACS Journal of Surfaces and Colloids, 2011, 27 (17): 10970.

[63] Vaitkuviene A, Kaseta V, Voronovic J, et al. Evaluation of cytotoxicity of polypyrrole nanoparticles synthesized by oxidative polymerization [J]. Journal of Hazardous Materials, 2013, 250-251: 167-174.

[64] Vaitkuviene A, Ratautaite V, Mikoliunaite L, et al. Some biocompatibility aspects of conducting polymer polypyrrole evaluated with bone marrow-derived stem cells [J]. Colloids and Surfaces A: Physicochemical and Engineering Aspects, 2014, 442: 152-156.

[65] Ramanaviciene A, Kausaite A, Tautkus S, et al. Biocompatibility of polypyrrole particles: an in-vivo study in mice [J]. The Journal of Pharmacy and Pharmacology, 2007, 59 (2), 311.

[66] Sheldon R A, Pelt S. Enzyme immobilisation in biocatalysis: Why, what and how [J]. Chemical Society Reviews, 2013, 42 (15): 6223.

[67] Bornscheuer U T. Immobilizing enzymes: How to create more suitable biocatalysts [J]. Angewandte Chemie International Edition in English, 2003, 42 (29): 3336.

[68] German N, Popov A, Ramanaviciene A, et al. Enzymatic formation of polyaniline, polypyrrole, and polythiophene nanoparticles with embedded glucose oxidase [J]. Nanomaterials, 2019, 9 (5).

[69] Miletic N, Nastasovic A, Loos K. Immobilization of biocatalysts for enzymatic polymerizations: possibilities, advantages, applications [J]. Bioresource Technology, 2012, 115: 126-135.

［70］ Bubniene U, Mazetyte R, Ramanaviciene A, et al. Fluorescence quenching-based evaluation of glucose oxidase composite with conducting polymer, polypyrrole ［J］. The Journal of Physical Chemistry C, 2018, 122 (17)：9491-9498.

［71］ German N, Popov A, Ramanaviciene A, et al. Evaluation of enzymatic formation of polyaniline nanoparticles ［J］. Polymer, 2017, 115：211-216.

［72］ Krikstolaityte V, Kuliesius J, Ramanaviciene A, et al. Enzymatic polymerization of polythiophene by immobilized glucose oxidase ［J］. Polymer, 2014, 55 (7)：1613-1620.

［73］ Oztekin Y, Ramanaviciene A, Yazicigil Z, et al. Direct electron transfer from glucose oxidase immobilized on polyphenanthroline-modified glassy carbon electrode ［J］. Biosensors & Bioelectronics, 2011, 26 (5)：2541-2546.

［74］ Geny P, Aksun E, Tereshchenko A, et al. Electrochemical deposition and investigation of poly-9, 10-phenanthrenequinone layer ［J］. Nanomaterials, 2019, 9 (5)：702.

［75］ German N, Popov A, Ramanaviciene A, et al. Formation and electrochemical characterisation of enzyme-assisted formation of polypyrrole and polyaniline nanocomposites with embedded glucose oxidase and gold nanoparticles ［J］. Journal of The Electrochemical Society, 2020, 167 (16)：165501.

［76］ German N, Ramanaviciene A, Ramanavicius A. Formation of polyaniline and polypyrrole nanocomposites with embedded glucose oxidase and gold nanoparticles ［J］. Polymers, 2019, 11 (2) .

［77］ Magennis E P, Fernandez-Trillo F, Sui C, et al. Bacteria-instructed synthesis of polymers for self-selective microbial binding and labelling ［J］. Nature Materials, 2014, 13 (7)：748-755.

［78］ Niu J, Lunn D J, Pusuluri A, et al. Engineering live cell surfaces with functional polymers via cytocompatible controlled radical polymerization ［J］. Nature chemistry, 2017, 9 (6)：537-545.

［79］ Stirke A, Apetrei R M, Kirsnyte M, et al. Synthesis of polypyrrole microspheres by Streptomyces spp ［J］. Polymer, 2016, 84：99-106.

［80］ Ramanavicius A, Andriukonis E, Stirke A, et al. Synthesis of polypyrrole within the cell wall of yeast by redox-cycling of ［Fe(CN)$_6$]$^{3-}$/［Fe(CN)$_6$]$^{4-}$ ［J］. Enzyme and Microbial Technology, 2016, 83：40-47.

［81］ Kisieliute A, Popov A, Apetrei R M, et al. Towards microbial biofuel cells：Improvement of charge transfer by self-modification of microoganisms with conducting polymer-Polypyrrole ［J］. Chemical Engineering Journal, 2019, 356：1014-1021.

［82］ Andriukonis E, Stirke A, Garbaras A, et al. Yeast-assisted synthesis of polypyrrole：Quantification and influence on the mechanical properties of the cell wall ［J］. Colloids and Surfaces. B, Biointerfaces, 2018, 164：224-231.

［83］ Apetrei R M, Carac G, Bahrim G, et al. Modification of aspergillus niger by conducting polymer, polypyrrole, and the evaluation of electrochemical properties of modified cells ［J］. Bioelectrochemistry , 2018, 121：46-55.

［84］ Apetrei R M, Carac G, Ramanaviciene A, et al. Cell-assisted synthesis of conducting polymer-polypyrrole-for the improvement of electric charge transfer through fungal cell wall ［J］. Colloids and Surfaces. B, Biointerfaces , 2019, 175：671-679.

［85］ Song R B, Wu Y, Lin Z Q, et al. Living and conducting：Coating individual bacterial cells with in situ formed polypyrrole ［J］. Angewandte Chemie, 2017, 56 (35)：10516-10520.

［86］ Apetrei R M, Carac G, Bahrim G, et al. Utilization of enzyme extract self-encapsulated within polypyrrole in sensitive detection of catechol ［J］. Enzyme and Microbial Technology, 2019, 128：34-39.

［87］ Apetrei R M, Cârâc G, Bahrim G, et al. Sensitivity enhancement for microbial biosensors through cell Self-Coating with polypyrrole ［J］. International Journal of Polymeric Materials and Polymeric Biomaterials,

2019, 68（17）：1058-1067.

[88] Shacklette L W, Chance R R, Ivory D M, et al. Electrical and optical properties of highly conducting charge-transfer complexes of poly（p-phenylene）[J]. Synthetic Metals, 1980, 1: 307-320.

[89] Ambrosch-Draxl C, Majewski J A, Vogl P, et al. First-principles studies of the structural and optical properties of crystalline poly（Para-Phenylene）[J]. Physical Review. B, Condensed Matter, 1995, 51（15）：9668-9676.

[90] Chen F E, Fu M X, Fan W, et al. Raman spectroscopic study on the chain conformation of electrosynthesized poly（p-phenylene）films [J]. Chinese Journal of Polymer Science, 2005, 6: 681-685.

[91] Brydson J A. Other thermoplastics containing p-phenylene groups [M]. Plast. Mater : Sixth Edition, 1995: 565-593.

[92] Ahlskog M, Reghu M, Heeger A J. The temperature dependence of the conductivity in the critical regime of the metal-insulator transition in conducting polymers [J]. Journal of Physics Condensed Matte, 1997（9）：4145-4156.

[93] Kiebooms R, Memon R, Lee K. Handbook of advanced electronic and photonic materials and devices [M]. Burlington: Academic Press, 2001: 163-184.

[94] Oliver J. Quantitative assessment of driver speeding behavior using instrumented vehicles [J]. Hilos Tensados, 2019（1）：1-476.

[95] Burroughes J H, Bradley D D C, Brown A R, et al. Light-emitting diodes based on conjugated polymers [J]. Nature, 1990, 347: 539-541.

[96] Peres L O. On the electrochemical polymerization of poly（p-phenylene vinylene）and poly（o-phenylene vinylene）[J]. Synthetic Metals, 2001, 118: 65-70.

[97] Kaloni T P, Giesbrecht P K, Schreckenbach G, et al. Polythiophene: From fundamental perspectives to applications [J]. Chemistry of Materials, 2017, 29: 10248-10283.

[98] Richard D, McCullough. The Chemistry of conducting polythiophenes [J]. Advanced Materials, 1998（10）：93-116.

[99] Tubert-Brohman I, Sherman W, Repasky M, et al. Improved docking of polypeptides with glide [J]. Journal of Chemical Information and Modeling, 2013, 53: 1689-1699.

[100] Kiari M, Montilla F. Preparation and characterization of montmorillonite/PEDOT-PSS and diatomite/PEDOT-PSS hybrid materials study of electrochemical properties in acid medium [J]. Journal of Composites Science, 2020（4）：51.

[101] Kim Y, Kim J, Lee H, et al. Synthesis of stretchable, environmentally stable, conducting polymer PEDOT using a modified acid template random copolymer [J]. Macromolecular Chemistry and Physic, 2020, 221: 1-8.

[102] Kou Y, Xu Y, Guo J D. Supercapacitive energy storage and electric power supply using an aza-fused pi-conjugated microporous framework [J]. Angewandte Chemie International Edition in English, 2011, 50: 8753-8757.

[103] Jiang J X, Su F, Trewin A, et al. Conjugated Microporous Poly（aryleneethynylene）Networks [J]. Angewandte Chemie International Edition in English, 2007, 46: 8574-8578.

[104] Jose L. Synthesis of conducting organic polymeric materials mediated by metals: How the organic chemists make some of the most advanced polymeric materials [J]. Current Organic Chemistry, 2008, 12（14）：1199-1219.

[105] Yamamoto T, Fukumoto H, Koizumi T A. Metal complexes of π-conjugated polymers [J]. Journal of

Inorganic and Organometallic Polymers and Materials, 2009, 19 (1): 3-11.

[106] Patil A O, Ikenoue Y, Wudl F, et al. Water soluble conducting polymers [J]. Journal of the American Chemical Society, 1987, 109 (6): 1858-1859.

[107] Kim J, Lee J, You J, et al. Conductive polymers for next-generation energy storage systems: recent progress and new functions [J]. Materials Horizons, 2016, 3 (6): 517-535.

[108] Schopf G, Koßmehl G. Polythiophenes-electrically conductive polymers [M]. Advances in Polymer Science, 1997, 129.

[109] Heeger A J. Semiconducting and metallic polymers: The fourth generation of polymeric materials [J]. Current Applied Physics, 2001, 1: 247-267.

[110] Li L, Liu D, Shi A, et al. Simultaneous stripping determination of cadmium and lead ions based on the N-doped carbon quantum dots-graphene oxide hybrid [J]. Sensors and Actuators B: Chemical, 2018, 255: 1762-1770.

[111] Wang D J, Chen H, Xu H, et al. Preparation of wheat straw matrix-g-polyacrylonitrile-based adsorbent by SET-LRP and its applications for heavy metal ion removal [J]. ACS Sustainable Chemistry & Engineering, 2014, 2 (7): 1843-1848.

[112] Li L, Yu B, You T. Nitrogen and sulfur co-doped carbon dots for highly selective and sensitive detection of Hg (Ⅱ) ions [J]. Biosensors & Bioelectronics, 2015, 74: 263-269.

[113] Zhao X, Wang N, Chen H, et al. Fabrication of nanoprobe via AGET ATRP and photocatalytic modification for highly sensitive detection of Hg (Ⅱ) [J]. Reactive and Functional Polymers, 2019, 138: 70-78.

[114] Ji C, Song S, Wang C, et al. Preparation and adsorption properties of chelating resins containing 3-aminopyridine and hydrophilic spacer arm for Hg (Ⅱ) [J]. Chemical Engineering Journal, 2010, 165 (2): 573-580.

[115] Zhang Z, Niu Y, Chen H, et al. Feasible one-pot sequential synthesis of aminopyridine functionalized magnetic $Fe_3O_4$ hybrids for robust capture of aqueous Hg (Ⅱ) and Ag (Ⅰ) [J]. ACS Sustainable Chemistry & Engineering, 2019, 7 (7): 7324-7337.

[116] Niu Y, Zhao S, Chen G, et al. Combined theoretical and experimental study on the adsorption mechanism of poly (4-vinylbenzyl 2-hydroxyethyl) sulfide, sulfoxide, and sulfone for Hg (Ⅱ) and Pb (Ⅱ) [J]. Journal of Molecular Liquids, 2016, 219: 1065-1070.

[117] Niu Y, Liu H, Qu R, et al. Preparation and characterization of thiourea-containing silica gel hybrid materials for Hg (Ⅱ) adsorption [J]. Industrial & Engineering Chemistry Research, 2015, 54 (5): 1656-1664.

[118] Liu Y, Xu L, Liu J, et al. Graphene oxides cross-linked with hyperbranched polyethylenimines: Preparation, characterization and their potential as recyclable and highly efficient adsorption materials for lead (Ⅱ) ions [J]. Chemical Engineering Journal, 2016, 285: 698-708.

[119] Wang Y, Qu R, Pan F, et al. Preparation and characterization of thiol- and amino-functionalized polysilsesquioxane coated poly (p-phenylenetherephthal amide) fibers and their adsorption properties towards Hg (Ⅱ) [J]. Chemical Engineering Journal, 2017, 317: 187-203.

[120] Wang W, Bai L, Chen H, et al. Synthesis of PAN copolymer containing pendant 2-ureido-4 [1H] -pyrimidone (UPy) units by RAFT polymerization and its adsorption behaviors of $Hg^{2+}$ [J]. Polymer Bulletin, 2018, 75 (10): 4327-4339.

[121] Lian W, Liu S, Wang L, et al. A novel strategy to improve the sensitivity of antibiotics determination based on bioelectrocatalysis at molecularly imprinted polymer film electrodes [J]. Biosensors &

Bioelectronics, 2015, 73: 214-220.

[122] Wang L, Xu H, Song Y, et al. Highly sensitive detection of quantal dopamine secretion from pheochromocytoma cells using neural microelectrode array electrodeposited with polypyrrole graphene [J]. ACS applied materials & interfaces, 2015, 7 (14): 7619-7626.

[123] Ding J, Zhang K, Xu W, et al. Self-assembly of gold nanoparticles on gold core-induced polypyrrole nanohybrids for electrochemical sensor of dopamine [J]. Nano, 2015, 10: 1550115.

[124] Wu T M, Chang H L, Lin Y W. Synthesis and characterization of conductive polypyrrole/multi-walled carbon nanotubes composites with improved solubility and conductivity [J]. Composites Science and Technology, 2009, 69 (5): 639-644.

[125] Wanekaya A, Sadik O A. Electrochemical detection of lead using overoxidized polypyrrole films [J]. Journal of Electroanalytical Chemistry, 2002, 537: 135-143.

[126] Joseph A, Subramanian S, Ramamurthy P C, et al. Iminodiacetic acid functionalized polypyrrole modified electrode as Pb (Ⅱ) sensor: Synthesis and DPASV studies [J]. Electrochimica Acta, 2014, 137: 557-563.

[127] Ayenimo J G, Adeloju S B. Inhibitive potentiometric detection of trace metals with ultrathin polypyrrole glucose oxidase biosensor [J]. Talanta, 2015, 137: 62-70.

[128] Wei Y, Yang R, Liu J H, et al. Selective detection toward Hg (Ⅱ) and Pb (Ⅱ) using polypyrrole/carbonaceous nanospheres modified screen-printed electrode [J]. Electrochimica Acta, 2013, 105: 218-223.

[129] Song Y, Bian C, Hu J, et al. Porous polypyrrole/graphene oxide functionalized with carboxyl composite for electrochemical sensor of trace cadmium (Ⅱ) [J]. Journal of The Electrochemical Society, 2019, 166 (2): B95-B102.

[130] Brown R M, Hillman A R. Electrochromic enhancement of latent fingerprints by poly (3, 4-ethylenedioxythiophene) [J]. Physical Chemistry Chemical Physics, 2012, 14: 8653-8661.

[131] Hui Y, Bian C, Xia S, et al. Synthesis and electrochemical sensing application of poly (3, 4-ethylenedioxythiophene) -based materials: A review [J]. Analytica Chimica Acta, 2018, 1022: 1-19.

[132] Zuo Y, Xu J, Zhu X, et al. Poly (3, 4-ethylenedioxythiophene) nanorods/graphene oxide nanocomposite as a new electrode material for the selective electrochemical detection of mercury (Ⅱ) [J]. Synthetic Metals, 2016, 220: 14-19.

[133] Nagles E, García-Beltrán O, Hurtado J. Ex situ poly (3, 4-ethylenedioxythiophene) -sodium dodecyl sulfate-antimony film electrode for anodic stripping voltammetry determination of lead and cadmium [J]. International Journal of Electrochemical Science, 2016, 7507-7518.

[134] Zuo Y, Xu J, Jiang F, et al. Utilization of AuNPs dotted S-doped carbon nanoflakes as electrochemical sensing platform for simultaneous determination of Cu (Ⅱ) and Hg (Ⅱ) [J]. Journal of Electroanalytical Chemistry, 2017, 794: 71-77.

[135] Chiou N R, Epstein J. Polyaniline nanofibers prepared by dilute polymerization [J]. Advanced Materials, 2005, 17: 1679-1683.

[136] Kong Y, Wu T, Wu D, et al. An electrochemical sensor based on $Fe_3O_4$ @ PANI nanocomposites for sensitive detection of $Pb^{2+}$ and $Cd^{2+}$ [J]. Analytical Methods, 2018, 10 (39): 4784-4792.

[137] Deshmukh M A, Celiesiute R, Ramanaviciene A, et al. EDTA_PANI/SWCNTs nanocomposite modified electrode for electrochemical determination of copper (Ⅱ), lead (Ⅱ) and mercury (Ⅱ) ions [J]. Electrochimica Acta, 2018, 259: 930-938.

[138] Muralikrishna S, Nagaraju D H, Balakrishna R G, et al. Hydrogels of polyaniline with graphene oxide for

highly sensitive electrochemical determination of lead ions [J]. Analytica Chimica Acta, 2017, 990: 67-77.

[139] Guo Z, Li D D, Luo X K, et al. Simultaneous determination of trace Cd (Ⅱ), Pb (Ⅱ) and Cu (Ⅱ) by differential pulse anodic stripping voltammetry using a reduced graphene oxide-chitosan/poly-l-lysine nanocomposite modified glassy carbon electrode [J]. Journal of Colloid and Interface Science, 2017, 490: 11-22.

[140] Hu R, Gou H, Mo Z, et al. Highly selective detection of trace $Cu^{2+}$ based on polyethyleneimine-reduced graphene oxide nanocomposite modified glassy carbon electrode [J]. Ionics, 2015, 21 (11): 3125-3133.

[141] Li J, Guo S, Zhai Y, et al. Nafion-graphene nanocomposite film as enhanced sensing platform for ultrasensitive determination of cadmium [J]. Electrochemistry Communications, 2009, 11 (5): 1085-1088.

[142] Afonso-Olivares C, Sosa-Ferrera Z, Santana-Rodriguez J J. Occurrence and environmental impact of pharmaceutical residues from conventional and natural wastewater treatment plants in Gran Canaria (Spain) [J]. The Science of the Total Environment, 2017, 599-600: 934-943.

[143] Rivera-Jaimes J A, Postigo C, Melgoza-Aleman R M, et al. Study of pharmaceuticals in surface and wastewater from Cuernavaca, Morelos, Mexico: Occurrence and environmental risk assessment [J]. The Science of the Total Environment, 2018, 613-614: 1263-1274.

[144] Kamba P F, Kaggwa B, Munanura E I, et al. Why regulatory indifference towards pharmaceutical pollution of the environment could be a missed opportunity in public health protection: A holistic view [J]. The Pan African Medical Journal, 2017, 27: 77.

[145] Rebelo P, Pacheco J G, Cordeiro M N D S, et al. Azithromycin electrochemical detection using a molecularly imprinted polymer prepared on a disposable screen-printed electrode [J]. Analytical Methods, 2020, 12 (11): 1486-1494.

[146] Ayankojo A G, Reut J, Ciocan V, et al. Molecularly imprinted polymer-based sensor for electrochemical detection of erythromycin [J]. Talanta, 2020, 209: 120502.

[147] Salste L, Leskinen P, Virta M, et al. Determination of estrogens and estrogenic activity in wastewater effluent by chemical analysis and the bioluminescent yeast assay [J]. The Science of the total environment, 2007, 378 (3): 343-351.

[148] Adeel M, Song X, Wang Y, et al. Environmental impact of estrogens on human, animal and plant life: A critical review [J]. Environment International, 2017, 99: 107-119.

[149] Yuan L, Zhang J, Zhou P, et al. Electrochemical sensor based on molecularly imprinted membranes at platinum nanoparticles-modified electrode for determination of 17beta-estradiol [J]. Biosensors & Bioelectronics, 2011, 29 (1): 29-33.

[150] Lahcen A A, Baleg A A, Baker P, et al. Synthesis and electrochemical characterization of nanostructured magnetic molecularly imprinted polymers for 17-β-Estradiol determination [J]. Sensors and Actuators B: Chemical, 2017, 241: 698-705.

[151] Zhang P, Sun T, Rong, et al. A sensitive amperometric AChE-biosensor for organophosphate pesticides detection based on conjugated polymer and Ag-rGO-NH$_2$ nanocomposite [J]. Bioelectrochemistry, 2019, 127: 163-170.

[152] Saleh T A, Musa A M, Ali S A. Synthesis of hydrophobic cross-linked polyzwitterionic acid for simultaneous sorption of Eriochrome black T and chromium ions from binary hazardous waters [J]. Journal of Colloid and Interface Science, 2016, 468: 324-333.

［153］ Yarman A，Turner A P F，Scheller F W. 6-Electropolymers for（nano-）imprinted biomimetic biosensors ［J］. Nanosensors for Chemical and Biological Applications，2014，125-149.

［154］ Ali H，Mukhopadhyay S，Jana N R. Selective electrochemical detection of bisphenol A using a molecularly imprinted polymer nanocomposite ［J］. New Journal of Chemistry，2019，43（3）：1536-1543.

［155］ Suhail M H，Abdullah O G，Kadhim G A. Hydrogen sulfide sensors based on PANI/f-SWCNT polymer nanocomposite thin films prepared by electrochemical polymerization ［J］. Journal of Science：Advanced Materials and Devices，2019，4（1）：143-149.

［156］ Liu C，Tai H，Zhang P，et al. A high-performance flexible gas sensor based on self-assembled PANI-CeO$_2$ nanocomposite thin film for trace-level NH$_3$ detection at room temperature ［J］. Sensors and Actuators B：Chemical，2018，261：587-597.

［157］ Kuralay F，Alayan T，Lhan H，et al.，Fabrication of self-functionalized polymeric surfaces and their application in electrochemical acetaminophen detection ［J］. Journal of Applied Polymer Science，2020：137.

# **7** 纳米半导体材料环境光电分析

▶▶▶▶▶▶▶▶▶▶▶▶▶▶▶▶▶▶▶▶▶▶▶▶▶▶▶▶▶▶▶▶▶▶▶▶▶▶▶▶▶▶▶▶

**本章提要:**

(1) 纳米半导体材料的定义与分类。

(2) 纳米半导体材料在环境污染物 PEC 分析方面的应用。

▶▶▶▶▶▶▶▶▶▶▶▶▶▶▶▶▶▶▶▶▶▶▶▶▶▶▶▶▶▶▶▶▶▶▶▶▶▶▶▶▶▶▶▶

## 7.1 纳米半导体材料概述

### 7.1.1 纳米半导体材料的定义

纳米半导体材料是由尺寸为 $1\sim100nm$ 的颗粒组成的粉末或薄膜材料。半导体材料的导电能力介于导体和绝缘体之间,其电阻率在 $1m\Omega/cm\sim1G\Omega/cm$ 之间,可以用来做半导体器件和集成电路的电子材料。由于纳米半导体材料在力学、热学、光学、光电及电化学等性能诸优异于常规材料,因而被广泛应用于电子器件、光伏、太阳能电池、航空航天、生物制药及光电分析等技术领域。纳米半导体材料与光催化技术和生物技术结合,充分利用太阳能作为激发光源,在环境光电分析领域受到了越来越多的关注。

### 7.1.2 纳米半导体材料的分类

在环境光电分析领域,常用的半导体材料有:(1) 无机材料,如 $TiO_2$、$ZnO$、$CdS$、$CdSe$ 和 $Cu_2O$ 等[1-5];(2) 有机材料,如卟啉及其衍生物,酞菁及其衍生物,偶氮染料叶绿素及聚合物,苯烯乙烯(PPV)及其衍生物聚苯胺等[6, 7];(3) 复合材料,包括有机配合物与无机材料结合,或者带隙不同的两种无机半导体的组合。与单一材料相比,复合材料光电转换效率明显提高,广泛研究的复合体系包括 $MoS_2\text{-}TiO_2$、$WO_3\text{-}TiO_2$、$CdS\text{-}TiO_2$ 和三(联吡啶)钌(Ⅱ)复合物-$TiO_2$[8-10],其中 $TiO_2$ 基复合材料的研究较为深入。其他半导体,如 $ZnO$、$BiVO_4$、$Co_3O_4$ 和 $Ni_2P_2O_7$ 也广泛的应用于制备复合材料[11-14]。

### 7.1.3 纳米半导体材料的性质

#### 7.1.3.1 光学特性

通常,相对于固体块体的半导体而言,纳米半导体粒子表现出特殊的光化学、光物理特性及显著的量子尺寸和表面效应。纳米半导体材料的基本特性会随颗粒尺寸变化而变化,通常随着粒子尺寸的减小其吸收光谱会发生蓝移。对这种现象通常有两种解释。Ball等人认为该蓝移现象主要归因于半导体的带隙宽度随着粒子粒径减小而增大,而其他的研究者认为这种蓝移现象是由于纳米颗粒尺寸减小,表面张力相对较大,进而使晶格常数减小导致的。纳米半导体粒子经过修饰和掺杂后，其光学性质会随之发生改变，表现为吸收光谱发生红移。对于一些宽带隙半导体材料，如 $TiO_2$ 只能够对紫外光响应，主要是由于这些宽带隙的半导体其自身的带隙能差决定了它们只能被紫外激发，产生的光生电子从价带跃迁到导带。而某些微米或者更大尺度的 $TiO_2$ 却不能响应紫外光。

### 7.1.3.2 光电催化特性

半导体光催化是解决能源和环境问题的主要技术。在过去 20 多年中，全世界范围内的研究工作者在这两个应用领域展开了广泛的研究工作。自 1972 年 Fujishima 和 Honda 等[15]报道了 $TiO_2$ 作为光电极在紫外光照射下能分解水以来，在过去的几十年里，$TiO_2$ 已经在许多有前景的领域找到了应用，如光电、光催化和传感器。$TiO_2$ 属于过渡金属氧化物，通常为白色粉末，是最具代表性的 n 型半导体，化学性质尤其稳定，无毒、无味，且热稳定性好，既不分解也不挥发。除了上述纳米材料的固有优点外，纳米二氧化钛材料具有生物相容性，光腐蚀性强及成本低的优势。此外，各种不同的纳米结构使它们能够获得大的比表面积，独特的化学、物理和电子性能。$TiO_2$ 纳米材料可以在温和的条件下大规模制备，成本低廉。因此，二氧化钛纳米材料成为了环境研究领域中的热点之一。一般而言，光激发半导体，如 $TiO_2$ 表面受到大于其禁带能量的光辐射时，在光催化剂内部和表面都会产生光生电子和空穴，电子从半导体的价带跃迁到导带，空穴留在半导体价带上。当存在合适的俘获剂或表面缺陷态时，电子和空穴的重新复合得到抑制，在它们复合之前，就会在催化剂表面发生氧化-还原反应。价带的空穴是良好的氧化剂，导带的电子是良好的还原剂。大多数光催化氧化反应是直接或间接利用空穴的氧化能力。空穴具有较大的反应活性，一般与表面吸附的 $H_2O$ 或 $OH^-$ 离子反应形成具有强氧化性的·OH。产生了非常活泼的·OH 和超氧离子自由基（·$O_2^-$），这些都是氧化性很强的活泼自由基，能够催化分解半导体光催化剂表面上的有机污染物，将其完全氧化降解为 $CO_2$ 和 $H_2$，最终实现废水的处理。研究表明，光催化效率主要决定于两种过程的竞争，即表面电荷载流子的迁移率和电子/空穴复合率的竞争。如果载流子复合率太快（<0.1ns），那么，光生电子或空穴将没有足够的时间与其他物质进行化学反应。半导体的价带位置高于一定值时，激发态的导带电子和价带空穴又能重新合并，使光能以热能或其他形式散发掉。从而大大的限制了纳米半导体的量子产率。此时，如果施加外电压能够有效减小光生载流子复合几率，实现光降解效率的进一步提高。这种光催化和电催化协同进行的反应体系被称为光电催化反应。在光电催化体系中，光生电子会通过半导体传到基地材料的导电层，进而转移到对电极，而空穴则留在光阳极薄膜上和生成的·OH 都参与污染物的氧化过程。光电催化过程不仅有效实现了电子空穴的分离，并且能够实现"1+1>2"的效果，使最终的效率远远胜于光催化和电催化的效率，也明显高于二者效果之和[16]。

### 7.1.3.3 光电转换特性和电化学特性

近年来，纳米半导体粒子构成的太阳能电池因为具有较好的光电转化效率而受到许多科研工作者的青睐。太阳能电池的主要制作材料是半导体材料，判断太阳能电池的优劣主要的标准是光电转化率，光电转化率越高，说明太阳能电池的工作效率越高。

纳米半导体的节电压电特性与常规的半导体材料有所不同。通常，纳米半导体材料的介电常数会远远高于普通材料的，而且其介电常数会随着测试频率降低而上升。此外，纳米半导体材料的介电常数在较低频率范围内具有明显的尺寸效应，随着粒径增大，介电常数的值会先增大后减小，在某个临界尺寸出现最大值。纳米半导体具有压电特性会影响半导体表面电荷分布，当外加电压时，电偶极矩的取向分布会发生变化，就会产生较强的压电效应。

## 7.2　纳米半导体材料的光电化学传感分析机理

PEC 过程是指光活性纳米半导体材料在光照条件下发生了电子激发和电荷转移的过程[17]。随着纳米技术和材料化学的不断发展，将 PEC 过程和电化学生物传感器结合起来发展了一种新型的 PEC 生物传感技术。该方法继承了电化学传感技术所有的优点，如仪器简单、价格低廉、操作方便、响应快且易实现在线检测等。同时，PEC 方法具有普通电化学技术无法比拟的优势，即在 PEC 检测过程中采用两种不同形式的能量，光作为激发信号来照射光电活性材料，电信号则作为检测信号。因此，该技术具有较低的背景信号可获得高的灵敏度。由于 PEC 生物传感技术具有以上提及的诸多优点，在生物分析领域受到了越来越多的关注[18-21]。

对于典型的 PEC 传感分析，主要有两个核心部分：一部分是光活性纳米半导体材料，主要有无机材料如 Si、$TiO_2$、CdS、CdSe 等；有机材料如卟啉及其衍生物、偶氮染料、聚合物、叶绿素等；复合材料如无机材料之间复合，有机和无机材料之间复合等。另一部分是生物识别元件，主要生物敏感材料如抗体、DNA、酶、组织、细胞等。以下分别介绍不同类型纳米半导体光电分析原理。

### 7.2.1　无机半导体纳米材料

纳米科学技术方面的巨大进步使纳米材料作为光阳极用于 PEC 生物传感器成为可能。特别是无机半导体，如 $SnO_2$[22-25]、$TiO_2$ 纳米颗粒（NPs）[26, 27] 及 CdS 和 CdSe 量子点（QDs）[28-31]，由于其优异的 PEC 性能，已广泛应用于生物传感器。无机半导体 NPs 的光电流产生机理如图 7-1 所示。当半导体 NPs 吸收的光子能量高于其带隙的能量，电子从已占据的价带（VB）被激发到空的导带（CB），从而形成电子-空穴（e-h）对。一旦电荷分离发生，e-h 对就注定要发生重组或电荷转移[32]。在光致发光（PL）和 ECL 领域，光探测信号来源于辐射 e-h 复合的自发发射。然而，在 PEC 生物测定领域，激发电子在表面态的捕获将产生具有足够长寿命的 e-h 对，允许 CB 电子转移到电极或溶液增溶的电子受体，进而分别产生阳极或阴极光电流。同时，VB 空穴会转移到半导体材料表面，然后被溶液或电极中电子供体提供的电子中和。有效的电子供体（D）/受体（A）的存在会抑制 e-h 的重组，从而促进高稳定的光电流的产生。

### 7.2.2　有机半导体纳米材料

PEC 活性材料还包括有机小分子，如卟啉及其衍生物、酞菁及其衍生物、偶氮染料、叶绿素、细菌视紫红质和聚合物，如苯乙烯炔（PPV）、聚噻吩及其衍生物。例如，三（联吡啶）钌配合物 $[Ru(bpy)_3]^{2+}$（bpy = 2, 2'-联吡啶）已被用于 PEC DNA 损伤检测和 PEC 免疫分析[33-35]。由于 $[Ru(bpy)_3]^{2+}$ 既能作为电子给体又能作为受体反应，因此

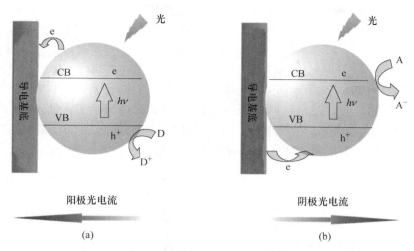

图 7-1　与电极连接的半导体 NPs 的阳极光电流（a）和阴极光电流（b）产生机理[32]

在特定的实验条件下可以产生阳极光电流或阴极光电流（见图 7-2）[36]。尽管纯有机材料作为基因检测的通用平台具有巨大的潜力和应用前景，但迄今为止，在 PEC 生物传感器中，纯有机材料却很少被用于传感器。而先前报道的基于 5，10，15，20-4-吡啶基卟啉（TPyP）修饰电极的 PEC 测定核苷酸的方法说明了这种可能[37]，该传感器的作用机制可用于研究 DNA 与有机染料的相互作用或其他与 DNA 相关的相互作用。

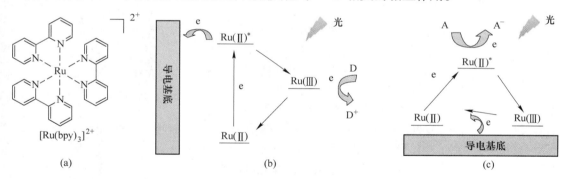

图 7-2　[Ru(bpy)$_3$]$^{2+}$的化学结构（a）及钌配合物的阳极光电流（b）
和阴极光电流（c）的产生机理[36]

### 7.2.3　复合半导体纳米材料

另一种用于 PEC 生物传感器的理想传感器材料是复合材料，例如，两个具有不同带隙的无机半导体耦合，或有机复合物与无机材料结合。半导体材料的光电流转换效率的提高将有利于提高 PEC 传感器的灵敏度。对于单一材料来说，e-h 复合的存在会降低光电流。带隙大小半导体的耦合有利于电荷分离，从而提高了光电转换效率。以 TiO$_2$/CdS 为例，如图 7-3（a）所示，激发带隙小的 CdS 会导致电荷分离，随后 CB 电子迅速转移到带隙大的 TiO$_2$ 上。不同半导体中 e-h 对的空间分离延缓了它们的复合。因此，电子给体清除 VB 空穴促进了电子从 TiO$_2$ 到导电衬底的传递和光电流的产生。另外，通过化学吸附或物理吸附染料对宽带隙半导体进行表面敏化，也可以提高激发过程的效率，并扩大用于 PEC 传感器的激发波长范围。这是通过激发染料，然后电荷转移到半导体来实现的。通过激发附着在半导体表面的染料，可以在半导体中形成载流子。激发态可以向半导体注入空穴，但更常见的是注入一个电子。以 4，4′，4″，4‴-（21H，23H-卟啉-5，10，15，20-四乙基）四基（苯甲酸）（TCPP）-ZnO 复合材料为例[38]，如图 7-3（b）所示，TCPP（S*）的激发态能量高于 ZnO 的导带。因此，S* 可以迅速向 ZnO 导带注入电子，使 S* 变成其氧化态 S+。电子被导电衬底收集来产生光电流，电子给体作为牺牲剂还原 S+ 以再生基态金属配合物。由于 S* 的光生电子快速转移到 ZnO 导带上，光电流增强。

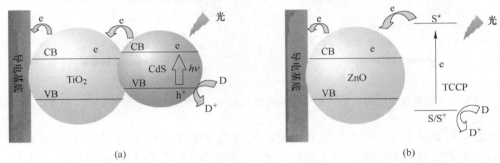

图 7-3　CdS/ TiO₂（a）和 TCPP/ZnO（b）[38]杂化材料的光电流产生机理示意图

### 7.2.4　其他的纳米半导体材料

　　各种电极，如金电极[39, 40]、氧化铟锡（ITO）玻璃[41, 42]和 TiO₂ 纳米管[43]等也可直接用于 PEC DNA 生物传感器的制备。最近，基于 Au NPs 和具有导电性能的碳纳米结构，以及其他复合材料被进一步开发，用以改善半导体发光的电子捕获和转移，如富勒烯/CdSe、碳纳米管/CdS、碳纳米管/CdSe、卟啉/富勒烯/Au NPs、CdS/Au NPs 和石墨烯/CdSe（图 7-4（a））[44]。此外，如图 7-4（b）所示，贵金属纳米粒子与半导体的结合也会产生光电流，这种光电流来源于独特的局域表面等离子体共振（LSPR）诱导的电荷转移，例如 Au NPs 到 TiO₂。Au NPs/TiO₂ 杂化材料可以作为生物传感的光电极[45, 46]。一般来说，任何具有良好光致性的材料都有可能在 PEC DNA 生物传感器的制造中得到应用。

　　在 PEC 传感器检测中，光活性材料在光照射下产生光电流，是光电分析的基础。将生物识别元件和 PEC 方法结合，设计的 PEC 传感平台其工作机理主要是将生物识别元件对靶物分子生物识别作用后引起了 PEC 传感界面某种因素的变化，如界面阻力、电压、电流等，将这种变化与识别反应中生物化学性质（分析浓度）相关联。通常是 PEC 传感分析的电流或电压的变化与目标分析物的浓度成一定比例，从而实现了直接或间接的半定量和定量检测目标分析物。

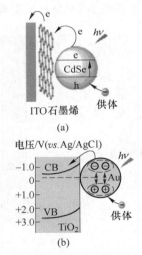

图 7-4　石墨烯/CdSe（a）[44]
和 Au NPs/ TiO₂（b）[45, 46]
在可见光照射下的光
电流的产生机理

# 7.3 纳米半导体材料在环境污染物检测中的应用

### 7.3.1 纳米半导体材料对环境中重金属离子的光电分析

#### 7.3.1.1 铅离子的检测

基于 G-四链体 DNAzyme 变构转变与生物催化沉淀（BCP）的耦合，如图 7-5 所示，Han 等开发了一种在 CdS QDs 电极上检测 $Pb^{2+}$ 的灵敏 PEC 方法。$Pb^{2+}$ 可诱导 $K^+$ 稳定的 G-四链体基 DNAzyme 的构象变化，导致 $H_2O_2$ 介导的 4-氯-1-萘酚用于 PEC 信号传导的氧化催化活性降低。从监测 DNAzyme 失活事件的 BCP 反应中，实现了一种新型的 PEC $Pb^{2+}$ 传感器，检测限为 $1.0 \times 10^{-8} mol/L^{[47]}$。Lei 等随后报道了一种有趣的基于目标依赖性的适配体构象转换、还原氧化石墨烯（RGO）的放大效应及 CdS QDs 与 Au NPs 之间的共振能量转移的"信号激活"$Pb^{2+}$ 的 PEC 检测方法。在没有 $Pb^{2+}$ 的情况下，Au NPs 标记的 DNA 可以在电极表面与一个适配体探针杂交，通过能量转移过程猝灭 QDs 的光电流。在 $Pb^{2+}$ 存在的情况下，适配体被诱导成 G-四链体结构，由于其结合位点的竞争性占用而释放 Au NPs 标记的 DNA，从而使光电流恢复。在最优条件下，该传感器对 $Pb^{2+}$ 的检测线性范围为 $0.1 \sim 50 nmol/L$，检出限为 $0.05 nmol/L^{[48]}$。Zhang 等使用 $Pb^{2+}$ 依赖性的 DNAzyme 为识别单元，以 dsDNA 插层器 $Ru(bpy)_2(dppz)^{2+}$ 为 PEC 信号报告器，报道了一种新型的基于 ZnONFs 的 PEC DNAzyme 传感器，用于 $Pb^{2+}$ 的检测。在 $Pb^{2+}$ 存在的情况下，DNAzyme 的 RNA 裂解活性被激活，底物链被裂解，导致 $Ru(bpy)_2(dppz)^{2+}$ 从 DNA 膜上释放出来，相应的光电流降低。在最优的条件下，线性检测范围为 $0.5 \sim 20 nmol/L$，检出限为 $0.1 nmol/L^{[49]}$。Wang 等随后提出了一种基于自动式光电阴极原位生成光敏剂的 $Pb^{2+}$ PEC 适配体传感器。$Pb^{2+}$ 的存在会引起 $K^+$ 稳定的血红素/G-四链体变构转变，释放血红素敏化 p 型 NiO 电极，形成自动式光电阴极。在 $20 \sim 1500 nmol/L$ 范围内，阴极光电流随 $Pb^{2+}$ 浓度线

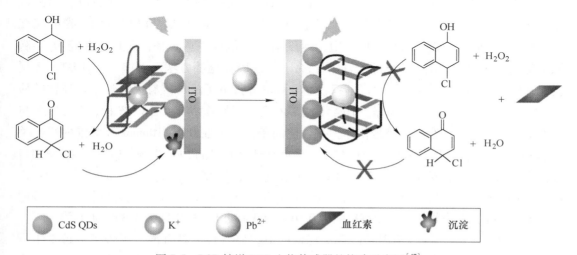

图 7-5 BCP 扩增 PEC 生物传感器的构建示意图[47]

性增加，检出限为 4.0nmol/L[50]。Li 和 Tian 等将 PbS NPs 电沉积到 TiO$_2$ 纳米管上，用于 PEC 检测 Pb$^{2+}$，该传感器在 $10^{-8} \sim 10^{-5}$ mol/L 范围内呈线性，检测限低至 0.39nmol/L（约 0.08ppb）[51]。最近，如图 7-6 所示，Wang 的团队报道了在光活性薄膜上 Pb$^{2+}$ 诱导 G-四链体/Pb$^{2+}$ 复合物的形成，并记录了 Pb$^{2+}$ 的各种 PEC 检测信号。该方法对 Pb$^{2+}$ 的检测在 1mol/L~5nmol/L 范围内具有较宽的线性响应，检出限为 0.3pmol/L[52]。

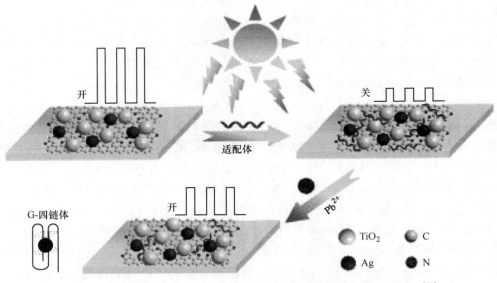

图 7-6　基于"开-关-开"转换型的 PEC 适配体传感器的制备示意图[52]

### 7.3.1.2　汞离子的检测

Crouch 等报道了在 Hg$^{2+}$ 存在和不存在的情况下，利用罗丹明 6G 衍生物和固定在 ITO 玻璃板上的聚苯胺来进行 PEC 测定水溶液中的 Hg$^{2+}$。利用涂层电极的光学响应来测定 Hg$^{2+}$，获得了高的灵敏度和选择性。报道的传感器响应线性范围为 $10 \sim 150\mu g/L$，检测极限为 $6\mu g/L$[53]。利用 TiO$_2$ 修饰的复合光电极，进一步改进了 Hg$^{2+}$ PEC 检测，光响应在 $10 \sim 200\mu g/L$ 范围内线性增加，检测限为 $4\mu g/L$[54]。值得注意的是，在胸腺嘧啶-Hg$^{2+}$-胸腺嘧啶相互作用的基础上，已经开发出许多 Hg$^{2+}$ 的 PEC 检测方法。例如，在 dsDNA 插层器 Ru(bpy)$_2$(dppz)$^{2+}$ 存在下，如图 7-7 所示，Guo 等报道了一种具有灵敏性、选择性的检测 Hg$^{2+}$ 的 PEC DNA 传感器。Hg$^{2+}$ 的存在会诱导形成 dsDNA 结构，该结构与 Ru(bpy)$_2$(dppz)$^{2+}$ 结合进行信号传导。在最优的条件下，在 0.1~10nmol/L 范围内线性关系良好，检出限为 20pmol/L[55]。Li 等提出了两种针对 Hg$^{2+}$ 的 PEC 生物传感器；一种是通过原位生成的纳米金实现等离子体近场吸收增强效应，线性检测范围为 5~500pmol/L，检测极限为 2pmol/L[56]，而另一个是通过 Hg$^{2+}$ 诱导原始聚（dT)-聚(dA) 双分子层脱杂后释放插层槲皮素-铜（Ⅱ）配合物，线性检测范围为 0.01~1.00pmol/L，检出限为 3.33fmol/L[57]。

如图 7-8 所示，Ma 等使用 CdS QDs 标记的 Hg$^{2+}$ 特异性寡核苷酸，报告了一种基于折叠的 PEC 传感器，用于高灵敏检测 Hg$^{2+}$；在 5~500pmol/L 范围内呈线性相关，检出限为 1pmol/L[58]。Wang 等基于 Hg$^{2+}$ 诱导原位形成 p-n 结，开发了一种新型的 Hg$^{2+}$ PEC 检测，线

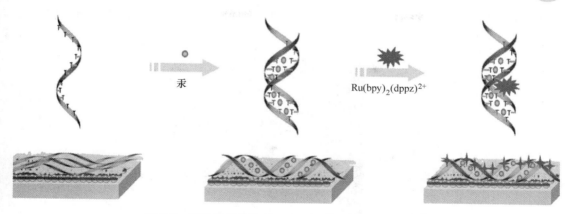

图 7-7　基于 T-Hg$^{2+}$-T 的 PEC 适配体传感器示意图[55]

性范围为 0.01~10.0mmol/L，检测限为 4.6×10$^{-9}$mol/L[59]。Shuang 等报道了一种基于 Hg$^{2+}$诱导激子俘获效应的方法，其线性范围为 1.0×10$^{-9}$~1.0×10$^{-3}$mol/L，检测限为 0.3×10$^{-9}$mol/L[60]。Zhang 等报道了 Hg$^{2+}$对等离子体光电极在 PEC 检测 Hg$^{2+}$时的抑制作用，线性范围为 0.01~10nmol/L，检出限为 2.5pmol/L[61]。

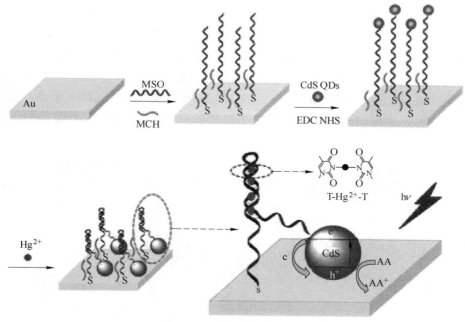

图 7-8　PEC Hg$^{2+}$生物传感器的制备示意图[58]

### 7.3.1.3　铬离子的检测

Hu 等基于 Cr(Ⅵ)对槲皮素氧化的选择性抑制，提出了一种间接亚纳米级的 Cr(Ⅵ) PEC 传感平台。槲皮素的 LUMO 与 TiO$_2$ 的导带匹配良好，因此它既可作为敏化剂扩大 TiO$_2$ 的吸收光范围，又可作为电子供体增强光生载流子的分离。加入 Cr(Ⅵ)后，如图 7-9 所示，槲皮素可以部分被 Cr(Ⅵ)氧化。因此，槲皮素产生增强了光电流，并且随着 Cr(Ⅵ)浓度从 1nmol/L 增加到 10nmol/L 和从 20nmol/L 增加到 140nmol/L，电极的光电流响应呈线性下降，检测限为 0.24nmol/L[62]。

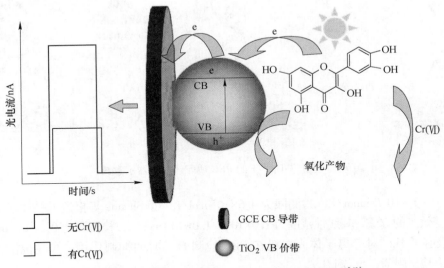

图 7-9　TiO₂ 修饰电极上 Cr（Ⅵ）的 PEC 传感机理[62]

### 7.3.1.4　镉离子的检测

Tian 等报道了一种简便、高效的 PEC 方法测定 $Cd^{2+}$，具有较高的选择性和灵敏度。其工作原理是将 CdSe 团簇在 TiO₂ 纳米管（NTs）上原位电沉积，如图 7-10 所示。由于 TiO₂ NTs 薄膜的带隙较宽（3.2eV），裸露的 TiO₂ NTs 薄膜在可见光区几乎没有吸收，因此在可见光照射下，TiO₂NTs 薄膜的光电流可以忽略不计。通过电化学扫描，在预先加入

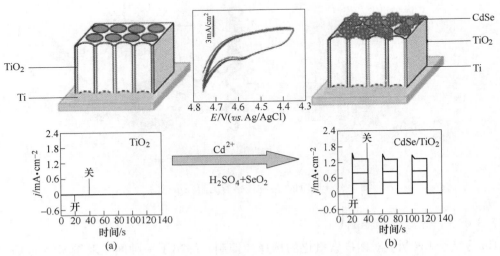

图 7-10　基于原位电沉积 CdSe 团簇在 TiO₂ NTs 上的 PEC 检测 $Cd^{2+}$ 示意图[63]

（a）TiO₂ NTs 和（b）CdSe/TiO₂ 薄膜在含有 1mol/L Na₂S 和 S 的 1mol/L NaOH 溶液中在
可见光照射下获得的短路光电流

$SeO_2$ 的 $H_2SO_4$ 溶液中逐渐加入 $Cd^{2+}$，可以在 $TiO_2$ NTs（$CdSe/TiO_2NTs$）上产生窄带隙的 CdSe 簇，在可见光照射下产生光电流。由于光电流随着在 $TiO_2$ NTs 上电沉积 CdSe 团簇数量的增加而增加，该方法能够定量分析溶液中 $Cd^{2+}$ 浓度，线性范围为 $1×10^{-9}～1×10^{-2}$mol/L，检出限为 0.35nmol/L[63]。

### 7.3.1.5　铜离子的检测

基于 CdS QDs 和 $Cu^{2+}$ 之间的选择性相互作用，如图 7-11 所示，Wang 等先前已经证明，$Cu_xS$ 掺杂的 CdS QDs 的形成可以破坏从 CdS 导带到 ITO 的电子转移，并导致光电流的降低，以便灵敏和选择性地 PEC 检测痕量 $Cu^{2+}$，线性检测范围为 0.02～20.0mmol/L，检测限为 $1.0×10^{-8}$mol/L。该工作为 PEC 传感检测金属离子提供了第一个实例[64]。利用这一策略，Zhuo 等报道了使用 ZnO/CdS 分层纳米球检测 $Cu^{2+}$，其检测范围为 0.02～40.0μmol/L，检出限为 0.01μmol/L[65]。Ju 等报道了使用 CdTe QDs 检测 $Cu^{2+}$，检测范围为 $8.0×10^{-8}～1.0×10^{-4}$mol/L，检出限为 $5.9×10^{-9}$mol/L[66]。Li 等报道了使用 $SnO_2/CdS$ 对 $Cu^{2+}$ 进行检测，检测范围为 1.00～38.0μmol/L，检出限为 0.55μmol/L[67]。Zheng 等报道了介孔 $Fe_2O_3$-CdS 纳米层状异质结构对 $Cu^{2+}$ 的检测，检测范围为 50～600μmol/L，检测限为 0.5nmol/L。更重要的是，他们进一步研究了活细胞释放的 $Cu^{2+}$ 的检测。HeLa 细胞直接培养在 $Fe_2O_3$-CdS 介孔阵列的顶部，达到生长汇合，保持良好的形态，并与 $Fe_2O_3$-CdS 介孔界面紧密接触。在胰蛋白酶产生的细胞消化和凋亡过程中，活细胞释放出游离和复合形态的 $Cu^{2+}$，实时监测显示，在 HeLa 细胞培养液中加入相应的胰蛋白酶后，反复观察到离散的光电流增加，表明了直接培养和 PEC 检测重要细胞分子的优良能力[68]。Foo 等随后报道了使用还原氧化石墨烯/CdS 修饰的碳布进行 $Cu^{2+}$ 检测，光电流响应和 $Cu^{2+}$ 浓度在 0.1～1.0μmol/L 和 1.0～40.0μmol/L 范围呈好的线性关系，检测限为 0.05μmol/L[69]。Li 等用原位电化学沉积氧化亚铜对 PEC $Cu^{2+}$ 检测，检测范围为 $1×10^{-11}～1×10^{-3}$mol/L，检出限为 3.33pmol/L[70]。

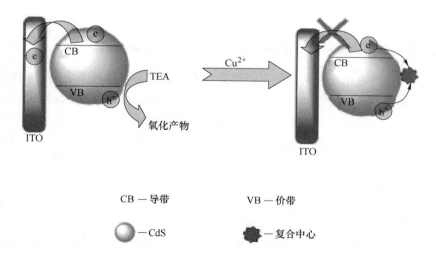

CB — 导带　　　　　VB — 价带

○ — CdS　　　　　✹ — 复合中心

图 7-11　无 $Cu^{2+}$ 和有 $Cu^{2+}$ 存在时 CdS QDs 的光物理特性[64]

### 7.3.1.6　银离子检测

Li 等报道了一种用于 Ag$^+$检测的 PEC 适配体传感器，该传感器使用了一种增强的 ZnO 纳米棒，通过逐层组装原位生成 AgBr。如图 7-12 所示，聚（C）在 ZnO 纳米阵列电极上通过静电相互作用自组装到 PDDA 膜上，并且由于 C-Ag$^+$-C 具有较高的特异性，Ag$^+$的存在会导致 Ag$^+$介导的聚（C）的形成。然后，Br$^-$的加入会导致原位生成 AgBr，这是一种可见光响应半导体。AgBr 和 ZnO 纳米棒阵列的耦合通过改善可见光响应、载流子的快速分离和纳米棒阵列中的光散射，进而提高了光电转换效率。检测范围为 0.4～12.8nmol/L，检出限为 150pmol/L。这种采用原位生成窄带隙半导体的策略为 PEC 传感开辟了一条新途径[71]。

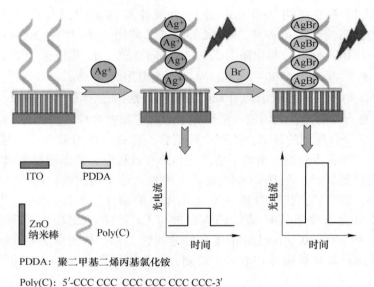

PDDA：聚二甲基二烯丙基氯化铵

Poly(C)：5'-CCC CCC CCC CCC CCC CCC-3'

图 7-12　基于原位生成的 AgBr 增强 ZnO 纳米棒光电流的 Ag$^+$适配体传感器[71]

## 7.3.2　纳米复合半导体材料对环境中有机农药和毒素的光电分析

随着我国农业产业化发展水平的不断提升，农产品越来越依赖于农药、抗生素和激素等外源物质。由于存在不合理的农药使用造成农产品的农药残留量超标现象，直接影响了我国的农业贸易，同时对人体的生命安全造成了严重的影响。

在众多的分析方法中 PEC 生物分析技术，由于其设备简单、响应快、成本低、灵敏度高等优势，受到了广大研究者的青睐。而其中以核酸适配体作为识别元件的电化学及 PEC 生物分析方法具有选择性好、抗干扰能力强、稳定性好等优点。由此，将高灵敏的 PEC 分析方法与具有特异性识别能力的核酸适配体结合，构筑了不同的 PEC 生物传感平台用于对农药和毒素等有机污染物实现高灵敏、选择性检测。

Yan 等设计了一种基于噻吩和硫掺杂的石墨烯/氧化锌纳米线材料的 PEC 适配体传感器，采用"开-关-开"的传感策略对啶虫脒实现定量分析。在此传感器的构筑中，经掺杂后的石墨烯和氧化锌复合形成的纳米复合材料有较好的光电流响应，适配体通过与石墨烯

的 π-π 堆积作用固定在传感界面，阻碍了传感界面电子的传递，光电流信号降低。适配体识别目标分析物后，形成复合物，脱离传感界面，传感界面的空间位阻减小，光电流信号增加，基于以上实现对啶虫脒的分析[72]，如图 7-13 所示。

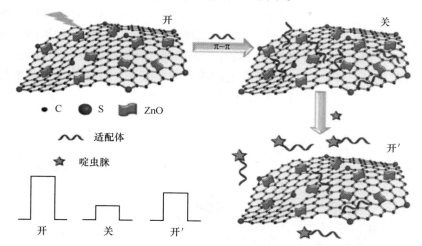

图 7-13　基于"on-off-on"策略构筑的 PEC 适体传感器及对啶虫脒检测的示意图[72]

Li 等报道了一种基于"switch off-on"传感策略的 PEC 适配体传感器用于对土霉素的检测。如图 7-14 所示，此传感策略中，首先在 ITO/TiO₂ 传感界面电化学沉积 Au NPs 以增加光电响应并通过 Au—S 键固定发夹的结构 DNA。发夹 DNA 另一端修饰有 CdTe QDs，可以进一步增加光电响应。土霉素适配体链可以与发夹 DNA 杂交，使发夹 DNA 的发夹结构打开，CdTe QDs 与传感界面的距离增大，光电流信号降低，光电流信号的降低程度与发卡 DNA 链的长度有关。当目标分析物出现时，双链 DNA 发生解离，适配体与目标分子结

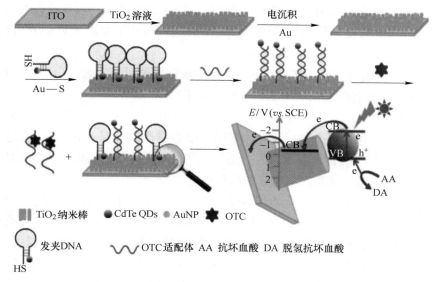

图 7-14　基于"switch off-on"策略构筑的 OTC/ITO/TiO₂/H-DNA@ QD/PEC
适配体传感器的示意图[73]

合，从传感界面释放。发卡 DNA 恢复发卡结构，CdTe QDs 接近传感界面，光电流信号增加。在传感器的构筑过程中加入抗坏血酸以稳定光电流信号。根据光电流信号的变化与目标分析物浓度的关系，实现对土霉素的定量分析[73]。

Dong 等设计了一种基于金纳米粒子-碘氧铋（Au NPs/BiOI）纳米材料实现对四环素的检测的 PEC 传感器，如图 7-15 所示。以乙二醇为还原剂，一锅法合成 Au/BiOI 复合材料，Au NPs 具有光响应强、导电性好等特点，可以促进光生电子空穴对分离。此外，Au/BiOI 复合材料上的 Au NPs 可以与巯基在适配体末端形成 Au—S 共价键，从而构建了一个稳定的 PEC 传感器，实现对四环素的测定[74]。

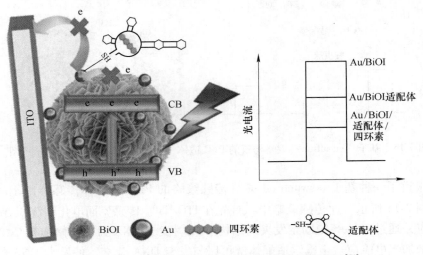

图 7-15　适配体/Au/BiOI/ITO 电极光电流产生示意图[74]

Tan 等提出了一种新型的氮化硼（h-BN）自组装 PEC 适配体传感器，用于超灵敏检测二嗪农，这是氮化硼材料首次应用于电子探针，因为其光电转换效率比较好，其中，创新性地提出了 h-BN 与石墨氮化碳（CN）通过硫掺杂到 h-BN 中形成 Z 型异质结的方法，用来定量检测二嗪农[75]，如图 7-16 所示。

Qin 等设计了一种基于石墨烯（GQDs）敏化的 $TiO_2$ 纳米管阵列（GQDs/$TiO_2$ NTs）的超灵敏 PEC 适配体传感器，用于检测氯霉素（CAP），如图 7-17 所示。首先，采用阳极化法合成了 $TiO_2$ NTs 阵列，再通过电沉积法将石墨烯 QDs 与 $TiO_2$ NTs 阵列复合到一起，制备了 GQDs/$TiO_2$ NTs 纳米复合物。适配体与纳米复合物的结合是通过 GQD 和适配体碱基的 π-π 堆积相互作用。当加入氯霉素时，适配体和氯霉素特异性作用，适配体从材料上被分离，所以光电流增加。实现对氯霉素的定量检测[76]。

$TiO_2$ 纳米材料由于具有好的生物相容性和环境性、友好性，是用于固定生物分子的理想的纳米半导体材料。但由于 $TiO_2$ 禁带宽度（3.2eV）较大，光生电子空穴复合较快，导致 $TiO_2$ 对可见光的利用率很低，这在一定程度上限制了 $TiO_2$ 的在 PEC 传感方面的应用。因此，近年来，我们课题组一直致力于通过不同的技术来改善 $TiO_2$ 的可见光吸收能力，提高其光电转化效率。同时以制备的 $TiO_2$ 纳米复合材料作为光电极修饰生物分子，构建了多种 PEC 生物传感器用于环境中有机农药的检测。

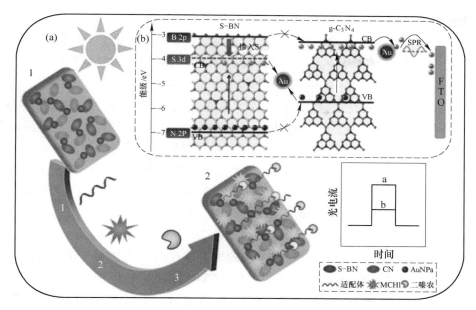

图 7-16　用于二嗪农检测的基于 h-BN 的 PEC 适配体传感器（a）
和用于 S-BN／Au／ CN 的增强光电转换效率过程（b）的示意图[75]

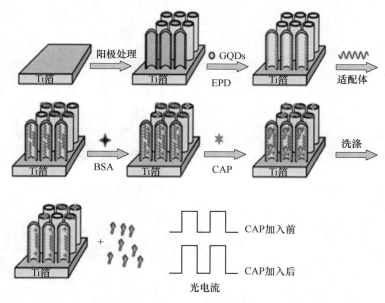

图 7-17　PEC 核酸适配体传感器对氯霉素的检测[76]

　　阿特拉津是一种在世界范围内广泛使用的农药，曾被认为是绿色安全的，但近年的研究表明，阿特拉津是一种内分泌干扰物，对人的生殖系统、内分泌系统、中枢神经系统和免疫系统均有不良的影响[77, 78]。由于阿特拉津分子结构稳定、作用持久、易流动、不易降解，在土壤、地表水和农产品中均有残留。在欧盟许多国家的饮用水中不断检测出阿特拉津的残留，且已经达到危害人体健康的水平。因此，开发快速、可靠的方法实现对阿特拉津的准确检测对人体健康和环境保护具有重要的意义。本节介绍近年来以 TiO$_2$ 纳米复合材料为光电极材料构建的多种检测农药阿特拉津的传感器。

### 7.3.2.1　MoS$_2$QDs-TiO$_2$ 纳米复合材料构筑的 PEC 传感平台对阿特拉津的光电分析

二硫化钼（MoS$_2$）是一种类石墨烯结构的材料，具有较窄的禁带宽度（约 1.6eV），能够利用太阳光的可见光部分，三明治夹层结构也使具有较大的比表面积[79-81]。由于其优异的性能一经发现就被广泛地应用于传感[82,83]和催化领域[84-86]。而 MoS$_2$QDs 是 MoS$_2$QDs-材料被发现后，人们在不断尝试合成 MoS$_2$ 的各种方法，试图得到性能更优异的形态，在这一探索过程中被发现的。MoS$_2$QDs 不仅具有 MoS$_2$ 材料本身优异的性能，还具有一些特殊的量子效应，将其与 TiO$_2$ 复合可以有效地利用可见光，减少光生电子与空穴的复合[87]。将阿特拉津适配体修饰于 MoS$_2$QDs-TiO$_2$ NTs 复合纳米材料表面，构筑的对阿特拉津特异性检测的 PEC 传感器，可实现对阿特拉津的高灵敏、选择性的检测。

### A　MoS$_2$QDs-TiO$_2$ NTs 纳米复合材料的表征

图 7-18（a）为 MoS$_2$QDs 的 TEM 图。从图中可以看到 MoS$_2$QDs 分布均匀，直径约为 8nm。图 7-18（b）为 TiO$_2$ NTs 的 SEM 图，TiO$_2$ NTs 均匀有序地生长在 Ti 箔上，其平均直径约为 60nm。如图 7-18（c）所示，负载 MoS$_2$QDs 之后，MoS$_2$QDs-TiO$_2$ NTs 的 SEM 图像

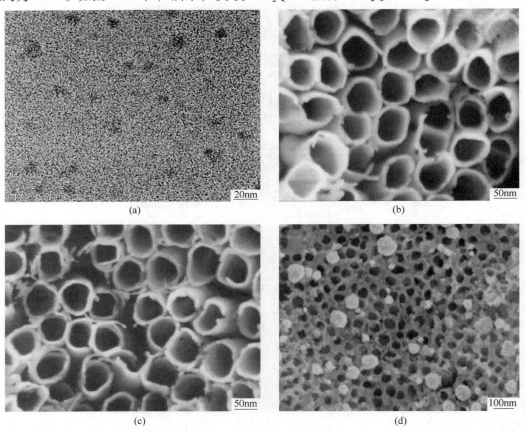

**图 7-18　MoS$_2$QDs-TiO$_2$ NTs 纳米复合材料形貌**

（a）MoS$_2$QDs 的 TEM 图；（b）TiO$_2$ NTs 的 SEM 图；（c）MoS$_2$QDs-TiO$_2$ NTs SEM 图；

（d）Au NPs 修饰的 MoS$_2$QDs-TiO$_2$ NTs 的 SEM 图

显示 TiO₂ NTs 高度有序的管状结构能够很好地保持。然而，由于 MoS₂QDs 的尺寸非常小，无法从 SEM 图像中观察到。之后，在 MoS₂QDs-TiO₂ NTs 纳米半导体复合材料电沉积 Au NPs 来固定阿特拉津适配体，如图 7-18（d）所示。可见大量的 Au NPs 分散在 MoS₂QDs-TiO₂ NTs 纳米半导体复合材料表面，其粒径范围为 30~80nm。

通过 XPS 分析，研究了 Au NPs 修饰的 MoS₂QDs-TiO₂ NTs 复合材料中各种元素的化学组成和电子状态。如图 7-19（a）所示，XPS 总谱显示在复合材料中存在五个元素，包括

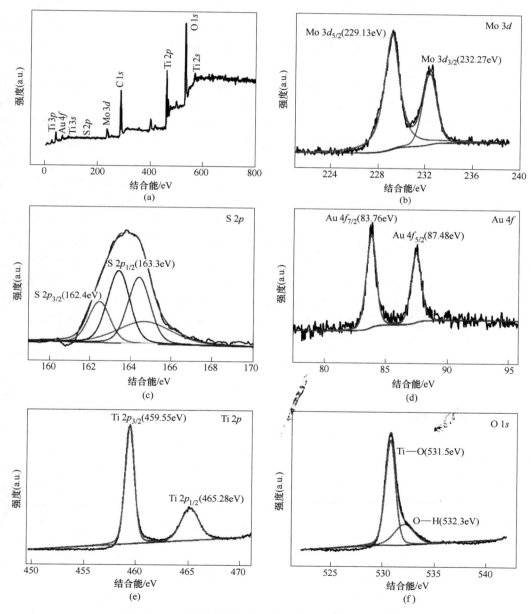

图 7-19　Au NPs 修饰的 MoS₂QDs-TiO₂NTs 的 XPS 光谱图

（a）XPS 总谱；（b）Mo 3$d$；（c）S 2$p$；（d）Au 4$f$；（e）Ti 2$p$；（f）O 1$s$

Mo、S、Au、Ti 和 O。图 7-19（b）为 Mo $3d$ 的高分辨率 XPS 谱，谱图显示在 229.13ev 和 232.27eV 处的两个峰可分配给 Mo $3d_{5/2}$ 和 Mo $3d_{3/2}$，表明 Mo$^{4+}$[88] 的存在。图 7-19（c）为 S $2p$ 的高分辨 XPS 谱，谱图中的 S $2p_{3/2}$ 和 S $2p_{1/2}$ 的结合能分别为 162.4eV 和 163.3eV，这表明 S 在复合材料中以 S$^{2-}$ 的形式存在。164.5eV 和 164.8eV 的峰归因于 MoS$_2$ 表面存在 S 或 Mo—O—S[89]。图 7-19（d）中位于 83.76eV 和 87.48eV 处的 Au $4f$ 的两个峰分别对应于 Au $4f_{7/2}$ 和 Au $4f_{5/2}$，显示了沉积的 Au NPs 的金属状态[90]。图 7-19（e）为 Ti $2p$ 的高分辨率光谱，谱图显示在 459.55eV 和 465.28eV 下的两个峰分别对应于 Ti $2p_{3/2}$ 和 Ti $2p_{1/2}$，这证实 TiO$_2$ 中存在 Ti$^{4+}$[91]。在图 7-19（f）中，531.5eV 和 532.3eV 下的 O $1s$ 峰被分配到晶格氧、TiO$_2$ 中的 Ti—O 和 Ti—OH 中的羟基氧。以上结果表明，MoS$_2$QDs 和 Au NPs 成功地负载于 TiO$_2$ NTs 上。

图 7-20（a）显示了 TiO$_2$ NTs、MoS$_2$QDs-TiO$_2$ NTs、Au NPs 修饰的 MoS$_2$QDs-TiO$_2$ NTs 的 XRD 图谱。所有样品中 5 个峰出现在 25.1°，37.9°，47.8°，52.6°和 55.0°，对应于锐钛矿 TiO$_2$（JCPDS 21-1272）的（101）、（004）、（200）、（105）和（211）晶面。在 MoS$_2$QDs（曲线 b）修饰后，MoS$_2$QDs-TiO$_2$ NTs 的 XRD 图谱中没有观察到 MoS$_2$QDs 的衍射峰，这与 TiO$_2$ NTs 表面形成 MoS$_2$QDs 有关，与以前的文献报道一致[92]。在 MoS$_2$QDs-TiO$_2$NTs 复合材料上沉积 Au NPs 后，XRD 谱中除了增强 TiO$_2$ NTs 衍射峰强度（曲线 c）外，没有出现新的衍射峰，表明修饰后的 Au NPs 无明显的晶格结构。图 7-20（b）显示出了纯的和修饰的 TiO$_2$ NTs 的漫反射光谱。TiO$_2$ NTs 的吸收带边约为 380nm 波长（曲线 a），这归因于 TiO$_2$ 的固有带隙吸收。用 MoS$_2$QDs 修饰 TiO$_2$ NTs 时，吸收带边（曲线 b）向长波方向偏移，在 400～650nm 波长范围内表现出较强的可见光响应，说明 MoS$_2$QDs 可以有效地拓宽 TiO$_2$ NTs 的可见光吸收能力。沉积 Au NPs 后，Au NPs 修饰的 MoS$_2$QDs-TiO$_2$ NTs 在可见光区域仍保持良好的吸收能力（曲线 c）。光电极具有很强的可见光吸收能力，对保持适配体分子良好的生物活性和与靶分子的高结合能力至关重要，有助于提高 PEC 传感平台的分析性能。

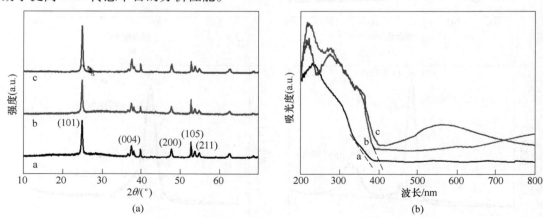

图 7-20　TiO$_2$NTs、MoS$_2$QDs-TiO$_2$ NTs、
Au NPs 修饰的 MoS$_2$QDs-TiO$_2$NTs 的 XRD 谱图（a）和紫外漫反射光谱（b）

**B　PEC 传感平台的构建和表征**

基于 MoS$_2$QDs-TiO$_2$ NTs 的 PEC 传感平台的光响应原理和相继的构建步骤如图 7-21 所

示。首先，通过阳极氧化在 Ti 箔上原位生长高度垂直有序的 $TiO_2$ NTs，然后采用一步浸渍法将 $MoS_2QDs$ 修饰在 $TiO_2$ NTs 表面，得到 $MoS_2QDs$-$TiO_2$ NTs 纳米复合材料。在 PEC 检测过程中，复合材料中的 $MoS_2QDs$ 在可见光照射下吸收了较高能量的光子，$MoS_2$ 价带（VB）中的电子被激发到其导带（CB），产生光生电子和空穴。空穴转移到 $MoS_2QDs$-$TiO_2$ NTs 纳米复合材料表面，参与氧化反应。同时，由于 $TiO_2$ 的 CB 低于 $MoS_2$，激发电子被转移到 $TiO_2$ NTs 的 CB 上，通过外电路产生光电流。

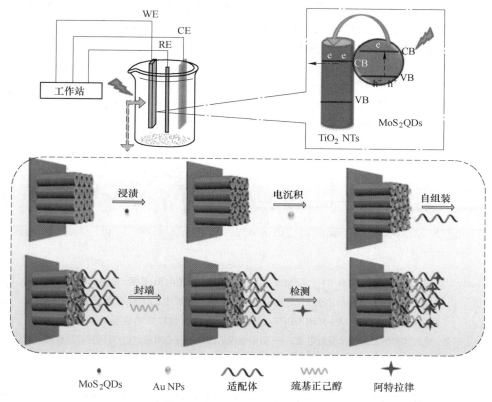

图 7-21　PEC 传感平台制备的示意图和阿特拉津的 PEC 分析机制

　　记录 PEC 传感平台分布构建过程的光电流密度变化来表征 PEC 传感平台的制备步骤。如图 7-22（a）所示，$TiO_2$ NTs 的光电流密度（曲线 a）在可见光照射下较弱。当 $MoS_2QDs$ 固定在 $TiO_2$ NTs 表面时，光电流密度明显增加到 $10.4\mu A/cm^2$（曲线 b），表明 $MoS_2QDs$ 的负载大大扩展了可见光吸收范围，增加了光电流响应。在 $MoS_2QDs$-$TiO_2$ NTs 纳米复合材料上电沉积 Au NPs 后，光电流密度进一步增加到 $11.3\mu A/cm^2$（曲线 c），因为具有良好导电性的金纳米粒子可以加速电子转移。然而，将适配体分子固定在 Au NPs 修饰的 $MoS_2QDs$-$TiO_2$ NTs 上后，光电流密度急剧下降至 $9.1\mu A/cm^2$（曲线 d），这归因于导电性差的电负性适体分子阻碍了光电极与溶液之间的电子转移。最后，用巯基正已醇（曲线 e）处理固定化适体的光电极，并在 25pmol/L 阿特拉津溶液中孵育，光电流密度显著降低至 $6.5\mu A/cm^2$（曲线 f）。其原因可以解释为：阿特拉津在光电极上被捕获而形成的阿特拉津-适配体复合物增加了电子转移的空间位阻，导致光电流密度降低。此外，电化学阻抗技术也用于研究 PEC 传感平台的构筑过程，如图 7-22（b）所示，TiO$_2$ NTs 的阻抗值为 25kΩ，并显示出较大的半圆直径（曲线 a）。当 MoS$_2$ QDs 用 TiO$_2$ NTs 装饰时，阻抗值降低到 22kΩ（曲线 b）。Au NPs 沉积后，阻抗值显著降低至 2.5kΩ（曲线 c），这归因于 Au NPs 的好的导电性。然而，当适配体通过 Au—S 自组装反应固定在 Au NPs 修饰的 MoS$_2$ QDs-TiO$_2$ NTs 的表面上时，阻抗值再次增加到 12kΩ（曲线 d），这主要归因于适配体的修饰阻碍了其电子转移。将 PEC 适配体传感器在含有阿特拉津的溶液中孵育后，阻抗值进一步增加至 15kΩ（曲线 e），这归因于形成了导电性差的阿特拉津-适配体复合物，阻碍了传感界面与溶液之间的电子转移。电化学阻抗表征结果与光电流密度的表征完全吻合，表明已经成功制备了 PEC 传感平台。

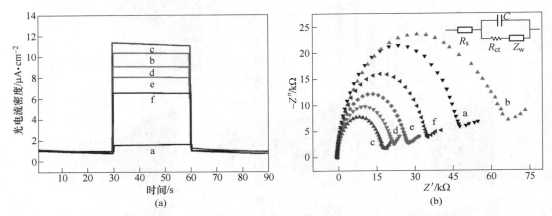

图 7-22　在偏压为 0.0V、420nm 可见光照射下的光电流密度-时间曲线（a）
和在 5mmol/L（Fe(CN)$_6$）$^{3-/4-}$ 和 0.1mol/L KCl 溶液中的电化学阻抗图（b）
曲线：a—TiO$_2$ NTs；b—MoS$_2$ QDs-TiO$_2$ NTs；c—Au NPs 修饰的 MoS$_2$ QDs-TiO$_2$ NTs；
d—适配体修饰后的纳米复合电极；e—封端处理后的纳米复合电极；f—对阿特拉津检测

### C　有机农药阿特拉津的光电分析

记录不同浓度阿特拉津的光电流密度响应，研究构建的 PEC 传感平台的分析性能。如图 7-23（a）所示，在 2.5~500μm 范围内，随着阿特拉津浓度的增加，光电流密度连续降低，表明形成的大量阿特拉津-适配体复合物，由于 PEC 传感平台表面空间位阻的增加而阻碍电子转移。图 7-23（b）显示了不同阿特拉津浓度下光电流密度（$\Delta I$）的变化，其中 $\Delta I$ 为加入阿特拉津前后的光电流密度差。这里，$\Delta I/I_0$ 和阿特拉津浓度的对数呈现良好的线性关系，如图 7-23（b）插图所示。回归方程为 $\Delta I/I_0 = 0.00164 + 0.1325 \lg C$，相关系数为 0.9959。根据空白样品测量的标准偏差的 3 倍，计算出的检测极限为 1pmol/L。与先前报道的方法相比，如 HPLC-MS[93, 94]、GC-MS[95-97]、电化学免疫传感器[98-100] 和 PEC 适配体传感器，本 PEC 传感平台具有更好的分析性能，具有更宽的线性范围和更低的检测限。

为了考察 PEC 传感平台的特异性，以西马津、丙腈、马拉硫磷、2, 4-D、PCB77 和 PCB81 为干扰物质，如图 7-23（c）所示为不同物质加入时的光电流密度的相对变化，由 25pmol/L 引起的 $\Delta I/I_0$ 为 0.16，而加入浓度相同的其他 6 种干扰物时，$\Delta I/I_0 < 0.02$。这一结果清楚地表明，该传感平台对阿特拉津具有高的特异性。

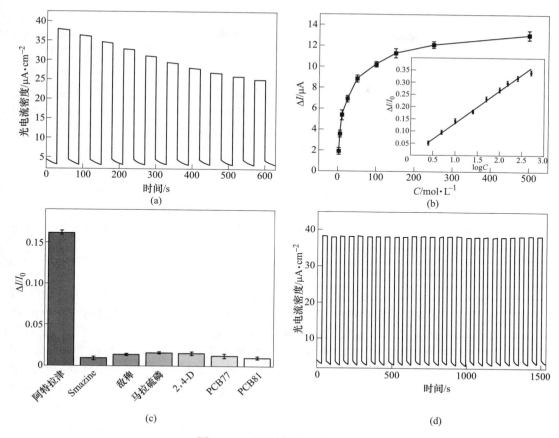

图 7-23  对阿特拉津的光电分析

（a）光电流密度随着阿特拉津浓度变化的光电流密度-时间曲线；
（b）光电流密度变化与阿特拉津浓度变化的关系曲线（内插图为光电流密度与阿特拉津
浓度对数值的线性拟合图）；（c）光电传传感平台的选择性；（d）光电传传感平台的选择性

另外，将制备的 PEC 传感平台置于电解液中 10 天，考察了传感平台的长期稳定性。研究结果表明 PEC 传感平台的光电流密度仍为初始响应的 94.5%。同时，通过记录 420nm 可见光照射下的光电流密度，考察了 PEC 传感平台的光激发稳定性。如图 7-23（d）所示，通过多次开关光源，光电流密度保持恒定至少 1500s，具有很好的稳定性。通过记录 9 次测量的 $10\mu mol/L$ 阿特拉津的光电流强度，评估 PEC 传感平台的再现性。相对标准偏差（RSD）为 5.6%，表明该 PEC 传感平台具有可接受的再现性。

该工作设计了一种基于 $MoS_2$ QDs-$TiO_2$ NTs 纳米复合半导体材料的简便、高灵敏度的 PEC 传感平台，用于对环境中农药阿特拉津的测定。$MoS_2$ QDs-$TiO_2$ NTs 复合材料具有很强的可见光吸收、高的光电流响应和光电流转换效率。在 $MoS_2$ QDs-$TiO_2$ NTs 引入 Au NPs 不仅可以作为固定阿特拉津适配体的基质，而且可以有效地提高纳米复合电极的导电性。所制备的 PEC 传感平台对阿特拉津的检测具有良好的灵敏度、选择性、稳定性和重现性。检测下限为 1.0pmol/L，与其他方法相当或较低。同时，该 PEC 传感平台可成功应用于环境样品中阿特拉津含量检测。因此，该工作为环境中阿特拉津的检测建立了一种简单、快速、高灵敏及高选择性的光电分析方法。

**7.3.2.2　BiOI NFs-TiO₂ NTs 复合材料构筑的 PEC 传感平台对阿特拉津的光电分析**

卤化铋（BiOX，X = F、Cl、Br、I），由于其特殊的层状晶体结构和窄的带隙宽度，已经引起了广泛的关注[101-103]。其中，碘氧铋（BiOI）是一种非常有前景的窄带半导体，带隙宽约为 1.7 ~ 1.9eV，对可见光有很好的吸收，具有优异的光催化活性[104, 105]。而且 BiOI 具有与 TiO₂ NTs 匹配的带隙宽度，BiOI 是一种 p 型半导体，TiO₂ NTs 是一种 n 型宽禁带半导体。BiOI 与 TiO₂ NTs 复合形成 p-n 异质结构，可以吸收 λ > 420nm 可见光，而且具有很好的稳定性。大量的研究表明，BiOI/TiO₂ 相对于单一的 BiOI 和 TiO₂ 具有更优异的光催化活性[106, 107]。

该工作基于 BiOI NFs-TiO₂ NTs 的光电活性复合材料，适配体作为识别元件，构筑了对阿特拉津进行特异性检测的 PEC 传感平台。BiOI NFs-TiO₂ NTs 对可见光有很好的吸收，具有较强的光催化性能，能增加传感器的灵敏度。而适配体作为识别元件，能特异性识别阿特拉津，使 PEC 传感平台具有较好的选择性和抗干扰性，据此实现对农药阿特拉津的检测。

**A　BiOI NFs-TiO₂ NTs 纳米复合材料的表征**

图 7-24（a）中 SEM 横截面图显示，平均直径为 100 ~ 150nm 的高密度、有序且均匀的管状结构 TiO₂ NTs 原位垂直生长在 Ti 箔上。TiO₂ NTs 的管壁厚度和长度分别为 15nm 和 2.6μm。如图 7-24（b）所示，大量尺寸约为 700nm 的菊花状 BiOI NFs 均匀地负载在 TiO₂ NTs 上，并且从图 7-24（c）中的 BiOI NFs 放大图像来看，BiOI NFs 的厚度为 20nm。同时，图 7-24（d）中的 BiOI NFs-TiO₂ NTs 的横截面图像显示在 TiO₂ NTs 中观察到一些 BiOI 纳米片。图 7-24（e）显示了 BiOI NFs-TiO₂ NTs 纳米复合材料的 EDS 光谱和相应的元素图。从 EDS 光谱可以看出，BiOI NFs-TiO₂ NTs 纳米复合材料中含有 Ti、O、Bi 和 I 四种元素，其原子百分比分别为 35.76%、63.78%、0.32% 和 0.15%。此外，Bi 和 I 在 TiO₂ NTs 上的均匀分布表明 BiOI NFs-TiO₂ NTs 纳米复合材料已经成功制备。

采用 XPS 技术研究了样品表面的电子态和化学组成。XPS 谱显示 Ti、O、Bi 和 I 元素存在于 BiOI NFs-TiO₂ NTs 纳米复合材料。图 7-25 显示了 Bi、I、Ti、O 的高分辨率 XPS 谱，并用 C 1$s$ 的能带对所有 XPS 数据进行标定。在图 7-25（a）中，Bi 4$f$ 的峰值出现在 159.1eV 和 164.4eV 分别归因于 Bi 4$f_{7/2}$ 和 Bi 4$f_{5/2}$，表明 BiOI 中 Bi 以 Bi$^{3+}$ 的形式存在[108]。与纯 BiOI NFs 相比，两个峰移动到较低的结合能，这可以归因于 TiO₂ NTs 和 BiOI NFs 之间的强相互作用。图 7-25（b）中 619.6eV 和 630.8eV 的两个峰对应于 I 3$d_{5/2}$ 和

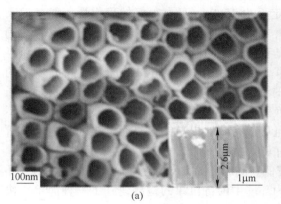

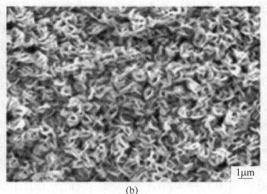

(a)　　　　　　　　　　　　　　　　　　(b)

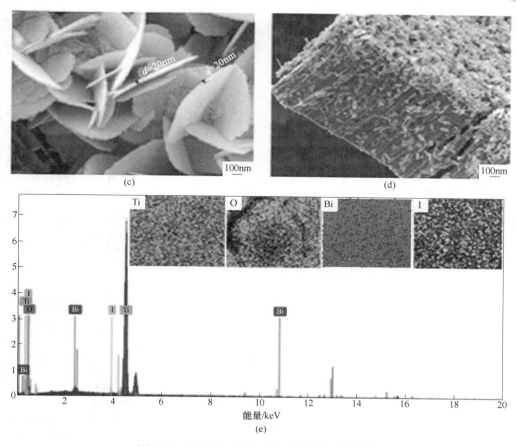

图 7-24　BiOI NFs-TiO₂ NTs 纳米复合材料形貌

（a）（b）TiO₂ NTs 和 BiOI NFs-TiO₂ NTs 俯视 SEM 图（内插图为 TiO₂ NTs 的截面 SEM 图）；
（c）负载于 TiO₂ NTs 表面 BiOI NFs 放大倍数的 SEM 图；（d）BiOI NFs 截面 SEM 图；
（e）BiOI NFs-TiO₂ NTs 的 EDS 谱

I $3d_{3/2}$，表明 BiOI 中的 I 为负单价态。图 7-25（c）显示了 459.6eV 和 465.4eV 下与 Ti $2p_{3/2}$ 和 Ti $2p_{1/2}$ 对应的两个强峰，表明 TiO₂ NTs 中的 Ti 为 Ti⁴⁺[109]，与 TiO₂ NTs 相似。图 7-25（d）为 O $1s$ 的高分辨率光谱，530.9eV 和 532.3eV 的峰分别为表面吸附水的 Ti—O 键和羟基[110]，530.2eV 的峰值归因于 Bi—O 键。

图 7-26 显示了 BiOI NFs 和 BiOI NFs-TiO₂ NTs 的 XRD 图谱。这些衍射峰出现在 25.3°、37.9°、47.8°、52.6 和 55.0°（曲线 a），可以很好地分别与锐钛矿型 TiO₂（JCPDS No.21-1272）的（101）、（004）、（200）、（105）和（211）晶面匹配。峰值为 40.2° 对应于钛箔的（002）晶面。将 BiOI NFs 修饰在 TiO₂ NTs 上后，除锐钛矿型 TiO₂ 的衍射峰外，其余衍射峰出现在 29.7°、31.7°、45.5° 和 51.4°（曲线 b），与纯 BiOI NFs 的特征峰一致，对应于 BiOI 晶体（JCPDS 73-2062）的（012）、（110）、（020）和（114）晶面，表明制备的 BiOI NFs 属于四方氯仿结构[111-114]。除了 TiO₂ 和 BiOI 相的 XRD 衍射峰外，没有观察到额外的杂质，表明所制备的样品具有较高的纯度，XRD 结果进一步证实 BiOI NFs 修饰在 TiO₂ NTs 上，与 XPS 分析一致。

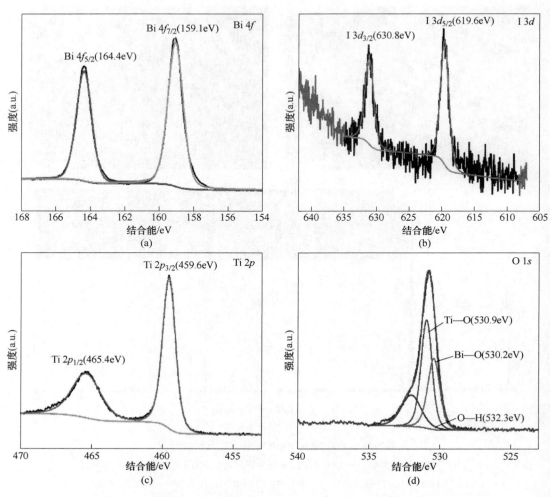

图 7-25　BiOI NFs-TiO$_2$ NTs 中 Bi 4$f$(a)、I 3$d$(b)、Ti 2$p$(c)、O 1$s$(d) 的 XPS 光谱

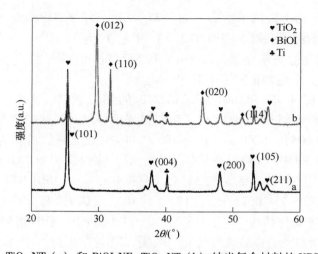

图 7-26　TiO$_2$ NTs(a) 和 BiOI NFs-TiO$_2$ NTs(b) 纳米复合材料的 XRD 衍射图

### B　PEC 传感平台的构建和表征

通过阳极氧化法在 Ti 箔上原位生长出垂直有序的 $TiO_2$ NTs，然后在 $TiO_2$ NTs 修饰 BiOI NFs。$TiO_2$ NTs 的高度有序的管状结构不仅为修饰大量的 BiOI NFs 提供了方便的途径，而且由于 $TiO_2$ NTs 的一维结构，加速了电荷的定向传输。然后，通过—$NH_2$ 和—CHO 基团间的共价反应，将适配体固定在戊二醛功能化的 BiOI NFs-$TiO_2$ NTs 上。菊花状 BiOI NFs-$TiO_2$ NTs 具有较大的比表面积，可以为适配体分子的装载提供更多的空间。基于 BiOI NFs-$TiO_2$ NTs 构建 PEC 传感平台的光电流密度通过 $I$-$t$ 技术记录，如图 7-27（a）所示。$TiO_2$ NTs 的光电流密度显示出较小的值（曲线 a），而 BiOI NFs-$TiO_2$NTs 的光电流密度显著增强，为 17.7μA/ $cm^2$（曲线 b）。然后，将 $NH_2$ 末端适配体分子固定在戊二醛功能化 BiOI NFs-$TiO_2$ NTs 纳米复合材料表面，测量其光电流密度为 16.05μA/$cm^2$（曲线 c）。光电流密度的降低是由于导电性差的适配体负载于复合材料表面阻碍了 PEC 传感界面上的电子转移所致。用牛血清蛋白对传感界面封端处理，光电流密度进一步降低到 14.4μA/$cm^2$（曲线 d）。当 PEC 传感平台在含有 25pmol/L 阿特拉津的溶液中孵育时，光电流密度急剧下降到 11.86μA/$cm^2$（曲线 e）。这是由于适配体对阿特拉津的强结合能力和高亲和力，会被捕获在光电极上形成的大量导电性差的阿特拉津-适体络合物增加了溶液与传感界面之间的电子转移电阻，导致光电流密度降低。因此，光电流密度的变化可以用来定量阿特拉津。

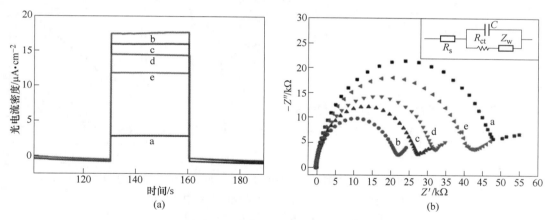

图 7-27　电流-时间曲线（a）和电化学阻抗图（b）
a—$TiO_2$ NTs；b—BiOI NFs-$TiO_2$ NTs 复合材料；c—适配体修饰后；
d—BSA 封端后；e—识别阿特拉津后

此外，还利用电化学阻抗技术进一步考察了传感平台的构建步骤，如图 7-27（b）所示。通过等效电路模型进行拟合阻抗值，该模型由电解质电阻 $R_s$、双层电容 $C_{dl}$、电荷转移电阻 $R_{ct}$ 和 Warburg 阻抗 $Z_w$ 组成（图 7-27(b)插图）。$TiO_2$ NTs 的阻抗值为 41.11kΩ（曲线 a）。随后，用 BiOI NFs 修饰 $TiO_2$ NTs，阻抗值显著降低至 19.47kΩ（曲线 b），表明负载 BiOI NFs 大大提高了 $TiO_2$ NTs 的导电性，加速了光电极与溶液之间的电子扩散。当适配体固定在 BiOI NFs-$TiO_2$ NTs 纳米复合材料时，阻抗值增加到 24.72kΩ（曲线 c）由于带负电荷的适配体磷酸骨架与 $(Fe(CN)_6)^{4-/3-}$ 之间的排斥力。经牛血清蛋白阻断后，阻抗值进一步增加到 27.79kΩ（曲线 d）。之后培育在阿特拉津外，阻抗值显著增加，达到

36.32kΩ（曲线 e）。这是因为导电性差的阿特拉津-适配体配合物的形成抑制了界面电子的转移。可见，电化学阻抗表征结果与光电测试结果一致，表明 PEC 传感平台已经成功制备。

C　农药阿特拉津的光电分析测定

在可见光照射下记录不同浓度阿特拉津的光电流密度，以评估传感平台的分析性能。如图 7-28（a）所示，在 1.0～600.0pmol/L 范围内，随着阿特拉津浓度的增加，光电流密度逐渐减小，表明形成的大量阿特拉津-适配体复合物增加了电子转移电阻。当阿特拉津浓度增加到 600.0pmol/L 以上时，光电流密度变化很小，几乎为零。这说明适配体与阿特拉津之间的生物识别反应已经完全完成，在 PEC 传感平台上形成的阿特拉津-适配体复合物的数量达到了一个平台。图 7-28（b）显示了测定不同浓度的阿特拉津光电流密度变化曲线（$\Delta I$），其中 $\Delta I$ 是加入阿特拉津之前（$I_0$）和之后（$I_i$）的光电流密度之差。$\Delta I/I_0$ 与阿特拉津浓度的对数在 1.0～600.0pmol/L 范围内成正比，如图 7-28（b）插图所示。线性方程为 $\Delta I/I_0 = 0.042 + 0.092 \lg C$（$C$，单位 pmol/L），校正系数为 0.9953，检出限为 0.5pmol/L(S/N=3)。PEC 传感平台对阿特拉津的检测具有良好的灵敏度。

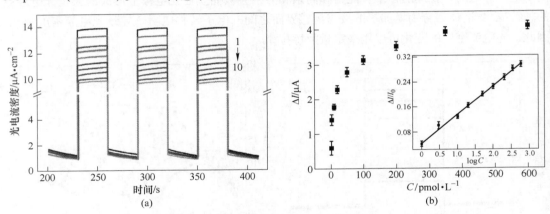

图 7-28　光电流密度随着阿特拉津浓度变化的光电流密度-时间曲线（a）
和光电流密度变化与阿特拉津浓度的关系曲线（b）
（插图为光电流密度对阿特拉津浓度变化的线性曲线）

D　PEC 传感平台的选择性和稳定性

由于非特异性吸附会影响分析结果的准确性，因此传感平台的选择性是一个关键问题。通过测量由 25pmol/L 阿特拉津和 2.5nmol/L 干扰物质中的一种（马拉硫磷、西马津、PCB126、对硝基氯苯和 PCB77）引起的光电流密度的相对变化 $\Delta I/I_0$ 来评估 PEC 传感平台的选择性。如图 7-29（a）所示，对于 25pmol/L 阿特拉津的光电流密度的 $\Delta I/I_0$ 值为 0.164，然而，其他五种干扰物质中任意一种浓度为 100 倍阿特拉津时，所引起的光电流变化很小，且 $\Delta I/I_0 < 0.016$。同时，测量传感平台在 25pmol/L 阿特拉津和上述 5 种浓度为 2.5nmol/L 干扰物组成的混合样的 $I/I_0$，结果显示与仅在 25pmol/L 阿特拉津存在下获得的结果相比无明显差别，表明本传感平台对阿特拉津表现出高度的特异性识别能力。这主要是基于固定在传感界面上的适配体能够以高亲和力和特异性与阿特拉津结合。

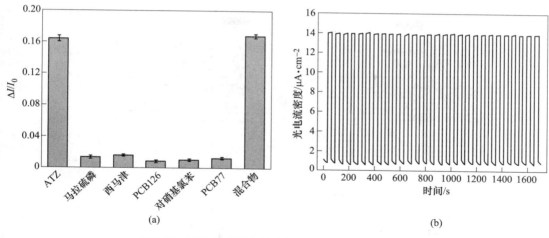

图 7-29　PEC 传感平台的选择性（a）和稳定性（b）

PEC 传感平台的稳定性对其在环境中的实际应用至关重要。首先通过记录可见光照射下的光电流密度来考察传感平台的光激发稳定性，如图 7-29（b）所示。多次开关激发光源后，至少 1700s 内，光电流密度保持稳定。此外，将 PEC 传感平台置于电解液中冷藏 10 天后，对其长期稳定性进行了测试。对于 25pmol/L 阿特拉津的光电流响应仍保持在原来的 95.7% 以上。同时，在相同的测试条件下，用五个相同的传感电极检测 25pmol/L 阿特拉津，考察了其重现性。其相对标准偏差（RSD）为 5.6%，表现出较好的重现性。

该工作首次合成了具有强可见光吸收能力和高光电流响应的 BiOI NFs-TiO$_2$ NTs 异质结作为负载适配体的光电极，制备一种新型的 PEC 传感平台。该传感平台在可见光激发下对阿特拉津光电分析表现出较高的灵敏度、选择性和稳定性。检测下限为 0.5pmol/L，与其他方法相当或较低。此外，该传感平台还可成功地应用于实际湖水和土壤样品中阿特拉津的测定，为环境中农药阿特拉津残留的测定提供了一种新的技术手段。

### 7.3.3　纳米复合半导体材料对酚类化合物的光电分析

酚类污染物是一类来源广、难以生物降解的污染物。酚类化合物的生产方式主要有两种，一种是通过苯合成，另一种是从煤焦油中提取。酚类物质可以通过皮肤、食用和呼吸系统进入人体，与体内的一些物质发生化学反应从而导致细胞原浆中蛋白质由可溶性的变成不溶性的，进一步的是细胞失活，导致多种疾病发生。因此，对环境中酚类污染物的高效检测具有非常重要的意义。

目前，酚类检测方法主要包括高效液相色谱法和气相色谱-质谱联用法、光度分析法、毛细管电泳法等。今年来 PEC 方法由于其响应快、成本低、灵敏度高的特点受到人们的广泛关注。

康等首次在 CdSe$_x$Te$_{1-x}$/TiO$_2$ 纳米管构建了一种灵敏的高选择的免标记的免疫传感器测定污染水中五氯苯酚，如图 7-30 所示。CdSe$_x$Te$_{1-x}$ 光电沉积在 TiO$_2$ 的内部和外部空间，导致在可见光区具有高的光电转换效率。五氯苯酚的抗体通过共价共轭的方式固定在表面积大和生物相容性良好的 TiO$_2$ NTs 上。传感器的光电流主要取决于 TiO$_2$ NTs 表面的性质，由

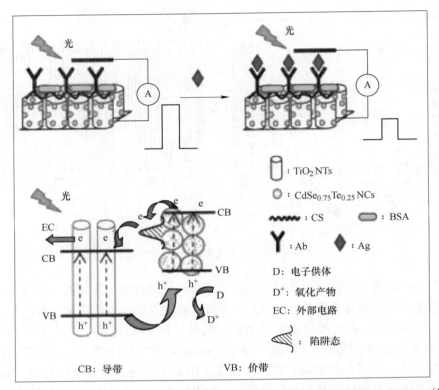

图 7-30　基于 $CdSe_xTe_{1-x}/TiO_2$ 纳米管构建的免疫 PEC 传感器及五氯苯酚的检测机理[116]

于五氯苯酚与其抗体之间的特异性识别反应，使光电流发生改变。根据光电流变化和五氯苯酚浓度之间的关系，可以实现对环境污水中五氯苯酚的测定。检测限为 1pmol/L[115]。

张莹莹等报道一种 PEC 适配体传感器检测环境污染物双酚 A，首先利用阳极氧化法制备了钛铁合金纳米管（$TiO_2$-$Fe_2O_3$ NTs），将适配体悬涂在纳米管表面，在目标分子双酚 A 存在时，会被固定在电极表面的适配体捕获，在外加电压为 0.63V 时，捕获在电极表面的双酚 A 被氧化，光电流升高，且光电流与双酚 A 浓度成比例变化，实现了对双酚 A 高灵敏、高选择性的检测，线性范围为 $1.8×10^{-11}$~$3.2×10^{-9}$mol/L，最低检测限可达 $1.8×10^{-11}$mol/L[116]。

Li 等将苝-3，4，9，10-四羧酸负载于 $TiO_2$ 表面，制备了苝-3，4，9，10-四羧酸/二氧化钛（PTCA/$TiO_2$）异质结，以此构建了一种 PEC 传感器用于对甲基对硫磷水解产物 4-硝基苯酚进行光电氧化，从而实现对环境中甲基对硫磷的检测，检测线可达 0.08nmol/L，如图 7-31 所示[117]。

以下以酞菁锌敏化 $TiO_2$ 纳米棒复合材料对双酚 A 的光电分析为例详细加以介绍。

双酚 A 是一种典型的环境内分泌干扰物，为了开发一种简单而灵敏的双酚 A 检测方法。选用具有超灵敏快速便捷特性的 PEC 技术，选择合适的光活性材料实现双酚 A 高灵敏性检测。

酞菁染料属于芳香族，由于有大 π 的共轭体系，使得酞菁芳香环同时具有电子给体和电子受体的特性，酞菁环结构稳定，化学性质稳定，同时优异的电学特性、催化活性以及低的价格使其成为合适的光敏剂[118]。酞菁染料与 $TiO_2$ 纳米材料复合可以提高电子传输效率，同

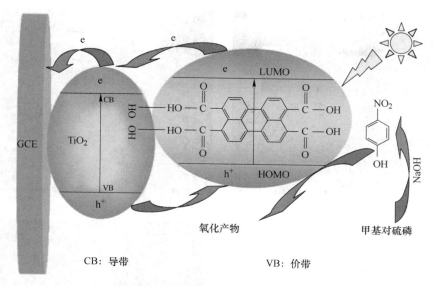

CB: 导带　　　　　　　　　　　　VB: 价带

图 7-31　基于 PTCA/TiO₂ 异质结构建的 PEC 传感器对甲基对硫磷的检测机理[117]

时酞菁的光致激发电子可提高 TiO₂ 对可见光的利用率[119, 120]。其中 ZnPc 相比其他金属离子络合产物，具有较长的激发态寿命，有利于电子从激发态的染料分子传输到 TiO₂ 导带。

　　该工作将酞菁锌（ZnPc）与 TiO₂ NRAs 阵列复合，使 TiO₂ 的光吸收范围被成功地扩展到可见光区域。将制得的酞菁锌染料敏化 TiO₂ 纳米棒阵列（ZnPc/TiO₂ NRAs/FTO）作为一种新颖的 PEC 传感平台，用于对双酚 A 的检测，传感平台呈现出宽的线性工作范围，高的灵敏度，良好的稳定性以及选择性。此外，将其应用于对实际环境样品聚碳酸酯（PC）奶瓶、聚氯乙烯（PVC）塑料瓶、PVC 食品包装袋及牛奶中双酚 A 含量的评估。

### 7.3.3.1　TiO₂ NRAs/FTO 和 ZnPc/TiO₂ NRAs/FTO 的表征

　　图 7-32（a）显示 FTO 表面原位生长的 TiO₂ NRAs 的平面 SEM 图，其内插图为 TiO₂ NRAs 的横截面图。从图中可以看出，水热法合成的 TiO₂ 呈正方柱状阵列均匀分布在 FTO 电极表面，其宽度约为 200nm，长度约为 2.5μm。纳米棒之间均具有一定空隙，使得其比表面积增大，有效提高了 ZnPc 在 TiO₂ NRAs 上的负载面积，为增加染料的吸附量提供了先决条件。图 7-32（b）展示了负载 ZnPc 后的 SEM 图，图中可以直观地看出负载 ZnPc 后 TiO₂ NRAs 的形貌并没有明显的改变。图 7-32（c）为 ZnPc/TiO₂ NRAs 复合材料的 EDS 能谱图，该图可清晰地证明该复合材料包含 Ti、O、C、Zn 等元素，其中各个元素所占比例分别为 37.71%、26.46%、39.71%及 5.16%，证明 ZnPc 成功地负载到 TiO₂ NRAs 中。另外图 7-32（d）所示的各个元素分布图显示 Zn 元素的存在，进一步证明 ZnPc 与 TiO₂ NRAs 的成功复合。

　　为了探究所合成材料的晶型结构，进行了 XRD 表征。从图 7-33 中可以看出，相对于基底 FTO（谱线 a）的 XRD 衍射峰来说，TiO₂ NRAs/FTO（谱线 b）的 XRD 图中有三个特征峰是 FTO 基底所没有的，具体为 35.96°、62.64°和 69.72°处的衍射峰，对照金红石型 TiO₂ 的标准 X 射线衍射谱（JCPDS 21-1276），这三个特征峰分别对应金红石型 TiO₂ 的（101）、（002）和（112）晶面，证明水热反应后得到金红石型 TiO₂ NRAs[121]。

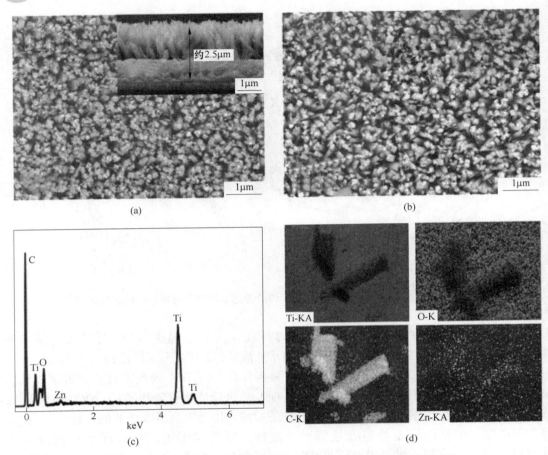

图 7-32　TiO$_2$ NRAs/FTO 和 ZnPc/TiO$_2$ NRAs/FTO 纳米复合材料形貌

（a）（b）TiO$_2$ NRAs/FTO 及 ZnPc/TiO$_2$ NRAs/FTO 的 SEM 平面图；

（c）ZnPc/TiO$_2$ NRAs/FTO 的 EDS 能谱图；

（d）Ti、O、N 和 Zn 的元素分布图（插图为 TiO$_2$ NRAs/FTO 的截面图）

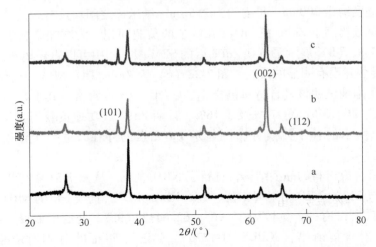

图 7-33　FTO（a）、TiO$_2$ NRAs/FTO（b）和 ZnPc/TiO$_2$ NRAs/FTO（c）的 XRD 图谱

ZnPc 和 TiO$_2$ 的结合作用进一步通过红外谱图进行阐述。图 7-34 显示了 TiO$_2$（谱线 a）及 ZnPc/TiO$_2$（谱线 b）的红外谱图。对于 TiO$_2$（谱线 a）来说，3427cm$^{-1}$ 出现明显的红外峰，对应 TiO$_2$ 中—OH 的伸缩振动峰；1627cm$^{-1}$ 处对应吸附在 TiO$_2$ 上的水分子的剪式振动；500cm$^{-1}$ 附近展现了很强的红外峰，与之相对应的是 TiO$_2$ 中 Ti—O—Ti 键的伸缩振动[122]。对于 ZnPc/TiO$_2$（谱线 b）而言，除了包含 TiO$_2$ 的特征峰外，还有位于 1633cm$^{-1}$、1410cm$^{-1}$、1333cm$^{-1}$、1284cm$^{-1}$、1164cm$^{-1}$、1117cm$^{-1}$、886cm$^{-1}$、727cm$^{-1}$ 处的吸收峰，其中 1650cm$^{-1}$ 到 700cm$^{-1}$ 之间的几个峰表示酞菁染料的骨架及金属配体的峰。具体来说，1633cm$^{-1}$ 对应吡咯结构 C—C 的伸缩振动，1333cm$^{-1}$ 为异吲哚的 C—C 伸缩振动。1284cm$^{-1}$、1164cm$^{-1}$ 分别为异吲哚 C—N 及平面内的吡咯的伸缩振动。1000~1200cm$^{-1}$ 处含有三个强的峰，为配位金属离子键的伸缩振动峰[123]。结果表明 ZnPc 成功地负载到 TiO$_2$ 表面。

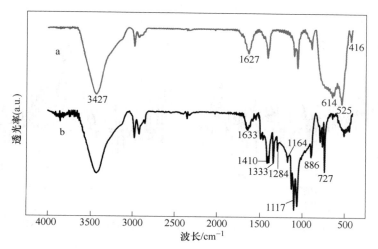

图 7-34　TiO$_2$（a）及 ZnPc/TiO$_2$（b）的红外谱图

XPS 表征可以进一步验证 ZnPc/TiO$_2$ NRAs 的官能团和元素化合态，结果如图 7-35 所示。图 7-35（a）表示 Ti 2$p$ 的分裂峰，464.2eV 处为 Ti 2$p_{1/2}$，458.5eV 处为 Ti 2$p_{3/2}$，Ti 2$p_{1/2}$ 和 Ti 2$p_{3/2}$ 之间的能量差为 5.7eV，表明 ZnPc/TiO$_2$ NRAs 复合物中 Ti 显示正四价[124]。图 7-35（b）为 O 1$s$ 的高分辨 XPS 谱图，含有 529.9eV 和 532.4eV 两个不同的结合能位置，分别表示晶格氧（O$_{Ti-O}$），和表面羟基（O$_{OH}$）。Zn 2$p$ 谱图（图 7-35（c））中 1020.8eV 和 1043.8eV 分别对应 Zn 2$p_{3/2}$ 和 Zn 2$p_{1/2}$。两个峰之间的能量差为 23.0eV，证明 Zn 的价态为 Zn$^{2+}$[125]。N 1$s$ 的 XPS 谱图见图 7-35（d），397.8eV 处的结合能可以归结于吡啶 N，399.6eV 处为吡啶 N 键合配位金属 Zn。结果同样证明 ZnPc/TiO$_2$ NRAs 的成功复合。

图 7-36（a）为不同修饰电极的 EIS 和 CV 图，使用 5mmol/L（Fe（CN）$_6$）$^{3-/4-}$ 含有 0.1mol/L KCl 溶液作为支持电解质。EIS 是测量电子传递阻力的有效途径，用于表征电极的不同构筑阶段。图 7-36（a）为裸 FTO（谱线 a），TiO$_2$ NRAs/FTO（谱线 b），ZnPc/TiO$_2$ NRAs/FTO（谱线 c）的 EIS 图，内插图为其等效电路示意图，其中 $R_s$ 为溶液电阻，

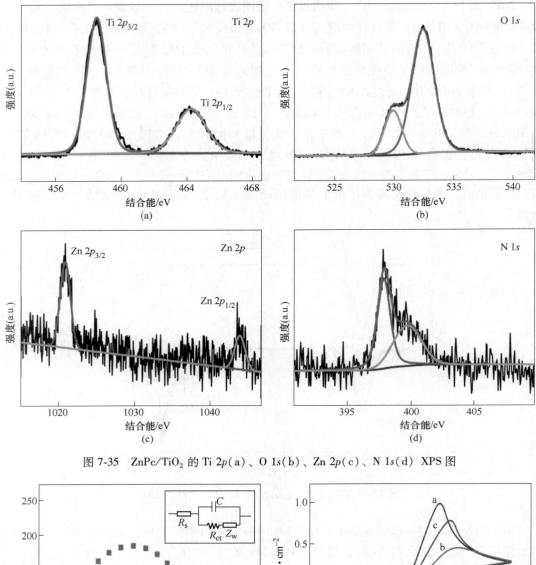

图 7-35　ZnPc/TiO₂ 的 Ti 2p(a)、O 1s(b)、Zn 2p(c)、N 1s(d) XPS 图

图 7-36　电化学阻抗图（a）及循环伏安图（b）（内插图为 Randles 等效电路图）
曲线：a—FTO；b—TiO₂ NRAs/FTO；c—ZnPc/TiO₂ NRAs/FTO

$C$ 为电极和电解液的双层电容，$Z_w$ 为 Warburg 电阻，$R_{ct}$ 为电子转移电阻。裸 FTO 展现出最小的半圆直径，阻抗值为 12.56Ω，表明其具有良好的导电性。在 FTO 电极表面原位生长 TiO$_2$ NRAs 后，TiO$_2$ NRAs/FTO 的半圆直径最大，阻抗值为 379.3Ω，表明 TiO$_2$ NRAs 的沉积使界面和溶液之间的电子传输能力下降。当将 ZnPc 负载于 TiO$_2$ NRAs/FTO 的表面后，此时得到的电化学阻抗值为 140.2Ω，明显低于 TiO$_2$ NRAs/FTO，这表明沉积 ZnPc 之后，电极材料的导电性增强，电子能够通过半导体-染料分子复合材料进行有效的快速的传输。另一方面，阻抗的减小证实了 ZnPc 和 TiO$_2$ NRAs 之间进行了有效的复合，使得导电性和电子转移能力增强。

同时，通过 CV 扫描进一步验证了 EIS 谱图的结果。图 7-36（b）所示，裸 FTO（谱线 a）的峰电流最强，其次为 ZnPc/TiO$_2$ NRAs/FTO（谱线 c），峰电流最小的为 TiO$_2$ NRAs/FTO（谱线 b）。此现象与 EIS 结果吻合，ZnPc/TiO$_2$ NRAs/FTO 比起纯 TiO$_2$ NRAs/FTO 具有更好的电子传输能力。

TiO$_2$ NARs/FTO（谱线 a）和 ZnPc/TiO$_2$ NRAs/FTO（谱线 b）的光电流响应如图 7-37 所示。在 420nm 可见光照射下，TiO$_2$ NARs/FTO 的光电流密度为 0.75μA/cm$^2$，ZnPc/TiO$_2$ NRAs/FTO 的光电流密度明显增长到 1.63μA/cm$^2$，为 TiO$_2$ NARs/FTO 的 2.17 倍。证明 ZnPc 与 TiO$_2$ NRAs 的结合可以极大地增强可见光吸收和光电流响应能力[126]。

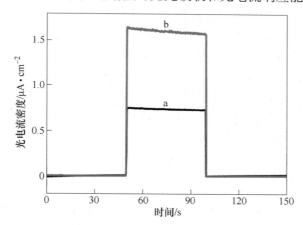

图 7-37 TiO$_2$ NARs/FTO（a）和 ZnPc/TiO$_2$ NRAs/FTO（b）的光电流密度-时间曲线

### 7.3.3.2 双酚 A 的 PEC 传感分析

图 7-38 阐述了 PEC 传感器的构建过程以及双酚 A 的检测机理。首先利用一步水热法在 FTO 表面原位生长 TiO$_2$ NRAs。然后 ZnPc 通过真空干燥法沉积在 TiO$_2$ NRAs/FTO 表面。420nm 可见光照射下，ZnPc 吸收可见光能量，激发态电子从 HOMO 轨道跃迁到 LUMO 轨道，由于 TiO$_2$ NRAs 导带低于 ZnPc，电子将迅速转移到 TiO$_2$ NRAs 导带。同时，TiO$_2$ NRAs 价带上的空穴转移到 ZnPc。加入双酚 A 时，具有强氧化能力的空穴将快速氧化双酚 A，导致光电流的增加，同时进一步提高了光生-电子空穴分离效率。利用光电流的增量定量检测双酚 A。

图 7-39（a）显示在 420nm 光照下，且在外加电压为 0.0V 时，ZnPc/TiO$_2$ NRAs/FTO PEC 传感器在 0.1mol/L Na$_2$SO$_4$ 支持电解质中连续添加不同浓度双酚 A 的光电响应信号。

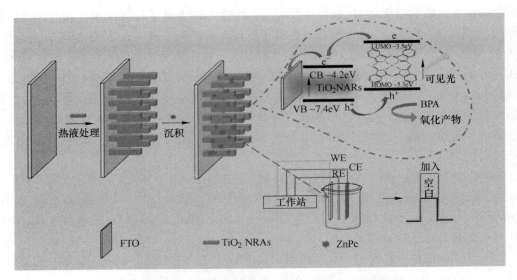

图 7-38    PEC 传感平台的构建过程以及双酚 A 检测机理

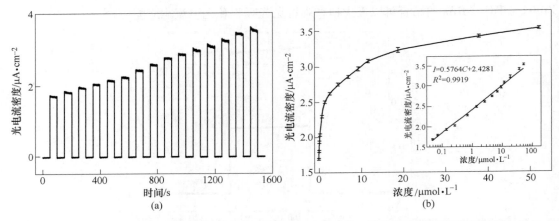

图 7-39    不同双酚 A 浓度的光电流密度-时间曲线（a）和双酚 A 浓度与光电流密度的曲线图（b）
（插图为双酚 A 浓度的对数与光电流密度线性回归曲线）

实验表明随着双酚 A 浓度的增加，其光电流响应信号逐渐增大，表明该电极材料对双酚 A
有好的光催化氧化性能。且如图 7-39（b）所示，双酚 A 浓度与光电流密度呈现曲线上升
趋势，当双酚 A 浓度达到 18.7μmol/L 时，其光电流密度增长缓慢且逐渐达到最大值，可
能的原因是过多的双酚 A 富集在电极表面，使其来不及被氧化就被更多的双酚 A 覆盖，
增加了电极界面阻力，使电极表面光活性位点被掩盖，因此随着双酚 A 浓度的增加，其光
电流响应呈现曲线式上升。图 7-39（b）内插图为双酚 A 浓度的对数值（$C$）与光电流密
度之间的线性关系，线性回归方程为 $I = 0.5764C + 2.4281$，线性范围为 0.047~52.1μmol/L，
线性相关系数为 0.9919，检出限为 8.6nmol/L（$3\sigma/S$），其中 $\sigma$ 为空白溶液的标准偏差，
$S$ 为所得线性回归方程的斜率。与已报道的一些检测双酚 A 的传统方法、电化学方法、
PEC 方法相比，制备的传感器是具有可比性的甚至检出限更低，证明该传感器具有高灵敏

性。另外本书所用 ZnPc/TiO₂ NRAs/FTO PEC 传感器制备过程简单易行，且所用材料价格低廉，使用最简便的制作达到最佳的检测效果。

### 7.3.3.3 传感平台稳定性、重现性、选择性评估

如图 7-40（a）所示，在 420nm 光照下，通过多次开关灯对传感器进行稳定性检测。实验表明至少在 2500s 内，其光电流响应基本维持不变，表明该传感器具有良好的稳定性，为后续实验提供了一定保障。同时，同一根电极在 4℃下分别放置不同时间后对 1.0μmol/L 双酚 A 进行检测，结果表明，放置 7 天后，其光电流密度为原始信号的 95%，放置 15 天后，为原始信号的 80%，进一步证明该传感器具有极好的稳定性。

通过同一根电极对 1.0μmol/L 的双酚 A 进行 5 次检测，结果发现其光电响应性好的相对标准偏差为 4.3%。用 5 根电极对浓度为 1.0μmol/L 的双酚 A 进行检测，其光电流响应的相对标准偏差为 3.2%，显示良好的重现性。

图 7-40（b）考察了 PEC 传感器的选择性。选用浓度为 1.0μmol/L 的双酚 A 为参照，干扰试验证明 100 倍浓度的偶氮染料甲基橙、苏丹Ⅲ及 50 倍浓度的多环芳烃类菲、蒽、荧蒽等，以上物质所产生的光电流明显低于浓度为 1.0μmol/L 双酚 A 溶液的光电流信号。初步表明对双酚 A 具有选择性。

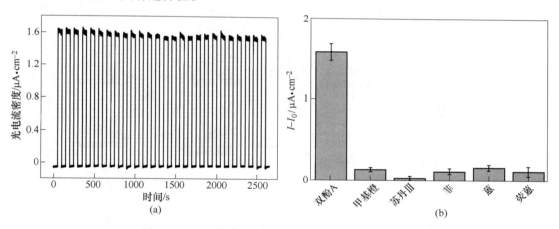

图 7-40  PEC 传感平台的稳定性（a）和选择性（b）

该工作成功制备一种新型的、简单的 ZnPc/TiO₂ NRAs/FTO PEC 传感平台，用于对环境内分泌干扰物双酚 A 检测。在 420nm 可见光激发下，ZnPc/TiO₂ NRAs/FTOs 对双酚 A 具有强的光催化氧化能力，且光电流和双酚 A 浓度的对数在 0.047~52.1μmol/L 范围内呈良好的线性关系，检出限为 8.6nmol/L。同时该传感器用于实际样品检测，得到令人满意的回收率为 97%~105.6%，该 PEC 传感平台呈现出高的灵敏度、选择性、好的重现性及稳定性。由此建立的 PEC 传感技术可为实际环境和食品中双酚 A 的检测提供一种快速、简单、实时的分析技术。

## 7.3.4  纳米复合半导体材料对芳烃类化合物的光电分析

芳烃类化合物是一类在环境中能够持久存在有机污染物，主要来源于有机物的不完全燃烧，在水、土壤、大气、沉积物等环境介质中，是重要的环境和食品污染物。迄今发现

的已有 200 多种，某些芳烃类污染物长时间存留、积累在环境中而不能有效降解，会对环境造成长久性污染，也会对人体造成致毒、致癌、致突变等严重危害。因此，对环境中芳烃类污染物的高效检测具有非常重要的意义。

目前，针对环境芳烃类污染物主要的检测方法有传统的仪器方法，如高效液相色谱法和气相色谱-质谱联用法。近年来，报道了一些新型的芳烃类污染物的检测方法，如毛细管电泳分析法、荧光法及免疫检测法。尽管这些方法为环境中芳烃类化合物的检测提供了快速、准确的检测方法，然而，由于在环境中芳烃类污染物普遍存在浓度低、同系物多、所处环境复杂的难题，因此，探索简便、高灵敏、高选择性的检测方法是非常必要的。基于纳米半导体建立的 PEC 生物分析技术，由于其响应快、成本低、灵敏度高等优势，吸引了广大研究者的兴趣。

Zhang 等通过原位电化学还原 $TiO_2$ 纳米管阵列（TNs）形成氧空位，然后将分离良好的 $Ag_3VO_4$ 纳米颗粒（NPs）沉积在 OV-TNs 上作为基底材料，构建了一种超灵敏的 PEC 适配体传感器检测 PCB72。可以通过 $Ag_3VO_4$ NPs 和固定在异质结上的适体互补 DNA 上的金纳米棒（Au NRs-cDNA）之间的共振能量转移来淬灭扩增的 PEC 信号。在适配体识别到目标分析物后，Au NRs-cDNA 从传感器上脱离，从而导致"信号接通"的适配体策略。在最佳条件下，PEC 适配体传感器对 2，3′，5，5′-四氯联苯实现了定量分析，线性范围为 $0.02 \sim 300 \text{ng/mL}$，检出限为 $0.015 \text{pg/mL}$，如图 7-41 所示[127]。

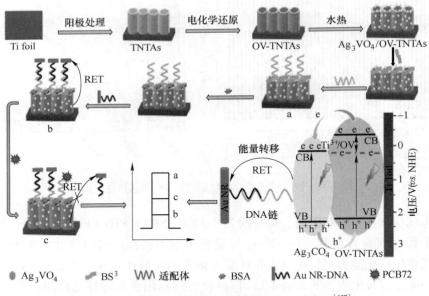

图 7-41　PEC 适配体传感器的构建和机理示意图[127]

Sun 等以 $CdS\text{-}rGO\text{-}C_3N_4$ 为光敏材料，以 PCB72 的适配体为识别元件，构建了一种能够在复杂环境中选择性检测 PCB72 的适配体传感器，如图 7-42 所示。石墨化氮化碳（$g\text{-}C_3N_4$）是碳基非金属材料，是一种被广泛研究的光活性材料。在这项工作中，CdS、还原氧化石墨烯（rGO）及 $g\text{-}C_3N_4$ 通过简单的一锅水热法制备了 $CdS\text{-}rGO\text{-}C_3N_4$ 杂化物，以 $CdS\text{-}rGO\text{-}C_3N_4$ 杂化物为修饰适配体的界面构筑传感器。与 CdS、$g\text{-}C_3N_4$ 和 $CdS\text{-}C_3N_4$ 相比，

CdS-rGO-C₃N₄ 复合材料表现出强的 PEC 性能。由于 CdS-C₃N₄ 扩大对可见光的吸收，rGO 促进了光电极的电荷载流子分离。当 H₂O₂ 加入电解液时，电压为 0V 时，PEC 传感器对 PCB72 表现出放大的响应[128]。

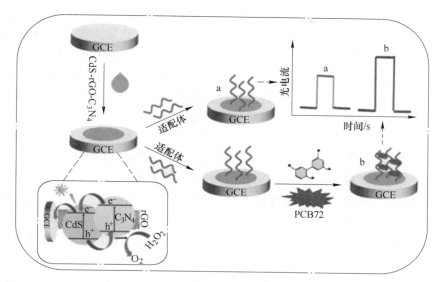

图 7-42　基于 CdS-rGO-C₃N₄ 构筑的 PEC 传感器的结构示意图以及 PCB72 检测机理[128]

Shi 等在 TiO₂ 纳米棒单晶上引入 PCB101 分子印迹技术，构建了一种 PEC 传感器，用于对环境水样品中 PCB101 的检测，检测线可达 $1.0 \times 10^{-14}$ mol/L，同时该工作考察了 PEC 传感器的选择性，证实由于分子印迹位点的存在，传感器对 PCB101 表现出高的选择性，具有极好的抗干扰能力，如图 7-43 所示[129]。

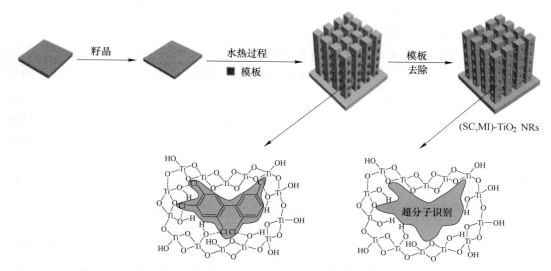

图 7-43　分子印迹-TiO₂ 纳米棒构建的 PEC 传感器及其对 PCB101 检测机理[129]

以下以 N 掺杂的 $TiO_2$ 纳米管（NTs）构筑的 PEC 传感平台对多氯联苯 77 的光电分析为例进行分析。多氯联苯（PCBs）是一类普遍存在的具有环境持久性、生物富集性的有机污染物。由于 PCBs 极好的亲油性，可广泛地分布在动植物体内[130]，并通过食物链进入人体内发生富集，因而对人类健康造成严重的威胁和损害。3，3′，4，4′-多氯联苯（PCB 77）是一种平面型 PCBs 同类物，它具有类似于二噁英的性质，能结合芳香烃受体（又被称为二噁英受体）[131]，与其他多数 PCBs 相比，是一种毒性非常强的二噁英类化合物。PCB 77 不仅会扰乱生物体的内分泌生殖系统，而且影响甲状腺功能导致神经中毒，会造成生物体新陈代谢失调，生长畸形，发育迟缓等。由此，快速、准确地评估类似于二噁英的高毒性 PCBs 同系物（PCB 77）的含量可以从整体上反映环境中 PCBs 化合物的分布和毒性，从而对保护环境和人类健康具有非常重要的意义。

目前，常用于 PCBs 检测的方法有磷光分析法[132]、气相色谱[133，134]、高效液相色谱法[135，136]、酶联免疫法[137，138]等，尽管这些方法能够对 PCBs 进行准确的评估，然而仪器分析方法样品前处理繁琐，实验耗时长且需要专业的技术人员。基于抗体的免疫分析法在复杂的基体溶液或有机溶剂中极易被污染，会影响 PCBs 的准确测定。因此，寻求简单、快速、高灵敏、高选择性的分析方法来测定 PCB 77 是非常必要的。

光电方法不仅具有电化学方法的诸多优点而且又有光学方法的优点，特别是该技术具有光激发和电流检测两种不同的信号转化形式，被认为是一种超灵敏的分析方法，适合于浓度极低的分析物测定。由此，提出将超灵敏的光电分析方法与具有特异性识别能力的适配体结合起来构筑一种简单、快速的 PEC 传感平台，实现对复杂环境中浓度极低的 PCB 77 高灵敏度，高选择性的检测。

研究中通过非金属元素 N 掺杂在 $TiO_2$ NTs 中制备得到的 N 掺杂的 $TiO_2$ NTs（N-doped $TiO_2$ NTs）作为适配体的修饰基底。利用壳聚糖和戊二醛作为交联剂使 N-doped $TiO_2$ NTs 表面—CHO 功能化，并利用共价键合反应将—$NH_2$ 末端的 PCB 77 适配体修饰在纳米材料表面。之后将 CdS QDs 标记的互补链 DNA（DNA-CdS QDs）通过碱基互补杂交法引入到 N-doped $TiO_2$ NTs 表面，成功地构筑了一种新型的、简单的 PEC 传感平台。利用光电流的变化首次成功实现了在可见光下对 PCB 77 高灵敏、高选择性的分析。

### 7.3.4.1　$TiO_2$ NTs 及 N 掺杂 $TiO_2$ NTs 的表征

图 7-44（a）和（b）显示了未掺杂 $TiO_2$ NTs 和 N 掺杂 $TiO_2$ NTs 的 SEM 图。从图中可以看到两者均在 Ti 基底上生长了直立有序的管状结构，管径大约为 $100\sim120nm$，管壁的厚度均为 $10\sim15nm$。与未掺杂的 $TiO_2$ NTs 比较，N 掺杂后 $TiO_2$ NTs 表面较粗糙，这可能与 N 元素进入 $TiO_2$ NTs 晶格中引起晶格部分塌陷所致。但是 N 掺杂以后，$TiO_2$ NTs 的形貌没有产生任何变化，仍保持完好的管式结构。

图 7-45（a）和（b）分别为未掺杂 $TiO_2$ NTs 和 N 掺杂 $TiO_2$ NTs 的 XRD 衍射图。从图中可以看到在两种样品中均以锐钛矿晶型为主，从 XRD 数据可以看到 $2\theta$ 为 $25.3°$、$38.6°$、$48.1°$、$53.9°$分别对应的是 $TiO_2$ NTs 的锐钛矿（101）、（112）、（200）及（105）晶面的衍射峰（JCPDS No. 21-1272），$2\theta$ 为 $54.3°$对应的为金红石的（211）晶面衍射峰，可见 N 元素掺杂后，并没有改变其原来的晶形。然而，值得注意的是 N 掺杂的 $TiO_2$ NTs，

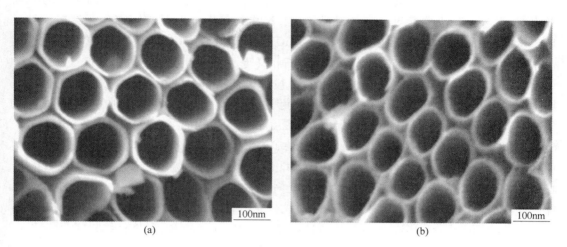

图 7-44 TiO₂ NTs(a) 和 N 掺杂 TiO₂ NTs(b) 的 SEM 图

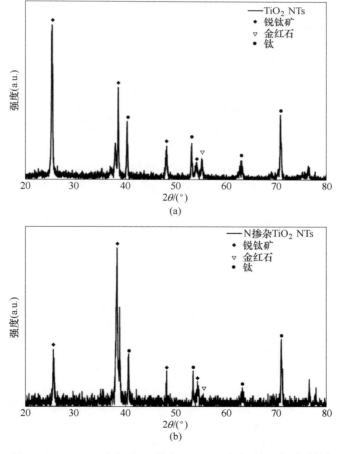

图 7-45 TiO₂ NTs(a) 和 N 掺杂 TiO₂ NTs(b) 的 XRD 衍射图

衍射峰的强度明显低于未掺杂 N 的 TiO$_2$ NTs，这主要与 N 掺杂 TiO$_2$ NTs 外表面的无序性有关[116]。另外，与未掺杂 N 元素的样品相比，N 掺杂 TiO$_2$ NTs 具有更高的锐钛矿相结晶度，从图 7-45（b）中可以看到 N 掺杂的 TiO$_2$ NTs 金红石相衍射峰强度非常弱，主要是由于掺杂 N 元素后会抑制锐钛矿相向金红石相转变，且金红石强度也会降低[139]。

拉曼光谱作为一种表面灵敏的技术经常被用来证实材料的相组成和表面均匀性[140]。图 7-46 为 TiO$_2$ NTs 和 N 掺杂 TiO$_2$ NTs 的拉曼吸收光谱，从图中可以看到在两种样品中均能观察到五个不同的拉曼振动峰，大约在 142.1cm$^{-1}$、192.4cm$^{-1}$、392.7cm$^{-1}$、514.4cm$^{-1}$、636.2cm$^{-1}$，这些峰分别对应着 TiO$_2$ NTs 锐钛矿的 E$_g$、E$_g$、B$_{1g}$、A$_{1g}$+B$_{1g}$ 和 E$_g$ 模式[141]。其中并没有发现 N 元素的额外吸收模式。在 142.1cm$^{-1}$ 处的拉曼峰主要是归因于锐钛矿的 E$_g$ 振动模式，在 N 掺杂后，发现该振动模式会向高波数方向发生少许的移动，这证实 N 可能已经被引入 TiO$_2$ NTs 的晶格中[142]。通过拉曼光谱表征进一步证实了 N 掺杂的 TiO$_2$ NTs 与未掺杂的 TiO$_2$ NTs 一样，主要是以锐钛矿晶型为主，这与 XRD 的表征结果完全一致。

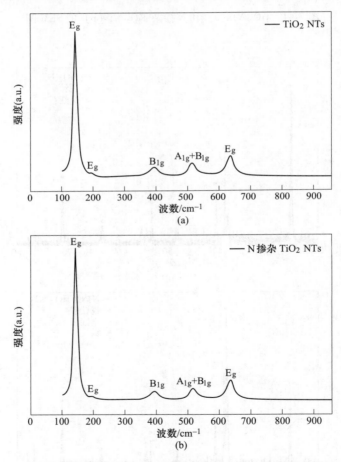

图 7-46　TiO$_2$ NTs(a) 和 N 掺杂 TiO$_2$ NTs(b) 的拉曼光谱

为了证实 N 元素的有效掺杂在 TiO$_2$ NTs 内部，XPS 用来分析 N 掺杂 TiO$_2$ NTs。图7-47 显示了 N 掺杂 TiO$_2$ NTs 的 XPS 光谱，其中包括全谱、N 1$s$、Ti 2$p$ 及 O 1$s$ 高分辨分谱图。

从全谱中可以看到，N 元素成功地掺杂在 $TiO_2$ NTs 内部，其原子百分含量约为 0.34%，O/Ti 原子比约为 2.5：1，高于 $TiO_2$ 的化学组成（原子比为 2：1），额外的氧元素可能是由于 $TiO_2$ NTs 表面吸附氧引起。图 7-47（b）中可以看到 N $1s$ 的结合能分别由 399.1eV、399.9eV 和 405.0eV 三个组峰组成，其中位于低能级的 399.1eV 和 399.98eV 的谱峰是由于 N 元素掺入 $TiO_2$ NPs 晶格中取代氧原子形成 Ti—N—O 引起，位于高能级 405eV 的谱峰是由于 $TiO_2$ NTs 管表面的吸附的 $NO_x$。从图 7-47（c）可以看到 Ti $2p$ 的峰在 458.3eV 和 464.1eV，两个峰峰形均呈现较为标准的对称结构，分别对应着 Ti $2p_{3/2}$ 和 Ti $2p_{1/2}$ 的结合能。由于 N 的电负性低于氧元素的电负性，当 N 掺杂后，会与 $TiO_2$ NTs 中的 $Ti^{4+}$ 结合，取代其中一个氧原子，且 N 掺杂在 $TiO_2$ NTs 晶格后主要以 Ti—N—O 和 O—Ti—N 两种形式存在，然而只有 Ti—N—O 可以被 XPS 光谱测得[143]。根据文献报道[144] 掺杂 N 元素后，Ti $2p_{3/2}$ 的组合能由 459.05eV 降至 458.25eV，这表明在我们工作中 N 元素被掺杂在 $TiO_2$ NTs。图 7-47（d）中 O $1s$ 是由 529.6eV、530.3eV 和 531.5 eV 三个组峰组成，其中 529.6eV 和 530.3eV 对应的是 $TiO_2$ NTs 中的氧，531.5eV 组合能对应的是表面物理吸附水或羟基中的氧[145, 146]。N 掺杂 $TiO_2$ NPs 的 Ti $2p$ 和 O $1s$ 峰的位置相比纯 $TiO_2$NPs 均向低结合能方向有所偏移，这充分证实了 N 成功地掺杂进入 $TiO_2$ NPs 晶格[147]。

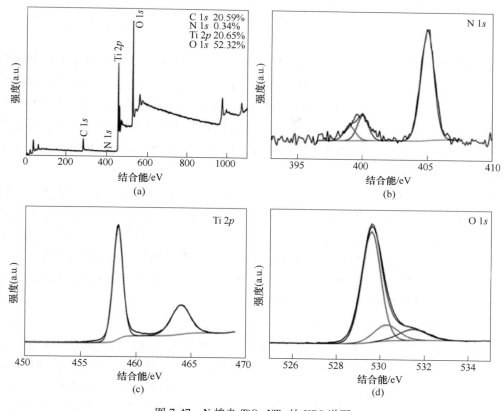

图 7-47　N 掺杂 $TiO_2$ NTs 的 XPS 谱图

（a）全谱图；（b）～（d）N $1s$、Ti $2p$、O $1s$ 高分辨谱图

图 7-48 为 $TiO_2$ NTs 及 N 掺杂 $TiO_2$ NTs 的紫外漫反射光谱，可以看到相比于纯的 $TiO_2$

NTs（曲线 a），掺杂 N TiO$_2$ NTs 的吸收光谱发生了明显的红移（曲线 b），对于晶型半导体材料，光学禁带宽度可以通过以下公式进行计算[148]：

$$E_g = 1239.38/\lambda \tag{7-1}$$

式中，$E_g$ 为光学带隙；$\lambda$ 为光谱吸收带边。

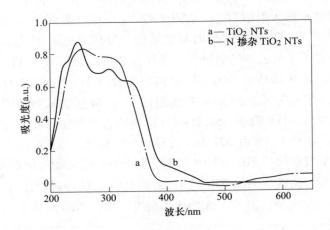

图 7-48　TiO$_2$ NTs（a）及 N 掺杂 TiO$_2$ NTs（b）的紫外漫反射光谱

　　TiO$_2$ NTs 及 N 掺杂 TiO$_2$ NTs 的吸收带边分别 393.6nm 和 412.5nm 对应着的禁带宽度为 3.15eV 和 3.01eV，与文献报道的吸收带隙一致[149, 150]，表明 N 掺杂后，TiO$_2$ NTs 的带隙降低且在可见光区的吸收扩展到 400~500nm 范围内，这主要是由于 Ti—N—O 中 N 2$p$ 态和 O 2$p$ 态混合后在价带之上形成一个定域态可以降低 TiO$_2$ NTs 的带隙，从而可促进对可见光的有效吸收[151, 152]。同时 N 掺杂还会在 TiO$_2$ NTs 表面形成较稳定的氧空位，使 TiO$_2$ NTs 的可见光响应增强[153]。

　　此外，考察了 TiO$_2$ NTs 及 N 掺杂 TiO$_2$ NTs 的光电性质，图 7-49 为两者在 PBS（pH＝7.41）溶液中的光电流响应，可以看到掺杂 N 元素后，其光电响应明显高于未掺杂的 TiO$_2$ NTs，这种高的光电流响应意味着 N 掺杂 TiO$_2$ NTs 在可见光激发下更有利于光生电子从光电材料表面向外电路转移，同时 N 元素的掺杂能够有效地提高光电转化效率，这与紫外漫反射的表征结果一致。由此，可见 N 掺杂 TiO$_2$ NTs 具有良好的光电活性和高的光电转化效率，有利于 PEC 传感器获得高的灵敏度。

### 7.3.4.2　巯基功能化的 CdS QDs 的表征

　　为了将互补 DNA 链修饰在 CdS QDs 表面，并利用巯基乙酸对其表面进行功能化，图 7-50 为实验中不同放大倍数下的 CdS QDs 的 TEM 图。从图 7-50（a）中可以看到巯基功能化的 CdS QDs 外观呈圆形，颗粒均匀，尺寸大约为 5nm，且没有出现明显的团聚现象，分散性良好。图 7-50（b）为高分辨率下获得的 TEM 图，可以看到均匀分散的 CdS QDs 具有明显的晶格条纹。

　　图 7-51 为水溶性 CdS QDs 的 XRD 衍射图。从 XRD 图可以看到位于 26.51°、43.98°、52.09°处出现了衍射的特征峰，分别对应的是（111）、（220）、（311）晶面（JCPDS，

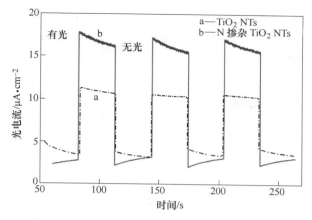

图 7-49 TiO$_2$ NTs(a) 和 N 掺杂 TiO$_2$ NTs(b) 在可见光下的光电流响应

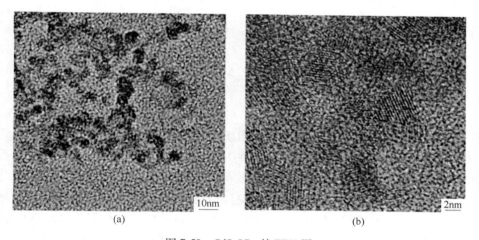

图 7-50 CdS QDs 的 TEM 图

No. 42-1411），证明所制备的 CdS 为立方晶形，与六方晶型相比，具有较好的催化活性[154]。此外，XRD 的特征吸收峰峰形尖锐，基本没有其他的杂峰出现，证明其纯度较高，有较好的结晶度。

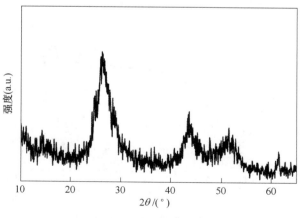

图 7-51 CdS QDs 的 XRD 图

图 7-52 为 CdS QDs 的 XPS 图，其中包括 Cd 3$d$ 和 S 2$p$ 在样品中存在 Cd、S、C、O 元素，从图 7-52（a）中可以看到 Cd 3$d$ 峰分别位于 404.13eV 和 410.93eV，对应着 Cd 3$d_{5/2}$ 和 Cd 3$d_{3/2}$ 的结合能，图 7-52（b）为 S 2$p$ 峰集中位于 161.43eV，与文献报道的 XPS 结果相一致[155]。根据 XPS 谱图的半定量分析结果显示 Cd 和 S 原子比接近 1：1，该比例下制备得到了 CdS QDs 有非常好的稳定性，有利于构建性能稳定的修饰电极。

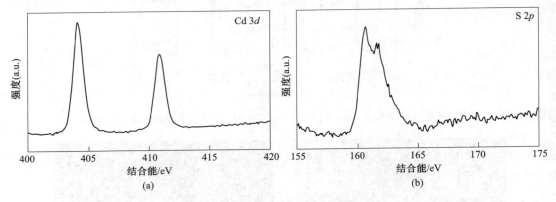

图 7-52　CdS QDs 的 XPS 谱图
（a）Cd 3$d$；（b）S 2$p$

图 7-53 为巯基功能化的 CdS QDs 的 IR 谱图。从 IR 谱图可以看出 3300～3500cm$^{-1}$ 处宽峰为—COOH 的—OH 伸缩振动的吸收峰，1641.93cm$^{-1}$ 为—COOH 中—C = O 伸缩振动的吸收峰，1385cm$^{-1}$ 处为—CH$_3$ 的弯曲振动吸收峰，1133.74cm$^{-1}$ 为—COOH 中—OH 弯曲振动的吸收峰，1580cm$^{-1}$ 处的峰为羧酸盐伸缩振动的吸收峰。可以看到在 2565cm$^{-1}$ 处—SH 的伸缩振动的特征吸收峰并没有出现，这表明巯基乙酸—SH 已经全部与 CdS QDs 中的 Cd 发生了配位作用。制备得到的巯基功能化的 CdS QDs，利用经典的 EDS/NHS 反应可将 —NH$_2$ 末端的互补链 DNA 修饰在 CdS QDs 表面，以便 PEC 传感平台的进一步构建。

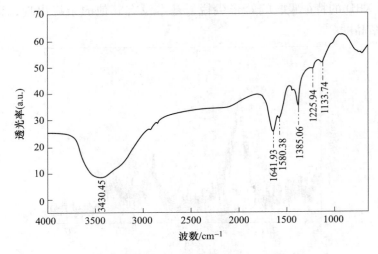

图 7-53　巯基功能化 CdS QDs 的 IR 光谱

为了证实 CdS QDs 成功地标记了互补 DNA 链，通过 UV-vis 对巯基功能化的 CdS QDs 和 DNA-CdS QDs 分别进行表征，如图 7-54 所示。从曲线 a 中可以看到 CdS QDs 有较宽 UV 吸收谱，适合作为 PEC 传感器的光活性材料，由于量子效应，CdS QDs 修饰相对于宏观 CdS（510nm）固体材料，吸收峰会发生少许蓝移。当 CdS QDs 成功地标记了—NH$_2$ 末端的 DNA 链后，可以看到 260nm 处出现了典型的 DNA 吸收峰（曲线 b），表明 DNA 已经成功地修饰在 CdS QDs 表面。

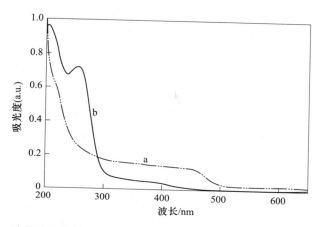

图 7-54 巯基功能化的 CdS QDs（a）和 DNA-CdS QDs（b）的 UV-vis 光谱

### 7.3.4.3 PCB 77 光电分析原理

基于 N 掺杂 TiO$_2$ NTs 和 CdS QDs 所构建的 PEC 传感平台如图 7-55 所示。N 掺杂 TiO$_2$ NTs 在可见光的照射下，其价带的电子被激发到导带上，产生光生电子-空穴对，在价带上的光生空穴会转移到电极表面并参与氧化反应，光生电子流经导体 N 掺杂 TiO$_2$ NTs 转移到

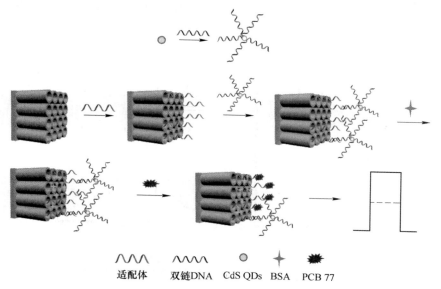

图 7-55 PEC 传感平台的构建及检测 PCB 77 机理的示意图

外部电路，形成光电流。将 CdS QDs 通过表面功能化的 DNA 链与 N 掺杂 TiO$_2$ NTs 上的适配体序列发生杂交反应固定在电极表面后，CdS QDs 同样会吸收高于其带隙宽度的光子能量后，产生电子-空穴，光生空穴会转移到 QDs 表面参与氧化反应。一部分光生电子会直接流向导电基底 N 掺杂 TiO$_2$ NTs 转移到外部回路；由于双链的 DNA 具有导电特征，另一部分光生电子会流经双链 DNA 到达导电基底 N 掺杂的 TiO$_2$ NTs 并转移到外电路，从而致使光电流进一步增大。因此，将 CdS QDs 引入电极表面后，光电流响应增大有利于改善光电适配体传感器的灵敏度。当靶物 PCB 77 加入光电检测体系后，由于适配体对其靶物 PCB 77 具有高的亲和力，且作用强度远大于适配体与 DNA-CdS QDs 的作用，致使 PCB 77 与 DNA-CdS QDs 发生竞争取代。PCB 77 被捕获在电极表面，同时部分与适配体互补的 DNA-CdS QDs 从电极表面被取代下来。由于外部电路中失去了 CdS QDs 提供的光生电子，导致光电流降低；此外，由于 PCB 77 被捕获在传感界面形成 PCB 77-适配体复合物，由于其弱的导电性，阻碍了电子在传感界面和溶液界的转移，同样会使光电流下降。由于加入体系中 PCB 77 的量不同，光电流降低的程度不同，根据光电流的变化对 PCB 77 定量分析。

### 7.3.4.4　PEC 传感平台的构筑和表征

为了详细表征 PEC 传感平台的构建过程，考察了每一步骤的光电流变化，如图 7-56 所示。曲线 a 是通过 $I$-$t$ 曲线测定的 N 掺杂 TiO$_2$ NTs 在可见光激发下的光电流响应，其值大约为 12.2μA/cm。首先，将壳聚糖溶液通过简单旋涂法覆盖在 N 掺杂 TiO$_2$ NTs 表面，之后浸入戊二醛溶液，—CHO 功能化的 N 掺杂 TiO$_2$ NTs 的光电流降低至 11.8μA/cm（曲线 b），仍然保持无修饰时光电流响应的 96.7%。表明壳聚糖具有良好的渗透性，且根据我们之前的研究，壳聚糖不会影响光电材料的可见光吸收。将 5'端-NH$_2$ 修饰的适配体通过共价键合法修饰在—CHO 功能化的 N 掺杂 TiO$_2$ NTs 表面，从曲线 c 中可以看到光电流明显降到 10.79μA/cm，表明适配体已经被成功地固定在电极表面，这是由于适配体的修饰使电极表面的导电性降低，增大光生电子向外部电路转移的阻力，光电流降低。

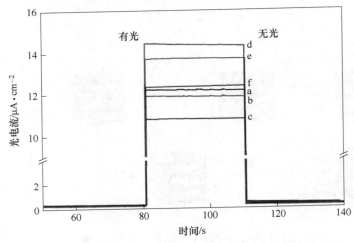

图 7-56　PEC 传感平台制备过程表征及对 PCB 77 的光电流响应

此外，考察了在 PEC 传感界面有无引入 CdS QDs 对测定 PCB 77 光电响应的影响。如图 7-57 所示。从图中可以看到，在空白溶液中将 CdS QDs 引入 PEC 传感表面（曲线 a），光电流约为 $13.7\mu A/cm^2$；无 CdS QDs 引入的 BSA 封端后的适配体修饰 N 掺杂 $TiO_2$ NTs（曲线 b），其光电流为 $9.5\mu A/cm^2$，与前面表征结果一致，CdS QDs 引入 PEC 传感器后光电流明显增大，同时比较两种传感器在加入 PCB 77 的光电流响应，可以看到将 CdS QDs 杂交在适配体传感界面后对 5.0ng/L PCB 77 的光电流响应 $\Delta I_a$ 约为 $3.1\mu A/cm^2$，然而没有引入 CdS QDs 的传感器对相同浓度的 PCB 77 光电流响应 $\Delta I_b$ 仅为 $0.30\mu A/cm^2$，前者的光电响应是后者的 10 倍。由此可见，在该工作中 CdS QDs 引入 PEC 传感界面有以下两个重要作用：（1）CdS QDs 引入电极表面可有效地提高 PEC 传感平台的光电流响应，有利于改善光电适配体传感器对 PCB 77 检测的灵敏度；（2）由于 PCB 77 的加入，与 DNA-Cd QDs 存在竞争取代，PCB 77 与适配体发生高亲和作用在传感界面形成复合物，DNA-CdS QDs 被取代下来，光电流明显下降，对所测的 PCB 77 的光电流响应起到信号放大作用。

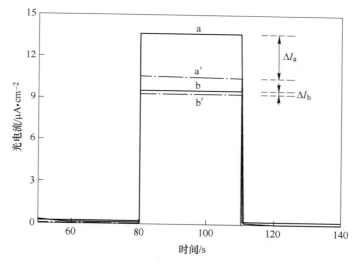

图 7-57　CdS QDs 引入的 PEC 传感平台（a）和无 CdS QDs 引入的
适配体修饰 N 掺杂 $TiO_2$ NTs（b）在空白溶液中的光电流响应
（a′和 b′分别为 a、b 加入 5.0ng/L PCB 77 后对应的光电流响应）

### 7.3.4.5　PCB 77 高灵敏光电分析

为了评估 PEC 传感平台的分析性能，将其用于对不同浓度的 PCB 77 进行测定，光电流响应如图 7-58 所示。图中可以看到随着 PCB 77 浓度不断增大，光电流不断降低表明溶液中大量的 PCB 77 被捕获在传感界面，原位形成了 PCB 77-适配体复合物，且越来越多的 DNA-CdS QDs 逐渐从传感界面被取代下来。当 PCB 77 的浓度达到 100.0ng/L，随着其浓度的继续增大，光电流几乎不发生变化。这表明 PEC 传感器界面的 DNA-CdS QDs 已经完全被取代下来，且传感平台界面的适配体与 PCB 77 已结合完全，在传感界面达到了饱和状态。图 7-58（b）为光电适配体传感器在不同浓度的 PCB 77 溶液中培养前后的光电流的变化（$\Delta I$）的曲线。图中可以看到浓度从 a 到 m 不断增大，且 $\Delta I/I_0$ 的增大和 PCB 77

浓度的对数在 0.1~100.0ng/L 范围内成良好线性关系，如内插图所示，线性回归方程为 $\Delta I = 0.0902\lg C + 0.1229$，相关系数 0.9900。最低检测限为 0.1ng/L（$3s/m$，$s$ 为空白测定的标准偏差，$m$ 为标准曲线的斜率，测试次数 $n=6$）。

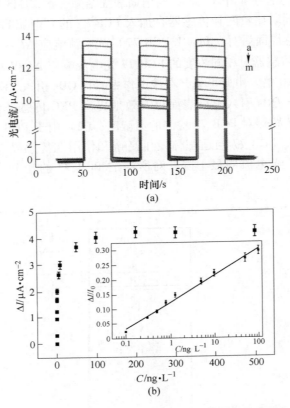

图 7-58　PEC 传感平台在不同浓度 PCB 77 溶液中的光电流响应（a）和
不同浓度 PCB 77 对应的光电流变化 $\Delta I$（b）

（PCB 77 的浓度从 a 到 m 分别为：0.0ng/L、0.1ng/L、0.3ng/L、0.5ng/L、0.8ng/L、

1.3ng/L、5.0ng/L、10.0ng/L、50.0ng/L、100.0ng/L、

200.0ng/L、300.0ng/L、500.0ng/L）

（插图为 $\Delta I/I_0$ 和 PCB 77 浓度（从 0.1ng/L 到 100.0ng/L）对数的线性关系）

### 7.3.4.6　PEC 传感平台的选择性和专一性

为了很好地评估传感平台对 PCB 77 检测具有高的选择性，选用相同浓度的 PCB 101、联苯、苯并芘、双酚 A、E2 和阿特拉津作为干扰物，这些物质在环境中可能与 PCB 77 共存或者有相似的结构式。在含有 5.0ng/L PCB 77 和相同浓度六种干扰物中任意一种的两组分体系中对传感平台的选择性进行考察，图 7-59 给出了 PEC 传感平台对 PCB 和以上六种干扰物的相对响应（$\Delta I_n/\Delta I_0$）结果。其中，$\Delta I_0$ 为 5.0ng/L PCB 77 引起的光电流变化，$\Delta I_n$ 为两组分体系中由相同浓度干扰物引起的光电流变化，如下式表示：

$$\Delta I_0 = I_{PCB\ 77} - I_0 \tag{7-2}$$

$$\Delta I_n = I_n - I_{PCB\ 77} \tag{7-3}$$

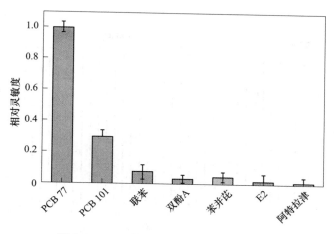

图 7-59  PEC 传感平台的专一性和选择性

式中，$I_0$ 和 $I_{PCB\ 77}$ 分别是 PEC 传感平台培育在 5.0ng/L PCB 77 前后的光电流；$I_n$ 为含有 5.0ng/L 和相同浓度另一种干扰物的两组分体系的光电流。

从图中可以看到在两组分测试体系中相同浓度的阿特拉津、E2、苯并芘和双酚 A，相对 PCB 77 光电流响应小于 4.57%；相同浓度的联苯光电流响应小于 7.52%；然而，对于相同浓度 PCB 101，其相对响应为 29.4%，会影响到 PCB 77 的测定，这可能与 PCB 101 的结构与 PCB 77 非常相似有关。通过以上实验证实除 PCB 101 之外，其他干扰物对 PCB 77 的测定不会造成干扰，表明所制备的 PEC 传感平台对 PCB 77 的测定具有高的选择性。PEC 传感平台对 PCB 77 的高选择性主要是由于适配体对其靶物分子具有高的亲和性和特异性识别能力所致。

### 7.3.4.7  PEC 传感平台的稳定性和重现性

PEC 传感平台的稳定性在实际应用中也是非常重要的，在实验中对其进行了考察。图 7-60 为光电适配体传感器在连续光激发条件下的光电流响应。可以看到，在 1700s 的时间内反复开关灯时，传感平台的光电流响应并没有发生变化。之后，将其储存于 0.1mol/L PBS（pH=7.41）溶液中并放入 4℃ 的冰箱 2 周后，对同一浓度的 PCB 77 测定，其光电流仍然保持原来响应的 93.2%，表明光电适配体传感器具有好的稳定性。主要是由于以下两个方面，首先，在 N 掺杂 $TiO_2$ NTs 表面固定的适配体是通过将壳聚糖和戊二醛作为交联剂悬涂在电极表面，利用适配体末端—$NH_2$ 与—CHO 发生共价键合作用修饰上去。壳聚糖由于其好的生物兼容性是固定生物分子的良好材料，它不仅能够使适配体固定在电极表面，而且能很好地保持其生物活性。其次，选用的光电基底材料 N 掺杂 $TiO_2$ NTs 的特殊三维纳米结构具有潜在的诱陷作用能够进一步稳定电极表面的适配体分子。

此外，为了考察 PEC 传感平台的重现性，将其用于 0.5ng/L PCB 77 重复 6 次进行测定，其 RSD 为 5.76%。同时，用新制备的 5 根完全相同的适配体传感器对相同浓度的 PCB 77 进行测定，其 RSD 为 5.89%，以上结果表明光电适配体传感器具有较好的重现性。可见该 PEC 传感平台不仅具有好的稳定性也有好的重现性，能够满足对 PCB 77 准确测定的要求。

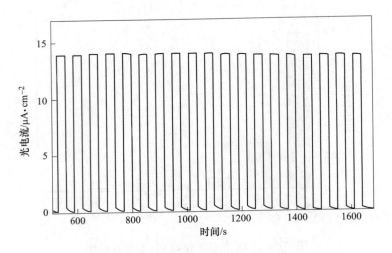

图 7-60　PEC 传感平台在可见光激发下的光电流-时间曲线

　　该工作将具有特异性识别能力的适配体与高灵敏的 PEC 方法结合起来构建了一种无标记的光电传感平台检测多氯联苯 PCB 77。该光电适配体不仅具有良好的稳定性和重现性，而且在 PCB 77 检测中表现出良好的分析行为，获得了宽的线性工作范围为 0.1 ~ 100.0ng/L，最低检测限可达 0.1ng/L，与之前的方法相比具有非常高的灵敏度。此外，将该 PEC 传感平台用于测定与 PCB 77 在环境中共存或结构相似的其他干扰物，结果表明该传感平台对其他污染物没有任何识别能力，只对 PCB 77 具有高的亲和性和特异性识别能力。该工作构建的 PEC 传感平台在 PCB 77 检测中具有高的灵敏度和选择性，且能被成功地应用于对不同环境水样品进行测定。

──────　**本 章 小 结**　──────

　　本章介绍了半导体纳米材料的定义、分类、结构、性质以及合成方法，主要阐述了半导体材料的光学特性、光催化性能、电化学特性以及光电转化原理。同时，介绍了无机半导体、有机半导体及复合半导体的光电转化机制以及不同半导体材料在光电分析中的传感机理和工作模式。为了更好地理解半导体材料在光电分析领域的应用，详细介绍了半导体纳米材料在重金属离子、有机农药、毒素、酚类以及芳烃类化合物等环境污染物的光电化学分析方面的应用及其优势，为光电分析在环境污染物检测领域的研究和发展奠定了重要的理论基础。

**习　　题**

7-1　简述半导体纳米材料的基本定义及其性质。

7-2　各类半导体材料的光电检测机理是什么？

7-3　了解半导体材料在环境污染光电分析中的应用。

# 参 考 文 献

[1] Chun L, Wang Z P, Li S W, et al. Interfacial engineered polyaniline/sulfur-doped $TiO_2$ nanotube arrays for ultralong cycle lifetime fiber-shaped, solid-state supercapacitors [J]. ACS Appllied. Material. Interfaces, 2018, 10: 18390-18399.

[2] Tang Q W, Lin L, Zhao X, et al. P-n heterojunction on ordered ZnO nanowires/polyaniline [J]. Langmuir, 2012, 28: 3972-3978.

[3] Qian Z, Bai H J, Wang G L, et al. A photoelectrochemical sensor based on CdS-polyamidoamine nano-composite film for cell capture and detection [J]. Biosensors and Bioelectronics, 2010, 25: 2045-2050.

[4] Liu L P, Hensel J, Fitzmorris R C, et al. Preparation and photoelectrochemical properties of $CdSe/TiO_2$ hybrid mesoporous structures [J]. Journal of Physical Chemistry Letters, 2010, 1: 155-160.

[5] Chen J L, Gao P, Wang H, et al. A $PPy/Cu_2O$ molecularly imprinted composite film-based visible light-responsive photoelectrochemical sensor for microcystin-LR [J]. Journal of Material Chemistry C, 2018, 6: 3937-3944.

[6] Wu H, Chen Z M, Zhang J L, et al. Manipulating Polyaniline Fibrous Networks by Doping Tetra-β-carboxyphthalocyanine Cobalt (Ⅱ) for Remarkably Enhanced Ammonia Sensing [J]. Chemistry of Materials, 2017, 29 (21): 9509-9517.

[7] Ma Y F, Zhang J M, Zhang G J, et al. Polyaniline nanowires on Si surfaces fabricated with DNA templates [J]. Journal of the American Chemical Society, 2004, 126 (22): 7097-7101.

[8] Wang Q Y, Yu P, Bai L, et al. Self-assembled nano-leaf/vein bionic structure of $TiO_2/MoS_2$ composites for photoelectric sensors [J]. Nanoscale, 2017, 9 (46): 18194-18201.

[9] Lu Y D, Yuan M J, Liu Y, et al. Photoelectric performance of bacteria photosynthetic proteins entrapped on tailored mesoporous $WO_3$-$TiO_2$ films [J]. Langmuir, 2005, 21 (9): 4071-4076.

[10] Wang G L, Xu J J, Chen H Y, et al. Label-free photoelectrochemical immunoassay for alpha-fetoprotein detection based on $TiO_2/CdS$ hybrid [J]. Biosensors and Bioelectronics, 2009, 25 (4): 791-796.

[11] Saurakhiya N, Sharma S K, Kumar R, et al. Templated Electrochemical Synthesis of Polyaniline/ZnO Coaxial Nanowires with Enhanced Photoluminescence [J]. Industrial & Engineering Chemistry Research, 2014, 53 (49): 18884-18890.

[12] Sun J J, Li X Y, Zhao Q D, et al. Quantum-sized $BiVO_4$ modified $TiO_2$ microflower composite heterostructures: efficient production of hydroxyl radicals towards visible light-driven degradation of gaseous toluene [J]. Journal of Materials Chemistry A, 2015, 3 (43): 21655-21663.

[13] Gewirth A A, Varnell J A, Diascro A M. Nonprecious Metal Catalysts for Oxygen Reduction in Heterogeneous Aqueous Systems [J]. Chemical Reviews, 2018, 118 (5): 2313-2339.

[14] Zhang N, Chen C, Chen Y L, et al. $Ni_2P_2O_7$ Nanoarrays with Decorated $C_3N_4$ Nanosheets as Efficient Electrode for Supercapacitors [J]. ACS Applied Energy Materials, 2018, 1 (5): 2016-2023.

[15] Fujishima A, Honda K. Electrochemical photolysis of water at a semiconductor electrode [J]. Nature, 1972, 238 (5358): 37-38.

[16] Wang D, Li X, Chen J, et al. Enhanced Visible-Light Photoelectrocatalytic Degradation of Organic Contaminants at Iodine-Doped Titanium Dioxide Film Electrode [J]. Industrial & Engineering Chemistry Research, 2011, 51 (1): 218-224.

[17] Tang J, Li J, Da P M, et al. Solar-Energy-Driven Photoelectrochemical Biosensing Using $TiO_2$ Nanowires [J]. Chemistry-A European Journal, 2015, 21 (32): 11288-11299.

［18］ Li Z Z, Zhou X, Yang J, et al. Near-Infrared-Responsive Photoelectrochemical Aptasensing Platform Based on Plasmonic Nanoparticle-Decorated Two-Dimensional Photonic Crystals ［J］. ACS Appllied. Material. Interfaces, 2019, 11 (24): 21417-21423.

［19］ Zeng R J, Zhang L J, Luo Z B, et al. Palindromic Fragment-Mediated Single-Chain Amplification: An Innovative Mode for Photoelectrochemical Bioassay ［J］. Analytical Chemistry, 2019, 91 (12): 7835-7841.

［20］ Liu M C, Sun C Q, Wang G Q, et al. A simple, supersensitive and highly selective electrochemical aptasensor for Microcystin-LR based on synergistic signal amplification strategy with graphene, DNase I enzyme and Au nanoparticles ［J］. Electrochimica Acta, 2019, 293: 220-229.

［21］ Qiu Z L, Shu J, Tang D P. NaYF$_4$: Yb, Er Upconversion Nanotransducer with in Situ Fabrication of Ag$_2$S for Near-Infrared Light Responsive Photoelectrochemical Biosensor ［J］. Analytical Chemistry, 2018, 90 (20): 12214-12220.

［22］ Liang M M, Guo L H. Photoelectrochemical DNA sensor for the rapid detection of DNA damage induced by styrene oxide and the Fenton reaction ［J］. Environmental Science and Technology, 2007, 41 (2): 658-664.

［23］ Liang M M, Jia S P, Zhu S C, et al. Photoelectrochemical sensor for the rapid detection of in situ DNA damage induced by enzyme-catalyzed fenton reaction ［J］. Environmental Science and Technology, 2008, 42 (2): 635-639.

［24］ Jia S P, Liang M M, Guo L H. Photoelectrochemical detection of oxidative DNA damage induced by Fenton reaction with low concentration and DNA-associated Fe$^{2+}$ ［J］. Journal of Physical Chemistry B, 2008, 112 (14): 4461-4464.

［25］ Wu Y P, Zhang B T, Guo L H. Label-Free and Selective Photoelectrochemical Detection of Chemical DNA Methylation Damage Using DNA Repair Enzymes ［J］. Analytical Chemistry, 2013, 85 (14): 6908-6914.

［26］ Zhang B T, Guo L H. Highly sensitive and selective photoelectrochemical DNA sensor for the detection of Hg in aqueous solutions ［J］. Biosensors & Bioelectronics, 2012, 37 (1): 112-115.

［27］ Lu W, Jin Y, Wang G, et al. Enhanced photoelectrochemical method for linear DNA hybridization detection using Au-nanopaticle labeled DNA as probe onto titanium dioxide electrode ［J］. Biosensors and Bioelectronics, 2008, 23 (10): 1534-1539.

［28］ Zhao W W, Yu P P, Shan Y, et al. Exciton-plasmon interactions between CdS quantum dots and Ag nanoparticles in photoelectrochemical system and its biosensing application ［J］. Analytical Chemistry, 2012, 84 (14): 5892-5897.

［29］ Zhang X R, Li S G, Jin X, et al. A new photoelectrochemical aptasensor for the detection of thrombin based on functionalized graphene and CdSe nanoparticles multilayers ［J］. Chemical Communications, 2011, 47 (17): 4929-4931.

［30］ Zhang X R, Li S G, Jin X, et al Aptamer based photoelectrochemical cytosensor with layer-by-layer assembly of CdSe semiconductor nanoparticles as photoelectrochemically active species ［J］. Biosensors and Bioelectronics, 2011, 26 (8): 3674-3678.

［31］ Golub E, Niazov A, Freeman R, et al. Photoelectrochemical Biosensors Without External Irradiation: Probing Enzyme Activities and DNA Sensing Using Hemin/G-Quadruplex-Stimulated Chemiluminescence Resonance Energy Transfer (CRET) Generation of Photocurrents ［J］. The Journal of Physical Chemistry C, 2012, 116 (25): 13827-13834.

［32］ Zhao W W, Xu J J, Chen H Y. Photoelectrochemical DNA biosensors ［J］. Chemical Reviews, 2014, 114 (15): 7421-7441.

[33] Liang M M, Liu S L, Wei M Y, et al. Photoelectrochemical oxidation of DNA by ruthenium tris (bipyridine) on a tin oxide nanoparticle electrode [J]. Analytical Chemistry, 2006, 78 (2): 621-623.

[34] Haddour N, Cosnier S, Gondran C. Electrogeneration of a biotinylated poly (pyrrole-ruthenium (Ⅱ)) film for the construction of photoelectrochemical immunosensor [J]. Chemical Communications, 2004 (21): 2472-2473.

[35] Haddour N, Chauvin J, Gondran C, Cosnier S. Photoelectrochemical immunosensor for label-free detection and quantification of anti-cholera toxin antibody [J]. Journal of the American Chemical Society, 2006, 128 (30): 9693-9698.

[36] Le Goff A, Cosnier S J. Photocurrent generation by MWCNTs functionalized with bis-cyclometallated Ir(Ⅲ)- and trisbipyridyl ruthenium(Ⅱ)- polypyrrole films [J]. Journal of Materials Chemistry, 2011, 21 (21): 3910-3910.

[37] Ikeda A, Nakasu M, Ogasawara S, et al. Photoelectrochemical Sensor with Porphyrin-Deposited Electrodes for Determination of Nucleotides in Water [J]. Organic Letters, 2009, 11 (5): 1163-1166.

[38] Tu W W, Lei J P, Wang P, et al. Photoelectrochemistry of free-base-porphyrin-functionalized zinc oxide nanoparticles and their applications in biosensing [J]. Chemistry, 2011, 17 (34): 9440-9447.

[39] Okamoto A, Kamei T, Saito I J. DNA hole transport on an electrode: application to effective photoelectrochemical SNP typing [J]. Journal of the American Chemical Society, 2006, 128 (2): 658-662.

[40] Willner I, Patolsky F, Wasserman J. Photoelectrochemistry with Controlled DNA-Cross-Linked CdS Nanoparticle Arrays [J]. Angewandte Chemie International Edition, 2010, 40 (10): 1861-1864.

[41] Gao Z Q, Tansil N C. An ultrasensitive photoelectrochemical nucleic acid biosensor [J]. Nucleic Acids Research, 2005 (13): e123.

[42] Zhang X R, Zhao Y Q, Zhou H R, et al. A new strategy for photoelectrochemical DNA biosensor using chemiluminescence reaction as light source [J]. Biosensors and Bioelectronics, 2011, 26 (5): 2737-2741.

[43] Li L, Zheng X X, Huang Y Z, et al. Addressable TiO$_2$ Nanotubes Functionalized Paper-Based Cyto-Sensor with Photocontrollable Switch for Highly-Efficient Evaluating Surface Protein Expressions of Cancer Cells [J]. Analytical Chemistry, 2018, 90 (23): 13882-13890.

[44] Wang G L, Xu J J, Chen H Y. Progress in the studies of photoelectrochemical sensors [J]. Science in China Series B Chemistry, 2009, 52 (11): 1789-1800.

[45] Zhu A W, Luo Y P, Tian Y. Plasmon-induced enhancement in analytical performance based on gold nanoparticles deposited on TiO$_2$ film [J]. Analytical Chemistry, 2009, 81 (17): 7243-7247.

[46] Zhao W W, Tian C Y, Xu J J, et al. The coupling of localized surface plasmon resonance-based photoelectrochemistry and nanoparticle size effect: towards novel plasmonic photoelectrochemical biosensing [J]. Chemical Communications, 2012, 48 (6): 895-897.

[47] Han D M, Ma Z Y, Zhao W W, et al. Ultrasensitive photoelectrochemical sensing of Pb$^{2+}$ based on allosteric transition of G-Quadruplex DNAzyme [J]. Electrochemistry Communications, 2013, 35: 38-41.

[48] Zang Y, Lei J P, Hao Q, et al. "Signal-on" photoelectrochemical sensing strategy based on target-dependent aptamer conformational conversion for selective detection of lead (Ⅱ) ion [J]. ACS Appllied. Material. Interfaces, 2014, 6 (18): 15991-15997.

[49] Zhang B T, Lu L L, Hu Q C, et al. ZnO nanoflower-based photoelectrochemical DNAzyme sensor for the detection of Pb$^{2+}$ [J]. Biosensors and Bioelectronics, 2014, 56: 243-249.

[50] Wang G L, Gu T T, Dong Y M, et al. Photoelectrochemical aptasensing of lead (Ⅱ) ion based on the in situ generation of photosensitizer of a self-operating photocathode [J]. Electrochemistry Communications,

2015, 61: 117-120.

[51] Luo Y P, Dong C, Li X G, et al. A photoelectrochemical sensor for lead ion through electrodeposition of PbS nanoparticles onto $TiO_2$ nanotubes [J]. Journal of Electroanalytical Chemistry, 2015, 759: 51-54.

[52] Jiang D, Du X J, Chen D Y, et al. One-pot hydrothermal route to fabricate nitrogen doped graphene/Ag-$TiO_2$: Efficient charge separation, and high-performance "on-off-on" switch system based photoelectrochemical biosensing [J]. Biosensors and Bioelectronics, 2016, 83: 149-155.

[53] Chamier J, Leaner J, Crouch A M. Photoelectrochemical determination of inorganic mercury in aqueous solutions [J]. Analytica Chimica Acta, 2010, 661 (1): 91-96.

[54] Chamier J, Crouch A M. Improved photoelectrochemical detection of mercury (Ⅱ) with a $TiO_2$-modified composite photoelectrode [J]. Materials Chemistry and Physics, 2012, 132 (1): 10-16.

[55] Zhang B, Guo L H. Highly sensitive and selective photoelectrochemical DNA sensor for the detection of $Hg^{2+}$ in aqueous solutions [J]. Biosensors and Bioelectronics, 2012, 37 (1): 112-115.

[56] Li J, Tu W W, Li H B, et al. In situ-generated nano-gold plasmon-enhanced photoelectrochemical aptasensing based on carboxylated perylene-functionalized graphene [J]. Analytical Chemistry, 2014, 86 (2): 1306-1312.

[57] Li H B, Xue Y, Wang W. Femtomole level photoelectrochemical aptasensing for mercury ions using quercetin-copper (Ⅱ) complex as the DNA intercalator [J]. Biosensors and Bioelectronics, 2014, 54: 317-322.

[58] Ma Z Y, Pan J B, Lu C Y, et al. Folding-based photoelectrochemical biosensor: binding-induced conformation change of a quantum dot-tagged DNA probe for mercury (Ⅱ) detection [J]. Chemical Communications, 2014, 50 (81): 12088-12090.

[59] Wang G L, Liu K L, Dong Y M, et al. In situ formation of p-n junction: a novel principle for photoelectrochemical sensor and its application for mercury (Ⅱ) ion detection [J]. Analytica Chimica Acta, 2014, 827: 34-39.

[60] Wen G M, Wen X P, Choi M M F, et al. Photoelectrochemical sensor for detecting $Hg^{2+}$ based on exciton trapping [J]. Sensors and Actuators B: Chemical, 2015, 221: 1449-1454.

[61] Zhang Y, Shoaib A, Li J J, et al. Plasmon enhanced photoelectrochemical sensing of mercury (Ⅱ) ions in human serum based on Au@ Ag nanorods modified $TiO_2$ nanosheets film [J]. Biosensors and Bioelectronics, 2016, 79: 866-873.

[62] Li H B, Li J, Wang W, et al. A subnanomole level photoelectrochemical sensing platform for hexavalent chromium based on its selective inhibition of quercetin oxidation [J]. Analyst, 2013, 138 (4): 1167-1173.

[63] Liang Y, Kong B, Zhu A W, et al. A facile and efficient strategy for photoelectrochemical detection of cadmium ions based on in situ electrodeposition of CdSe clusters on $TiO_2$ nanotubes [J]. Chemical Communications, 2012, 48 (2): 245-247.

[64] Wang G L, Xu J J, Chen H Y. Selective detection of trace amount of $Cu^{2+}$ using semiconductor nanoparticles in photoelectrochemical analysis [J]. Nanoscale, 2010, 2 (7): 1112-1114.

[65] Shen Q M, Zhao X M, Zhou S W, et al. ZnO/CdS Hierarchical Nanospheres for Photoelectrochemical Sensing of $Cu^{2+}$ [J]. The Journal of Physical Chemistry C, 2011, 115 (36): 17958-17964.

[66] Wang P, Ma X Y, Su M Q, et al. Cathode photoelectrochemical sensing of copper (Ⅱ) based on analyte-induced formation of exciton trapping [J]. Chemical Communications, 2012, 48 (82): 10216-10218.

[67] Huang F L, Pu F, Lu X Q, et al. Photoelectrochemical sensing of $Cu^{2+}$ ions with $SnO_2$/CdS heterostructural films [J]. Sensors and Actuators B: Chemical, 2013, 183: 601-607.

[68] Tang J, Li J, Zhang Y Y, et al. Mesoporous $Fe_2O_3$-CdS Heterostructures for Real-Time Photo

electrochemical Dynamic Probing of Cu$^{2+}$ [J]. Analytical Chemistry, 2015, 87 (13): 6703-6708.

[69] Foo C Y, Lim H N, Pandikumar A, et al. Utilization of reduced graphene oxide/cadmium sulfide-modified carbon cloth for visible-light-prompt photoelectrochemical sensor for copper (Ⅱ) ions [J]. Journal of Hazardous Materials, 2016, 304: 400-408.

[70] Qiu Y X, Li J, Li H B, et al. A facile and ultrasensitive photoelectrochemical sensor for copper ions using in-situ electrodeposition of cuprous oxide [J]. Sensors and Actuators B: Chemical, 2015, 208: 485-490.

[71] Li J, Tu W W, Li H B, et al. In situ generated AgBr-enhanced ZnO nanorod-based photoelectrochemical aptasensing via layer-by-layer assembly [J]. Chemical Communications, 2014, 50 (17): 2108-2110.

[72] Yan Y T, Li H N, Liu Q, et al. A facile strategy to construct pure thiophene-sulfur-doped graphene/ZnO nanoplates sensitized structure for fabricating a novel "on-off-on" switch photoelectrochemical aptasensor [J]. Sensors and Actuators B: Chemical, 2017, 251: 99-107.

[73] Li Y, Tian J Y, Yuan T, et al. A sensitive photoelectrochemical aptasensor for oxytetracycline based on a signal "switch off-on" strategy [J]. Sensors and Actuators B: Chemical, 2017, 240: 785-792.

[74] Dong J T, Li H N, Yan P C, et al. A label-free photoelectrochemical aptasensor for tetracycline based on Au/BiOI composites [J]. Inorganic Chemistry Communications, 2019, 109: 107557-107563.

[75] Tan J S, Peng B, Tang L, et al. Enhanced photoelectric conversion efficiency: A novel h-BN based self-powered photoelectrochemical aptasensor for ultrasensitive detection of diazinon [J]. Biosensors and Bioelectronics, 2019, 142: 111546-111556.

[76] Qin X F, Wang Q Q, Geng L P, et al. A "signal-on" photoelectrochemical aptasensor based on graphene quantum dots-sensitized TiO$_2$ nanotube arrays for sensitive detection of chloramphenicol [J]. Talanta, 2019, 197: 28-35.

[77] Hayes T, Haston K, Tsui M, et al. Atrazine-induced hermaphroditism at 0.1 ppb in American leopard frogs (Rana pipiens): laboratory and field evidence [J]. Environmental Health Perspectives, 2003, 111 (4): 568-575.

[78] Laws S C, Ferrell J M, Stoker T E, et al. The Effects of Atrazine on Female Wistar Rats: An Evaluation of the Protocol for Assessing Pubertal Development and Thyroid Function [J]. Toxicological Sciences, 2000, 58 (2): 366-376.

[79] Mak K F, He K, Lee C, et al. Tightly bound trions in monolayer MoS$_2$ [J]. Nature Materials, 2013, 12 (3): 207-211.

[80] Lee C, Yan H, Brus L E, et al. Anomalous lattice vibrations of single- and few-layer MoS$_2$ [J]. ACS Nano, 2010, 4 (5): 2695-2700.

[81] Das S, Chen H Y, Penumatcha A V, et al. High performance multilayer MoS$_2$ transistors with scandium contacts [J]. Nano Letters, 2013, 13 (1): 100-105.

[82] Wang X X, Nan F X, Zhao J L, et al. A label-free ultrasensitive electrochemical DNA sensor based on thin-layer MoS$_2$ nanosheets with high electrochemical activity [J]. Biosensors and Bioelectronics, 2015, 64: 386-391.

[83] Huang K J, Wang L, Li J, et al. Electrochemical sensing based on layered MoS$_2$-graphene composites [J]. Sensors Actuators B: Chemical, 2013, 178: 671-677.

[84] Le D, Rawal T B, Rahman T S. Single-layer MoS$_2$ with sulfur vacancies: structure and catalytic application [J]. The Journal of Physical Chemistry C, 2014, 118 (10): 5346-5351.

[85] Hu K H, Hu X G, Xu Y F, et al. Synthesis of nano-MoS$_2$/TiO$_2$ composite and its catalytic degradation effect on methyl orange [J]. Journal of Materials Science, 2010, 45 (10): 2640-2648.

[86] Song C, Saini A K, Yoneyama Y. A new process for catalytic liquefaction of coal using dispersed MoS$_2$

catalyst generated in situ with added $H_2O$ [J]. Fuel, 2000, 79 (3-4): 249-261.

[87] Pi Y X, Li Z, Xu D Y, et al. 1T-Phase $MoS_2$ Nanosheets on $TiO_2$ Nanorod Arrays: 3D Photoanode with Extraordinary Catalytic Performance [J]. ACS Sustainable Chemistry & Engineering, 2017, 5 (6): 5175-5182.

[88] Zheng L X, Han S C, Liu H, et al. Hierarchical $MoS_2$ Nanosheet@ $TiO_2$ Nanotube Array Composites with Enhanced Photocatalytic and Photocurrent Performances [J]. Small, 2016, 12 (11): 1527-1536.

[89] Guo L, Yang Z, Marcus K, et al. $MoS_2/TiO_2$ heterostructures as nonmetal plasmonic photocatalysts for highly efficient hydrogen evolution [J]. Energy & Environmental Science, 2018, 11 (1): 106-114.

[90] Siavash Moakhar R, Goh G K L, Dolati A, et al. Sunlight-driven photoelectrochemical sensor for direct determination of hexavalent chromium based on Au decorated rutile $TiO_2$ nanorods [J]. Applied Catalysis B: Environmental, 2017, 201: 411-418.

[91] Zhang J, Zhang L L, Yu W P, et al. Novel dual heterojunction between $MoS_2$ and anatase $TiO_2$ with coexposed {101} and {001} facets [J]. Journal of the American Society, 2017, 100 (11): 5274-5285.

[92] Saha A, Sinhamahapatra A, Kang T H, et al. Hydrogenated $MoS_2$ QD-$TiO_2$ heterojunction mediated efficient solar hydrogen production [J]. Nanoscale, 2017, 9 (43): 17029-17036.

[93] Tian H Z, Bai X S, Xu J. Simultaneous determination of simazine, cyanazine, and atrazine in honey samples by dispersive liquid-liquid microextraction combined with high-performance liquid chromatography [J]. Journal of Separation Science, 2017, 40 (19): 3882-3888.

[94] Zheng S J, He M, Chen B B, et al. Porous aromatic framework coated stir bar sorptive extraction coupled with high performance liquid chromatography for the analysis of triazine herbicides in maize samples [J]. Journal of Chromatography A, 2020, 1614: 460728.

[95] Er E Ö, Çağlak A, Engin G Ö, et al. Ultrasound-assisted dispersive solid phase extraction based on $Fe_3O_4/$ reduced graphene oxide nanocomposites for the determination of 4-tert octylphenol and atrazine by gas chromatography-mass spectrometry [J]. Microchemical Journal, 2019, 146: 423-428.

[96] Skaggs C S, Alluhayb A H, Logue B A. Comparison of the extraction efficiency of ice concentration linked with extractive stirrer, stir bar sorptive extraction, and solid-phase microextraction for pesticides from drinking water [J]. Journal of Chromatography A, 2020, 1622: 461102.

[97] Omena E, Oenning A L, Merib J, et al. A green and simple sample preparation method to determine pesticides in rice using a combination of SPME and rotating disk sorption devices [J]. Analytica Chimica Acta, 2019, 1069: 57-65.

[98] Durai L, Badhulika S. Highly selective trace level detection of Atrazine in human blood samples using lead-free double perovskite $Al_2NiCoO_5$ modified electrode via differential pulse voltammetry [J]. Sensors and Actuators B: Chemical, 2020: 325.

[99] Annu, Sharma S, Nitin A, et al. Cellulose fabricated pencil graphite sensor for the quantification of hazardous herbicide atrazine [J]. Diamond and Related Materials, 2020, 105.

[100] Zahran M, Khalifa Z, Zahran M A H, et al. Dissolved Organic Matter-Capped Silver Nanoparticles for Electrochemical Aggregation Sensing of Atrazine in Aqueous Systems [J]. ACS Applied Nano Materials, 2020, 3 (4): 3868-3875.

[101] Ye L Q, Su Y R, Jin X L, et al. Recent advances in BiOX (X = Cl, Br and I) photocatalysts: synthesis, modification, facet effects and mechanisms [J]. Environmental Science Nano, 2014, 1 (2): 90-112.

[102] Deng Z T, Chen D, Peng B, et al. From Bulk Metal Bi to Two-Dimensional Well-Crystallized BiOX (X = Cl, Br) Micro- and Nanostructures: Synthesis and Characterization [J]. Crystal Growth & Design, 2008, 8 (8): 2995-3003.

［103］Zhang X, Ai Z H, Jia F L, et al. Generalized One-Pot Synthesis, Characterization, and Photocatalytic Activity of Hierarchical BiOX（X = Cl, Br, I）Nanoplate Microspheres ［J］. The Journal of Physical Chemistry C, 2008, 112（3）: 747-753.

［104］Dai G P, Yu J G, Liu G. Synthesis and Enhanced Visible-Light Photoelectrocatalytic Activity of p-n Junction BiOI/TiO$_2$ Nanotube Arrays ［J］. The Journal of Physical Chemistry C, 2011, 115（15）: 7339-7346.

［105］Xiao X, Zhang W D. Facile synthesis of nanostructured BiOI microspheres with high visible light-induced photocatalytic activity ［J］. Journal of Materials Chemistry, 2010, 20（28）: 5866-5870.

［106］Dai G P, Yu J G, Liu G. Synthesis and Enhanced Visible-Light Photoelectrocatalytic Activity of p-n Junction BiOI/TiO$_2$ Nanotube Arrays ［J］. Journal of Physical Chemistry C, 2011, 115（15）: 7339-7346.

［107］Liu J Q, Ruan L L, Adeloju S B, et al. BiOI/TiO$_2$ nanotube arrays, a unique flake-tube structured p-n junction with remarkable visible-light photoelectrocatalytic performance and stability ［J］. Dalton Transactions, 2013, 43（4）: 1706-1715.

［108］Zhang L, Xu W C, Fang J Z, et al. Decoration of BiOI quantum size nanoparticles with reduced graphene oxide in enhanced visible-light-driven photocatalytic studies ［J］. Applied Surface Science, 2012, 259: 441-447.

［109］Zhou X S, Jin B, Li L D, et al. A carbon nitride/TiO$_2$ nanotube array heterojunction visible-light photocatalyst: synthesis, characterization, and photoelectrochemical properties ［J］. Journal of Materials Chemistry, 2012, 22（34）: 17900-17905.

［110］Liao C X, Ma Z J, Dong G P, et al. BiOI nanosheets decorated TiO$_2$ nanofiber: Tailoring water purification performance of photocatalyst in structural and photo-responsivity aspectsbn ［J］. Applied Surface Science, 2014, 314: 481-489.

［111］Li Z J, Wang M T, Shen J X, et al. Synthesis of BiOI nanosheet/coarsened TiO$_2$ nanobelt heterostructures for enhancing visible light photocatalytic activity ［J］. RSC Advances, 2016, 6（36）: 30037-30047.

［112］Luo S Q, Tang C, Huang Z H, et al. Effect of different Bi/Ti molar ratios on visible-light photocatalytic activity of BiOI/TiO$_2$ heterostructured nanofibers ［J］. Ceramics International, 2016, 42（14）: 15780-15786.

［113］Zhang C J, Si S H, Yang Z P. Design of molecularly imprinted TiO$_2$/carbon aerogel electrode for the photoelectrochemical determination of atrazine ［J］. Sensors and Actuators B: Chemical, 2015, 211: 206-212.

［114］Zhang Y, Pei Q, Liang J C, et al. Mesoporous TiO$_2$-Based Photoanode Sensitized by BiOI and Investigation of Its Photovoltaic Behavior ［J］. Langmuir, 2015, 31（37）: 10279-10284.

［115］Kang Q, Yang L X, Chen Y F, et al. Photoelectrochemical detection of pentachlorophenol with a multiple hybrid CdSe$_{(x)}$Te$_{(1-x)}$/TiO$_2$ nanotube structure-based label-free immunosensor ［J］. Analytical Chemistry, 2010, 82（23）: 9749-9754.

［116］Zhang Y Y, Cao T C, Huang X F, et al. A visible-light driven photoelectrochemical aptasensor for endocrine disrupting chemicals bisphenol A with high sensitivity and specificity ［J］. Electroanalysis, 2013, 25（7）: 1787-1795.

［117］Li H B, Li J, Xu Q, et al. A derivative photoelectrochemical sensing platform for 4-nitrophenolate contained organophosphates pesticide based on carboxylated perylene sensitized nano-TiO$_2$ ［J］. Analytica Chimica Acta, 2013, 766: 47-52.

［118］Ragoussi M E, Ince M, Torres T. Recent advances in phthalocyanine-based sensitizers for dye-sensitized solar cells ［J］. European Journal of Organic Chemistry, 2013, 2013（29）: 6475-6489.

[119] 王海, 张先付. 金属酞菁在二氧化钛胶体表面光诱导电子转移 [J]. 科学通报, 1994, 39 (5): 424-427.

[120] 毛海航, 沈耀春. 共吸附对卟啉, 酞菁/二氧化钛复合电极光电特性的影响 [J]. 高等学校化学学报, 1997, 18 (2): 268-272.

[121] Chen H P, Tang N, Chen M, et al. Endothelialization of $TiO_2$ Nanorods Coated with Ultrathin Amorphous Carbon Films [J]. Nanoscale Research Letters, 2016, 11 (1): 145.

[122] Wang Y Q, Wang W, Wang S S, et al. Enhanced photoelectrochemical detection of l-cysteine based on the ultrathin polythiophene layer sensitized anatase $TiO_2$ on F-doped tin oxide substrates [J]. Sensors and Actuators B: Chemical, 2016, 232: 448-453.

[123] Seoudi R, El-Bahy G S, El Sayed Z A. FTIR, TGA and DC electrical conductivity studies of phthalocyanine and its complexes [J]. Journal of Molecular Structure, 2005, 753 (1-3): 119-126.

[124] Guo Z C, Chen B, Mu J B, et al. Iron phthalocyanine/$TiO_2$ nanofiber heterostructures with enhanced visible photocatalytic activity assisted with $H_2O_2$ [J]. Journal of Hazardous Materials, 2012, 219-220: 156-163.

[125] Qiao Y F, Li J, Li H B, et al. A label-free photoelectrochemical aptasensor for bisphenol A based on surface plasmon resonance of gold nanoparticle-sensitized ZnO nanopencils [J]. Biosensors and Bioelectronics, 2016, 86: 315-320.

[126] Yotsumoto Neto S, Luz R D C S, Damos F S. Visible LED light photoelectrochemical sensor for detection of L-Dopa based on oxygen reduction on $TiO_2$ sensitized with iron phthalocyanine [J]. Electrochemistry Communications, 2016, 62: 1-4.

[127] Zhang S, Zheng H J, Sun Y P, et al. Oxygen vacancies enhanced photoelectrochemical aptasensing of 2, 3′, 5, 5′-tetrachlorobiphenyl amplified with $Ag_3VO_4$ nanoparticle-$TiO_2$ nanotube array heterostructure [J]. Biosensors and Bioelectronics, 2020, 167: 112477.

[128] Sun M J, Li R Z, Zhang J D, et al. One-pot synthesis of a CdS-reduced graphene oxide-carbon nitride composite for self-powered photoelectrochemical aptasensing of PCB72 [J]. Nanoscale, 2019, 11 (13): 5982-5988.

[129] Shi H J, Zhao J Z, Wang Y L, et al. A highly selective and picomolar level photoelectrochemical sensor for PCB 101 detection in environmental water samples [J]. Biosensors and Bioelectronics, 2016, 81: 503-509.

[130] Evans M S, Noguchi G E, Rice C P. The biomagnification of polychlorinated biphenyls, toxaphene, and DDT compounds in a Lake Michigan offshore food web [J]. Archives of Environment Contamination and Toxicology, 1991, 20 (1): 87-93.

[131] Safe S H. Polychlorinated biphenyls (PCBs): environmental impact, biochemical and toxic responses, and implications for risk assessment [J]. Critical Reviews in Toxicology, 1994, 24 (2): 87-149.

[132] Liu X Y, Nakamura C, Nakamura N, et al. Detection of polychlorinated biphenyls using an antibody column in tandem with a fluorescent liposome column. Effect of albumin on phospholipase A2-catalyzed membrane leakage [J]. Journal of Chromatography A, 2005, 1087 (1-2): 229-235.

[133] Quintana J B, Boonjob W, Miro M, et al. Online coupling of bead injection lab-ln-valve analysis to gas chromatography: Application to the determination of trace levels of polychlorinated biphenyls in solid waste leachates [J]. Analytical Chemistry, 2009, 81 (12): 4822-4830.

[134] Haglund P, Korytar P, Danielsson C, et al. GCxGC-ECD: a promising method for the determination of dioxins and dioxin-like PCBs in food and feed [J]. Analytical and Bioanalytical Chemistry, 2008, 390 (7): 1815-1827.

[135] Aota A, Date Y, Terakado S, et al. Analysis of polychlorinated biphenyls in transformer oil by using liquid-liquid partitioning in a microfluidic device [J]. Analytical Chemistry, 2011, 83 (20): 7834-7840.

[136] Buzitis J, Ylitalo G M, Krahn M M. Rapid method for determination of dioxin-like polychlorinated biphenyls and other congeners in marine sediments using sonic extraction and photodiode array detection [J]. Archives of Environment Contamination and Toxicology, 2006, 51 (3): 337-346.

[137] Centi S, Laschi S, Franek M, et al. A disposable immunomagnetic electrochemical sensor based on functionalised magnetic beads and carbon-based screen-printed electrodes (SPCEs) for the detection of polychlorinated biphenyls (PCBs) [J]. Analytica Chimica Acta, 2005, 538 (1-2): 205-212.

[138] Date Y, Aota A, Sasaki K, et al. Label-Free Impedimetric Immunoassay for Trace Levels of Polychlorinated Biphenyls in Insulating Oil [J]. Analytical Chemistry, 2014, 86 (6): 2989-2996.

[139] Li G S, Yu J C, Zhang D Q, et al. A mesoporous $TiO_{2-x}N_x$ photocatalyst prepared by sonication pretreatment and in situ pyrolysis [J]. Separation and Purification Technology, 2009, 67 (2): 152-157.

[140] Weissmann M, Errico L A. The role of vacancies, impurities and crystal structure in the magnetic properties of $TiO_2$ [J]. Physica B: Condensed Matter, 2007, 398 (2): 179-183.

[141] Yu Y, Yu J C, Yu J G, et al. Enhancement of photocatalytic activity of mesoporous $TiO_2$ by using carbon nanotubes [J]. Applied Catalysis A: General, 2005, 289 (2): 186-196.

[142] Wu Y M, Zhang J L, Xiao L, et al. Preparation and characterization of $TiO_2$ photocatalysts by $Fe^{3+}$ doping together with Au deposition for the degradation of organic pollutants [J]. Applied Catalysis B: Environmental, 2009, 88 (3): 525-532.

[143] Wu T X, Liu G M, Zhao J C, et al. Photoassisted degradation of dye pollutants. v. self-photosensitized oxidative transformation of Rhodamine B under visible light irradiation in aqueous $TiO_2$ dispersions [J]. The Journal of Physical Chemistry B, 1998, 102 (30): 5845-5851.

[144] Sathish M, Viswanathan B, Viswanath R. Characterization and photocatalytic activity of N-doped $TiO_2$ prepared by thermal decomposition of Ti-melamine complex [J]. Applied Catalysis B: Environmental, 2007, 74 (3): 307-312.

[145] Saha N C, Tompkins H G. Titanium nitride oxidation chemistry: an x-ray photoelectron spectroscopy study [J]. Journal of Applied Physics, 1992, 72 (7): 3072-3079.

[146] Dong F, Sun Y J, Fu M. Enhanced visible light photocatalytic activity of $V_2O_5$ cluster modified N-doped $TiO_2$ for degradation of toluene in air [J]. International Journal of Photoenergy, 2012, 2012: 1-10.

[147] Huo Y N, Jin Y, Zhu J, et al. Highly active $TiO_{2-x-y}N_xF_y$ visible photocatalyst prepared under supercritical conditions in $NH_4F/EtOH$ fluid [J]. Applied Catalysis B: Environmental, 2009, 89 (3-4): 543-550.

[148] Horikawa T, Katoh M, Tomida T. Preparation and characterization of nitrogen-doped mesoporous titania with high specific surface area [J]. Microporous and Mesoporous Materials, 2008, 110 (2): 397-404.

[149] Xu J J, Ao Y H, Chen M D, et al. Photoelectrochemical property and photocatalytic activity of N-doped $TiO_2$ nanotube arrays [J]. Applied Surface Science, 2010, 256 (13): 4397-4401.

[150] Sun H Q, Bai Y, Jin W Q, et al. Visible-light-driven $TiO_2$ catalysts doped with low-concentration nitrogen species [J]. Solar Energy Materials and Solar Cells, 2008, 92 (1): 76-83.

[151] Pany S, Parida K M. Sulfate-anchored aierarchical meso-macroporous N-doped $TiO_2$: a novel photocatalyst for visible light $H_2$ evolution [J]. Acs Sustainable Chemistry & Engineering, 2014, 2 (6): 1429-1438.

[152] Parida K M, Pany S, Naik B. Green synthesis of fibrous hierarchical meso-macroporous N doped $TiO_2$ nanophotocatalyst with enhanced photocatalytic $H_2$ production [J]. International Journal of Hydrogen Energy, 2013, 38 (9): 3545-3553.

[153] Lai Y K, Huang J Y, Zhang H F, et al. Nitrogen-doped $TiO_2$ nanotube array films with enhanced

photocatalytic activity under various light sources [J]. Journal of Hazardous Materials, 2010, 184 (1-3): 855-863.

[154] Mau A W H, Huang C B, Kakuta N, et al. Hydrogen photoproduction by Nafion/cadmium sulfide/ platinum films in water/sulfide ion solutions [J]. Journal of the American Chemical Society, 2002, 106 (22): 6537-6542.

[155] Nakanishi T, Ohtani B, Uosaki K. Fabrication and characterization of CdS-nanoparticle mono- and multilayers on a self-assembled monolayer of alkanedithiols on gold [J]. Journal of Physical Chemistry B, 1998, 102 (9): 1571-1577.